EUROPA-FACHBUCHREIHE
für Metallberufe

J. Dillinger W. Escherich R. Gomeringer R. Kilgus B. Schellmann C. Scholer

Lösungsheft zum Rechenbuch Metall

Gültig ab 31. Auflage

VERLAG EUROPA-LEHRMITTEL · Nourney, Vollmer GmbH & Co. KG
Düsselberger Straße 23 · 42781 Haan-Gruiten

Europa-Nr.: 10501

Autoren:

Dillinger, Josef	Studiendirektor	München
Escherich, Walter	Studiendirektor	München
Gomeringer, Roland	Dipl.-Gwl., Studiendirektor	Balingen
Kilgus, Roland	Dipl.-Gwl., Oberstudiendirektor	Neckartenzlingen
Schellmann, Bernhard	Oberstudienrat	Kißlegg
Scholer, Claudius	Dipl.-Ing., Dipl.-Gwl., Studiendirektor	Metzingen

Lektorat und Leitung des Arbeitskreises:
Roland Kilgus, Neckartenzlingen

Bildentwürfe: Die Autoren

Bildbearbeitung: Zeichenbüro des Verlags Europa-Lehrmittel, Ostfildern

Das vorliegende Lösungsheft wurde auf der Grundlage der neuen amtlichen Rechtschreibung erstellt.

Hinweise:

1. Die Bezeichnung der Lösungen erfolgt jeweils durch eine Zahlengruppe, gebildet aus der Seitennummer der betreffenden Aufgabe im Rechenbuch Metall und aus der Aufgabennummer.
   So bedeutet z. B. **12/3**.: Rechenbuch Metall, Seite 12, Aufgabe 3.
2. Bei der Beurteilung von Aufgaben, in denen der Wert π vorkommt, ist zu berücksichtigen, dass die Ergebnisse mit dem Taschenrechner berechnet wurden. Dabei wurde für π der Wert 3,141592654 benutzt.
   Die Ergebnisse der Aufgaben wurden sinnvoll auf- bzw. abgerundet.
   Bei Arbeitszeitberechnungen wurden die berechneten Endwerte grundsätzlich auf volle Minuten aufgerundet.

ab 31. Auflage 2012
Druck 5 4 3 2 1
Alle Drucke derselben Auflage sind parallel einsetzbar, da sie bis auf die Behebung von Druckfehlern untereinander unverändert sind.

ISBN 978-3-8085-1979-0

http://www.europa-lehrmittel.de
Satz: Satz+Layout Werkstatt Kluth GmbH, 50374 Erftstadt
Druck: Konrad Triltsch Print und digitale Medien GmbH, 97199 Ochsenfurt-Hohestadt

Inhaltsverzeichnis zum Lösungsheft

1 Grundlagen der technischen Mathematik

1.1 Zahlensysteme

10/1. Umwandlung von Dezimalzahlen

Tabelle 3	a	b	c	d	e	f	g	h	i
z_{10}	24	30	48	64	100	144	150	255	2000
z_2	110 00	1 11 10	11 00 00	100 00 00	1 10 01 00	10 01 00 00	10 01 01 10	11 11 11 11	1 11 11 01 00 00
z_{16}	18	1E	30	40	64	90	96	FF	7D0

10/2. Umwandlung von Dualzahlen

Tabelle 4	a	b	c	d	e	f
z_2	100	10 10	1 11 11	11 00 11	11 11 00 00	11 11 11 11
z_{10}	4	10	31	51	240	255

10/3. Umwandlung von Hexadezimalzahlen

Tabelle 5	a	b	c	d	e	f
z_{16}	68	A0	96	8F	ED	FF
z_{10}	104	160	150	143	237	255
z_2	1 10 10 00	10 10 00 00	10 01 01 10	10 00 11 11	11 10 11 01	11 11 11 11

10/4. Umwandlung von Dualzahlen

Tabelle 6	a	b	c	d	e	f
z_2	10 10 10	11 10 00	11 00 11 00	11 10 00 11	10 01 00 10	10 00 01 11
z_{16}	2A	38	CC	E3	92	87

1.2 Grundrechnungsarten

1.2.3 Gemischte Punkt- und Strichrechnungen

13/1. **a)** 228,41598 ≈ **228,42** **b)** 103,9352 ≈ **103,94** **c)** 263,86684 ≈ **263,87**
d) 58,1376 ≈ **58,14** **e)** 499,394 ≈ **499,40** **f)** 394,7366 ≈ **394,74**

13/2. **a)** 38,055 ≈ **38,06** **b)** 40,52238237 ≈ **40,52**

13/3. **a)** 6 005,019286 ≈ **6 005,02** **b)** 9 772,238696 ≈ **9 772,24**

13/4. **a) –69** **b) –17** **c)** $-10,\overline{3} \approx$ **–10,33** **d) 9**

13/5. **a)** $\frac{24{,}75 + 15}{12{,}6} + \frac{38{,}7 - 2{,}08}{0{,}36} - \frac{44{,}2 \cdot 13{,}1}{20{,}05 - 1{,}7}$

$= 3{,}15476 + 101{,}72222 - 31{,}55423$

$= 73{,}32275 \approx$ **73,32**

b) $34{,}2 \cdot \frac{23{,}4 - 8{,}6}{2{,}4} - \frac{13{,}8 + 22{,}7}{27 - 3{,}5} \cdot 20{,}6$

$= 34{,}2 \cdot 6{,}16666 - 1{,}55319 \cdot 20{,}6$

$= 178{,}904058 \approx \mathbf{178{,}90}$

c) $14{,}09822485 \approx \mathbf{14{,}10}$

d) $0{,}600076373 \approx \mathbf{0{,}60}$

13/6. a) $\mathbf{-8\,ab}$ b) $\mathbf{-315\,xy}$ c) $\mathbf{-31\,mn}$ d) $\mathbf{70\,ac}$

13/7. a) $\mathbf{\frac{10{,}5\,x}{y}}$ b) $\mathbf{\frac{-19{,}2\,m}{n}}$ c) $\mathbf{\frac{9\,x}{2\,y} = \frac{4{,}5\,x}{y}}$ d) **0**

13/8. a) $-3a \cdot (8x - 5x) - 2a \cdot (20x - 12x)$
$= -3a \cdot 3x - 2a \cdot 8x$
$= -9ax - 16ax = \mathbf{-25ax}$

b) $-3x \cdot (8x - 5x) + 3x \cdot (-12x - 33x)$
$= -3x \cdot 3x + 3x \cdot (-45x)$
$= -9x^2 - 135x^2 = \mathbf{-144x^2}$

1.2.4 Bruchrechnen

14/1. **Lösungsbeispiel:**
a) $\frac{3}{4} = \frac{3 \cdot 6}{4 \cdot 6} = \mathbf{\frac{18}{24}}$ b) $\frac{12}{24}$ c) $\frac{30}{24}$ d) $\frac{10}{24}$ e) $\frac{18}{24}$

14/2. **Lösungsbeispiel:**
a) $\frac{3}{21} = \frac{3 : 3}{21 : 3} = \mathbf{\frac{1}{7}}$ b) $\frac{1}{12}$ c) $\frac{1}{2}$ d) $\frac{4}{5}$ e) $\frac{10}{33}$

14/3. **Lösungsbeispiel:**
a) $\frac{3}{21} = 3 : 21 = 0{,}1428... \approx \mathbf{0{,}143}$ b) 0,083 c) 0,500 d) 0,800 e) 0,303

14/4. **Lösungsbeispiel:**
a) $0{,}9375 = \frac{9\,375}{10\,000} = \frac{9\,375 : 25}{10\,000 : 25} = \frac{375 : 25}{400 : 25} = \mathbf{\frac{15}{16}}$
b) $\frac{3}{8}$ c) $\frac{17}{20}$ d) $\frac{1}{5}$ e) $\frac{333}{1\,000}$

1.2.5 Potenzieren und Radizieren (Wurzelziehen)

18/1. a) $8a^3 = 2^3a^3 = \mathbf{(2a)^3}$ b) **128 dm³** c) **19,5 m³**
d) $\mathbf{b^2}$ e) **0,0375 cm³** f) **2 m**

18/2. a) $\mathbf{10^2;\ 10^3;\ \frac{1}{100} = \frac{1}{10^2} = 10^{-2};\ 10^{-3};\ 10^6;\ 10^{-6}}$

b) $\mathbf{5{,}542 \cdot 10^4;\ 1{,}647\,978 \cdot 10^6;\ 3{,}567\,63 \cdot 10^5;\ 3{,}32 \cdot 10^4}$

c) $\mathbf{3{,}3 \cdot 10^{-2};\ 7{,}56 \cdot 10^{-1};\ 2{,}1 \cdot 10^{-3};\ 2 \cdot 10^{-5};\ 10^{-7}}$

d) $\mathbf{10^{-1};\ 5 \cdot 10^{-2};\ 7 \cdot 10^{-3};\ 3{,}3 \cdot 10^{-1};\ 3{,}21 \cdot 10^{-1}}$

18/3. a) $\mathbf{2{,}997\,9 \cdot 10^8\ \frac{m}{s}}$; b) $\mathbf{4{,}007\,659\,4 \cdot 10^7\ m}$; c) $\mathbf{1{,}495 \cdot 10^8\ km}$; d) $\mathbf{5{,}101\,009\,33 \cdot 10^8\ km^2}$

18/4. a) $\mathbf{15\,b^3}$ b) $\mathbf{2 \cdot (2\,m^3 + n^3)}$ c) $\mathbf{x^2y\,(10x^2 - 3y^2)}$ d) $22{,}3a^2 + 1{,}8a^3 = \mathbf{a^2\,(22{,}3 + 1{,}8a)}$

18/5. a) $\mathbf{4^5}$ b) $\mathbf{a^9}$ c) $\mathbf{40x^6}$ d) $\mathbf{0{,}65\,b^5}$ e) $\mathbf{21x^4}$
f) $\mathbf{3a^2}$ g) $\mathbf{7^3}$ h) $\mathbf{3^2}$ i) **40** k) $\mathbf{4^x}$

18/6. a) 7; 10; 11; 13; 10; 1,1; 0,6; 0,2

b) a; $3a^2$; $2am$; $a + b$; $\frac{5}{7}$; $\frac{15}{4}$; $\frac{a}{b}$; $\frac{3c}{2b}$

18/7. a) $\sqrt{100} = \mathbf{10}$ b) $\sqrt{156{,}25\ \text{m}^2} = \mathbf{12{,}5\ m}$ c) $\sqrt{0{,}3600\ \text{cm}^2} = \mathbf{0{,}6\ cm}$

a) $\sqrt{81} = \mathbf{9}$ b) $\sqrt{4\ \text{m}^2} = \mathbf{2\ m}$ c) $\sqrt{0{,}0144\ \text{dm}^2} = \mathbf{0{,}12\ dm}$

18/8. a) $2\sqrt{a}$ b) $9\sqrt{m}$ c) $(2m + 3n)\sqrt{b}$ d) $2\sqrt{9} = \mathbf{6}$ e) $(c - 2)\sqrt{c}$

18/9. a) 6 b) $7\sqrt{6}$ c) $10a$ d) 28 e) $2xy$ f) $9m^2n$

g) 2 h) $\sqrt{x}$

1.3 Technische Berechnungen

1.3.1– 1.3.6 Umrechnung von Einheiten und Rechnen mit physikalischen Größen

23/1a. **Lösungsbeispiel:**

$$1{,}0\ \text{m} \cdot \frac{10\ \text{dm}}{1\ \text{m}} = \mathbf{10\ dm}$$

Ergebnisse	a	b	c	d	e	f	g
m	1,0	0,075	6 500	0,001	2,35	0,007	0,235
dm	10	0,75	65 000	0,01	23,5	0,07	2,35
cm	370	396	20,4	1 300,7	7,5	0,0639	75,8
mm	3 700	3 960	204	13 007	75	0,639	758
dm^2	145	26,5	1 470	5,6	9	0,3103	0,0009
cm^2	14 500	2 650	147 000	560	900	31,03	0,09
m^3	0,000115	0,000000063	0,000000003	0,001675	0,000343	0,000002	0,000125450
dm^3	0,115	0,000063	0,000003	1,675	0,343	0,002	0,125450
μm	300	405	1 750	1	1 520	78	35

23/2. $v = \pi \cdot d \cdot n$ $\quad d = 420\ \text{mm} = \frac{420\ \text{mm} \cdot 1\ \text{m}}{1\ 000\ \text{mm}} = 0{,}42\ \text{m}$

$$n = 540\ \frac{1}{\text{min}} = 540\ \frac{1}{\text{min}} \cdot \frac{1\ \text{min}}{60\ \text{s}} = \frac{540}{60\ \text{s}}$$

$$v = \pi \cdot 0{,}42\ \text{m} \cdot \frac{540}{60\ \text{s}} = 11{,}869\ \frac{\text{m}}{\text{s}} = \mathbf{11{,}9\ \frac{m}{s}}$$

23/3. a) $v_f = 16\ \frac{\text{m}}{\text{min}} = 16\ \frac{\text{m}}{\text{min}} \cdot \frac{1\ \text{min}}{60\ \text{s}} = \frac{16\ \text{m}}{60\ \text{s}} = \mathbf{0{,}27\ \frac{m}{s}}$

b) $a = \frac{v}{t}$

$$t = \frac{v}{a} = \frac{0{,}27\ \frac{\text{m}}{\text{s}}}{2\ \frac{\text{m}}{\text{s}^2}} = \frac{0{,}27\ \text{m} \cdot \text{s}^2}{2 \cdot \text{s} \cdot \text{m}} = \mathbf{0{,}135\ s}$$

23/4. $F = p_e \cdot A \qquad p_e = 80\ \text{bar} = 80\ \text{bar} \cdot \frac{10\ \text{N}}{\text{cm}^2 \cdot \text{bar}} = 800\ \frac{\text{N}}{\text{cm}^2}$

$F = 800\ \frac{\text{N}}{\text{cm}^2} \cdot 66{,}75\ \text{cm}^2 = 53\,400\ \text{N} = \mathbf{53{,}4\ kN}$

23/5. $P_c = F_c \cdot v_c \qquad v_c = 110\ \frac{\text{m}}{\text{min}} = 110\ \frac{\text{m}}{\text{min}} \cdot \frac{1\ \text{min}}{60\ \text{s}} = \frac{110}{60}\ \frac{\text{m}}{\text{s}}$

$P_c = 6\,365\ \text{N} \cdot \frac{110}{60}\ \frac{\text{m}}{\text{s}} = 11\,669{,}2\ \frac{\text{N} \cdot \text{m}}{\text{s}} = 11\,669{,}2\ \text{W} \approx \mathbf{11{,}7\ kW}$

1.3.7 Umstellen von Formeln

26/1. $U = \pi \cdot d \mid : \pi$

$\frac{U}{\pi} = \frac{\pi \cdot d}{\pi}$

$d = \frac{U}{\pi}$

$d = \frac{U}{\pi} = \frac{125\ \text{mm}}{\pi} = \mathbf{39{,}8\ mm}$

26/2. $A = \frac{\pi \cdot d^2}{4} \Big| \cdot 4$

$A \cdot 4 = \frac{4 \cdot \pi \cdot d^2}{4} \Big| : \pi$

$\frac{A \cdot 4}{\pi} = \frac{\pi \cdot d^2}{\pi}$

$d = \sqrt{\frac{4 \cdot A}{\pi}} = \sqrt{\frac{4 \cdot 56{,}74\ \text{cm}^2}{\pi}} = \sqrt{72{,}28\ \text{cm}^2} = \mathbf{8{,}5\ cm}$

26/3. $c^2 = a^2 + b^2 \mid - a^2$

$c^2 - a^2 = a^2 + b^2 - a^2$

$b^2 = c^2 - a^2$

$b = \sqrt{c^2 - a^2} = \sqrt{(160\ \text{mm})^2 - (85\ \text{mm})^2} = \sqrt{18\,375\ \text{mm}^2} = \mathbf{135{,}5\ mm}$

26/4. $v_f = n \cdot f_z \cdot z \mid : (n \cdot z)$

$\frac{v_f}{n \cdot z} = \frac{n \cdot f_z \cdot z}{n \cdot z}$

$f_z = \frac{v_f}{n \cdot z}$

$f_z = \frac{v_f}{n \cdot z} = \frac{72\ \frac{\text{mm}}{\text{min}}}{\frac{45}{\text{min}} \cdot 8} = \frac{72\ \text{mm} \cdot \text{min}}{45 \cdot 8\ \text{min}} = \mathbf{0{,}2\ mm}$

26/5. $n_1 \cdot z_1 = n_2 \cdot z_2 \mid : z_2$

$\frac{n_1 \cdot z_1}{z_2} = \frac{n_2 \cdot z_2}{z_2}$

$n_2 = \frac{n_1 \cdot z_1}{z_2} = \frac{\frac{440}{\text{min}} \cdot 32}{80} = \mathbf{176\ \frac{1}{min}}$

26/6.

$$\frac{F_1}{F_2} = \frac{d_1^2}{d_2^2} \quad \Big| \cdot d_2^2$$

$$\frac{F_1 \cdot d_2^2}{F_2} = \frac{d_1^2 \cdot d_2^2}{d_2^2} \quad \Big| \cdot \frac{F_2}{F_1}$$

$$\frac{F_1 \cdot d_2^2 \cdot F_2}{F_2 \cdot F_1} = \frac{d_1^2 \cdot F_2}{F_1}$$

$$d_2^2 = \frac{d_1^2 \cdot F_2}{F_1}$$

$$d_2 = \sqrt{\frac{d_1^2 \cdot F_2}{F_1}} = \sqrt{\frac{(20\ \text{mm})^2 \cdot 4\,000\ \text{N}}{150\ \text{N}}}$$

$$d_2 = \sqrt{10\,666{,}66\ \text{mm}^2} = \mathbf{103{,}3\ mm}$$

26/7.

$$I = \frac{U}{R} \quad \Big| \cdot R$$

$$I \cdot R = \frac{U \cdot R}{R}$$

$$U = I \cdot R = 4{,}2\ \text{A} \cdot 12\ \Omega = \mathbf{50{,}4\ V}\ (1\ \text{V} = 1\ \Omega \cdot 1\ \text{A})$$

26/8.

a) $F \cdot s = F_G \cdot h$

$$F = \frac{F_G \cdot h}{s} \qquad s = \frac{F_G \cdot h}{F} \qquad F_G = \frac{F \cdot s}{h} \qquad h = \frac{F \cdot s}{F_G}$$

b) $F_1 \cdot l_1 = F_2 \cdot l_2$

$$F_1 = \frac{F_2 \cdot l_2}{l_1} \qquad l_1 = \frac{F_2 \cdot l_2}{F_1} \qquad F_2 = \frac{F_1 \cdot l_1}{l_2} \qquad l_2 = \frac{F_1 \cdot l_1}{F_2}$$

c) $F_1 \cdot a = F_2 \cdot b$

$$F_1 = \frac{F_2 \cdot b}{a} \qquad a = \frac{F_2 \cdot b}{F_1} \qquad F_2 = \frac{F_1 \cdot a}{b} \qquad b = \frac{F_1 \cdot a}{F_2}$$

d) $\frac{n_t}{n_g} = \frac{z_g}{z_t}$

$$n_t = \frac{z_g \cdot n_g}{z_t} \qquad n_g = \frac{n_t \cdot z_t}{z_g} \qquad z_g = \frac{n_t \cdot z_t}{n_g} \qquad z_t = \frac{z_g \cdot n_g}{n_t}$$

e) $F_B = (F_1 + F_2) - F_A$

$$F_1 = F_A + F_B - F_2$$
$$F_2 = F_A + F_B - F_1$$
$$F_A = (F_1 + F_2 - F_B)$$

f) $U = 2 \cdot (l + b)$

$$l = \frac{U}{2} - b \qquad b = \frac{U}{2} - l$$

g) $A_0 = 2A + A_M$

$$A = \frac{A_0 - A_M}{2} \qquad A_M = A_0 - 2A$$

h) $Q = c \cdot m \cdot (t_2 - t_1)$

$$c = \frac{Q}{m \cdot (t_2 - t_1)} \qquad m = \frac{Q}{c \cdot (t_2 - t_1)} \qquad t_2 = \frac{Q}{c \cdot m} + t_1 \qquad t_1 = t_2 - \frac{Q}{c \cdot m}$$

i) $a = \frac{m \cdot (z_1 + z_2)}{2}$

$$m = \frac{2a}{z_1 + z_2} \qquad z_1 = \frac{2a}{m} - z_2 \qquad z_2 = \frac{2a}{m} - z_1$$

k) $C = \frac{D - d}{L}$

$$D = C \cdot L + d \qquad d = D - C \cdot L \qquad L = \frac{D - d}{C}$$

l) $d_a = m \cdot (z + 2)$

$m = \frac{d_a}{z + 2}$

$z = \frac{d_a}{m} - 2$

m) $d = \sqrt{D^2 - l^2}$

$D = \sqrt{d^2 + l^2}$

$l = \sqrt{D^2 - d^2}$

n) $Q = q \cdot s \cdot n$

$q = \frac{Q}{s \cdot n}$

$s = \frac{Q}{q \cdot n}$

$n = \frac{Q}{q \cdot s}$

o) $P = U \cdot I \cdot \cos\gamma$

$U = \frac{P}{I \cdot \cos\gamma}$

$I = \frac{P}{U \cdot \cos\gamma}$

$\cos\gamma = \frac{P}{U \cdot I}$

p) ●

$R = \frac{R_1 \cdot R_2}{R_1 + R_2}$

$R_1 = \frac{-R \cdot R_2}{R - R_2}$

$R_2 = \frac{R \cdot R_1}{R_1 - R}$

q) ●

$F_B = \frac{(F_1 \cdot l_1 + F_2 \cdot l_2)}{l}$

$l_1 = \frac{F_B \cdot l - F_2 \cdot l_2}{F_1}$

$l_2 = \frac{F_B \cdot l - F_1 \cdot l_1}{F_2}$

$F_1 = \frac{F_B \cdot l - F_2 \cdot l_2}{l_1}$

$F_2 = \frac{F_B \cdot l - F_1 \cdot l_1}{l_2}$

1.3.8 Technische Berechnungen mit dem Taschenrechner

29/1.

$A = \frac{\pi \cdot d^2}{4} \;\Big|\; \cdot 4 \qquad 4 \cdot A = \frac{\pi \cdot d^2 \cdot 4}{4} \;\Big|\; \div \pi \qquad \frac{4 \cdot A}{\pi} = \frac{\pi \cdot d^2}{\pi} \qquad d = \sqrt{\frac{4 \cdot A}{\pi}}$

$d = \sqrt{\frac{4 \cdot 5{,}672 \text{ mm}^2}{\pi}} = 2{,}687 \text{ mm} \approx$ **2,7 mm**

Lösung mit dem Taschenrechner

Schritt	1	2	3	4	5	6	7	8	9
Eingabe	AC	4	x	5,672	:	π	=	√	=
Anzeige	0	4	4	5,672	22,688	3,14159	7,2218	7,2218	2,687

29/2.

a) sin 15° = **0,258819**

Lösung mit dem Taschenrechner

Schritt	1	2	3	4
Eingabe	AC	sin	15	=
Anzeige	0	0	15	0,258819

b) cos 32,42° = **0,8441**

Lösung mit dem Taschenrechner

Schritt	1	2	3	4
Eingabe	AC	cos	32,42	=
Anzeige	0	0	32,42	0,8441408

c) tan 56,53° = **1,5125**

Lösung mit dem Taschenrechner

Schritt	1	2	3	4
Eingabe	AC	tan	56,33	=
Anzeige	0	0	56,33	1,5125

d) sin 84,43° = **0,9952**

Lösung mit dem Taschenrechner

Schritt	1	2	3	4
Eingabe	AC	sin	84,43	=
Anzeige	0	0	84,43	0,9952

e) cos 77,2° = **0,2215**

Lösung mit dem Taschenrechner

Schritt	1	2	3	4
Eingabe	AC	cos	77,2	=
Anzeige	0	0	77,2	0,2215

f) tan 87,41° = **22,1068**

Lösung mit dem Taschenrechner

Schritt	1	2	3	4
Eingabe	AC	tan	87,41	=
Anzeige	0	0	87,41	22,1068

29/3.

a) α = **23,697°**

Lösung mit dem Taschenrechner					
Schritt	1	2	3	4	5
Eingabe	AC	SHIFT	sin	0,4019	=
Anzeige	0	0	0	0,4019	23,697

b) β = **87,34°**

Lösung mit dem Taschenrechner					
Schritt	1	2	3	4	5
Eingabe	AC	SHIFT	cos	0,0464	=
Anzeige	0	0	0	0,0464	87,34

c) γ = **74,33°**

Lösung mit dem Taschenrechner					
Schritt	1	2	3	4	5
Eingabe	AC	SHIFT	tan	3,5648	=
Anzeige	0	0	0	3,5648	74,33

29/4.

$v = \pi \cdot d \cdot n$ $\quad d = 420\ \text{mm} = 0{,}4\ \text{m}$ $\quad n = \frac{540}{\text{min}} = \frac{540}{60\ \text{s}}$

$v = \pi \cdot 0{,}4\ \text{m} \cdot \frac{540}{60\ \text{s}} = \frac{\pi \cdot 0{,}4 \cdot 540}{60} \frac{\text{m}}{\text{s}} = \mathbf{11{,}309\ \frac{m}{s}}$

Lösung mit dem Taschenrechner									
Schritt	1	2	3	4	5	6	7	8	9
Eingabe	AC	π	·	0,4	·	540	:	60	=
Anzeige	0	3,1415	3,1415	0,4	1,2566	540	678,584	60	11,309

29/5.

$S = U \cdot t$
$S = (\pi \cdot 22\ \text{mm} + 2 \cdot 30\ \text{mm} + 2 \cdot \pi \cdot 9{,}5\ \text{mm}) \cdot 1\ \text{mm}$
$S = 188{,}8\ \text{mm} \cdot 1\ \text{mm} = \mathbf{188{,}8\ mm^2}$

Lösung mit dem Taschenrechner									
Schritt	1	2	3	4	5	6	7	8	9
Eingabe	AC	π	·	22	+	2	·	30	+
Anzeige	0	3,1415	3,1415	22	69,1	2	2	30	129,1
Schritt	10	11	12	13	14	15	16	17	
Eingabe	2	·	π	·	9,5	·	1	=	
Anzeige	2	2	3,1415	6,2831	9,5	188,8	1	188,8	

1.4 Berechnungen im Dreieck

1.4.1 Lehrsatz des Pythagoras

30/1. **Rechtwinklige Dreiecke**

a) $c = \sqrt{a^2 + b^2} = \sqrt{(120\ \text{mm})^2 + (160\ \text{mm})^2} = \mathbf{200\ mm}$

b) $b = \sqrt{c^2 - a^2} = \sqrt{(170\ \text{mm})^2 - (80\ \text{mm})^2} = \mathbf{150\ mm}$

c) $c = \sqrt{a^2 + b^2} = \sqrt{(8{,}3\ \text{cm})^2 + (40\ \text{cm})^2} = \mathbf{40{,}852\ cm}$

d) $a = \sqrt{c^2 - b^2} = \sqrt{(8{,}2\ \text{dm})^2 - (6{,}4\ \text{dm})^2} = \mathbf{5{,}126\ dm}$

e) $a = \sqrt{c^2 - b^2} = \sqrt{(0{,}12\ \text{m})^2 - (0{,}02\ \text{m})^2} = \mathbf{0{,}118\ m}$

f) $b = \sqrt{c^2 - a^2} = \sqrt{(20{,}2\ \text{km})^2 - (13{,}5\ \text{km})^2} = \mathbf{15{,}026\ km}$

30/2. Rahmen

Länge einer Versteifungsstrebe:

$c = \sqrt{a^2 + b^2} = \sqrt{(750\ \text{mm})^2 + (1\,200\ \text{mm})^2} = 1\,415{,}097\ \text{mm}$

$\approx$ **1415 mm**

30/3. Kegel

$h = \sqrt{c^2 - b^2} = \sqrt{(170\ \text{mm})^2 - (60\ \text{mm})^2} = 159{,}06\ \text{mm}$

$\approx$ **159 mm**

30/4. Zylinder

$b = 2 \cdot \sqrt{c^2 - a^2} = 2 \cdot \sqrt{(60\ \text{mm})^2 - (40\ \text{mm})^2}$

= **89,443 mm**

30/5. Platte

$x = \sqrt{(29\ \text{mm})^2 + (29\ \text{mm})^2} = \sqrt{1\,682\ \text{mm}^2} =$ **41,012 mm**

31/6. Vierkant

$c = \sqrt{a^2 + b^2} = \sqrt{(30\ \text{mm})^2 + (30\ \text{mm})^2} =$ **42,426 mm**

31/7. Sechskant

$$\left(\frac{D}{2}\right)^2 = \left(\frac{D}{4}\right)^2 + (16\ \text{mm})^2$$

$$\frac{D^2}{4} - \frac{D^2}{16} = (16\ \text{mm})^2$$

$$\frac{3}{16} D^2 = (16\ \text{mm})^2 = 256\ \text{mm}^2$$

$$D^2 = 256\ \text{mm}^2 \cdot \frac{16}{3}$$

$D = \sqrt{1\,365{,}\overline{3}\ \text{mm}^2} =$ **36,950 mm**

31/8. Quader

$c = l_1 = \sqrt{a^2 + b^2} = \sqrt{(420\ \text{mm})^2 + (215\ \text{mm})^2}$

= **471,832 mm**

$c = l_2 = \sqrt{a^2 + b^2} = \sqrt{(471{,}832\ \text{mm})^2 + (180\ \text{mm})^2}$

= **505,000 mm**

31/9. Anschnitt

$a = l_s = \sqrt{c^2 - b^2} = \sqrt{(40\ \text{mm})^2 - (32{,}5\ \text{mm})^2}$

$= 23{,}318\ \text{mm} \approx$ **23,3 mm**

$L = (100 + 40 + 1{,}5 + 1{,}5 - 23{,}3)\ \text{mm} =$ **119,7 mm**

31/10. Kugelpfanne

$a = \frac{x}{2} = \sqrt{c^2 - b^2} = \sqrt{(24\ \text{mm})^2 - (11\ \text{mm})^2}$

$= 21{,}330729\ \text{mm}$

$x =$ **42,661 mm**

31/11. Treppenwange

$c = L = \sqrt{a^2 + b^2} = \sqrt{(2\,200\ \text{mm})^2 + (1\,800\ \text{mm})^2}$

= **2 842,5 mm**

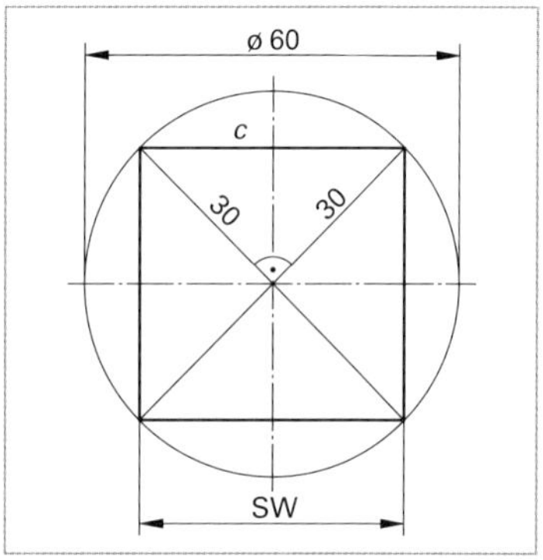

Bild 31/6: Vierkant

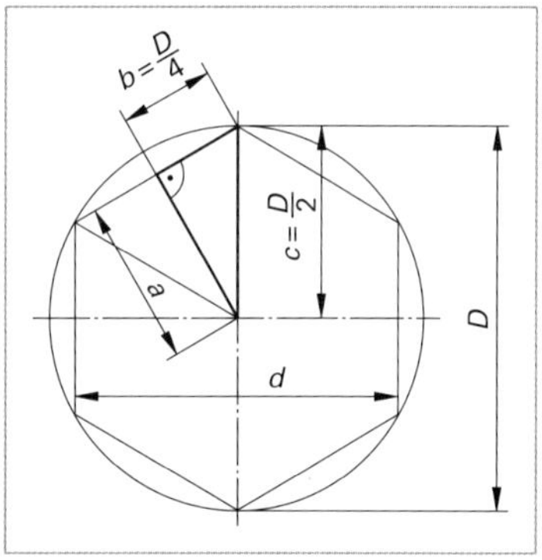

Bild 31/7: Sechskant

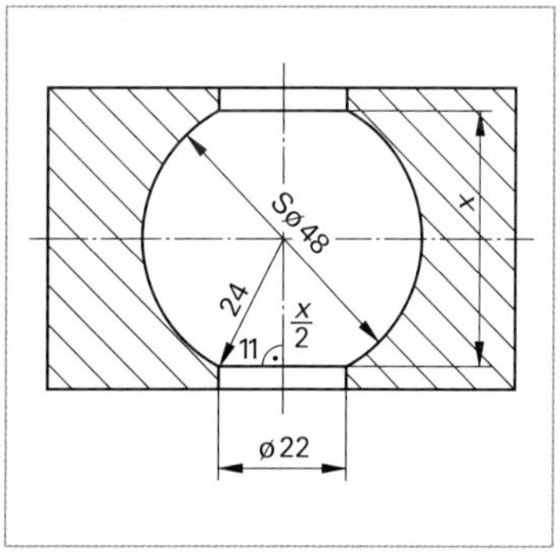

Bild 31/10: Kugelpfanne

31/12. Lehre

$b = \sqrt{c^2 - a^2} = \sqrt{(60\ \text{mm})^2 - (42{,}5\ \text{mm})^2} = 42{,}353\ \text{mm}$

$x = (42{,}353 + 42{,}5)\ \text{mm} = \mathbf{84{,}853\ mm}$

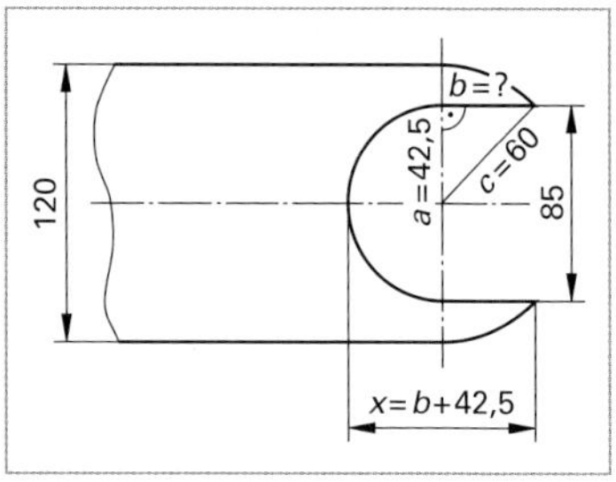

Bild 31/12: Lehre

31/13. Zahntrieb

$a = x = \sqrt{c^2 - b^2} = \sqrt{(115\ \text{mm})^2 - (34\ \text{mm})^2} = \mathbf{109{,}859\ mm}$

31/14. Portalkran

$c = \sqrt{a^2 + b^2} = \sqrt{\left(1{,}3\ \frac{\text{m}}{\text{s}}\right)^2 + \left(1{,}9\ \frac{\text{m}}{\text{s}}\right)^2} = \mathbf{2{,}3\ \frac{m}{s}}$

32/15. Lochung

$c = \sqrt{a^2 + b^2} = \sqrt{(36\ \text{mm})^2 + (32\ \text{mm})^2} = \mathbf{48{,}166\ mm}$

$x = 48{,}166\ \text{mm} - 8\ \text{mm} = 40{,}166\ \text{mm} \approx \mathbf{40{,}17\ mm}$

32/16. Ausleger

$l = c = \sqrt{a^2 + b^2} = \sqrt{(1\,250\ \text{mm})^2 + (830\ \text{mm})^2}$

$= 1\,500{,}467\ \text{mm} \approx \mathbf{1\,500\ mm}$

32/17. Härteprüfung

$b = \sqrt{c^2 - a^2} = \sqrt{(5\ \text{mm})^2 - (2{,}15\ \text{mm})^2} = 4{,}514\ \text{mm}$

$h = (5 - 4{,}514)\ \text{mm} = \mathbf{0{,}486\ mm}$

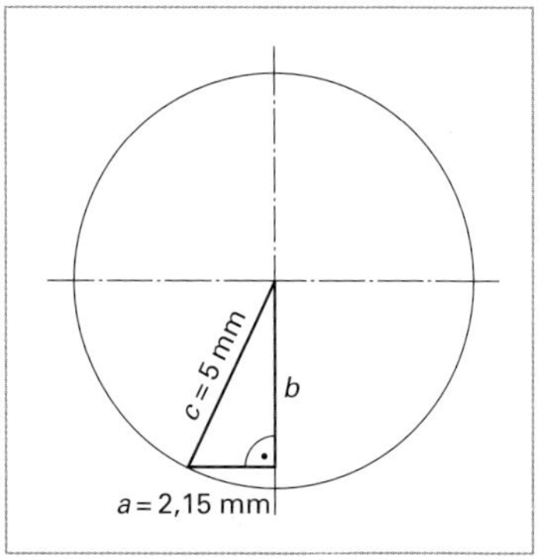

Bild 32/17: Härteprüfung

32/18. Segmentplatte

$x = \sqrt{(40\ \text{mm})^2 - (10\ \text{mm})^2} = \mathbf{38{,}730\ mm}$

$y = \sqrt{(40\ \text{mm})^2 - (38{,}730\ \text{mm} - 5\ \text{mm})^2} = \mathbf{21{,}501\ mm}$

32/19. Kräfte beim Drehen

$c = F_a = \sqrt{a^2 + b^2} = \sqrt{(8\,900\ \text{N})^2 + (1\,700\ \text{N})^2}$

$= \mathbf{9\,060{,}9\ N}$

32/20. Scheibenfräser

a) $b = \sqrt{c^2 - a^2} = \sqrt{(40\ \text{mm})^2 - (34\ \text{mm})^2} = \mathbf{21{,}071\ mm}$

● b) $l_s = \sqrt{\left(\frac{d}{2}\right)^2 - \left(\frac{d}{2} - a\right)^2} = \sqrt{\frac{d^2}{4} - \left(\frac{d^2}{4} - 2 \cdot \frac{d}{2} \cdot a + a^2\right)}$

$= \sqrt{\frac{d^2}{4} - \frac{d^2}{4} + d \cdot a - a^2}$

$= \sqrt{\boldsymbol{a \cdot d - a^2}}$

32/21. Lochstempel

$\left(\frac{f}{2}\right)^2 = r^2 - (r - 0{,}1)^2$

$\frac{f}{2} = \sqrt{(5\ \text{mm})^2 - (5\ \text{mm} - 0{,}1\ \text{mm})^2}$

$= 0{,}995\ \text{mm}$

$f \approx \mathbf{2\ mm}$

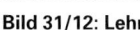

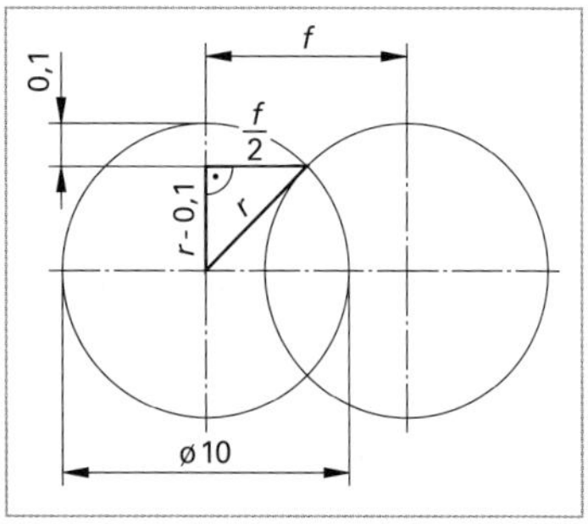

Bild 32/21: Lochstempel

32/22. Seewölbung
●

$a = \sqrt{c^2 - b^2} = \sqrt{(6\,365\ \text{km})^2 - (23\ \text{km})^2} = 6\,364{,}9584\ \text{km}$

$h = r - b = 6\,365\ \text{km} - 6\,364{,}9584\ \text{km} = 0{,}04156\ \text{km}$

$= \mathbf{41{,}56\ m}$

1.4.2 Winkelfunktionen

Winkelfunktionen im rechtwinkligen Dreieck

35/1 **Funktionswerte**

sin: **0,1736; 0,7431; 0,0640; 0,4874; 0,9124; 0,6136**
cos: **0,9848; 0,6691; 0,9980; 0,8732; 0,4094; −0,7896**
tan: **0,1763; 1,1106; 0,0641; 0,5581; 2,2286; −0,7771**

35/2. **Winkel**

	a	b	c	d	e
α	**6°**	**8,5° (8° 30′)**	**39,84° (39° 50′)**	**69,83° (69° 50′)**	**87,86° (87° 51′)**
α	**1,62° (1° 37′)**	**10,17° (10° 10′)**	**38,83° (38° 50′)**	**53,17° (53° 10′)**	**85°**
α	**5°**	**25°**	**70,83° (70° 50′)**	**89,17 (89° 10′)**	**89,83° (89° 50′)**

35/3. **Berechnungen im Dreieck**

	a	b	c	d	e
c in mm	62	**50**	350	784	**1 120**
a in mm	**50,8**	30	**225**	**747**	760
b in mm	**35,6**	40	**268**	**238**	**825**
$\sphericalangle \alpha$	55°	**36,83°**	**40°**	**72,33°**	42° 40′
$\sphericalangle \beta$	**35°**	**53,17°**	50°	17,67°	**47° 20′**

35/4. **Kegelräder**

$$\tan \delta_1 = \frac{\frac{d_1}{2}}{\frac{d_2}{2}} = \frac{d_1}{d_2} = \frac{160\ \text{mm}}{88\ \text{mm}} = 1{,}8182;\quad \delta_1 = \mathbf{61{,}2°}$$

$$\delta_2 = 90° - \delta_1 = 90° - 61{,}2° = \mathbf{28{,}8°}$$

35/5. **Prismenführung**

$b = a \cdot \tan 40° = 16\ \text{mm} \cdot 0{,}8391 = 13{,}426\ \text{mm}$
$x = 36\ \text{mm} - 2 \cdot b = 36\ \text{mm} - 2 \cdot 13{,}426\ \text{mm} = 9{,}148\ \text{mm} \approx$ **9,15 mm**

35/6. **Seitenschieber**

$x = a \cdot \tan 30° = 5\ \text{mm} \cdot 0{,}5774 = 2{,}887\ \text{mm} \approx$ **2,9 mm**

35/7. **Bohrlehre**

$$c = \frac{100\ \text{mm}}{\cos 50°} = \frac{100\ \text{mm}}{0{,}6428} = \mathbf{155{,}6\ mm}$$

$b = 100\ \text{mm} \cdot \tan 50° = 100\ \text{mm} \cdot 1{,}1918 =$ **119,18 mm**

35/8. **Befestigungsplatte**

$x = 40\ \text{mm} \cdot \cos 20° = 40\ \text{mm} \cdot 0{,}9397 =$ **37,59 mm**
$y = 40\ \text{mm} \cdot \sin 20° = 40\ \text{mm} \cdot 0{,}3420 =$ **13,68 mm**

35/9. **Sinuslineal**

$E = L \cdot \sin \alpha = 100\ \text{mm} \cdot \sin 24{,}5° = 100\ \text{mm} \cdot 0{,}4147 =$ **41,47 mm**

36/10. Blechhaube

$$a = \frac{750\text{ mm}}{2} - \frac{400\text{ mm}}{2} = 175\text{ mm};$$

$$L = \frac{a}{\sin 40°} = \frac{175\text{ mm}}{0{,}6428} = 272{,}24\text{ mm} \approx \mathbf{272\text{ mm}}$$

36/11. Drehteil

$$\tan\frac{\alpha}{2} = \frac{D-d}{2l} = \frac{(50-30)\text{ mm}}{2 \cdot 84\text{ mm}} = 0{,}1190;\ \frac{\alpha}{2} = 6{,}79°;\ \alpha = \mathbf{13{,}58°}$$

36/12. Abdeckblech

$$l_1 = \frac{160\text{ mm}}{\cos 30°} = \frac{160\text{ mm}}{0{,}8660} = 184{,}8\text{ mm}$$

$$l_2 = 160\text{ mm} \cdot \tan 30° = 160\text{ mm} \cdot 0{,}5773 = 92{,}4\text{ mm}$$

$$l_3 = 530\text{ mm} - 80\text{ mm} = 450\text{ mm}$$

$$l_4 = \frac{\pi \cdot d}{2} = \frac{\pi \cdot 160\text{ mm}}{2} = 251{,}3\text{ mm}$$

$$l = l_1 + l_3 + l_4 + l_3 - l_2 = \mathbf{1\,243{,}7\text{ mm}}$$

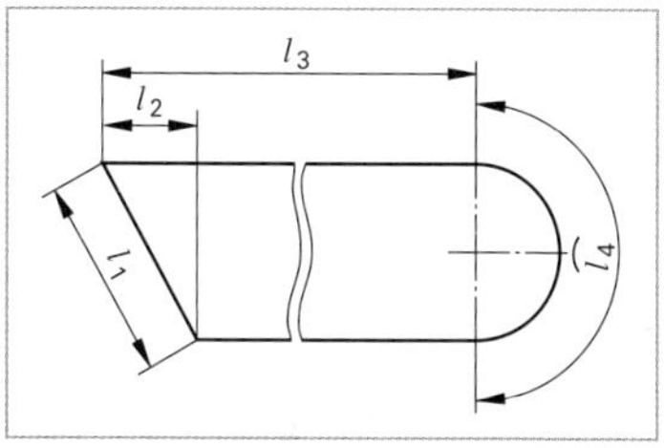

Bild 36/12: Abdeckblech

36/13. Reibradgetriebe

$$h = \frac{100\text{ mm}}{\tan 75°} = \frac{100\text{ mm}}{3{,}7321} = 26{,}79\text{ mm} \approx \mathbf{26{,}8\text{ mm}}$$

36/14. Trägerkonstruktion

$$\tan\alpha = \frac{c}{a+b} = \frac{2\,300\text{ mm}}{3\,000\text{ mm} + 2\,500\text{ mm}} = 0{,}4182;\ \alpha = 22{,}69°$$

$$\cos\alpha = \frac{a}{d};\ d = \frac{a}{\cos\alpha} = \frac{3\,000\text{ mm}}{0{,}9226} = 3\,251{,}68\text{ mm} \approx \mathbf{3\,252\text{ mm}}$$

$$\sin\alpha = \frac{c}{d+e};\ d+e = \frac{c}{\sin\alpha} = \frac{2\,300\text{ mm}}{0{,}3858} = 5\,961{,}64\text{ mm}$$

$$e = 5\,961{,}49\text{ mm} - d = 3\,961{,}49\text{ mm} - 3\,251{,}68\text{ mm} = 2\,709{,}81\text{ mm} \approx \mathbf{2\,710\text{ mm}}$$

$$\sin\alpha = \frac{f}{d};\ f = d \cdot \sin\alpha = 3\,251{,}68\text{ mm} \cdot 0{,}3858 = 1\,254{,}50\text{ mm} \approx \mathbf{1\,255\text{ mm}}$$

$$g^2 = b^2 + f^2;\ g = \sqrt{b^2 + f^2} = \sqrt{(2\,500\text{ mm})^2 + (1\,254{,}50\text{ mm})^2} = \sqrt{7\,823\,770\text{ mm}^2}$$
$$\approx \mathbf{2\,797\text{ mm}}$$

36/15. Profilplatte

P1: $X_1 = \mathbf{0\text{ mm}}$
$Y_1 = \mathbf{0\text{ mm}}$

P2: $X_2 = \mathbf{40\text{ mm}}$
$Y_2 = \mathbf{0\text{ mm}}$

P3: $X_3 = (40 + 30)\text{ mm} = \mathbf{70\text{ mm}}$
$Y_3 = 30\text{ mm} \cdot \tan 20° = 30\text{ mm} \cdot 0{,}3640 = \mathbf{10{,}92\text{ mm}}$

P4: $X_4 = X_3 = \mathbf{70\text{ mm}}$
$Y_4 = \mathbf{28\text{ mm}}$

P5: $$\tan 20° = \frac{(37-28)\text{ mm}}{70\text{ mm} - X_5}$$

$$X_5 = 70\text{ mm} - \frac{9\text{ mm}}{\tan 20°} = 70\text{ mm} - \frac{9\text{ mm}}{0{,}3640} = \mathbf{45{,}27\text{ mm}}$$

$Y_5 = \mathbf{37\text{ mm}}$

P6: $X_6 = 20\text{ mm} + 16\text{ mm} \cdot \sin 60° = 20\text{ mm} + 16\text{ mm} \cdot 0{,}8660 = \mathbf{33{,}86\text{ mm}}$
$Y_6 = \mathbf{37\text{ mm}}$

P7: $X_7 = \mathbf{20\text{ mm}}$ P8: $X_8 = \mathbf{0\text{ mm}}$
$Y_7 = \mathbf{45\text{ mm}}$ $Y_8 = \mathbf{45\text{ mm}}$

36/16: Rundstab

$\sin\alpha = \frac{6\text{ mm}}{25\text{ mm}} = 0{,}24;\ \alpha = 13{,}89°$

$\beta = \frac{120° - 2\cdot\alpha}{2} = 46{,}11°$

$a = r - t$

$\cos\beta = \frac{a}{r};\ a = r \cdot \cos\beta = 25\text{ mm} \cdot 0{,}6933 = 17{,}33\text{ mm}$

$t = r - a = 25\text{ mm} - 17{,}33\text{ mm} = \mathbf{7{,}67\text{ mm}}$

36/17. Vierkant

$\cos\alpha = \frac{16\text{ mm}}{20\text{ mm}} = 0{,}8;\ \alpha = 36{,}87°$

$\beta = 45° - \alpha = 8{,}13°$

$b = 2 \cdot 20\text{ mm} \cdot \sin\beta = 40\text{ mm} \cdot 0{,}1414 =$
$5{,}656\text{ mm} \approx \mathbf{5{,}7\text{ mm}}$

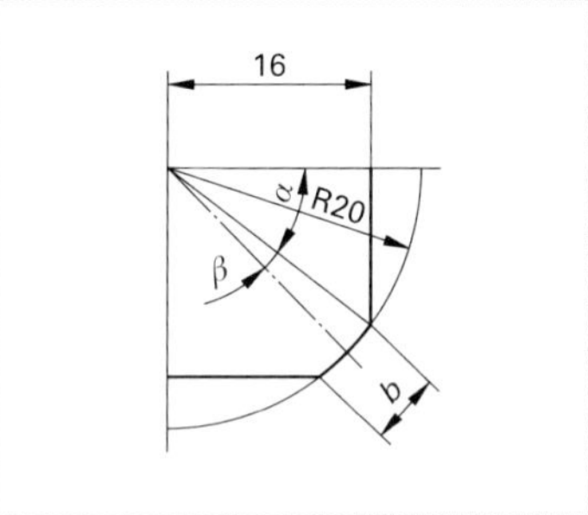

Bild 36/17: Vierkant

Winkelfunktionen im schiefwinkligen Dreieck

38/1. Schiefwinklige Dreiecke

a) $\frac{a}{\sin\alpha} = \frac{b}{\sin\beta};\ a = \frac{b\cdot\sin\alpha}{\sin\beta} = \frac{75\text{ mm}\cdot\sin 75°}{\sin 45°} = \mathbf{102{,}45\text{ mm}}$

$\gamma = 180° - \alpha - \beta = 180° - 75° - 45° = \mathbf{60°}$

$\frac{c}{\sin\gamma} = \frac{a}{\sin\alpha};\ c = \frac{a\cdot\sin\gamma}{\sin\alpha} = \frac{102{,}45\text{ mm}\cdot\sin 60°}{\sin 75°} = \mathbf{91{,}85\text{ mm}}$

b) $\frac{\sin\beta}{b} = \frac{\sin\gamma}{c};\ \sin\beta = \frac{b\cdot\sin\gamma}{c} = \frac{45\text{ mm}\cdot\sin 60{,}5°}{43\text{ mm}} = 0{,}9108$

$\beta = \mathbf{65{,}62°}$

$\alpha = 180° - \beta - \gamma = 180° - 65{,}62° - 60{,}5° = \mathbf{53{,}88°}$

$\frac{a}{\sin\alpha} = \frac{c}{\sin\gamma};\ a = \frac{c\cdot\sin\alpha}{\sin\gamma} = \frac{43\text{ mm}\cdot\sin 53{,}88°}{\sin 60{,}5°} = \mathbf{39{,}91\text{ mm}}$

c) $c^2 = a^2 + b^2 - 2\cdot a\cdot b\cdot\cos\gamma$

$c = \sqrt{a^2 - b^2 - 2\cdot a\cdot b\cdot\cos\gamma} = \sqrt{(50^2 + 36^2 - 2\cdot 50\cdot 36\cdot\cos 59{,}5°)\text{ mm}^2}$

$= \mathbf{44{,}37\text{ mm}}$

$\frac{\sin\alpha}{a} = \frac{\sin\gamma}{c};\ \sin\alpha = \frac{a\cdot\sin\gamma}{c} = \frac{50\text{ mm}\cdot\sin 59{,}5°}{44{,}37\text{ mm}} = 0{,}9709$

$\alpha = \mathbf{76{,}16°}$

$\beta = 180° - \alpha - \gamma = 180° - 76{,}16° - 59{,}5° = \mathbf{44{,}34°}$

d) $a^2 = b^2 + c^2 - 2\cdot b\cdot c\cdot\cos\alpha;\ \cos\alpha = \frac{b^2 + c^2 - a^2}{2\cdot b\cdot c}$

$= \frac{(39^2 + 45^2 - 57^2)\text{ mm}^2}{2\cdot 39\cdot 45\text{ mm}^2} = 0{,}0846;\ \alpha = \mathbf{85{,}15°}$

$\frac{\sin\alpha}{a} = \frac{\sin\beta}{b}$; $\sin\beta = \frac{b \cdot \sin\alpha}{a} = \frac{39\text{ mm} \cdot \sin 85{,}15°}{57\text{ mm}} = 0{,}6818$

β **= 42,98°**

$\gamma = 180° - \alpha - \beta = 180° - 85{,}15° - 42{,}98° =$ **51,87°**

38/2. **Ausleger**

a) $\beta = 180° - (60° + 70°) = 50°$

$\frac{x}{\sin\alpha} = \frac{b}{\sin\beta}$; $x = \frac{b \cdot \sin\alpha}{\sin\beta} = \frac{1\,500\text{ mm} \cdot \sin 60°}{\sin 50°} = 1\,695{,}77\text{ mm} \approx$ **1 696 mm**

$\frac{y}{\sin\gamma} = \frac{b}{\sin\beta}$; $y = \frac{b \cdot \sin\gamma}{\sin\beta} = \frac{1\,500\text{ mm} \cdot \sin 70°}{\sin 50°} = 1\,840{,}02\text{ mm} \approx$ **1 840 mm**

b) $\sin\gamma = \frac{l}{x}$; $l = x \cdot \sin\gamma = 1\,695{,}77\text{ mm} \cdot \sin 70° = 1\,593{,}50\text{ mm} \approx$ **1 594 mm**

38/3. **Kurbeltrieb**

a) $\frac{\sin\alpha}{a} = \frac{\sin\beta}{b}$; $\sin\beta = \frac{b \cdot \sin\alpha}{a} = \frac{180\text{ mm} \cdot \sin 30°}{400\text{ mm}} = 0{,}2250$

β **= 13,00°**

b) Winkel γ zwischen Kurbel und Kurbelstange: $\gamma = 180° - \alpha - \beta$
$= 180° - 30° - 13° = 137°$

$\frac{c}{\sin\gamma} = \frac{a}{\sin\alpha}$; $c = \frac{a \cdot \sin\gamma}{\sin\alpha} = \frac{400\text{ mm} \cdot \sin 137°}{\sin 30°} = 545{,}6\text{ mm}$

$x = r + a - c = 180\text{ mm} + 400\text{ mm} - 545{,}6\text{ mm} =$ **34,4 mm**

38/4. **Grundplatte**

$\overline{P1P2} = a$; $\overline{P1P3} = b$; $\overline{P2P3} = c$; $\sphericalangle\, P1P2P3 = \sphericalangle\, \beta$

$b^2 = a^2 + c^2 - 2 \cdot a \cdot c \cdot \cos\beta$; $\cos\beta = \frac{a^2 + c^2 - b^2}{2 \cdot a \cdot c}$

$= \frac{(92^2 + 36^2 - 71^2)\text{ mm}^2}{2 \cdot 92 \cdot 36\text{ mm}^2} = 0{,}7124$; $\beta = 44{,}57°$

$\cos\beta = \frac{x}{a}$; $x = a \cdot \cos\beta = 36\text{ mm} \cdot \cos 44{,}57°$

= 25,65 mm

$\sin\beta = \frac{y}{a}$; $y = a \cdot \sin\beta = 36\text{ mm} \cdot \sin 44{,}57°$

= 25,26 mm

oder

$a^2 = x^2 + y^2$; $y = \sqrt{a^2 - x^2} = \sqrt{(36\text{ mm})^2 - (25{,}65\text{ mm})^2}$

$= 25{,}26\text{ mm}$

38/5. **Fachwerk**

$a^2 = b^2 + c^2 - 2 \cdot b \cdot c \cdot \cos\alpha$

$a = \sqrt{b^2 + c^2 - 2 \cdot b \cdot c \cdot \cos\alpha}$

$a = \sqrt{(3\,000^2 + 2\,200^2 - 2 \cdot 3\,000 \cdot 2\,200 \cdot \cos 20°)\text{ mm}^2}$

= 1 198,4 mm

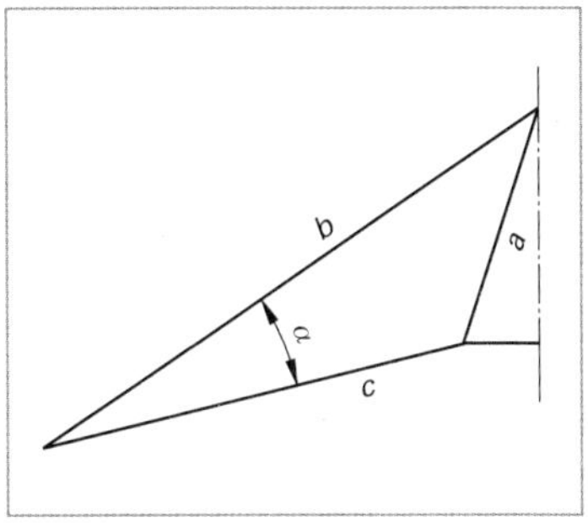

Bild 38/5: Fachwerk

1.5 Allgemeine Berechnungen

1.5.1 Schlussrechnung

39/1. **Werkstoffpreis**

1. Schritt: $A_m = 1\ \text{kg};\ A_w = 1{,}08\ €$

2. Schritt: $\frac{A_w}{A_m} = 1{,}08\ \frac{€}{\text{kg}}$

3. Schritt: $E_m = E_{m_1} \cdot E_{m_2} = 1{,}35\ \text{kg} \cdot 185\ \text{Deckel}$

$E_m = 249{,}75\ \text{kg} \cdot \text{Deckel}$

$$E_w = \frac{E_m \cdot A_w}{A_m} = \frac{249{,}75\ \text{kg} \cdot 1{,}08\ €}{1\ \text{kg}}$$

$\boldsymbol{E_w = 269{,}73\ €}$

39/2. **Schutzgasverbrauch**

1. Schritt: $A_m = 23\ \text{m};\ A_w = 640\ \text{l}$

2. Schritt: $\frac{A_w}{A_m} = \frac{640\ \text{l}}{23\ \text{m}} = 27{,}83\ \frac{\text{l}}{\text{m}}$

3. Schritt: $E_m = 78\ \text{m}$

$$E_w = \frac{E_m \cdot A_w}{A_m} = \frac{78\ \text{m} \cdot 640\ \text{l}}{23\ \text{m}}$$

$\boldsymbol{E_w = 2\,170{,}43\ \text{l}}$

39/3. **Notstromaggregat**

1. Schritt: $A_m = A_{m1} \cdot A_{m2} = 2\ \text{Aggregate} \cdot 3\ \text{Stunden}$

$A_m = 6\ \text{Stunden}$

2. Schritt: $A_m = 6\ \text{Stunden};\ A_w = 120\ \text{l}$

$$\frac{A_w}{A_m} = \frac{120\ \text{l}}{6\ \text{Stunden}} = 20\ \frac{\text{l}}{\text{h}}$$

3. Schritt: $E_m = 3\ \text{Aggregate}$

$$E_w = \frac{E_m \cdot A_w}{A_m} = \frac{3 \cdot 120\ \text{l}}{6\ \text{Stunden}} = 60\ \frac{\text{l}}{\text{h}}$$

240 l Treibstoff reichen für $\frac{240\ \text{l}}{60\ \frac{\text{l}}{\text{h}}} = \mathbf{4\ h.}$

39/4. **CuZn-Blech**

1. Schritt: $A_m = A_{m1} \cdot A_{m2}$

$= 4\ \text{m}^2 \cdot 4\ \text{mm} = 16\ \text{m}^2 \cdot \text{mm}$

2. Schritt: $A_m = 16\ \text{m}^2 \cdot \text{mm};\ A_w = 136\ \text{kg}$

$$\frac{A_w}{A_m} = \frac{136\ \text{kg}}{16\ \text{m}^2 \cdot \text{mm}} = 8{,}5\ \frac{\text{kg}}{\text{m}^2 \cdot \text{mm}}$$

3. Schritt: $E_m = E_{m_1} \cdot E_{m_2} = 10\ \text{m}^2 \cdot 6\ \text{mm}$

$= 60\ \text{m}^2 \cdot \text{mm}$

$$E_w = \frac{E_m \cdot A_w}{A_m} = \frac{60\ \text{m}^2 \cdot \text{mm} \cdot 136\ \text{kg}}{16\ \text{m}^2 \cdot \text{mm}} = \mathbf{510\ kg}$$

1

39/5. Qualitätskontrolle

● 1. Schritt: $A_m = 3$ Prüfer; $A_w = 14$ Stunden

2. Schritt: $A_m \cdot A_w = 3 \cdot 14$ Stunden $= 42$ Stunden

3. Schritt: $E_m = 8$ Stunden

$$E_w = \frac{A_m \cdot A_w}{E_m} = \frac{3\ \text{Prüfer} \cdot 14\ \text{Stunden}}{8\ \text{Stunden}}$$

$E_w =$ **5,25 Prüfer**

Es werden mindestens 6 Prüfer benötigt.

39/6. Rundstahl

● 1. Schritt: $A_m = 200$ mm; $A_w = 450$ cm $= 4{,}5$ m

2. Schritt: $A_m \cdot A_w = 200\ \text{mm} \cdot 4{,}5\ \text{m} = 900\ \text{mm} \cdot \text{m}$

3. Schritt: $E_m = 100$ mm

$$E_w = \frac{A_w \cdot A_m}{E_m} = \frac{4{,}5\ \text{m} \cdot 200\ \text{mm}}{100\ \text{mm}}$$

$\boldsymbol{E_w = 9\ \text{m}}$

1.5.2 Prozentrechnung

40/1. Festplatte

$$P_s = \frac{100\ \% \cdot P_w}{G_w} = \frac{100\ \% \cdot 15\ \text{MB}}{10\ 000\ \text{MB}} = \mathbf{0{,}15\ \%}$$

40/2. Scanzeit

$$P_w = \frac{G_w}{100\ \%} \cdot P_s = \frac{4\ \text{min}}{100\ \%} \cdot 24\ \% = \mathbf{0{,}96\ min} \mathrel{\widehat{=}} \mathbf{57{,}6\ s} \approx \mathbf{58\ s}$$

Scanzeit = 4 min – 0,96 min = **3,04 min** ≙ **3 min 2,4 s**

oder:

$$E_w = \frac{A_w}{A_m} \cdot E_m = \frac{4\ \text{min}}{100\ \%} \cdot 24\ \% = \mathbf{0{,}96\ min}$$

Die Scanzeit beträgt 4 min – 0,96 min = **3,04 min** ≙ **3 min 2,4 s**

40/3. Rauchgasentschwefelung

38 % – 20 % = 18 % Verbesserung

$$P_s = \frac{100\ \% \cdot P_w}{G_w} = \frac{100\ \% \cdot 18\ \%}{38\ \%} = \mathbf{47{,}37\ \%}$$

40/4. Gehäusegewicht

1 mm Blechdicke bei $\varrho = 7{,}85\ \frac{\text{kg}}{\text{dm}^3} \mathrel{\widehat{=}} 100\ \%$

2 mm Blechdicke bei $\varrho = 2{,}7\ \frac{\text{kg}}{\text{dm}^3} \mathrel{\widehat{=}}\ ?\ \%$

$$\text{Neues Gewicht} = \frac{100\ \% \cdot 2{,}7\ \frac{\text{kg}}{\text{dm}^3} \cdot 2\ \text{mm}}{7{,}85\ \frac{\text{kg}}{\text{dm}^3} \cdot 1\ \text{mm}} = \mathbf{68{,}79\ \%}$$

Gewichtsverminderung = 100 % – 68,79 % = **31,21 %**

40/5. **Zugfestigkeit**

$$\frac{1\,250\,\frac{\text{N}}{\text{mm}^2}\cdot 100\,\%}{142\,\%} = 880{,}28\,\frac{\text{N}}{\text{mm}^2} \approx \mathbf{880\,\frac{N}{mm^2}}$$

40/6. **Lotherstellung**

Prozentualer Gehalt der Bestandteile in der Schmelze:
Sn = 63 %, Pb = 37 %
Massenanteil der Bestandteile an der Gesamtmasse:

$$m_{\text{Sn}} = \frac{63\,\%\cdot 150\text{ kg}}{100\,\%} = \mathbf{94{,}5\ kg} \qquad m_{\text{Pb}} = \frac{37\,\%\cdot 150\text{ kg}}{100\,\%} = \mathbf{55{,}5\ kg}$$

40/7. **Aktienfonds**

• Die Kosten für einen Fondsanteil betragen **135 €**.

a) $P_{\text{w}} = \frac{G_{\text{w}}}{100\,\%}\cdot P_{\text{s}} = \frac{15\text{ Anteile}\cdot 135\text{ €}}{100\,\%}\cdot 5{,}25\,\% = \frac{2\,025\text{ €}\cdot 5{,}25\,\%}{100\,\%}$

P_{w} = **106,31 €**

Gesamtbetrag = 2 025 € + 106,31 € = **2 131,31 €**

b) $P_{\text{w}} = \frac{G_{\text{w}}}{100\,\%}\cdot P_{\text{s}} = \frac{2\,025\text{ €}}{100\,\%}\cdot 45\,\% =$ **911,25 €**

Gewinn = 911,25 € – 106,31 € = **804,94 €**

1.5.3 Zeitberechnungen

41/1. **Arbeitsaufträge**

a) 1 h 43 min **b) 4 h 20 min** **c) 2 h 34 min** **d) 9 h 25 min**

41/2. **Stundenumrechnung**

a) 2,7667 h **b) 6,5042 h** **c) 0,5667 h** **d) 0,16 h**

41/3. **Zeitangabe**

a) 0 h 48 min **b) 0 h 9 min** **c) 0 h 45 min 36 s**
d) 8 h 33 min **e) 2 h 21 min 36 s** **f) 1 h 1 min 12 s**

41/4. **Zeitumrechnung**

a) 455,4 min **b) 500,033 min** **c) 3,667 min** **d) 0,10833 min**
e) 60,367 min

41/5. **Fahrzeit**

a) 8.35 Uhr + 4 h 38 min + 5 min 20 s + 36 min = **13:54:20 Uhr**
b) 4 h 38 min + 5 min 20 s + 36 min = **5 h 19 min 20 s**

41/6. **Montagezeit**

5 min 25 s = 325 s;
25 Geräte · 325 s = 8 125 s = **135,42 min**
≙ 135 min 25 s
≙ 2 h 15 min 25 s

41/7. **Zahnriementrieb**

a) Aus Diagramm abgelesen:
Antrieb 1: **0,16 s**
Antrieb 2: **0,4 s**
Antrieb 3: **0,8 s**

b) Zeiten für 4 000 Werkstücke
Antrieb 1: 4 000 Werkstücke · 0,16 s = 640 s = **10 min 40 s**
Antrieb 2: 4 000 Werkstücke · 0,4 s = 1 600 s = **26 min 40 s**
Antrieb 3: 4 000 Werkstücke · 0,8 s = 3 200 s = **53 min 20 s**

1.5.4 Winkelberechnungen

43/1. Umrechnungen
27° 30'; 62° 40,2', 38° 13,8'

43/2. Umrechnung
a) **6° 2'; 1° 29'; 9° 42'; 22° 4'**
b) **16' 25,2''; 49' 36''; 0' 3,6''**

43/3. Platte
$\beta = 180° - 115° = \mathbf{65°}$; $\alpha = \beta = \gamma = \mathbf{65°}$; $\delta = \mathbf{115°}$

43/4. Winkel im Dreieck
a) $\gamma = 180° - (17° + 47°) = \mathbf{116°}$
b) $\alpha = 180° - (72°\,8' + 31°) = \mathbf{76°\,52'}$
c) $\beta = 180° - (121° + 56°\,41') = \mathbf{2°\,19'}$

43/5. Mittelpunktswinkel
6-Eck: $\alpha = \frac{360°}{n} = \frac{360°}{6} = \mathbf{60°}$
$\beta = 180° - \alpha = 180° - 60° = \mathbf{120°}$
8-Eck: $\alpha = \mathbf{45°}$; $\beta = \mathbf{135°}$
10-Eck: $\alpha = \mathbf{36°}$; $\beta = \mathbf{144°}$

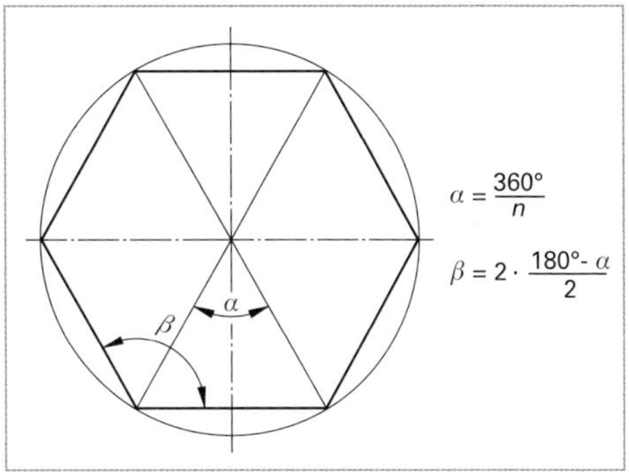

Bild 43/5: Mittelpunktswinkel

43/6. Flansch
$\alpha = \frac{360°}{5} = \mathbf{72°}$

43/7. Drehmeißel
$\alpha + \beta + \gamma = 90°$
$\beta = 90° - (\alpha + \gamma)$
$\beta = 90° - (17° + 15°) = 90° - 32°$
$\beta = \mathbf{58°}$

43/8. Wagenheber
$\frac{\delta}{2} + \beta + 90° = 180°$; $\beta = 180° - 90° - \frac{50°}{2}$
$\boldsymbol{\beta} = \mathbf{65°}$
$\alpha = 90° - \frac{\delta}{2} = 90° - \frac{50°}{2} = \mathbf{65°}$

43/9. Schablone
$\alpha + 118° = 180°$
$\alpha = 180° - 118° = \mathbf{62°}$
$\beta = 90° + \frac{\alpha}{2} = \mathbf{121°}$
$\gamma = \frac{180° - 2 \cdot 65°}{2} = \mathbf{25°}$

43/10. Zahnriementrieb
$\alpha = 180° - 7° + 18° = \mathbf{191°}$
$\beta = 180° + 7° + 30° = \mathbf{217°}$

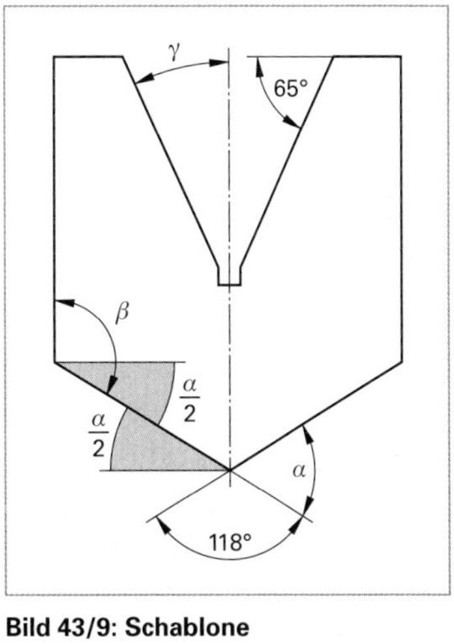

Bild 43/9: Schablone

1.6 Längen, Flächen, Volumen

1.6.1 Längen

Teilung gerader Längen

45/1. **Restlänge**

$l_R = l - (l_{s1} + s + l_{s2} + s + l_{s3} + s + l_{s4} + s + l_{s5} + s)$

$l_R = l - (l_{s1} + l_{s2} + l_{s3} + l_{s4} + l_{s5} + 5 \cdot s)$

$l_R = 6\,000 \text{ mm} - (750 \text{ mm} + 87 \text{ mm} + 1\,300 \text{ mm} + 1\,540 \text{ mm} + 625 \text{ mm} + 5 \cdot 1{,}5 \text{ mm})$

$l_R = 6\,000 \text{ mm} - 4\,309{,}5 \text{ mm} = \mathbf{1\,690{,}5\ mm}$

45/2. **Anzahl der Teilelemente**

a) **4**

b) $l_s = \dfrac{l - (n-1) \cdot s}{n} = \dfrac{3\,400 \text{ mm} - 4 \cdot 2 \text{ mm}}{5} = \mathbf{678{,}4\ mm}$

45/3. **Teilung**

a) $p = \dfrac{l}{n+1} = \dfrac{300 \text{ mm}}{6+1} = \mathbf{42{,}86\ mm}$

b) $p = \dfrac{l - (a+b)}{n-1} = \dfrac{300 \text{ mm} - (44{,}5 \text{ mm} + 44{,}5 \text{ mm})}{6-1} = \mathbf{42{,}2\ mm}$

45/4. **Anreißen von Löchern**

$p = \dfrac{l - (a+b)}{n-1} = \dfrac{800 \text{ mm} - (25 \text{ mm} + 25 \text{ mm})}{16-1} = 50 \text{ mm}$

25 mm; 75 mm; 125 mm; 175 mm; 225 mm; 275 mm; 325 mm; 375 mm; 425 mm; 475 mm; 525 mm; 575 mm; 625 mm; 675 mm; 725 mm; 775 mm

45/5. **Teilung**

$p = \dfrac{l}{n+1} = \dfrac{2\,000 \text{ mm}}{15+1} = \mathbf{125\ mm}$

45/6. **Schutzgitter**

$p = \dfrac{l - (a+b)}{n-1}; \quad n = \dfrac{l - (a+b)}{p} + 1 = \dfrac{2\,150 \text{ mm} - (130 \text{ mm} + 130 \text{ mm})}{70 \text{ mm}} + 1 = \mathbf{28}$

45/7. **Obergurt**

$p = \dfrac{l - (a+b)}{n-1}$

$l = p \cdot (n-1) + (a+b) = 70 \text{ mm}\,(9-1) + (20 \text{ mm} + 30 \text{ mm}) = \mathbf{610\ mm}$

45/8. **Treppengeländer**

$p = \dfrac{l}{n+1}; \quad n = \dfrac{l}{p} - 1 = \dfrac{4\,160 \text{ mm}}{80 \text{ mm}} - 1 = \mathbf{51}$

$x = p - 12 \text{ mm} = 80 \text{ mm} - 12 \text{ mm} = \mathbf{68\ mm}$

45/9. **Blechtafel**

$n = 2 \cdot n_1 + 2 \cdot n_2$

$n_1 = \dfrac{l - (a+b)}{p} + 1 = \dfrac{1\,840 \text{ mm} - (200 \text{ mm} + 200 \text{ mm})}{60 \text{ mm}} + 1 = 25$

$n_2 = \dfrac{l - (a+b)}{p} + 1 = \dfrac{1\,120 \text{ mm} - (260 \text{ mm} + 260 \text{ mm})}{60 \text{ mm}} + 1 = 11$

$n = 2 \cdot 25 + 2 \cdot 11 = \mathbf{72}$

1

45/10. **Klingelschild**

$$p = \frac{l - (a + b)}{n - 1} = \frac{200\ \text{mm} - (45\ \text{mm} + 25\ \text{mm})}{6 - 1} = \frac{200\ \text{mm} - 70\ \text{mm}}{5} = 26\ \text{mm}$$

$x = p - 10\ \text{mm} = 26\ \text{mm} - 10\ \text{mm} = \mathbf{16\ mm}$

$y = 180\ \text{mm} - (15\ \text{mm} + 70\ \text{mm} + 15\ \text{mm}) = 180\ \text{mm} - 100\ \text{mm} = \mathbf{80\ mm}$

Kreisumfänge und Kreisteilungen

46/1. **Kreisumfang**

22,93 mm; 40,84 mm; 61,26 mm; 64,40 mm; 247,87 mm; 363,48 mm

46/2. **Durchmesser**

19,99 mm; 5,00 mm; 9,99 mm; 69,96 mm; 26,99 mm; 124,94 mm

46/3. **Bandsäge**

$l = \pi \cdot d + 2a = \pi \cdot 600\ \text{mm} + 2 \cdot 1\,250\ \text{mm} = \mathbf{4\,385\ mm}$

46/4. **Schnittteile**

Bild 3

$$l_1 = \frac{\pi \cdot D \cdot \alpha}{360°} = \frac{\pi \cdot 300\ \text{mm} \cdot 65°}{360°} = 170\ \text{mm}$$

$$l_2 = \frac{\pi \cdot d \cdot \alpha}{360°} = \frac{\pi \cdot 190\ \text{mm} \cdot 65°}{360°} = 108\ \text{mm}$$

$$l_3 = 2 \cdot \frac{D - d}{2} = 2 \cdot \frac{300\ \text{mm} - 190\ \text{mm}}{2} = 110\ \text{mm}$$

$l_a = l_1 + l_2 + l_3 = (170 + 108 + 110)\ \text{mm} = \mathbf{388\ mm}$

$l_i = 2 \cdot \pi \cdot d = 2 \cdot \pi \cdot 20\ \text{mm} \approx \mathbf{126\ mm}$

Bild 4

$l_1 = 4 \cdot l = 4 \cdot 120\ \text{mm} = 480\ \text{mm}$

$l_2 = \pi \cdot d = \pi \cdot 60\ \text{mm} = 188{,}5\ \text{mm}$

$l_a = l_1 + l_2 = 480\ \text{mm} + 188{,}5\ \text{mm} = \mathbf{668{,}5\ mm}$

$l_i = \pi \cdot d = \pi \cdot 20\ \text{mm} = \mathbf{62{,}83\ mm}$

Bild 5

$l_a = 2 \cdot 85\ \text{mm} + \pi \cdot 30\ \text{mm} + 30\ \text{mm} + \pi \cdot 15\ \text{mm} = \mathbf{341{,}4\ mm}$

$l_i = 2 \cdot 65\ \text{mm} + 2 \cdot 7\ \text{mm} = \mathbf{144\ mm}$

46/5. **Teilung**

$$d_m = 95\ \text{mm} \cdot 2 + 2 \cdot \frac{55\ \text{mm}}{2} = 190\ \text{mm} + 55\ \text{mm} = 245\ \text{mm}$$

$$p = \frac{\pi \cdot d_m}{n} = \frac{\pi \cdot 245\ \text{mm}}{16} = \mathbf{48{,}1\ mm}$$

Gestreckte und zusammengesetzte Längen

47/1. **Handlauf**

$L = l_1 + l_2 + l_3$

$$l_2 = \frac{\pi \cdot d_m \cdot \alpha}{360°} = \frac{\pi \cdot 1\,140\ \text{mm} \cdot 150°}{360°} = 1\,492{,}3\ \text{mm}$$

$L = 300\ \text{mm} + 1\,492{,}3\ \text{mm} + 500\ \text{mm} = \mathbf{2\,292{,}3\ mm}$

47/2. **Kreisring**

$$U = \pi \cdot d_m;\ d_m = \frac{U}{\pi} = \frac{1\,058\ \text{mm}}{\pi} = 336{,}77\ \text{mm} \approx 337\ \text{mm}$$

$d = 337\ \text{mm} - 12\ \text{mm} = \mathbf{325\ mm}$

47/3. **Blechbehälter**

$d_m = 900\ \text{mm} + 20\ \text{mm} = 920\ \text{mm}$

$U = \pi \cdot d_m = \pi \cdot 920\ \text{mm} = \mathbf{2\,890{,}27\ mm}$

47/4. **Haken**

$L = l_1 + l_2 + l_3$

$l_1 = \frac{\pi \cdot d_m}{2} = \frac{\pi \cdot (20\text{ mm} + 10\text{ mm})}{2} = 47{,}12\text{ mm}$

$l_2^2 = (90\text{ mm})^2 + (450\text{ mm})^2$

$l_2 = \sqrt{(90\text{ mm})^2 + (450\text{ mm})^2} = 458{,}91\text{ mm}$

$l_3 = \frac{\pi \cdot d_m \cdot \alpha}{360°} = \frac{\pi \cdot (20\text{ mm} + 10\text{ mm}) \cdot 270°}{360°} = 70{,}29\text{ mm}$

$L = 47{,}12\text{ mm} + 458{,}91\text{ mm} + 70{,}29\text{ mm} = \mathbf{576{,}72\text{ mm}}$

47/5. **Rohrschelle und Griff**

Rohrschelle:

$L = l_1 + l_2 + l_3 + l_4$

$l_1 = 2 \cdot 15\text{ mm}$ $\quad l_2 = 2 \cdot 5\text{ mm}$

$l_3 = \frac{\pi \cdot d_{m1}}{2} = \frac{\pi \cdot (150\text{ mm} + 5\text{ mm})}{2} = \frac{\pi \cdot 155\text{ mm}}{2} = 243{,}47\text{ mm}$

$l_4 = \frac{\pi \cdot d_{m2}}{2} = \frac{\pi \cdot (50\text{ mm} + 5\text{ mm})}{2} = \frac{\pi \cdot 55\text{ mm}}{2} = 86{,}39\text{ mm}$

$L = 30\text{ mm} + 10\text{ mm} + 243{,}47\text{ mm} + 86{,}39\text{ mm} = \mathbf{369{,}86\text{ mm}}$

Griff:

$L = 2 \cdot 30\text{ mm} + 80\text{ mm} + \pi \cdot 70\text{ mm}$

$= 60\text{ mm} + 80\text{ mm} + 219{,}8\text{ mm} = \mathbf{359{,}9\text{ mm}}$

1.6.2 Flächen

Geradlinig begrenzte Flächen

49/1. **Strebe**

$A = 5 \cdot A_1 = 5 \cdot (3\text{ cm})^2 = \mathbf{45\text{ cm}^2}$

49/2. **Quadratstahl**

$l = \sqrt{l_1^2 \cdot 2} = \sqrt{(7\text{ mm})^2 \cdot 2} = \sqrt{98\text{ mm}^2} = 9{,}8995\text{ mm} \approx \mathbf{10\text{ mm}}$

49/3. **Flachstahl**

$l = \frac{A}{b} = \frac{175\text{ mm}^2}{12{,}5\text{ mm}} = \mathbf{14\text{ mm}}$

49/4. **Stütze**

$b = \frac{A}{l} = \frac{(48\text{ mm})^2}{32\text{ mm}} = \mathbf{72\text{ mm}}$

49/5. **Führung**

$A = A_1 - A_2 + A_3$

$A = \frac{56\text{ mm} + 40\text{ mm}}{2} \cdot 26\text{ mm} - \frac{30\text{ mm} + 15\text{ mm}}{2} \cdot 14\text{ mm} + 80\text{ mm} \cdot 14\text{ mm}$

$A = 1\,248\text{ mm}^2 - 315\text{ mm}^2 + 1\,120\text{ mm}^2$

$A = \mathbf{2\,053\text{ mm}^2}$

49/6. **Pleuelstange**

$x = \frac{A - 2 \cdot A_1}{l} = \frac{4\,290\text{ mm}^2 - 2 \cdot 60\text{ mm} \cdot 27{,}5\text{ mm}}{45\text{ mm}} = \mathbf{22\text{ mm}}$

49/7. **Trapez**

$$l_2 = \frac{2 \cdot A}{b} - l_1 = \frac{2 \cdot 210\ \text{mm}^2}{12\ \text{cm}} - 20\ \text{cm} = 15\ \text{cm} = \mathbf{150\ mm}$$

49/8. **Stahlstab**

$$b = \frac{2 \cdot A}{l_1 + l_2} = \frac{2 \cdot 289{,}5\ \text{mm}^2}{23\ \text{mm} + 25{,}25\ \text{mm}} = \mathbf{12\ mm}$$

49/9. **Knotenblech**

$$A_1 = l \cdot b = 190\ \text{mm} \cdot 110\ \text{mm} = 20\,900\ \text{mm}^2$$

$$b = \frac{2 \cdot A}{l_1 + l_2} = \frac{2 \cdot 17\,350\ \text{mm}^2}{190\ \text{mm} + 66\ \text{mm}} = 135{,}54\ \text{mm}$$

$$A_2 = A - A_1 = 38\,250\ \text{mm}^2 - 20\,900\ \text{mm}^2 = 17\,350\ \text{mm}^2$$

$$x = b + 110\ \text{mm} = 135{,}54\ \text{mm} + 110\ \text{mm} = \mathbf{245{,}54\ mm}$$

49/10. **Laufschiene**

$$x = 26\ \text{mm} - 5{,}6\ \text{mm} = \mathbf{20{,}4\ mm}$$

$$A = \frac{l_1 + l_2}{2} \cdot b = \frac{26\ \text{mm} + 20{,}4\ \text{mm}}{2} \cdot 40\ \text{mm} = \mathbf{928\ mm^2}$$

49/11. **Schlüsselweite**

a) $d = 0{,}866 \cdot D = 0{,}866 \cdot 64\ \text{mm} = \mathbf{55{,}424\ mm}$

$$\text{Frästiefe} = \frac{D - d}{2} = \frac{64\ \text{mm} - 55{,}424\ \text{mm}}{2} = \mathbf{4{,}288\ mm}$$

b) $A \approx 0{,}649 \cdot D^2 = 0{,}649 \cdot (64\ \text{mm})^2 = \mathbf{2\,658\ mm^2}$

Kreisförmig begrenzte Flächen

51/1. **Kreisflächen**

$$A = \frac{\pi \cdot d^2}{4} = \frac{\pi \cdot (63\ \text{mm})^2}{4} = \mathbf{3\,117\ mm^2;\ 59\,395{,}7\ mm^2;\ 18\,095\,574\ mm^2;\ 128{,}68\ cm^2;}$$

0,000 907 9 m²; 38,48 cm²; 0,738 98 dm²; 59,45 m²; 25,97 m²; 0,000 050 3 m²

51/2. **Durchmesser**

$$d = \sqrt{\frac{4\,A}{\pi}} = \mathbf{8{,}5\ cm;\ 21{,}5\ mm;\ 41{,}5\ dm;\ 7{,}4\ cm;\ 0{,}869\ m}$$

51/3. **Querschnittsfläche**

$A = \frac{\pi \cdot d^2}{4} =$

38,484 5 mm²;	**132,732 mm²;**	**452,389 mm²;**	**804,248 mm²;**
1 809,56 mm²;	**2 463,01 mm²;**	**3 216,99 mm²;**	**3 848,45 mm²;**
5 674,50 mm²;	**8 659,01 mm²;**	**9 503,32 mm²;**	**12 271,8 mm²**

51/4. **Fußplatte**

$$\text{Auflagefläche: } A = \frac{\pi \cdot d^2}{4} = \frac{\pi \cdot (0{,}64\ \text{m})^2}{4} = \mathbf{0{,}321\,699\ m^2}$$

51/5. **Rohre**

a) Durchgangsquerschnitt: **71,255 7 mm²; 126,677 mm²; 285,023 mm²; 506,707 mm²; 791,73 mm²; 1 140,09 mm²; 2 026,83 mm²;**

b) $\frac{2\,026{,}83\ \text{mm}^2}{126{,}677\ \text{mm}^2} = 16.$ Der Querschnitt des halbzölligen Rohres ist im Querschnitt des Rohres mit 2 inches **16-mal** enthalten.

51/6. **Nennweiten**

$d = 38{,}1\ \text{mm};\ A = \frac{\pi \cdot d^2}{4} = \frac{\pi \cdot (38{,}1\ \text{mm})^2}{4} = 1\,140\ \text{mm}^2;\quad A_1 = \frac{A}{3} = \frac{1\,140\ \text{mm}^2}{3} = 380\ \text{mm}^2$

$d_1 = \sqrt{\frac{4 \cdot A_1}{\pi}} = 22\ \text{mm};\ d_1 =$ **20 mm** gewählt.

51/7. **Scheiben**

$A = A_1 - A_2 = \frac{\pi \cdot (14\ \text{mm})^2}{4} - \frac{\pi \cdot (6\ \text{mm})^2}{4} = 153{,}9380\ \text{mm}^2 - 28{,}2743\ \text{mm}^2$

$=$ **125,6637 mm²; 301,5929 mm²; 671,515 mm²; 5 252,74 mm²; 9 535,52 mm²**

51/8. **Abdeckblech**

$A = \frac{\pi \cdot R^2 \cdot \alpha}{360°} - \frac{\pi \cdot r^2 \cdot \alpha}{360°} = \frac{\pi \cdot 620^2\ \text{mm}^2 \cdot 72°}{360°} - \frac{\pi \cdot 64^2\text{mm}^2 \cdot 72°}{360°} = 238\,952\ \text{mm}^2 = \mathbf{23{,}89\ dm^2}$

51/9. **Kreisringausschnitt**

$A = \frac{(A_1 - A_2) \cdot \alpha}{360°} = \frac{(11\,309{,}7\ \text{mm}^2 - 5\,026{,}55\ \text{mm}^2) \cdot 140°}{360°} = \mathbf{2\,443{,}45\ mm^2}$

51/10. **Profil**

A des Kreisringteiles $= \frac{A_1 - A_2}{4} = \frac{10\,568{,}30\ \text{mm}^2 - 7\,853{,}98\ \text{mm}^2}{4} = 678{,}58\ \text{mm}^2$

A der beiden rechteckigen Teile $= 35\ \text{mm} \cdot 8\ \text{mm} \cdot 2 = 560\ \text{mm}^2$
A des Profiles = **1 238,58 mm²**

51/11. **Behälter**

$A = A_1 + A_2 = \frac{\pi \cdot d^2}{4} + \pi \cdot d \cdot h = \frac{\pi \cdot (0{,}4\ \text{m})^2}{4} + \pi \cdot 0{,}4\ \text{m} \cdot 0{,}6\ \text{m}$

$= 0{,}1257\ \text{m}^2 + 0{,}754\ \text{m}^2 = 0{,}8797\ \text{m}^2$

Blechbedarf $= A \cdot \frac{(100\% + 18\%)}{100\%} = \frac{0{,}8797\ \text{m}^2 \cdot 118\%}{100\%} = \mathbf{1{,}038\ m^2}$

51/12. **Übergangsbogen**

$A = 2 \cdot A_1 + A_2 + A_3$

$A = 2 \cdot \frac{1}{4} \cdot \frac{\pi}{4} \cdot (D^2 - d^2) + \frac{\pi \cdot D}{4} \cdot b + \frac{\pi \cdot d}{4} \cdot b$

$A = 2 \cdot \frac{1}{4} \cdot \frac{\pi}{4} \cdot (0{,}4^2\text{m}^2 - 0{,}2^2\text{m}^2) + \frac{\pi}{4} \cdot 0{,}4\ \text{m} \cdot 0{,}3\ \text{m} + \frac{\pi}{4} \cdot 0{,}2\ \text{m} \cdot 0{,}3\ \text{m}$

$A = 0{,}188\,456\ \text{m}^2 \approx \mathbf{0{,}2\ m^2}$

Zusammengesetzte Flächen

52/1. **Platte und Versteifungsblech**

a) $A = A_1 - A_2 = \frac{\pi \cdot (160\ \text{mm})^2}{4} - \frac{95\ \text{mm} \cdot 105\ \text{mm}}{2} = \mathbf{15\,118{,}7\ mm^2 = 151{,}187\ cm^2}$

b) $A = A_1 - A_2 = 36{,}5\ \text{cm} \cdot 34\ \text{cm} - \frac{\pi \cdot (60\ \text{cm})^2}{4 \cdot 4} = \mathbf{534{,}14\ cm^2 = 53\,414\ mm^2}$

52/2. **Schutzhaube**

a) $l_B = \frac{\pi \cdot r \cdot \alpha}{180°} = \frac{\pi \cdot 360\ \text{mm} \cdot 120°}{180°} = 754\ \text{mm}$

$A_1 = \frac{l_B \cdot r \cdot 2}{2} = \frac{754\ \text{mm} \cdot 360\ \text{mm} \cdot 2}{2} = 271\,440\ \text{mm}^2$

$A_2 = l_B \cdot 100 = 754\ \text{mm} \cdot 100\ \text{mm} = 75\,400\ \text{mm}^2$

$A = A_1 + A_2 = 346\,840\ \text{mm}^2$

$$\text{Blechbedarf (100 \%)} = \frac{346\,840\ \text{mm}^2 \cdot 100\ \%}{75\ \%} = 462\,452\ \text{mm}^2 \approx \mathbf{46{,}25\ dm^2}$$

b) $l_B = \dfrac{\pi \cdot r_1 \cdot \alpha}{180°} = \dfrac{\pi \cdot 480\ \text{mm} \cdot 135°}{180°} = 1\,131\ \text{mm}$

$$A_1 = \frac{l_B \cdot r_1 \cdot 2}{2} - \frac{\pi \cdot r_2^2 \cdot \alpha \cdot 2}{360°} = \frac{1\,131\ \text{mm} \cdot 480\ \text{mm} \cdot 2}{2} - \frac{2 \cdot \pi \cdot (85\ \text{mm})^2 \cdot 135°}{360°}$$

$= 525\,856\ \text{mm}^2$

$A_2 = l_B \cdot 120 = 135\,720\ \text{mm}^2 \quad A = A_1 + A_2 = 661\,576\ \text{mm}^2$

$$\text{Blechbedarf (100\%)} = \frac{661\,576\ \text{mm}^2 \cdot 100\ \%}{70\ \%} = 945\,108\ \text{mm}^2 \approx \mathbf{94{,}5\ dm^2}$$

52/3. **Mannloch**

$$A = \frac{\pi \cdot D \cdot d}{4} = \frac{\pi \cdot 380\ \text{mm} \cdot 280\ \text{mm}}{4} = \mathbf{83\,566\ mm^2} \approx \mathbf{8{,}36\ dm^2}$$

52/4. **Riemenschutz**

a) $r^2 = (r - 180\ \text{mm})^2 + 220^2\ \text{mm}^2$

$r^2 = r^2 - 2 \cdot 180\ \text{mm} \cdot r + 180^2\ \text{mm}^2 + 220^2\ \text{mm}^2$

$r = \dfrac{80\,800\ \text{mm}^2}{2 \cdot 180\ \text{mm}} = 224{,}4\ \text{mm}$

$\tan \dfrac{\alpha}{2} = \dfrac{220\ \text{mm}}{224{,}4\ \text{mm} - 180\ \text{mm}} = 4{,}9549$

$\dfrac{\alpha}{2} = 78{,}5899°$

$\alpha = 157{,}2°$

$l_b = \dfrac{\pi \cdot r \cdot \alpha}{180°} = \dfrac{\pi \cdot 224{,}4\ \text{mm} \cdot 157{,}2°}{180°} = 615{,}676\ \text{mm}$

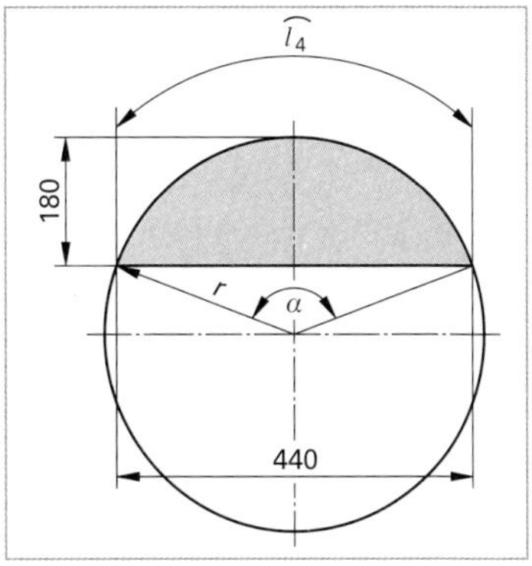

Bild 52/4: Riemenschutz

$$A = \frac{l_b \cdot r - l \cdot (r - b)}{2} = \frac{615{,}676\ \text{mm} \cdot 224{,}4\ \text{mm} - 440\ \text{mm} \cdot (224{,}4\ \text{mm} - 180\ \text{mm})}{2}$$

$2 \cdot A = 118\,621{,}9\ \text{mm}^2 = \mathbf{1\,186\ cm^2}$

$\text{Blechbedarf} = 2A + 20\ \% = 1\,186\ \text{cm}^2 \cdot 1{,}2 = \mathbf{1\,423{,}2\ cm^2}$

b) $l_B = \dfrac{\pi \cdot r \cdot \alpha}{180°} = \dfrac{\pi \cdot 400\ \text{mm} \cdot 135°}{180°} = 942\ \text{mm}$

$\left(\dfrac{l}{2}\right)^2 = r^2 - (r - b)^2 = (400\ \text{mm})^2 - (400\ \text{mm} - 247\ \text{mm})^2 = 136\,591\ \text{mm}^2$

$l = 2 \cdot \sqrt{136\,591\ \text{mm}^2} = 2 \cdot 369{,}6\ \text{mm} = 739{,}2\ \text{mm}$

$$A = \frac{2 \cdot [l_B \cdot r - l \cdot (r - b)]}{2} = \frac{2 \cdot [942\ \text{mm} \cdot 400\ \text{mm} - 739{,}2\ \text{mm} \cdot (400\ \text{m} - 247\ \text{m})]}{2}$$

$= 263\,702{,}4\ \text{mm}^2 = 2\,637\ \text{cm}^2$

Blechbedarf = 100 % (2 Seitenflächen) + 25 % (Zuschlag für Verschnitt)

$$= \frac{2\,637\ \text{cm}^2 \cdot 125\ \%}{100\ \%} = \mathbf{3\,296{,}25\ cm^2}$$

52/5. Dichtung, Schablone

a) $A_1 = \frac{\pi \cdot D \cdot d}{4} = \frac{\pi \cdot 65\ \text{mm} \cdot 36\ \text{mm}}{4} = 1\,837{,}83\ \text{mm}^2$

$A_2 = \frac{\pi \cdot d^2}{4} = \frac{\pi \cdot (25\ \text{mm})^2}{4} = 490{,}874\ \text{mm}^2$

$A_3 = \frac{2 \cdot \pi \cdot d^2}{4} = \frac{2 \cdot \pi \cdot (6\ \text{mm})^2}{4} = 56{,}548\,6\ \text{mm}^2$

$A = A_1 - (A_2 + A_3) = 1\,290{,}407\,4\ \text{mm}^2 \approx \mathbf{12{,}9\ cm^2}$

b) $A = A_1 + A_2 = \frac{\pi \cdot d^2}{4 \cdot 2} + \frac{\pi \cdot D \cdot d}{4 \cdot 2} = \frac{\pi \cdot (30\ \text{mm})^2}{4 \cdot 2} + \frac{\pi \cdot 50\ \text{mm} \cdot 30\ \text{mm}}{4 \cdot 2} = 942{,}478\ \text{mm}^2 \approx \mathbf{9{,}4\ cm^2}$

Verschnitt

53/1. Blechabdeckung

$A_V = A_{Ges} - A_W = 10\ \text{dm} \cdot 20\ \text{dm} - 21{,}65\ \text{dm}^2 \cdot 8 = \mathbf{26{,}8\ dm^2}$

$A_V = \frac{A_{Ges} - A_W}{A_{Ges}} \cdot 100\ \% = \frac{200\ \text{dm}^2 - 173{,}2\ \text{dm}^2}{200\ \text{dm}^2} \cdot 100\ \% = \mathbf{13{,}4\ \%}$

53/2. Abschreckbehälter

$A_V = A_{Ges} - A_W = 1\,000\ \text{mm} \cdot 2\,000\ \text{m} - 2 \cdot \frac{750\ \text{mm} \cdot 1\,700\ \text{mm}}{2} = 725\,000\ \text{mm}^2$

Gesamtverschnitt in mm²:

$A_{Vges} = 6 \cdot A_V = 725\,000\ \text{mm}^2 \cdot 6 = \mathbf{4\,350\,000\ mm^2}$

$A_{V\%} = \frac{A_{Ges} - A_W}{A_{Ges}} \cdot 100\ \% = \frac{1\,000\ \text{mm} \cdot 2\,000\ \text{mm} - 1\,275\,000\ \text{mm}^2}{2\,000\,000\ \text{mm}^2} \cdot 100\ \% = \mathbf{36{,}25\ \%}$

53/3. Knotenblech

$A_V = A_{Ges} - A_W = 200\ \text{mm} \cdot 500\ \text{mm} - (405\ \text{mm} \cdot 130\ \text{mm} - 170\ \text{mm} \cdot 65\ \text{mm})$
$= 58\,400\ \text{mm}^2 = \mathbf{5{,}84\ dm^2}$

$A_{V\%} = \frac{A_{Ges} - A_W}{A_{Ges}} \cdot 100\ \% = \frac{100\,000\ \text{mm}^2 - 41\,600\ \text{mm}^2}{100\,000\ \text{mm}^2} \cdot 100\ \% = \mathbf{58{,}4\%}$

53/4. Verbindungsblech

$A_V = A_{Ges} - A_W = 50\ \text{cm} \cdot 100\ \text{cm} - \left(30\ \text{cm} \cdot 18\ \text{cm} + \frac{30\ \text{cm} + 10\ \text{cm}}{2} \cdot 26\ \text{cm}\right) \cdot 3 = \mathbf{1\,820\ cm^2}$

$A_{V\%} = \frac{A_{Ges} - A_W}{A_{Ges}} \cdot 100\ \% = \frac{5\,000\ \text{cm}^2 - 3\,180\ \text{cm}^2}{5\,000\ \text{cm}^2} \cdot 100\ \% = \mathbf{36{,}4\ \%}$

1.6.3 Volumen, 1.6.4 Masse und 1.6.5 Gewichtskraft

Gleichdicke Körper, Berechnung mit Formeln

56/1. Zylinderstift

a) $V = A \cdot h = \frac{\pi \cdot d^2}{4} \cdot h = \frac{\pi \cdot (20\ \text{mm})^2}{4} \cdot 80\ \text{mm} = \mathbf{25\,133\ mm^3}$

b) $m = 100 \cdot V \cdot \varrho = 100 \cdot 25{,}133\ \text{cm}^3 \cdot 7{,}85\ \text{g/cm}^3 = 19\,729\ \text{g} = \mathbf{19{,}729\ kg}$

56/2. Gefäß

a) $V = A \cdot h = \frac{\pi \cdot d^2}{4} \cdot h = \frac{\pi \cdot (1{,}26\ \text{dm})^2}{4} \cdot 1{,}80\ \text{dm} = \mathbf{2{,}244\ l}$

b) Blechbedarf für $n = 12$ Gefäße ohne Zuschlag:

$$A'_0 = n \cdot (A + A_M) = 12 \cdot \left(\frac{\pi \cdot d^2}{4} + \pi \cdot d \cdot h\right) = 12 \cdot \left(\frac{\pi \cdot (1{,}26\ \text{dm})^2}{4} + \pi \cdot 1{,}26\ \text{dm} \cdot 1{,}80\ \text{dm}\right)$$

$$= 12 \cdot (1{,}247\ \text{dm}^2 + 7{,}125\ \text{dm}^2) = 12 \cdot 8{,}372\ \text{dm}^2 = 100{,}464\ \text{dm}^2$$

Blechbedarf mit Zuschlag:

$$A_0 = 1{,}15 \cdot A'_0 = 1{,}15 \cdot 100{,}464\ \text{dm}^2 \approx 115{,}5\ \text{dm}^2 = \mathbf{1{,}155\ m^2}$$

56/3. **Motor**

a) $V = n \cdot A \cdot h = 4 \cdot \frac{\pi \cdot d^2}{4} \cdot h = 4 \cdot \frac{\pi \cdot (7{,}5\ \text{cm})^2}{4} \cdot 6{,}8\ \text{cm} = \mathbf{1\,202\ cm^3}$

b) $h' = r - r \cdot \cos \alpha = r \cdot (1 - \cos \alpha) = 34\ \text{mm} \cdot (1 - \cos 30°) = \mathbf{4{,}56\ mm}$

56/4. **Sägeabschnitte**

a) $V = A \cdot h = 45\ \text{mm} \cdot 5\ \text{mm} \cdot 150\ \text{mm} = 33\,750\ \text{mm}^3 = 33{,}75\ \text{cm}^3$

$m = V \cdot \varrho = 33{,}75\ \text{cm}^3 \cdot 7{,}85\ \frac{\text{g}}{\text{cm}^3} = 265\ \text{g} = \mathbf{0{,}265\ kg}$

b) $n = \frac{L}{l} = \frac{1\,000\ \text{mm}}{(150 + 2)\ \text{mm}} \approx 6{,}6 \mathrel{\hat{=}} \mathbf{6\ Werkstücke}$

c) $l_R = L - n \cdot l = 1\,000\ \text{mm} - 6 \cdot (150 + 2)\ \text{mm} = \mathbf{88\ mm}$

56/5. **Gitterrost**

a) $m'_1 = 1{,}77\ \text{kg/m}$ (aus Tabelle)

$m = m' \cdot l = 1{,}77\ \text{kg/m} \cdot 24\ \text{m} = \mathbf{42{,}48\ kg}$

b) $m'_2 = 1{,}76\ \text{kg/m}$ (aus Tabelle)

$\Delta m = \frac{m'_1 - m'_2}{m'_1} \cdot 100\ \% = \frac{1{,}77 - 1{,}76}{1{,}77} \cdot 100\ \% = \mathbf{0{,}56\ \%}$

56/6. **Hydraulikzylinder**

a) $V_1 = A_1 \cdot h = \frac{\pi \cdot d_1^2}{4} \cdot h = \frac{\pi \cdot (14\ \text{cm})^2}{4} \cdot 50\ \text{cm} = 7\,697\ \text{cm}^3 \approx \mathbf{7{,}7\ l}$

b) $V_2 = A_2 \cdot h = \frac{\pi \cdot (d_1^2 - d_2^2)}{4} \cdot h = \frac{\pi \cdot (14^2 - 10^2)\ \text{cm}^2}{4} \cdot 50\ \text{cm} = 3\,770\ \text{cm}^3 \approx \mathbf{3{,}8\ l}$

c) Anzahl der Doppelhübe je Minute: $n = \frac{60\ \text{s/min}}{8\ \text{s}} = 7{,}5/\text{min}$

$Q = n \cdot (V_1 + V_2) = 7{,}5\ \frac{1}{\text{min}} \cdot (7{,}697 + 3{,}770)\ \text{l}$

$= \mathbf{86{,}0\ \frac{l}{min}}$

56/7. **Führungsschiene**

a) $A_1 = l_1 \cdot b_1 = 22\ \text{mm} \cdot 15\ \text{mm} = 330\ \text{mm}^2$

$l_2 = 22\ \text{mm} - 2 \cdot 9{,}5\ \text{mm} = 3\ \text{mm}$

$A_2 = \frac{l_1 + l_2}{2} \cdot h = \frac{(22 + 3)\ \text{mm}}{2} \cdot 9{,}5\ \text{mm}$

$= 118{,}75\ \text{mm}^2$

$V_0 = A \cdot h = (A_1 + A_2) \cdot h$

$= (3{,}30\ \text{cm}^2 + 1{,}19\ \text{cm}^2) \cdot 120\ \text{cm} = 538{,}8\ \text{cm}^3$

$m_0 = V_0 \cdot \varrho = 538{,}8\ \text{cm}^3 \cdot 7{,}85\ \text{g/cm}^3 = 4\,230\ \text{g} = \mathbf{4{,}23\ kg}$

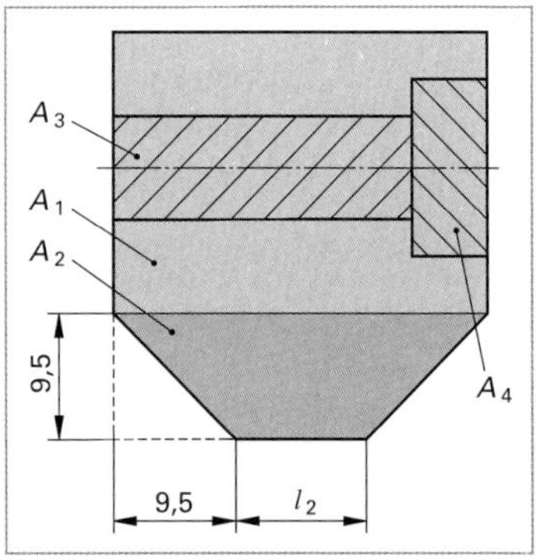

Bild 56/7: Führungsschiene

b) Für 1 Bohrung ist:

$$V_3 = A_3 \cdot h_3 = \frac{\pi \cdot d^2}{4} \cdot h = \frac{\pi \cdot (6{,}6\ \text{mm})^2}{4} \cdot 15\ \text{mm} = 513{,}2\ \text{mm}^3$$

$$V_4 = A_4 \cdot h_4 = \frac{\pi \cdot d^2}{4} \cdot h_4 = \frac{\pi \cdot (11\ \text{mm})^2}{4} \cdot 7\ \text{mm} = 665{,}2\ \text{mm}^3$$

Für 12 Bohrungen ergibt sich:

$$V_B = n \cdot (V_3 + V_4) = 12 \cdot (0{,}5132 + 0{,}6652)\ \text{cm}^3 = 14{,}1\ \text{cm}^3$$

$$m_B = V_B \cdot \varrho = 14{,}1\ \text{cm}^3 \cdot 7{,}85\ \text{g/cm}^3 = 111\ \text{g}$$

$$m = m_0 - m_B = 4\,230\ \text{g} - 111\ \text{g} = \mathbf{4\,119\ g}$$

1.6.6 Gleichdicke Körper, Masseberechnung mit Hilfe von Tabellenwerten

57/1. **Standregal**

Ebene 1: $m = n \cdot m' \cdot l = 4 \cdot 0{,}95\ \text{kg/m} \cdot 2{,}0\ \text{m} =$ **7,6 kg**
Ebene 2: $m = n \cdot m' \cdot l = 11 \cdot 0{,}67\ \text{kg/m} \cdot 4{,}0\ \text{m} =$ **29,5 kg**
Ebene 3: $m = n \cdot m' \cdot l = 3 \cdot 4{,}22\ \text{kg/m} \cdot 2{,}5\ \text{m} =$ **31,7 kg**
Ebene 4: $m = n \cdot m' \cdot l = 8 \cdot 2{,}98\ \text{kg/m} \cdot 3{,}2\ \text{m} =$ **76,3 kg**

57/2. **Draht**

$$m = m' \cdot l; \quad l = \frac{m}{m'}$$

Bund Nr. 1: $l = \frac{92\ \text{kg} \cdot 1\,000\ \text{m}}{38{,}5\ \text{kg}} =$ **2 390 m**

Bund Nr. 2: $l = \frac{55\ \text{kg} \cdot 1\,000\ \text{m}}{4{,}5\ \text{kg}} =$ **12 222 m**

Bund Nr. 3: $l = \frac{12\ \text{kg} \cdot 1\,000\ \text{m}}{17{,}1\ \text{kg}} =$ **702 m**

Bund Nr. 4: $l = \frac{645\ \text{kg} \cdot 1\,000\ \text{m}}{245\ \text{kg}} =$ **2 633 m**

57/3. **Verkleidung einer Fräsmaschine**

a) 1 m^2 PMMA (Plexiglas), 4 mm dick, besitzt das Volumen

$V = A \cdot h = 100\ \text{dm}^2 \cdot 0{,}04\ \text{dm} = 4\ \text{dm}^3$ und wiegt damit

$$m'' = V \cdot \varrho = 4\ \frac{\text{dm}^3}{\text{m}^2} \cdot 1{,}18\ \frac{\text{kg}}{\text{dm}^3} = \mathbf{4{,}72\ kg/m^2}$$

b) $m = m'' \cdot A$

Stahlblech: $m'' = 11{,}80\ \text{kg/m}^2$ (aus Tabellenbuch)
$m = 11{,}80\ \text{kg/m}^2 \cdot 2{,}4\ \text{m}^2 =$ **28,32 kg**

Al-Blech: $m'' = 5{,}40\ \text{kg/m}^2$ (aus Tabellenbuch)
$m = 5{,}40\ \text{kg/m}^2 \cdot 5{,}8\ \text{m}^2 =$ **31,32 kg**

PMMA (Plexiglas): $m = 4{,}72\ \text{kg/m}^2 \cdot 3{,}2\ \text{m}^2 =$ **15,10 kg**

Spitze und abgestumpfte Körper sowie Kugeln

58/1. **Zentrierspitze**

a) $$V_1 = \frac{A_1 \cdot h_1}{3} = \frac{\frac{\pi \cdot d^2}{4} \cdot h}{3} = \frac{\pi \cdot (31{,}6\ \text{mm})^2 \cdot 27{,}4\ \text{mm}}{4 \cdot 3} = 7\,163\ \text{mm}^3 = \mathbf{7{,}163\ cm^3}$$

$$m_1 = V_1 \cdot \varrho = 7{,}163\ \text{cm}^3 \cdot 7{,}85\ \text{g/cm}^3 = \mathbf{56{,}2\ g}$$

b) $V_2 = \frac{\pi \cdot h_2}{12} \cdot (D^2 + d^2 + D \cdot d)$

$= \frac{\pi \cdot 102{,}5\ \text{mm}}{12} \cdot (31{,}6^2 + 25{,}2^2 + 31{,}6 \cdot 25{,}2)\ \text{mm}^2 = 65\,206\ \text{mm}^3 = \mathbf{65{,}206\ cm^3}$

$m_2 = V_2 \cdot \varrho = 65{,}206\ \text{cm}^3 \cdot 7{,}85\ \text{g/cm}^3 = \mathbf{511{,}9\ g}$

58/2. Einfülltrichter

a) Trichter: $V_1 = \frac{\pi \cdot h_1}{12} \cdot (D^2 + d^2 + D \cdot d)$

$= \frac{\pi \cdot 2{,}2\ \text{dm}}{12} \cdot (3^2 + 0{,}6^2 + 3 \cdot 0{,}6)\ \text{dm}^2 = 6{,}43\ \text{dm}^3$

Zuführrohr: $V_2 = A_2 \cdot h_2 = \frac{\pi \cdot d^2}{4} \cdot h_2 = \frac{\pi \cdot (0{,}6\ \text{dm})^2}{4} \cdot 0{,}5\ \text{dm} = 0{,}14\ \text{dm}^3$

Gesamt: $V = V_1 + V_2 = 6{,}43\ \text{dm}^3 + 0{,}14\ \text{dm}^3 = \mathbf{6{,}57\ dm^3}$

b) $m = V \cdot \varrho = 6{,}57\ \text{dm}^3 \cdot 0{,}9\ \text{kg/dm}^3 = \mathbf{5{,}913\ kg}$

58/3. Spritzgießform

a) $V = \frac{A \cdot h}{3} = \frac{10\ \text{mm} \cdot 10\ \text{mm} \cdot 5\ \text{mm}}{3} = \mathbf{166{,}7\ mm^3}$

b) $V_{\text{ges}} = 120 \cdot V = 120 \cdot 166{,}7\ \text{mm}^3 = 20\,004\ \text{mm}^3$

$t = \frac{V_{\text{ges}}}{V_w} = \frac{20\,004\ \text{mm}^3}{80\ \frac{\text{mm}^3}{\text{min}}} = \mathbf{250\ min}$

58/4. Kippmulde

a) Volumen ohne Schrägen:

$V_1 = l_1 \cdot l_2 \cdot h$
$= 1{,}5\ \text{m} \cdot 0{,}75\ \text{m} \cdot 1{,}2\ \text{m}$
$= 1{,}350\ \text{m}^3$

Volumen der beiden Schrägen:

$V_2 = 2 \cdot \frac{l_5 \cdot l_2}{2} \cdot h$
$= 0{,}25\ \text{m} \cdot 0{,}75\ \text{m} \cdot 1{,}2\ \text{m}$
$= 0{,}225\ \text{m}^3$

Füllvolumen:

$V = V_1 - V_2 = 1{,}350\ \text{m}^3 - 0{,}225\ \text{m}^3$
$= \mathbf{1{,}125\ m^3}$

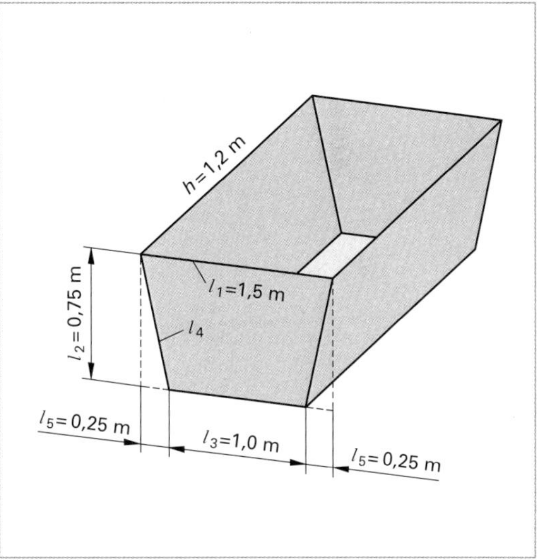

Bild 58/4: Kippmulde

b) Boden (Rechteck):

$A_1 = l_3 \cdot h = 1{,}0\ \text{m} \cdot 1{,}2\ \text{m} = 1{,}2\ \text{m}^2$

Senkrechte Wände (Trapez):

$A_2 = 2 \cdot \frac{l_1 + l_3}{2} \cdot l_2$
$= (1{,}5\ \text{m} + 1{,}0\ \text{m}) \cdot 0{,}75\ \text{m} = 1{,}875\ \text{m}^2$

Geneigte Wände (Rechteck):

$A_3 = 2 \cdot l_4 \cdot h = 2 \cdot 0{,}791\ \text{m} \cdot 1{,}2\ \text{m} = 1{,}898\ \text{m}^2$

$l_4 = \sqrt{l_2^2 + l_5^2} = \sqrt{0{,}75^2\text{m}^2 + 0{,}25^2\text{m}^2} = 0{,}791\text{m}$

Gesamtfläche:

$A = A_1 + A_2 + A_3 = 1{,}200\ \text{m}^2 + 1{,}875\ \text{m}^2 + 1{,}898\ \text{m}^2 = 4{,}973\ \text{m}^2 = 497{,}3\ \text{dm}^2$

Masse:

$m = V \cdot \varrho = A \cdot s \cdot \varrho = 497{,}3\ \text{dm}^2 \cdot 0{,}05\ \text{dm} \cdot 7{,}85\ \text{kg/dm}^3 = 195{,}2\ \text{kg} \approx \mathbf{0{,}2\ t}$

58/5. Zylinderstift

Kegelkuppen: $V_1 = 2 \cdot \frac{\pi \cdot h}{12} \cdot (D^2 + d^2 + D \cdot d)$

$= 2 \cdot \frac{\pi \cdot 3{,}5 \text{ mm}}{12} \cdot (20^2 + 18^2 + 20 \cdot 18) \text{ mm}^2 = 1\,987 \text{ mm}^3$

Zylindrischer Teil: $V_2 = A \cdot h = \frac{\pi \cdot D^2}{4} \cdot h = \frac{\pi \cdot (20 \text{ mm})^2}{4} \cdot 93 \text{ mm} = 29\,217 \text{ mm}^3$

Gesamtvolumen: $V = V_1 + V_2 = (1{,}987 + 29{,}217) \text{ cm}^3 = 31{,}204 \text{ cm}^3$
(1 Stift)

$m = n \cdot V \cdot \varrho = 200 \cdot 31{,}204 \text{ cm}^3 \cdot 7{,}85 \text{ g/cm}^3 = 48\,990 \text{ g} \approx \mathbf{49\ kg}$

$F_G = m \cdot g = 49 \text{ kg} \cdot 9{,}81 \frac{\text{m}}{\text{s}^2} = \mathbf{480{,}7\ N}$

58/6. Wälzlagerkugeln

Die Masse m von n Kugeln beträgt: $m = n \cdot V \cdot \varrho$

a) $d = 4 \text{ mm}$: $V = \frac{\pi \cdot d^3}{6} = \frac{\pi \cdot (4 \text{ mm})^3}{6} = 33{,}5103 \text{ mm}^3$

$n = \frac{m}{V \cdot \varrho} = \frac{1\,263 \text{ g}}{0{,}0\,335\,103 \text{ cm}^3 \cdot 7{,}85 \text{ g/cm}^3} = \mathbf{4\,801}$

b) $d = 1{,}6 \text{ mm}$: $V = \frac{\pi \cdot (1{,}6 \text{ mm})^3}{6} = 2{,}14466 \text{ mm}^3 = 2{,}14466 \cdot 10^{-3} \text{ cm}^3$

$n = \frac{8{,}6 \text{ g} \cdot 10^3}{2{,}14466 \text{ cm}^3 \cdot 7{,}85 \text{ g/cm}^3} = \mathbf{511}$

58/7. Gasbehälter

a) $d^3 = \frac{V \cdot 6}{\pi} = \frac{20\,000 \text{ m}^3 \cdot 6}{\pi} = \mathbf{38\,197\ m^3}$

$d = \sqrt[3]{38\,197 \text{ m}^3} = \mathbf{33{,}678\ m}$

b) $A_0 = \pi \cdot d_m^2 = \pi \cdot (d + s)^2 = \pi \cdot (33{,}678 \text{ m} + 0{,}019 \text{ m})^2 = \mathbf{3\,567\ m^2}$

c) $m = A_0 \cdot s \cdot \varrho = 3\,567 \text{ m}^2 \cdot 0{,}019 \text{ m} \cdot 7{,}85 \frac{\text{t}}{\text{m}^3} = \mathbf{532\ t}$

$F_G = m \cdot g = 532\,000 \text{ kg} \cdot 9{,}81 \frac{\text{m}}{\text{s}^2} = 5\,218\,920 \text{ N} \approx \mathbf{5\,219\ kN}$

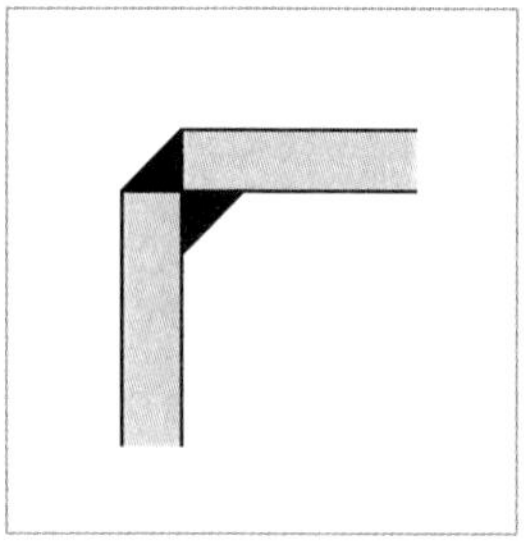

Bild 58/7: Gasbehälter; Eckverbindung

d) Kantenlänge (innen) des würfelförmigen Behälters:

$V = l^3$; $l = \sqrt[3]{V} = \sqrt[3]{20\,000 \text{ m}^3} = \mathbf{27{,}144\ m}$

Annahme: Bleche werden mit Ecknähten verschweißt (Bild 56/7).
Damit ist die Kantenlänge aller Bleche $l = 27{,}144$ m

$A_{ges} = 6 \cdot l^2 = 6 \cdot (27{,}144 \text{ m})^2 = \mathbf{4\,421\ m^2}$

Zusammengesetzte Körper

59/1. Gleitlagerbuchse

a) $V_1 = A_1 \cdot h_1 = \frac{\pi \cdot (4{,}8 \text{ cm})^2}{4} \cdot 0{,}5 \text{ cm} = 9{,}048 \text{ cm}^3$

$V_2 = A_2 \cdot h_2 = \frac{\pi \cdot (4{,}4 \text{ cm})^2}{4} \cdot 3{,}5 \text{ cm} = 53{,}218 \text{ cm}^3$

$V_3 = A_3 \cdot h_3 = \frac{\pi \cdot (4 \text{ cm})^2}{4} \cdot 4{,}0 \text{ cm} = 50{,}265 \text{ cm}^3$

$V = V_1 + V_2 - V_3 = (9{,}048 + 53{,}218 - 50{,}265) \text{ cm}^3 = \mathbf{12{,}001\ cm^3}$

b) $m = n \cdot V \cdot \varrho = 10 \cdot 12{,}001 \text{ cm}^3 \cdot 8{,}7 \text{ g/cm}^3 = \mathbf{1\,044\ g}$

59/2. Befestigungsleiste

a) $V_0 = A \cdot l_0 = b \cdot h \cdot l_0 = 6{,}5\ \text{cm} \cdot 1{,}5\ \text{cm} \cdot 20{,}2\ \text{cm} = \mathbf{196{,}95\ cm^3}$

b) $V_1 = A \cdot l = 6{,}5\ \text{cm} \cdot 1{,}5\ \text{cm} \cdot 20{,}0\ \text{cm} = 195\ \text{cm}^3$

$$V_2 = n \cdot A_2 \cdot h = n \cdot \frac{\pi \cdot d^2}{4} \cdot h = 5 \cdot \frac{\pi \cdot (1{,}8\ \text{cm})^2}{4} \cdot 1{,}5\ \text{cm} = 19{,}1\ \text{cm}^3$$

$V_3 = A_3 \cdot h = 2{,}5\ \text{cm} \cdot 3{,}5\ \text{cm} \cdot 1{,}5\ \text{cm} = 13{,}1\ \text{cm}^3$

$V = V_1 - V_2 - V_3 = 195\ \text{cm}^3 - 19{,}1\ \text{cm}^3 - 13{,}1\ \text{cm}^3 = 162{,}8\ \text{cm}^3$

$m = V \cdot \varrho = 162{,}8\ \text{cm}^3 \cdot 7{,}85\ \text{g/cm}^3 = \mathbf{1\,278\ g}$

c) $$\Delta V = \frac{V_0 - V}{V} \cdot 100\ \% = \frac{196{,}95\ \text{cm}^3 - 162{,}8\ \text{cm}^3}{162{,}8\ \text{cm}^3} \cdot 100\ \% = \mathbf{21\ \%}$$

59/3. Deckel

a) Rohteil: $A_0 = l_0^2 = 10{,}5^2\ \text{cm}^2 = 110{,}25\ \text{cm}^2$

$Y_0 = A_0 \cdot h = 110{,}25\ \text{cm}^2 \cdot 1{,}4\ \text{cm} = 154{,}35\ \text{cm}^3$

$m_0 = V_0 \cdot \varrho = 154{,}35\ \text{cm}^3 \cdot 2{,}7\ \text{g/cm}^3 = \mathbf{416{,}75\ g}$

Fertigteil: $A_1 = l_1^2 = (10\ \text{cm})^2 = 100\ \text{cm}^2$; $A_2 = \frac{\pi \cdot d^2}{4} = \frac{\pi \cdot (4\ \text{cm})^2}{4} = 12{,}56\ \text{cm}^2$

$$A_3 = 4 \cdot \frac{\pi \cdot d^2}{4} = 4 \cdot \frac{\pi \cdot (1{,}2\ \text{cm})^2}{4} = 4{,}52\ \text{cm}^2$$

$$A_4 = 4 \cdot \left(l^2 - \frac{\pi \cdot d^2}{4 \cdot 4}\right) = 4 \cdot \left(1{,}5^2 - \frac{\pi \cdot 3^2}{4 \cdot 4}\right) \text{cm}^2 = 1{,}93\ \text{cm}^2$$

$A = A_1 - (A_2 + A_3 + A_4) = 100\ \text{cm}^2 - (12{,}56\ \text{cm}^2 + 4{,}52\ \text{cm}^2 + 1{,}93\ \text{cm}^2) = 80{,}99\ \text{cm}^2$

$V = A \cdot h = 80{,}99\ \text{cm}^2 \cdot 1{,}2\ \text{cm} = 97{,}19\ \text{cm}^3$

$$m = V \cdot \varrho = 97{,}19\ \text{cm}^3 \cdot 2{,}7\ \frac{\text{g}}{\text{cm}^3} = \mathbf{262{,}4\ g}$$

Zu zerspanende Querschnittsfläche

$\Delta A = A_0 - A = 110{,}25\ \text{cm}^2 - 80{,}99\ \text{cm}^2 = 29{,}26\ \text{cm}^2$

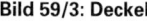

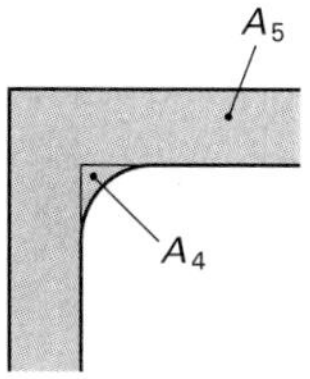

Bild 59/3: Deckel

b) Durch das Fertigprofil müssen außen nicht bearbeitet werden:

$A_5 = 2 \cdot 0{,}25\ \text{cm} \cdot (10{,}5\ \text{cm} + 10{,}0\ \text{cm}) = 10{,}25\ \text{cm}^2$

und $A_4 = 1{,}93\ \text{cm}^2$

$\Delta A' = A_4 + A_5 = 1{,}93\ \text{cm}^2 + 10{,}25\ \text{cm}^2 = 12{,}18\ \text{cm}^2$

Die zu zerspanende Querschnittsfläche am Umfang vermindert sich auf

$\Delta A'' = \Delta A - \Delta A' = 29{,}26\ \text{cm}^2 - 12{,}18\ \text{cm}^2 = 17{,}08\ \text{cm}^2$

Verminderung in %, bezogen auf die ursprünglich zu zerspanende Querschnittsfläche ΔA:

$$\Delta A\% = \frac{\Delta A'' - \Delta A}{\Delta A} \cdot 100\% = \frac{17{,}08\ \text{cm}^2 - 29{,}26\ \text{cm}^2}{29{,}26\ \text{cm}^2} \cdot 100\ \% = \mathbf{-\,42\ \%}$$

59/4. Ventil

a) $$V_1 = A_1 \cdot l_1 = \frac{\pi \cdot (4\ \text{cm})^2}{4} \cdot 0{,}8\ \text{cm} = 10{,}053\ \text{cm}^3$$

$$V_2 = \frac{\pi \cdot h}{12} \cdot (D^2 + d^2 + D \cdot d) = \frac{\pi \cdot 1\ \text{cm}}{12} \cdot (4^2 + 1{,}5^2 + 4 \cdot 1{,}5)\ \text{cm}^2 = 6{,}349\ \text{cm}^3$$

$$V_3 = A_3 \cdot l_3 = \frac{\pi \cdot (1{,}5\ \text{cm})^2}{4} \cdot 9{,}7\ \text{cm} = 17{,}141\ \text{cm}^3$$

$V = V_1 + V_2 + V_3 = 10{,}053\ \text{cm}^3 + 6{,}349\ \text{cm}^3 + 17{,}141\ \text{cm}^3 = \mathbf{33{,}543\ cm^3}$

b) $$l = \frac{V}{A} = \frac{33\,543\ \text{mm}^3}{\frac{\pi \cdot (42\ \text{mm})^2}{4}} = 24{,}21\ \text{mm} \approx \mathbf{24{,}2\ mm}$$

59/5. Gabelkopf

a) $V_0 = A \cdot h = (2\ \text{cm})^2 \cdot 4{,}7\ \text{cm} = \mathbf{18{,}8\ cm^3}$

b) $V_1 = A_1 \cdot h_1 = \frac{\pi \cdot (15\ \text{mm})^2}{4} \cdot 18\ \text{mm} = 3\,181\ \text{mm}^3$

$V_2 = A_2 \cdot h_2 = 20\ \text{mm} \cdot 20\ \text{mm} \cdot 27\ \text{mm} = 10\,800\ \text{mm}^3$

$V_3 = \frac{\pi \cdot (8\ \text{mm})^2}{4} \cdot 25\ \text{mm} = 1\,257\ \text{mm}^3$ $\quad V_4 = 20\ \text{mm} \cdot 10\ \text{mm} \cdot 20\ \text{mm} = 4\,000\ \text{mm}^3$

$V_5 = \frac{\pi \cdot (10\ \text{mm})^2}{4} \cdot 10\ \text{mm} = 785\ \text{mm}^3$

$V = V_1 + V_2 - V_3 - V_4 - V_5 = 3\,181\ \text{mm}^3 + 10\,800\ \text{mm}^3 - 1\,257\ \text{mm}^3 - 4\,000\ \text{mm}^3 - 785\ \text{mm}^3$
$= 7\,939\ \text{mm}^3$

$m = V \cdot \varrho = 7{,}939\ \text{cm}^3 \cdot 7{,}85\ \frac{\text{g}}{\text{cm}^3} = \mathbf{62{,}3\ g}$

59/6. Spannpratze

a) $V_0 = A_0 \cdot h_0 = 4{,}0\ \text{cm} \cdot 2{,}5\ \text{cm} \cdot 12{,}4\ \text{cm} = 124{,}00\ \text{cm}^3$
$m_0 = V_0 \cdot \varrho = 124\ \text{cm}^3 \cdot 7{,}85\ \text{g/cm}^3 = \mathbf{973{,}4\ g}$

b) Nut: $V_1 = A_1 \cdot l_1 + \frac{\pi \cdot d_1^2}{2 \cdot 4} \cdot h_1 = 1\ \text{cm} \cdot 0{,}6\ \text{cm} \cdot 3{,}2\ \text{cm} + \frac{\pi \cdot (1\ \text{cm})^2}{2 \cdot 4} \cdot 0{,}6\ \text{cm}$
$= 1{,}92\ \text{cm}^3 + 0{,}24\ \text{cm}^3 = 2{,}16\ \text{cm}^3$

Ausfräsung: $V_2 = A_2 \cdot l_2 + \frac{\pi \cdot d_2^2}{4} \cdot h_2 = 1{,}4\ \text{cm} \cdot 2{,}5\ \text{cm} \cdot 3{,}4\ \text{cm} + \frac{\pi \cdot (1{,}4\ \text{cm})^2}{4} \cdot 2{,}5\ \text{cm}$
$= 11{,}90\ \text{cm}^3 + 3{,}85\ \text{cm}^3 = 15{,}75\ \text{cm}^3$

Gewinde M12: $V_3 = \frac{\pi \cdot d_3^2}{4} \cdot h_3 = \frac{\pi \cdot (1{,}086\ \text{cm})^2}{4} \cdot 2{,}5\ \text{cm} = 2{,}32\ \text{cm}^3$

$V = V_0 - (V_1 + V_2 + V_3) = 124{,}00\ \text{cm}^3 - (2{,}16 + 15{,}75 + 2{,}32)\ \text{cm}^3 = 103{,}77\ \text{cm}^3$

$m = V \cdot \varrho = 103{,}77\ \text{cm}^3 \cdot 7{,}85\ \text{g/cm}^3 = \mathbf{815\ g}$

1.6.7 Volumenänderung beim Umformen

60/1. Achse

$V_a = V_e \cdot (1 + q) = \frac{\pi \cdot (25\ \text{mm})^2}{4} \cdot 80\ \text{mm} \cdot (1 + 0{,}15) = 45\,160\ \text{mm}^3$

$l_1 = \frac{V_a}{A_1} = \frac{45\,160\ \text{mm}^3}{50\ \text{mm} \cdot 30\ \text{mm}} = \mathbf{30{,}1\ mm}$

60/2. Hebel

$V_1 = 2 \cdot \frac{\pi \cdot d^2}{4} \cdot h_1 = 2 \cdot \frac{\pi \cdot (28\ \text{mm})^2}{4} \cdot 20\ \text{mm} = 24\,630\ \text{mm}^3$

$V_2 = A_2 \cdot h_2 = 10\ \text{mm} \cdot 8\ \text{mm} \cdot 102\ \text{mm} = 8\,160\ \text{mm}^3$

$V_e = V_1 + V_2 = 24\,630\ \text{mm}^3 + 8\,160\ \text{mm}^3 = 32\,790\ \text{mm}^3 = \mathbf{32{,}790\ cm^3}$

$V_a = V_e \cdot (1 + q) = 32{,}790\ \text{cm}^3 \cdot (1 + 0{,}06) = 34{,}757\ \text{cm}^3 \approx \mathbf{34{,}8\ cm^3}$

60/3. Rundstahlstücke

a) $l_1 = \frac{V_{e1} \cdot (1 + q)}{A_1} = \frac{\frac{\pi}{4} \cdot (96\ \text{mm})^2 \cdot 44\ \text{mm} \cdot (1 + 0{,}05)}{\frac{\pi}{4} \cdot (48\ \text{mm})^2} = \mathbf{184{,}8\ mm}$

1

b) $l_2 = \frac{V_{e2} \cdot (1+q)}{A_1} = \frac{(76\ \text{mm})^2 \cdot 44\ \text{mm} \cdot (1+0{,}05)}{\frac{\pi}{4} \cdot (48\ \text{mm})^2} = \mathbf{147{,}5\ mm}$

c) $l_3 = \frac{V_{e3} \cdot (1+q)}{A_1} = \frac{0{,}866 \cdot (88\ \text{mm})^2 \cdot 44\ \text{m} \cdot (1+0{,}5)}{\frac{\pi}{4} \cdot (48\ \text{mm})^2} = \mathbf{171{,}2\ mm}$

60/4. Rohteil für Zahnrad

a) $V_1 = A_1 \cdot l_1 = \frac{\pi \cdot (9{,}5\ \text{cm})^2}{4} \cdot 1{,}5\ \text{cm} = 106{,}32\ \text{cm}^3$

$V_2 = A_2 \cdot l_2 = \frac{\pi \cdot (12\ \text{cm})^2}{4} \cdot 4{,}5\ \text{cm} = 508{,}94\ \text{cm}^3$

$V_3 = \frac{\pi \cdot h}{12} \cdot (D^2 + d^2 + D \cdot d) = \frac{\pi \cdot 4\ \text{cm}}{12} \cdot (9{,}5^2 + 7{,}2^2 + 9{,}5 \cdot 7{,}2)\ \text{cm}^2 = 220{,}42\ \text{cm}^3$

$V_e = V_1 + V_2 + V_3 = 106{,}32\ \text{cm}^3 + 508{,}94\ \text{cm}^3 + 220{,}42\ \text{cm}^3 = \mathbf{835{,}68\ cm^3}$

b) $V_a = V_e \cdot (1+q) = 835{,}68\ \text{cm}^3 \cdot (1+0{,}08) = \mathbf{902{,}53\ cm^3}$

c) $m = i \cdot V \cdot \varrho = 8\,000 \cdot 0{,}90253\ \text{dm}^3 \cdot 7{,}85\ \frac{\text{kg}}{\text{dm}^3} = 56\,679\ \text{kg} \approx \mathbf{56{,}7\ t}$

1.7 Schaubilder

63/1.

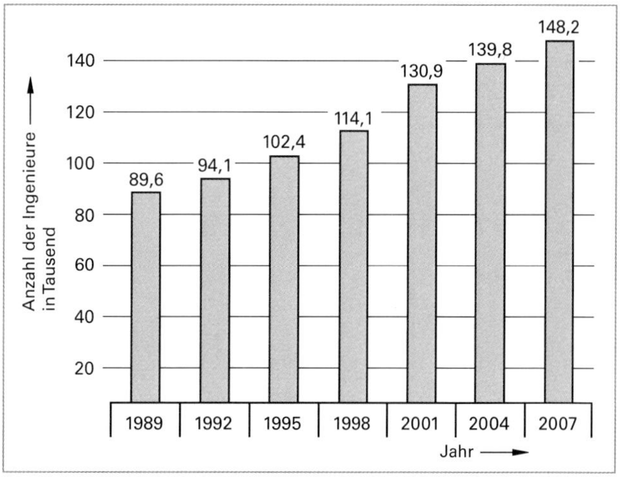

Bild 63/1: Ingenieure im Maschinenbau

64/2. **Anteil der Klassen am CO_2-Ausstoß**

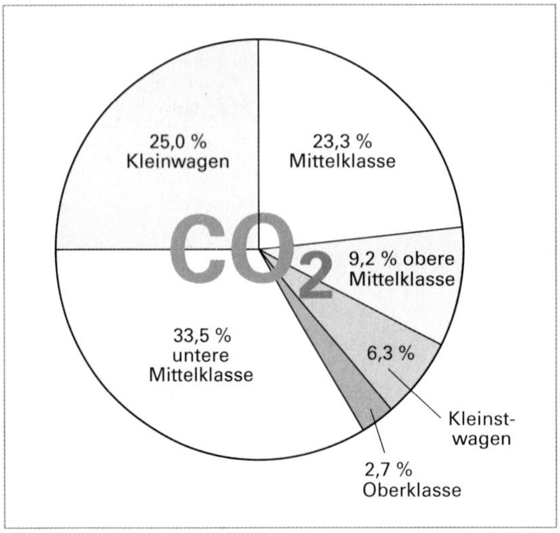

Bild 64/2: CO_2-Ausstoß

$1\ \%\ CO_2\text{-Ausstoß}\ \frac{360°}{100} = 3{,}6°$

$33{,}5\ \% \mathrel{\hat=} 3{,}6° \cdot 33{,}5 \mathrel{\hat=} 120{,}6°$

$25{,}0\ \% \mathrel{\hat=} 3{,}6° \cdot 25{,}0 \mathrel{\hat=} 90°$

$23{,}3\ \% \mathrel{\hat=} 3{,}6° \cdot 23{,}3 \mathrel{\hat=} 83{,}88°$

$9{,}2\ \% \mathrel{\hat=} 3{,}6° \cdot 9{,}2 \mathrel{\hat=} 33{,}12°$

$6{,}3\ \% \mathrel{\hat=} 3{,}6° \cdot 6{,}3 \mathrel{\hat=} 22{,}68°$

$2{,}7\ \% \mathrel{\hat=} 3{,}6° \cdot 2{,}7 \mathrel{\hat=} 9{,}72°$

64/3a. **Messreihe einer Stichprobe**

Gruppe	Messwert		Strichliste	Anzahl
	≥	<		n
1	0,97	0,98	I	1
2	0,98	0,99	III	3
3	0,99	1,00	IIII̸	5
4	1,00	1,01	IIII̸ IIII	9
5	1,01	1,02	IIII̸ IIII̸	10
6	1,02	1,03	IIII̸ III	8
7	1,03		IIII	4
				40

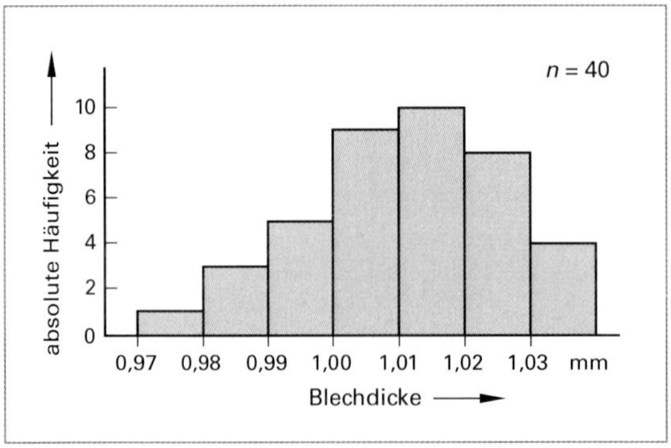

Bild 64/3b: Messreihe einer Stichprobe

64/4 **Fehlersammelkarte**

a)

A	B	C	D	E	F	G	H	I	J
Fehlerart *i*	**Mo**	**Di**	**Mi**	**Do**	**Fr**	**Fehler-häufigkeit i_j**	**Kosten pro Fehler in €**	**Gesamt-kosten in €**	**Gesamt-kosten in %**
Klebstoff seitlich herausgedrückt	3	1	4	2	3	13	7,85	102,05	11,76
Gehäuse verchromt	0	2	1	1	0	4	23,95	95,80	11,04
Deckel lässt sich abnehmen	7	7	8	6	6	34	14,95	508,30	58,58
Deckel verschoben	1	2	1	2	2	8	14,95	119,60	13,78
geringer Klebstoffauftrag	2	3	1	1	1	8	5,25	42,00	4,84
Summe:	13	15	15	12	12	67		867,75	100,00

b) **Pareto-Diagramm**

	Kosten in €	**Prozent auf-addiert (%)**
Deckel lässt sich abnehmen	508,3	58,57
Deckel verschoben	119,6	72,35
Klebstoff seitlich herausgedrückt	102,05	84,11
Gehäuse verformt	95,8	95,15
geringer Klebstoffauftrag	42	100
	867,75	–

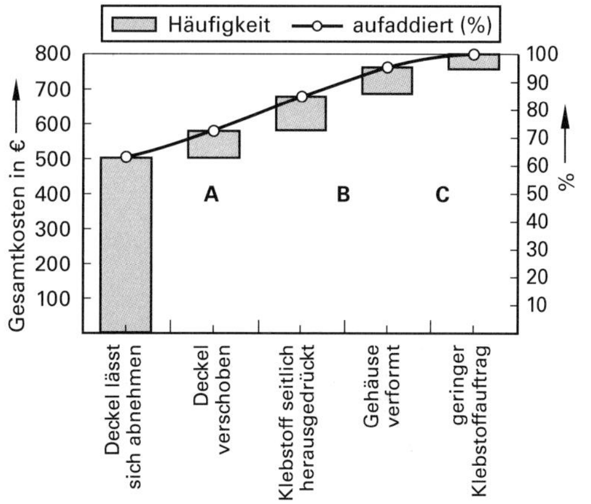

Bild 64/4b

c) **„Deckel lässt sich abnehmen" ist das Fehlermerkmal mit dem größten Kostenfaktor, allein 59 % der Gesamtkosten durch diesen Fehler ließen sich einsparen.**

64/5. **Drehzahldiagramm**

Einzustellende Drehzahlen:

Baustahl $n = \mathbf{710}\ \frac{1}{\text{min}}$ CuZn $n = \mathbf{1\,000}\ \frac{1}{\text{min}}$

Gusseisen $n = \mathbf{125}\ \frac{1}{\text{min}}$ Thermoplaste $n = \mathbf{500}\ \frac{1}{\text{min}}$

64/6. **Drehzahl**

Abgelesene Drehzahl: **a)** Baustahl $n = \mathbf{90}\,\frac{1}{\text{min}}$

b) Kupfer $n = \mathbf{710}\,\frac{1}{\text{min}}$

c) Aluminium $n = \mathbf{355}\,\frac{1}{\text{min}}$

64/7. **Kreisumfang**

Dem Durchmesser $d = 5$ mm ist der Umfang $U = \pi \cdot 5$ mm = 15,7 mm zugeordnet.

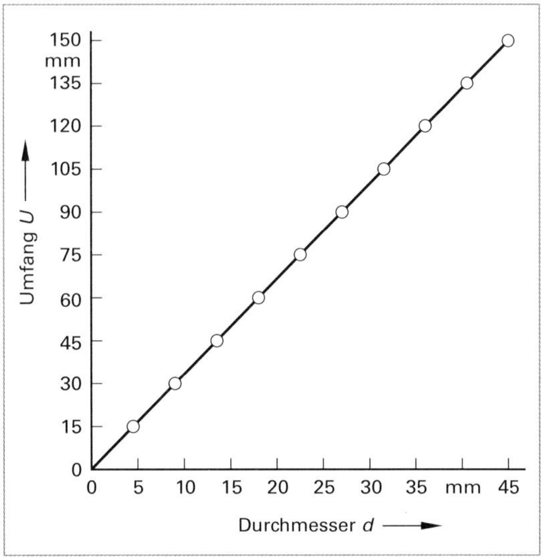

Bild 64/7: Kreisumfang

d in mm	0	5	10	20	25	30	35	40	45	50
U in mm	0	15,7	31,4	62,8	78,5	94,2	110,0	125,7	141,4	157,1

2 Mechanik

2.1 Bewegungen

2.1.1 Konstante Bewegungen

Konstante geradlinige Bewegungen

67/1. **Hubgeschwindigkeit**

$$v = \frac{s}{t} = \frac{1{,}80\text{ m}}{11\text{ s}} = 0{,}164\,\frac{\text{m}}{\text{s}} = 0{,}164\,\frac{\text{m}}{\text{s}} \cdot 60\,\frac{\text{s}}{\text{min}} = \mathbf{9{,}82\,\frac{m}{min}}$$

67/2. **Höhenunterschied**

$$v = \frac{204\,\frac{\text{m}}{\text{min}}}{60\,\frac{\text{s}}{\text{min}}} = 3{,}4\,\frac{\text{m}}{\text{s}};\ s = v \cdot t = 3{,}4\,\frac{\text{m}}{\text{s}} \cdot 13{,}6\text{ s} = \mathbf{46{,}24\text{ m}}$$

67/3. **Welle**

a) $v_f = n \cdot f = 280\,\frac{1}{\text{min}} \cdot 0{,}8\text{ mm} = \mathbf{224\,\frac{mm}{min}}$

b) $t = \frac{s}{v_f} = \frac{124\text{ mm} + 82\text{ mm}}{224\,\frac{\text{mm}}{\text{min}}} = \mathbf{0{,}92\text{ min} \mathrel{\hat{=}} 55{,}2\text{ s}}$

c) $v_f = n \cdot f = 200\,\frac{1}{\text{min}} \cdot 0{,}32\text{ mm} = \mathbf{64\,\frac{mm}{min}}$

67/4. **Kastenprofil**

Zahl der Teilschritte $n = \frac{1\,275\text{ mm}}{75\text{ mm}} = \mathbf{17}$

$n = n_{\text{Schw.}} + n_{\text{Eilg.}};\quad n_{\text{Schw.}} = n_{\text{Eilg.}} + 1$

$n = n_{\text{Eilg.}} + 1 + n_{\text{Eilg.}};\ n_{\text{Eilg.}} = \frac{n-1}{2} = \frac{16}{2} = 8;\ n_{\text{Schw.}} = 8 + 1 = 9$

$t = t_{\text{Schw.}} + t_{\text{Eilg.}}$

$$t_{\text{Schw.}} = \frac{s_{\text{Schw.}}}{v_{\text{Schw.}}} = \frac{9 \cdot 0{,}075\text{ m}}{0{,}3\,\frac{\text{m}}{\text{min}}} = 2{,}25\text{ min}$$

$$t_{\text{Eilg.}} = \frac{s_{\text{Eilg.}}}{v_{\text{Eilg.}}} = \frac{8 \cdot 0{,}075\text{ m}}{5\,\frac{\text{m}}{\text{min}}} = 0{,}12\text{ min}$$

$t = 2{,}25\text{ min} + 0{,}12\text{ min} = \mathbf{2{,}37\text{ min}}$

67/5. **Drehzahlberechnung**

$v_f = n \cdot f_z \cdot z,\quad v_{f1} = v_{f2};\quad n_1 \cdot f_{z1} \cdot z_1 = n_2 \cdot f_{z2} \cdot z_2;\quad f_{z1} = f_{z2}$

$$n_1 \cdot z_1 = n_2 \cdot z_2;\ n_2 = \frac{n_1 \cdot z_1}{z_2} = \frac{240\,\frac{1}{\text{min}} \cdot 8}{6} = \mathbf{320\,\frac{1}{min}}$$

67/6. Grundlochbohrung

a) $v_f = n \cdot f = 710 \frac{1}{min} \cdot 0{,}12\ mm = \mathbf{85{,}2\ \frac{mm}{min}}$

b) $t = \frac{s}{v_f} = \frac{63\ mm + 3\ mm + 2\ mm}{85{,}2\ \frac{mm}{min}} = 0{,}798\ min = 0{,}798\ min \cdot 60 \frac{s}{min} = \mathbf{47{,}88\ s}$

c) Gesamtzeit = Hauptnutzungszeit + Nebenzeit

$t_{ges} = t_h + t_n = t_h + 0{,}15\ t_h = 1{,}15\ t_h$

$t_h = \frac{t_{ges}}{1{,}15} = \frac{3\,600\ s}{1{,}15} = 3\,130{,}43\ s$

Anzahl der Bohrungen $z = \frac{t_h}{t} = \frac{3\,130{,}43\ s}{47{,}8\ s} = 65{,}38 \mathrel{\hat{=}} \mathbf{65}$

67/7. Laufkran

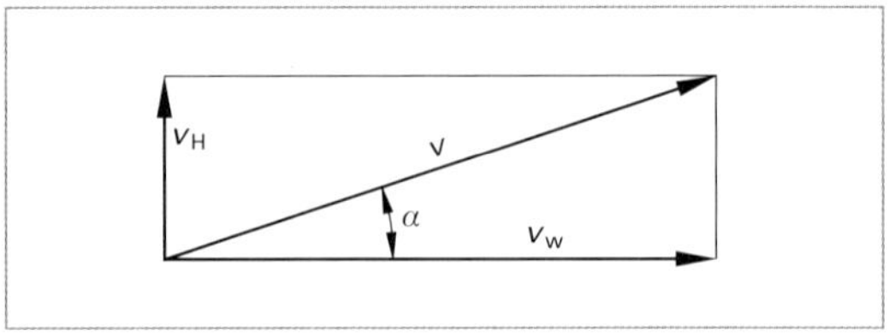

Bild 67/7: Laufkran

a) $v_2 = v_H^2 + v_W^2;$

$v = \sqrt{v_H^2 + v_W^2}$

$v = \sqrt{\left(6{,}3 \frac{m}{min}\right)^2 + \left(19 \frac{m}{min}\right)^2}$

$v = \sqrt{39{,}69 + 361} \frac{m}{min}$

$v = \sqrt{400{,}69} \frac{m}{min} = 20{,}02 \frac{m}{min} \approx \mathbf{20\ \frac{m}{min}}$

b) $s = v \cdot t = 20 \frac{m}{min} \cdot 24 \cdot \frac{1}{60}\ min = \mathbf{8\ m}$

c) $\tan \alpha = \frac{v_H}{v_W} = \frac{6{,}3 \frac{m}{min}}{19 \frac{m}{min}} = 0{,}331$

$\alpha = \arctan 0{,}331 = \mathbf{18{,}31°}$

Kreisförmige Bewegung

69/1. Winkelschleifer

$v = \pi \cdot d \cdot n = \pi \cdot 0{,}23\ m \cdot 6\,000 \frac{1}{min} \cdot \frac{min}{60\ s} = \mathbf{72{,}26\ \frac{m}{s}}$

69/2. Drehzahlen aus Schaubild

Bei $v_c = 70 \frac{m}{min}$ abgelesen für $d = 25\ mm$ $n = \mathbf{1\,000\ \frac{1}{min}}$

$d = 40\ mm$ $n = \mathbf{500\ \frac{1}{min}}$

$d = 80\ mm$ $n = \mathbf{250\ \frac{1}{min}}$

$d = 150\ mm$ $n = \mathbf{125\ \frac{1}{min}}$

69/3. **Riemenscheibe**

$v = \pi \cdot d \cdot n = \pi \cdot 0{,}09\ \text{m} \cdot 2\,800\ \frac{1}{\text{min}} = \mathbf{791{,}7\ \frac{m}{min}}$

69/4. **Maximale Drehzahl**

$v = \pi \cdot d \cdot n$

bei Zustellung von Hand

$\frac{25\ \text{m}}{\text{s}} \cdot \frac{60\ \text{s}}{\text{min}} = \frac{1\,500\ \text{m}}{\text{min}}$

$n = \frac{v}{\pi \cdot d} = \frac{1\,500\ \frac{\text{m}}{\text{min}}}{\pi \cdot 0{,}18\ \text{m}} = \mathbf{2\,652\ \frac{1}{min}}$

bei maschineller Zustellung

$\frac{35\ \text{m}}{\text{s}} \cdot \frac{60\ \text{s}}{\text{min}} = \frac{2\,100\ \text{m}}{\text{min}}$

$n = \frac{v}{\pi \cdot d} = \frac{2\,100\ \frac{\text{m}}{\text{min}}}{\pi \cdot 0{,}18\ \text{m}} = \mathbf{3\,713\ \frac{1}{min}}$

69/5. **Schleifscheibe**

$\frac{18\ \text{m}}{\text{s}} \cdot \frac{60\ \text{s}}{\text{min}} = \frac{1\,080\ \text{m}}{\text{min}}$

$v = \pi \cdot d \cdot n;\ n = \frac{v}{\pi \cdot d} = \frac{1\,080\ \frac{\text{m}}{\text{min}}}{\pi \cdot 0{,}045\ \text{m}} = \mathbf{7\,639\ \frac{1}{min}}$

69/6. **Bohrer**

$v_c = \pi \cdot d \cdot n = \pi \cdot 0{,}018\ \text{m} \cdot 355\ \frac{1}{\text{min}} = \mathbf{20\ \frac{m}{min}}$

69/7. **Drehzahlberechnung**

$v = \pi \cdot d \cdot n;\ n = \frac{v}{\pi \cdot d} = \frac{45\ \frac{\text{m}}{\text{min}}}{\pi \cdot 0{,}006\ \text{m}} = \mathbf{2\,387\ \frac{1}{min}}$

69/8. **Durchmesserberechnung**

$v = \pi \cdot d \cdot n;\ d = \frac{v}{\pi \cdot n} = \frac{40\ \frac{\text{m}}{\text{min}}}{\pi \cdot 315\ \frac{1}{\text{min}}} = 0{,}040\ \text{m} = \mathbf{40\ mm}$

69/9. **Walzendurchmesser**

$v = \pi \cdot d \cdot n;\ d = \frac{v}{\pi \cdot n} = \frac{50\ \frac{\text{m}}{\text{min}}}{\pi \cdot 14\ \frac{1}{\text{min}}} = 1{,}137\ \text{m} = \mathbf{1\,137\ mm}$

69/10. **Seiltrommel**

•

a) $v_1 = \pi \cdot d \cdot n_1 = \pi \cdot 0{,}22\ \text{m} \cdot 30\ \frac{1}{\text{min}} = \mathbf{20{,}73\ \frac{m}{min}}$

b) $n_2 = \frac{v_2}{\pi \cdot d} = \frac{70\ \frac{\text{m}}{\text{min}}}{\pi \cdot 0{,}22\ \text{m}} = \mathbf{101{,}3\ \frac{1}{min}}$

2.1.2 Beschleunigte und verzögerte Bewegungen

71/1. **Tabelle 1**

a) $s = \frac{v}{2} \cdot t = \frac{54\ \frac{\text{m}}{\text{s}}}{2} \cdot 18\ \text{s} = \mathbf{486\ m}$; $a = \frac{v}{t} = \frac{54\ \frac{\text{m}}{\text{s}}}{18\ \text{s}} = \mathbf{3\ \frac{m}{s^2}}$

b) $v = \sqrt{2 \cdot a \cdot s} = \sqrt{2 \cdot 5\ \frac{m}{s^2} \cdot 120\ m} = \sqrt{1\,200\ \frac{m^2}{s^2}} = \mathbf{34{,}64\ \frac{m}{s}}$

$t = \sqrt{\frac{2 \cdot s}{a}} = \sqrt{\frac{2 \cdot 120\ m}{5\ \frac{m}{s^2}}} = \sqrt{48\, s^2} = \mathbf{6{,}928\ s}$

c) $v = 36\ \frac{m}{min} \cdot \frac{1\ min}{60\ s} = 0{,}6\ \frac{m}{s}$

$s = \frac{v^2}{2 \cdot a} = \frac{0{,}6^2\ \frac{m^2}{s^2}}{2 \cdot 1{,}5\ \frac{m}{s^2}} = \mathbf{0{,}12\ m};$ $t = \frac{v}{a} = \frac{0{,}6\ \frac{m}{s}}{1{,}5\ \frac{m}{s^2}} = \mathbf{0{,}4\ s}$

d) $v = \frac{2 \cdot s}{t} = \frac{2 \cdot 18\ mm}{0{,}5\ s} = \mathbf{72\ \frac{mm}{s}};$ $a = \frac{2 \cdot s}{t^2} = \frac{2 \cdot 18\ mm}{0{,}5^2 s^2} = \mathbf{144\ \frac{mm}{s^2}}$

71/2. Rennwagen

a) $a = \frac{v}{t} = \frac{100\ \frac{km}{h}}{2{,}4\ s} = \frac{100\ \frac{km}{h} \cdot \frac{1\,000\ m}{km} \cdot \frac{1\ h}{3\,600\ s}}{2{,}4\ s} = \mathbf{11{,}57\ \frac{m}{s^2}}$

b) $s = \frac{a \cdot t^2}{2} = \frac{11{,}57\ \frac{m}{s^2} \cdot (2{,}4 s)^2}{2} = \mathbf{33{,}32\ m}$

c) $v = a \cdot t = 11{,}57\ \frac{m}{s^2} \cdot 1\ s = \mathbf{11{,}57\ \frac{m}{s}}$

d) t-Achse: 1 s ≙ 4 cm

v-Achse: $10\ \frac{m}{s}$ ≙ 2 cm

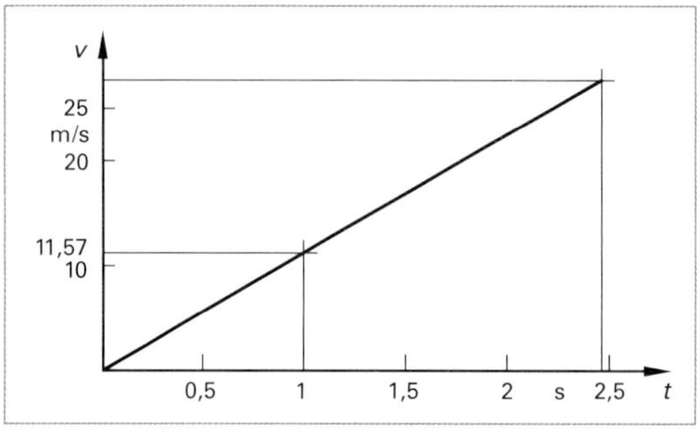

Bild 71/2d

71/3. Geschwindigkeit-Zeit-Diagramm

$v = a \cdot t;\ a = \frac{v}{t};$

Pkw 1: $a_1 = \frac{v_1}{t_1} = \frac{15\ \frac{m}{s}}{1\ s} = \mathbf{15}\ \frac{m}{s^2};$ Pkw 2: $a_2 = \frac{v_2}{t_2} = \frac{15\ \frac{m}{s}}{3 s} = \mathbf{5}\ \frac{m}{s^2};$

71/4. Bremsversuche

$t_1 = \mathbf{3{,}5\ s};$ $s_1 = \frac{v_1}{2} \cdot t_1 = \frac{8{,}33}{2}\ \frac{m}{s} \cdot 3{,}5\ s = \mathbf{14{,}58\ m}$

$t_2 = \mathbf{4{,}0\ s};$ $s_2 = \mathbf{27{,}78\ m}$

$t_3 = \mathbf{5{,}0\ s};$ $s_3 = \mathbf{48{,}61\ m}$

71/5. **Werkzeugschlitten**

$$v_f = 16\,\frac{\text{m}}{\text{min}} = 0{,}27\,\frac{\text{m}}{\text{s}}$$

$$t = \frac{v}{a} = \frac{0{,}27\,\frac{\text{m}}{\text{s}}}{2\,\frac{\text{m}}{\text{s}^2}} = \mathbf{0{,}135\ s}$$

$$s = \frac{v}{2} \cdot t = \frac{0{,}27\,\frac{\text{m}}{\text{s}}}{2} \cdot 0{,}135\ \text{s} = 0{,}018\ \text{m} = \mathbf{18\ mm}$$

71/6. **Maschinentisch**

$$v = \frac{30\ \text{m} \cdot 1\ \text{min}}{\text{min} \cdot 60\ \text{s}} = 0{,}5\,\frac{\text{m}}{\text{s}}$$

$$s_1 = \frac{v}{2} \cdot t_1;\ t_1 = \frac{2 \cdot s_1}{v} = \frac{2 \cdot 0{,}125\ \text{m}}{0{,}5\,\frac{\text{m}}{\text{s}}} = 0{,}5\ \text{s}$$

$$v = \frac{s_2}{t_2};\ t_2 = \frac{s_2}{v} = \frac{1{,}6\ \text{m}}{0{,}5\,\frac{\text{m}}{\text{s}}} = 3{,}2\ \text{s}$$

$$s_3 = \frac{v}{2} \cdot t_3;\ t_3 = \frac{2 \cdot s_3}{v} = \frac{2 \cdot 0{,}1\ \text{m}}{0{,}5\,\frac{\text{m}}{\text{s}}} = 0{,}4\ \text{s}$$

$$t = t_1 + t_2 + t_3 = 0{,}5\ \text{s} + 3{,}2\ \text{s} + 0{,}4\ \text{s} = \mathbf{4{,}1\ s}$$

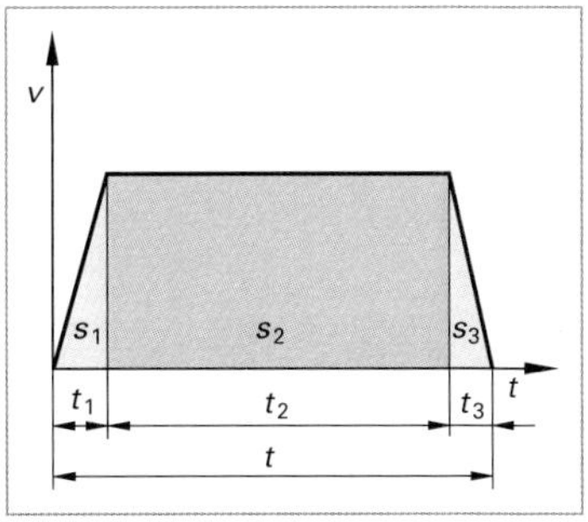

Bild 71/6: Maschinentisch (v-t-Diagramm)

71/7. **Bohreinheit**
●

$$t_1 = t_3 = \frac{v}{a} = \frac{0{,}2\,\frac{\text{m}}{\text{s}}}{2{,}2\,\frac{\text{m}}{\text{s}^2}} = 0{,}09\ \text{s}$$

$$s_1 = s_3 = \frac{v}{2} \cdot t = \frac{0{,}2\,\frac{\text{m}}{\text{s}}}{2} \cdot 0{,}09\ \text{s} = 0{,}009\ \text{m} = 9\ \text{mm}$$

$$s_2 = 180\ \text{mm} - (s_1 + s_3) = 180\ \text{mm} - 18\ \text{mm} = 162\ \text{mm}$$

$$t_2 = \frac{s_2}{v} = \frac{162\ \text{mm}}{200\,\frac{\text{mm}}{\text{s}}} = 0{,}81\ \text{s}$$

$$t = t_1 + t_2 + t_3 = 0{,}09\ \text{s} + 0{,}81\ \text{s} + 0{,}09\ \text{s} = \mathbf{0{,}99\ s}$$

2.2 Zahnradmaße

Zahnradmaße und Achsabstände

75/1. **Außenverzahntes Stirnrad**

a) $d_a = m\,(z + 2) = 1{,}5\ \text{mm}\ (50 + 2) = \mathbf{78\ mm}$

b) $h = h_a + h_f = m + m + c = 2 \cdot m + c$
$\quad = 2 \cdot 1{,}5\ \text{mm} + 0{,}167 \cdot 1{,}5\ \text{mm} = \mathbf{3{,}25\ mm}$

c) $d = m \cdot z = 1{,}5\ \text{mm} \cdot 50 = \mathbf{75\ mm}$

75/2. **Zahnradtrieb**

$$a_1 = \frac{m\,(z_1 + z_2)}{2} = \frac{2\ \text{mm}\ (64 + 24)}{2} = \mathbf{88\ mm}$$

$$a_2 = \frac{m\,(z_2 + z_3)}{2} = \frac{2\ \text{mm}\ (24 + 40)}{2} = \mathbf{64\ mm}$$

75/3. Innenverzahnung

a) $d_1 = m \cdot z_1 = 1{,}5\ \text{mm} \cdot 28 = \mathbf{42\ mm}$

$d_2 = m \cdot z_2 = 1{,}5\ \text{mm} \cdot 80 = \mathbf{120\ mm}$

b) $d_{a1} = m\,(z_1 + 2) = 1{,}5\ \text{mm}\,(28 + 2) = \mathbf{45\ mm}$

$d_{a2} = m\,(z_2 - 2) = 1{,}5\ \text{mm}\,(80 - 2) = \mathbf{117\ mm}$

c) $d_{f1} = d_1 - 2\,(m + c) = 42\ \text{mm} - 2\left(1{,}5\ \text{mm} + \frac{1{,}5\ \text{mm}}{4}\right)$

$= 42\ \text{mm} - 2 \cdot \frac{7{,}5\ \text{mm}}{4} = 42\ \text{mm} - 3{,}75\ \text{mm}$

$= \mathbf{38{,}25\ mm}$

$d_{f2} = d_2 + 2\,(m + c) = 120\ \text{mm} + 2\left(1{,}5\ \text{mm} + \frac{1{,}5\ \text{mm}}{4}\right)$

$= 120\ \text{mm} + 3{,}75\ \text{mm} = \mathbf{123{,}75\ mm}$

d) $h_1 = h_2 = 2 \cdot m + c = 2 \cdot 1{,}5\ \text{mm} + \frac{1{,}5\ \text{mm}}{4}$

$= 3\ \text{mm} + 0{,}375\ \text{mm} = \mathbf{3{,}375\ mm}$

e) $a = \frac{m \cdot (z_2 - z_1)}{2} = \frac{1{,}5\ \text{mm} \cdot (80 - 28)}{2} = \mathbf{39\ mm}$

75/4. Zahnradpumpe

$d_a = d + 2 \cdot h_a = d + 2 \cdot m;\quad d = m \cdot z$

$d_a = m \cdot z + 2 \cdot m = m\,(z + 2)$

$m = \frac{d_a}{z + 2} = \frac{32{,}5\ \text{mm}}{11 + 2} = 2{,}5\ \text{mm}$

$a = \frac{m \cdot (z_1 + z_2)}{2} = \frac{2{,}5\ \text{mm}\,(11 + 11)}{2} = \mathbf{27{,}5\ mm}$

75/5. Schrägverzahntes Zahnradpaar

a) $d_1 = \frac{m_n \cdot z_1}{\cos\beta} = \frac{4\ \text{mm} \cdot 17}{\cos 25°} = 75{,}03\ \text{mm}$

$d_{a1} = d_1 + 2 \cdot m_n = 75{,}03 + 2 \cdot 4\ \text{mm} = \mathbf{83{,}03\ mm}$

$d_2 = \frac{m_n \cdot z_2}{\cos\beta} = \frac{4\ \text{mm} \cdot 81}{\cos 25°} = 357{,}5\ \text{mm}$

$d_{a2} = d_2 \cdot 2 \cdot m_n = 357{,}5\ \text{mm} + 2 \cdot 4\ \text{mm} = \mathbf{365{,}5\ mm}$

b) $p_t = \frac{\pi \cdot m_n}{\cos\beta} = \frac{\pi \cdot 4\ \text{mm}}{\cos 25°} = \mathbf{13{,}87\ mm}$

c) $h = 2 \cdot m_n + c = 2 \cdot 4\ \text{mm} + 0{,}2 \cdot 4\ \text{mm} = 8\ \text{mm} + 0{,}8\ \text{mm} = \mathbf{8{,}8\ mm}$

75/6. Tischantrieb

$m_{t1} = \frac{m_{n1}}{\cos\beta} = \frac{1{,}75\ \text{mm}}{\cos 10°} = 1{,}78\ \text{mm}$

$m_{t2} = \frac{m_{n2}}{\cos\beta} = \frac{2{,}75\ \text{mm}}{\cos 10°} = 2{,}79\ \text{mm}$

$a_1 = \frac{m_{t1} \cdot (z_1 + z_2)}{2} = \frac{1{,}78\ \text{mm} \cdot (26 + 130)}{2}$

$\mathbf{a_1 = 138{,}84\ mm}$

$a_2 = \frac{m_{t2} \cdot (z_3 + z_6)}{2} = \frac{2{,}79\ \text{mm} \cdot (34 + 136)}{2}$

$\mathbf{a_2 = 237{,}15\ mm}$

2.3 Übersetzungen bei Antrieben

2.3.1 Einfache Übersetzungen

78/1. **Rädertrieb**

a) $z_2 = i \cdot z_1 = 1{,}2 \cdot 80 = \mathbf{96\ Zähne}$

b) $m = \dfrac{d_2}{z_2} = \dfrac{120\ \text{mm}}{96} = \mathbf{1{,}25\ mm}$; $a = \dfrac{m\,(z_1 + z_2)}{2} = \dfrac{1{,}25\ \text{mm}\ (80 + 96)}{2} = \mathbf{110\ mm}$

78/2. **Zahnstange**

$$s = z \cdot p \cdot \frac{a}{360°} = 16 \cdot 2 \cdot \pi\ \text{mm} \cdot \frac{180°}{360°} = \mathbf{50{,}27\ mm}$$

78/3. **Riementrieb**

a) Riemenbreite $b_0 = 9{,}7 : c = 2\ \text{mm}$

$d_{w1} = d_{a1} - 2 \cdot c = 42\ \text{mm} - 2 \cdot 2\ \text{mm} = \mathbf{38\ mm}$

$d_{w2} = d_{a2} - 2 \cdot c = 63\ \text{mm} - 2 \cdot 2\ \text{mm} = \mathbf{59\ mm}$

$$n_2 = \frac{n_1 \cdot d_{w1}}{d_{w2}} = \frac{1\,800\ \frac{1}{\text{min}} \cdot 38\ \text{mm}}{59\ \text{mm}} = \mathbf{1\,159\ \frac{1}{min}}$$

b) $n_3 = \dfrac{n_2 \cdot d_{w2}}{d_{w3}}$; $d_{w3} = \dfrac{n_2 \cdot d_{w2}}{n_3}$

$$d_{w3} = \frac{1\,159\ \frac{1}{\text{min}} \cdot 59\ \text{mm}}{1\,200\ \frac{1}{\text{min}}} = \mathbf{57\ mm}$$

78/4. **Bohrspindel**

a) $d = m \cdot z = 4\ \text{mm} \cdot 18 = \mathbf{72\ mm}$

$$v_f = \pi \cdot d \cdot n;\ n = \frac{v_f}{\pi \cdot d} = \frac{162\ \frac{\text{mm}}{\text{min}}}{\pi \cdot 72\ \text{mm}} = \mathbf{0{,}716\ \frac{1}{min}}$$

b) $s = v_f \cdot t = 162\ \dfrac{\text{mm}}{\text{min}} \cdot 0{,}6\ \text{min} = \mathbf{97{,}2\ mm}$

c) $s = z \cdot p \cdot \dfrac{\alpha}{360°}$

$$\alpha = \frac{s \cdot 360°}{z \cdot p} = \frac{s \cdot 360°}{z \cdot \pi \cdot m} = \frac{97{,}2\ \text{mm} \cdot 360°}{18 \cdot \pi \cdot 4\ \text{mm}} = \mathbf{154{,}6998° = 154°\ 41'\ 56''}$$

78/5. **Schneckenrad**

a) $\dfrac{n_1}{n_2} = \dfrac{z_2}{z_1}$; $n_2 = \dfrac{n_1 \cdot z_1}{z_2} = \dfrac{900\ \frac{1}{\text{min}} \cdot 2}{60}$

$$\mathbf{n_2 = 30\ \frac{1}{min}}$$

b) $v = \pi \cdot d \cdot n = \pi \cdot 0{,}2\ \text{m} \cdot 30\ \dfrac{1}{\text{min}} = \mathbf{18{,}85\ \dfrac{m}{min}}$

78/6. Tischantrieb

$$\frac{n_1}{n_2} = \frac{z_2}{z_1}; \quad n_2 = \frac{n_1 \cdot z_1}{z_2}$$

$$n_2 = \frac{600\ \text{min}^{-1} \cdot 16}{40} = \mathbf{240\ \frac{1}{min}}$$

Bei einer Steigung der Spindel von $P = 5$ mm entspricht dies einer Strecke von 240 · 5 mm = 1 200 in 1 min: A_m = 1 200 mm, A_w = 1 min = 60 s
E_m = 200 mm (Verfahrweg)

$$E_w = \frac{E_m \cdot A_w}{A_m} = \frac{200\ \text{mm} \cdot 60\ \text{s}}{1\,200\ \text{mm}} = 10\ \text{s}$$

b) Anzahl der Umdrehungen der Spindel bei einer Strecke von 200 mm : Steigung $P = 5$ mm

$$n_4 = \frac{200\ \text{mm}}{5\ \text{mm}} = 40\ \text{Umdrehungen (Spindel)}$$

$$\frac{n_3}{n_4} = \frac{z_4}{z_3}; \quad n_3 = \frac{z_4 \cdot n_4}{z_3} = \frac{60 \cdot 40\ \text{Umdrehungen}}{30}$$

n_3 = **80 Umdrehungen**

2.3.2 Mehrfache Übersetzungen

80/1. Tischantrieb

a) $i_1 = \frac{z_2}{z_1}$

$z_1 / z_2 = 26 / 130 : i_{11} = \frac{130}{26} = \mathbf{5}$

$z_1 / z_2 = 40 / 120 : i_{12} = \frac{120}{40} = \mathbf{3}$

$z_1 / z_2 = 44 / 110 : i_{13} = \frac{110}{44} = \mathbf{2{,}5}$

$z_1 / z_2 = 52 / 104 : i_{14} = \frac{104}{52} = \mathbf{2}$

$i_2 = \frac{z_4}{z_3} = \frac{136}{34} = 4$

$i_1 = i_{11} \cdot i_2 = 5 \cdot 4 = \mathbf{20}$

$i_2 = i_{12} \cdot i_2 = 3 \cdot 4 = \mathbf{12}$

$i_3 = i_{13} \cdot i_2 = 2{,}5 \cdot 4 = \mathbf{10}$

$i_4 = i_{14} \cdot i_2 = 2 \cdot 4 = \mathbf{8}$

b) $i = \frac{n_a}{n_e}; \quad n_e = \frac{n_a}{i}; \quad n_{e1} = \frac{n_a}{i_1} = \frac{6\,000\ \frac{1}{min}}{20}$

$n_{e1} = \mathbf{300\ \frac{1}{min}}$

$$n_{e2} = \frac{n_a}{i_2} = \frac{6\,000\ \frac{1}{min}}{12} = \mathbf{500\ \frac{1}{min}}$$

$$n_{e3} = \frac{n_a}{i_3} = \frac{6\,000\ \frac{1}{min}}{10} = \mathbf{600\ \frac{1}{min}}$$

$$n_{e4} = \frac{n_a}{i_4} = \frac{6\,000\ \frac{1}{min}}{8} = \mathbf{750\ \frac{1}{min}}$$

80/2. Handbohrmaschine

a) $i_1 = \frac{z_2}{z_1} = \frac{52}{10} = 5{,}2$

$i_2 = \frac{z_4}{z_3} = \frac{36}{24} = 1{,}5$

$i_3 = \frac{z_6}{z_5} = \frac{44}{16} = 2{,}75$

$i_{13} = i_1 \cdot i_3 = 5{,}2 \cdot 2{,}75 = \mathbf{14{,}3}$

$i_{12} = i_1 \cdot i_2 = 5{,}2 \cdot 1{,}5 = \mathbf{7{,}8}$

b) $i = \frac{n_a}{n_e}; \quad n_e = \frac{n_a}{i}$

$$n_e = \frac{n_{amax}}{i_{12}} = \frac{6\,000}{7{,}8} = 769{,}23\ \frac{1}{min} \approx \mathbf{770\ \frac{1}{min}}$$

80/3. Stufenloses Getriebe

$i_g = \frac{n_1}{n_{2K}}$ (n_{2K} – kleinste Abtriebsdrehzahl am Riementrieb)

$$n_{2K} = \frac{n_1}{i_g} = \frac{1\,400 \frac{1}{min}}{7} = 200 \frac{1}{min}$$

$i_K = \frac{n_1}{n_{2g}}$ (n_{2g} – größte Abtriebsdrehzahl am Riementrieb)

$$n_{2g} = \frac{n_1}{i_K} = \frac{1\,400 \frac{1}{min}}{0{,}7} = 2\,000 \frac{1}{min}$$

1. Schaltstufe: $i_1 = \frac{1{,}6}{1}$

$$i_1 = \frac{n_{2K}}{n_{emin}};\quad n_{emin} = \frac{n_{2K}}{i_1} = \frac{200 \frac{1}{min}}{\frac{1{,}6}{1}} = \mathbf{125 \frac{1}{min}}$$

$$i_1 = \frac{n_{2g}}{n_{emax}};\quad n_{emax} = \frac{n_{2g}}{i_1} = \frac{2\,000 \frac{1}{min}}{\frac{1{,}6}{1}} = \mathbf{1\,250 \frac{1}{min}}$$

2. Schaltstufe: $i_2 = 0{,}32$

$$i_2 = \frac{n_{2k}}{n_{emin}};\quad n_{emin} = \frac{n_{2k}}{i_2} = \frac{200 \frac{1}{min}}{0{,}32} = \mathbf{625 \frac{1}{min}}$$

$$i_2 = \frac{n_{2g}}{n_{emax}};\quad n_{emax} = \frac{n_{2g}}{i_2} = \frac{2\,000 \frac{1}{min}}{0{,}32} = \mathbf{6\,250 \frac{1}{min}}$$

80/4. Spindelhubgetriebe

a) Übersetzung Zahnriemen: $i_1 = \frac{z_2}{z_1} = \frac{50}{32} = 1{,}56$

Übersetzung Schneckentrieb: $i_2 = \frac{8}{1}$

$$i = i_1 \cdot i_2 = 1{,}56 \cdot \frac{8}{1} = 12{,}5$$

$$n_e = \frac{n_a}{i} = \frac{750 \frac{1}{min}}{12{,}5} = \mathbf{60 \frac{1}{min}}$$

b) $v_f = h \cdot P = 60 \frac{1}{min} \cdot 4\ mm = \mathbf{240 \frac{mm}{min}}$

2.4 Kräfte

84/1. Freileitungsmast

■ **Grafische Lösung**

a) 1. Schritt: Kräftemaßstab $M_k = \frac{25\ N}{mm}$

2. Schritt: Pfeillänge $l_1 = \frac{F_1}{M_k} = \frac{800\ N}{25 \frac{N}{mm}} = 32\ mm$ Pfeillänge $l_2 = \frac{F_2}{M_k} = \frac{1\,200\ N}{25 \frac{N}{mm}} = 48\ mm$

3. Schritt: Kräfteplan (Bild 84.1)

4. Schritt: Resultierende F_r (Bild 84/1)

5. Schritt: Pfeillänge l_r = 58 mm

$$F_r = l_r \cdot M_k = 58\ \text{mm} \cdot 25\,\frac{\text{N}}{\text{mm}} = \mathbf{1\,450\ N}$$

α_r **= 96°**

b) Das Spannseil wirkt gegen die Richtung der Resultierenden F_r.

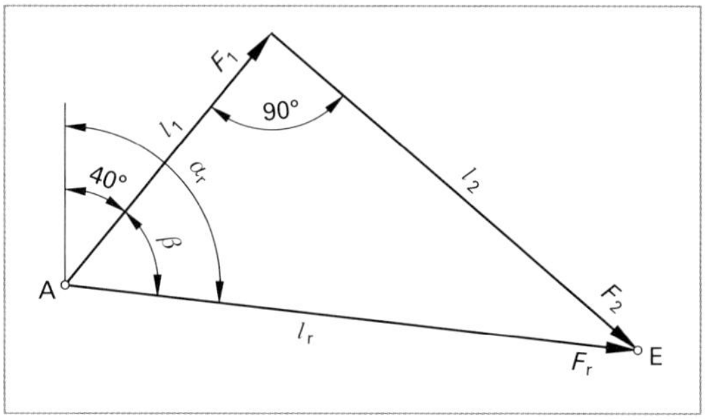

Bild 84/1: Freileitungsmast

Rechnerische Lösung

a) Die Resultierende F_r wird über den Satz des Pythagoras ermittelt (Bild 84/1).

$$F_r = \sqrt{F_1^2 + F_2^2} = \sqrt{(800\ \text{N})^2 + (1\,200\ \text{N})^2} = \mathbf{1\,442{,}2\ N}$$

b) $\alpha_r = \beta + 40°$ (Bild 84/1)

$$\frac{F_r}{\sin 90°} = \frac{F_2}{\sin \beta}$$

$$\sin \beta = \frac{F_2 \cdot \sin 90°}{F_r} = \frac{1\,200\ \text{N} \cdot 1}{1\,442{,}2\ \text{N}} = 0{,}832$$

$\beta = 56{,}3°$

$\alpha_r = 56{,}3° + 40° = \mathbf{96{,}3°}$

84/2. Seilrolle

Grafische Lösung

1. Schritt: Kräftemaßstab $M_k = \frac{50\ \text{N}}{\text{mm}}$

2. Schritt: Pfeillänge $l_1 = l_2 = \frac{F_G}{M_k} = \frac{1\,500\ \text{N}}{50\,\frac{\text{N}}{\text{mm}}} = 30\ \text{mm}$

3. Schritt: Kräfteplan (Bild 84/2)

4. Schritt: Resultierende F_r (Bild 84/2)

5. Schritt: Pfeillänge l_r = 23 mm

$$F_r = l_r \cdot M_k = 23\ \text{mm} \cdot 50\,\frac{\text{N}}{\text{mm}} = \mathbf{1\,150\ N}$$

α_r **= 68°**

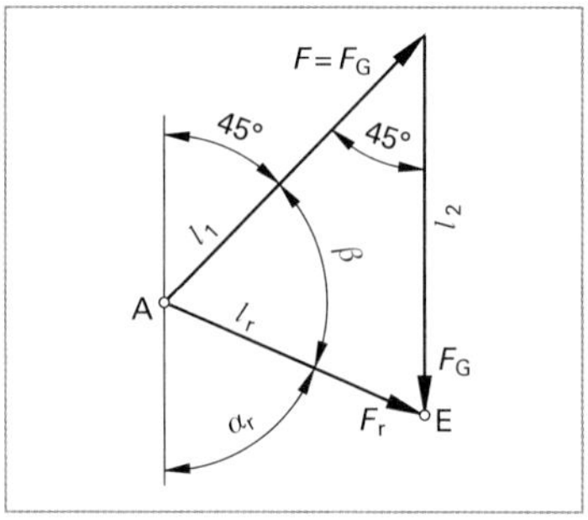

Bild 84/2: Seilrolle

Rechnerische Lösung

Die Resultierende F_r wird über den Kosinussatz ermittelt (Bild 84/2).

$$F_r^2 = F_1^2 + F_2^2 - 2 \cdot F_1 \cdot F_2 \cdot \cos \gamma$$
$$= (1\,500\ \text{N})^2 + (1\,500\ \text{N})^2 - 2 \cdot 1\,500\ \text{N} \cdot 1\,500\ \text{N} \cdot \cos 45°$$
$$= 1\,318\,019{,}5\ \text{N}^2$$

$$F_r = \sqrt{F_r^2} = \sqrt{1\,318\,019{,}5\ \text{N}^2} = \mathbf{1\,148\ N}$$

$\alpha_r = 180° - 45° - \beta$ (Bild 84/2)

$$\frac{F_r}{\sin 45°} = \frac{F_2}{\sin \beta}$$

$$\sin \beta = \frac{F_2 \cdot \sin 45°}{F_r} = \frac{1\,500\ \text{N} \cdot \sin 45°}{1\,148\ \text{N}} = 0{,}9239$$

$\beta = 67{,}5°$

$\alpha_r = 180° - 45° - 67{,}5° = \mathbf{67{,}5°}$

84/3. Dieselmotor

Grafische Lösung

a) 1. Schritt: Gewählter Kräftemaßstab $M_k = \frac{0{,}6\ \text{kN}}{\text{mm}}$

2. Schritt: Pfeillänge $l_F = \frac{F}{M_k} = \frac{42\ \text{kN}}{0{,}6\ \frac{\text{kN}}{\text{mm}}} = 70\ \text{mm}$

3. Schritt: Kräfteplan (Bild 84/3)

4. Schritt: Pfeillänge $l_{FN} = 19\ \text{mm}$

$F_N = l_{FN} \cdot M_k$

$= 19\ \text{mm} \cdot 0{,}6\ \frac{\text{kN}}{\text{mm}} = \mathbf{11{,}4\ kN}$

b) Pfeillänge $l_{Fp} = 72{,}5\ \text{mm}$ (Bild 84/3)

$F_p = l_{FP} \cdot M_k = 72{,}5\ \text{mm} \cdot 0{,}6\ \frac{\text{kN}}{\text{mm}} = \mathbf{43{,}5\ kN}$

Rechnerische Lösung

a) $F_N = F \cdot \tan 15°$ (Bild 84/3)

$= 42\ \text{kN} \cdot \tan 15° = \mathbf{11{,}25\ kN}$

b) $F_p = \frac{F}{\cos 15°} = \frac{42\ \text{kN}}{\cos 15°} = \mathbf{43{,}48\ kN}$

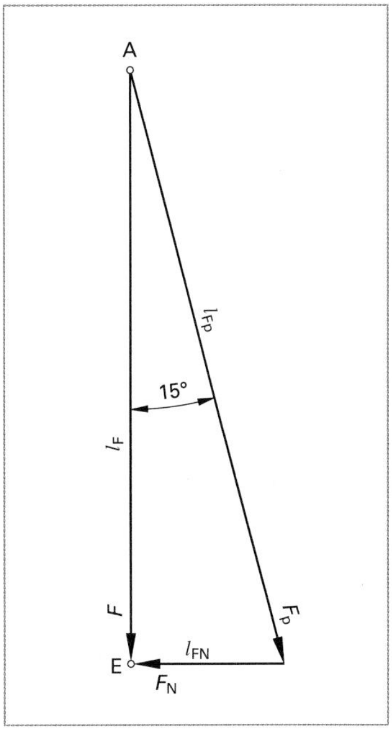

Bild 84/3: Dieselmotor

84/4. Hubseil: Lastzugwinkel α = 30°

Grafische Lösung

a) 1. Schritt: Gewählter Kräftemaßstab $M_k = \frac{0{,}25\ \text{kN}}{\text{mm}}$

2. Schritt: Pfeillänge $l_F = \frac{F}{M_k} = \frac{10\ \text{kN}}{0{,}25\ \frac{\text{kN}}{\text{mm}}} = 40\ \text{mm}$

3. Schritt: Kräfteplan (Bild 84/4-1)

4. Schritt: F_G ist die Resultierende im Krafteck

5. Schritt: Pfeillänge $l_G = 77\ \text{mm}$

$F_G = l_G \cdot M_k = 77\ \text{mm} \cdot 0{,}25\ \frac{\text{kN}}{\text{mm}} = \mathbf{19{,}25\ kN}$

Rechnerische Lösung

a) Die Gewichtskraft F_G wird über den Sinussatz ermittelt (Bild 84/4-1).

$$\frac{F_G}{\sin 150°} = \frac{F}{\sin 15°}$$

$$F_G = \frac{F \cdot \sin 150°}{\sin 15°} = \frac{10\ \text{kN} \cdot \sin 150°}{\sin 15°} = \mathbf{19{,}32\ kN}$$

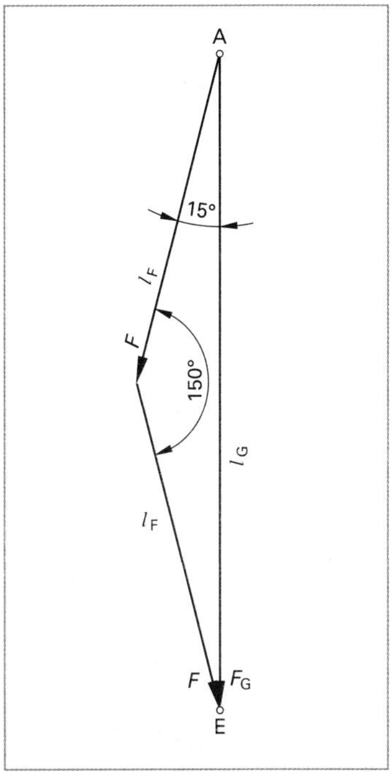

Bild 84/4-1: Hubseil, Lastzugwinkel α = 30°

84/4. Hubseil, Lastzugwinkel $\alpha = 60°$

Grafische Lösung

a) 1. Schritt: Gewählter Kräftemaßstab $M_k = 0{,}25\,\frac{\text{kN}}{\text{mm}}$

2. Schritt: Pfeillänge $l_F = \frac{F}{M_k} = \frac{10\text{ kN}}{0{,}25\,\frac{\text{kN}}{\text{mm}}} = 40\text{ mm}$

3. Schritt: Kräfteplan (Bild 84/4-2)

4. Schritt: F_G ist die Resultierende im Krafteck.

5. Schritt: Pfeillänge $l_G = 69$ mm

$$F_G = l_G \cdot M_k = 69\text{ mm} \cdot 0{,}25\,\frac{\text{kN}}{\text{mm}} = \mathbf{17{,}25\text{ kN}}$$

Rechnerische Lösung

a) Die Gewichtskraft F_G wird über den Sinussatz ermittelt (Bild 84/4-2).

$$\frac{F_G}{\sin 120°} = \frac{F}{\sin 30°}$$

$$F_G = \frac{F \cdot \sin 120°}{\sin 30°} = \frac{10\text{ kN} \cdot \sin 120°}{\sin 30°} = \mathbf{17{,}32\text{ kN}}$$

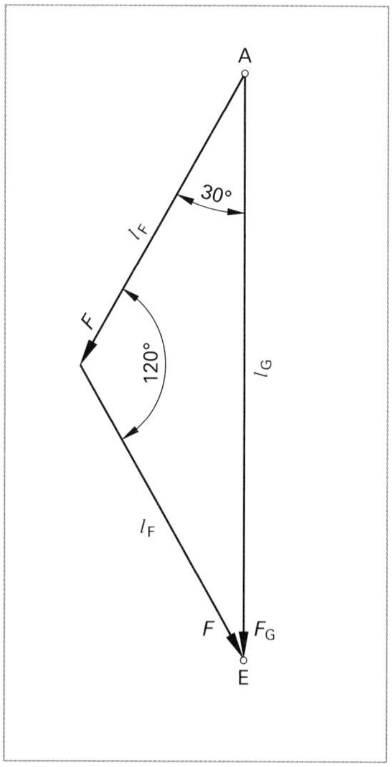

Bild 84/4-2: Hubseil, Lastzugwinkel $\alpha = 60°$

84/4. Hubseil, Lastzugwinkel $\alpha = 90°$

Grafische Lösung

a) 1. Schritt: Gewählter Kräftemaßstab $M_k = 0{,}25\,\frac{\text{kN}}{\text{mm}}$

2. Schritt: Pfeillänge $l_F = \frac{F}{M_k} = \frac{10\text{ kN}}{0{,}25\,\frac{\text{kN}}{\text{mm}}} = 40\text{ mm}$

3. Schritt: Kräfteplan (Bild 84/4-3)

4. Schritt: F_G ist die Resultierende im Krafteck (Bild 84/4-3).

5. Schritt: Pfeillänge $l_G = 56{,}5$ mm

$$F_G = l_G \cdot M_k = 56{,}5\text{ mm} \cdot 0{,}25\,\frac{\text{kN}}{\text{mm}}$$

$= \mathbf{14{,}13\text{ kN}}$

Rechnerische Lösung

a) Die Gewichtskraft F_G wird über den Sinussatz ermittelt (Bild 84/4-3).

$$\frac{F_G}{\sin 90°} = \frac{F}{\sin 45°};\; F_G = \frac{10\text{ kN} \cdot \sin 90°}{\sin 45°}$$

$= \mathbf{14{,}14\text{ kN}}$

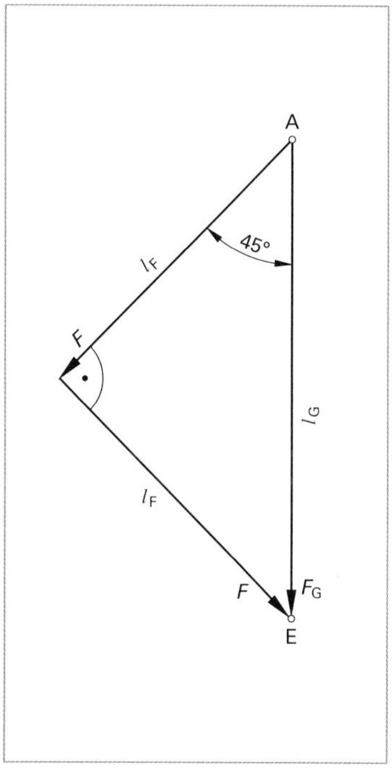

Bild 84/4-3: Hubseil, Lastzugwinkel $\alpha = 90°$

84/4. Hubseil, Lastzugwinkel $\alpha = 120°$

Grafische Lösung

a) 1. Schritt: Gewählter Kräftemaßstab $M_k = 0{,}25\,\frac{\text{kN}}{\text{mm}}$

2. Schritt: Pfeillänge $l_F = \frac{F}{M_k} = \frac{10\text{ kN}}{0{,}25\,\frac{\text{kN}}{\text{mm}}} = 40\text{ mm}$

3. Schritt: Kräfteplan (Bild 84/4-4)
4. Schritt: F_G ist die Resultierende im Krafteck (Bild 84/4-4).
5. Schritt: Pfeillänge $l_G = 40$ mm

$$F_G = l_G \cdot M_k = 40 \text{ mm} \cdot 0{,}25 \frac{\text{kN}}{\text{mm}}$$
$$= \mathbf{10\ kN}$$

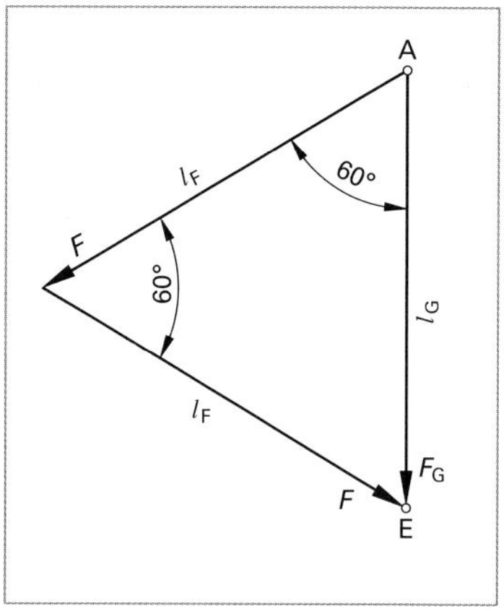

Bild 84/4-4: Hubseil, Lastzugwinkel $\alpha = 120°$

■ **Rechnerische Lösung**

a) Die Gewichtskraft F_G wird über den Sinussatz ermittelt (Bild 84/4-4).

$$\frac{F_G}{\sin 60°} = \frac{F}{\sin 60°}$$

$$F_G = \frac{F \cdot \sin 60°}{\sin 60°} = F$$
$$= \mathbf{10\ kN}$$

84/4. Hubseil, Teilaufgabe b

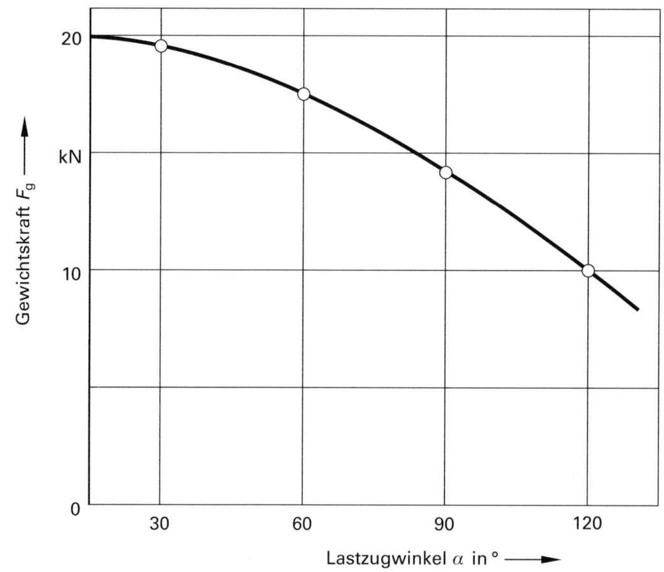

Bild 84/4: Hubseil, Gewichtskräfte F_G in Abhängigkeit der Lastzugwinkel α.

84/5. Werkzeugmaschinenführung

■ **Grafische Lösung**

1. Schritt: Gewählter Kräftemaßstab

$$M_k = 70 \frac{\text{N}}{\text{mm}}$$

2. Schritt: Pfeillänge $l_F = \frac{F}{M_k}$

$$= \frac{3\,500 \text{ N}}{70 \frac{\text{N}}{\text{mm}}} = 50 \text{ mm}$$

3. Schritt: Kräfteplan (Bild 84/5)

4. Schritt: Normalkräfte F_{N1} und F_{N2} siehe Krafteck (Bild 84/5)

5. Schritt: $l_{FN1} = l_{FN2} = 35{,}5$ mm

$$F_{N1} = F_{N2} = l_{FN} \cdot M_K$$
$$= 35{,}5 \text{ mm} \cdot 70 \frac{\text{N}}{\text{mm}}$$
$$= \mathbf{2\,485\ N}$$

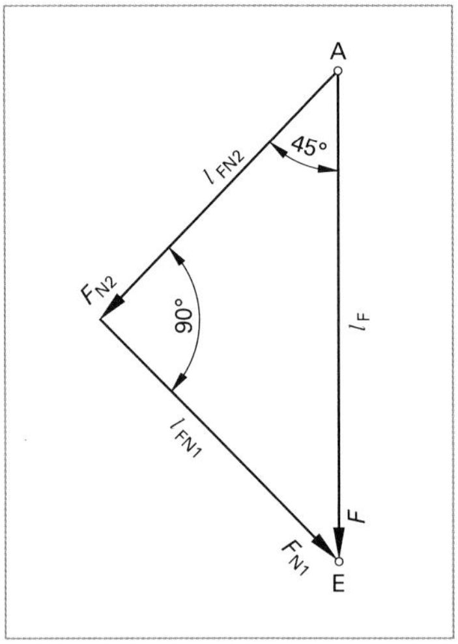

Bild 84/5: Werkzeugmaschinenführung

Rechnerische Lösung

Die Normalkräfte F_{N1} und F_{N2} werden über den Sinussatz ermittelt (Bild 84/5).

$$\frac{F}{\sin 90°} = \frac{F_{N1}}{\sin 45°}$$

$$F_{N1} = \frac{F \cdot \sin 45°}{\sin 90°} = \frac{3{,}5 \text{ kN} \cdot \sin 45°}{\sin 90°} = \mathbf{2\,475\ N}$$

84/6. Schrägstirnrad

Grafische Lösung

1. Schritt: Gewählter Kräftemaßstab

$$M_k = 2 \frac{\text{N}}{\text{mm}}$$

2. Schritt: Pfeillänge $l_{FN} = \frac{F_N}{M_k}$

$$= \frac{140 \text{ N}}{2 \frac{\text{N}}{\text{mm}}} = 70 \text{ mm}$$

3. Schritt: Kräfteplan (Bild 84/6)

4. Schritt: Teilkräfte F_u und F_a (Bild 84/6)

5. Schritt: Pfeillängen

$l_u = 67{,}5$ mm,

$l_a = 18$ mm

$$F_u = l_u \cdot M_k = 67{,}5 \text{ mm} \cdot 2 \frac{\text{N}}{\text{mm}} = \mathbf{135\ N}$$

$$F_a = l_a \cdot M_k = 18 \text{ mm} \cdot 2 \frac{\text{N}}{\text{mm}} = \mathbf{36\ N}$$

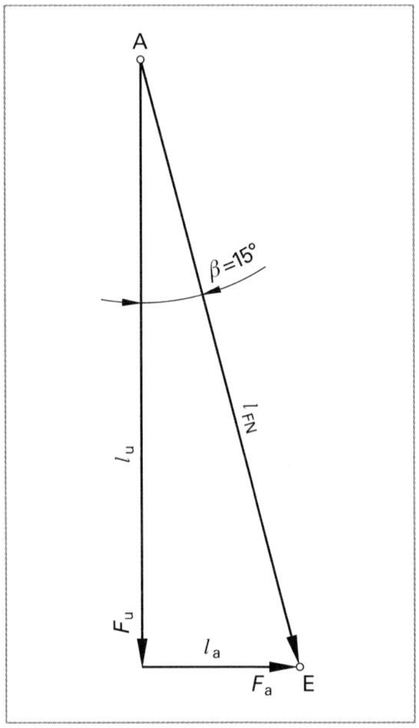

Bild 84/6: Schrägstirnrad

Rechnerische Lösung

Die Kräfte F_u und F_a werden über Winkelfunktionen ermittelt (Bild 84/6).

$F_u = F_N \cdot \cos \beta = 140 \text{ N} \cdot \cos 15° = \mathbf{135{,}2\ N}$

$F_a = F_N \cdot \sin \beta = 140 \text{ N} \cdot \sin 15° = \mathbf{36{,}2\ N}$

84/7. Keilspanner

Grafische Lösung

a) 1. Schritt: Gewählter Kräftemaßstab

$$M_k = 5 \frac{\text{kN}}{\text{cm}}$$

2. Schritt: Pfeillänge $l_{FG} = \frac{F_G}{M_k}$

$= \frac{25\ \text{kN}}{5\ \frac{\text{kN}}{\text{cm}}} = 5\ \text{cm}$

3. Schritt: Kräfteplan (Bild 84/7 a)

4. Schritt: Teilkräfte F_{NA} und F_{NB} (Bild 84/7a)

5. Schritt: Pfeillängen $l_{NA} = 1{,}82$ cm, $l_{NB} = 5{,}3$ cm

$F_{NA} = l_{NA} \cdot M_k$

$= 1{,}82\ \text{cm} \cdot 5\ \frac{\text{kN}}{\text{cm}} = \mathbf{9{,}1\ kN}$

$F_{NB} = l_{NB} \cdot M_k$

$= 5{,}3\ \text{cm} \cdot 5\ \frac{\text{kN}}{\text{cm}} = \mathbf{26{,}5\ kN}$

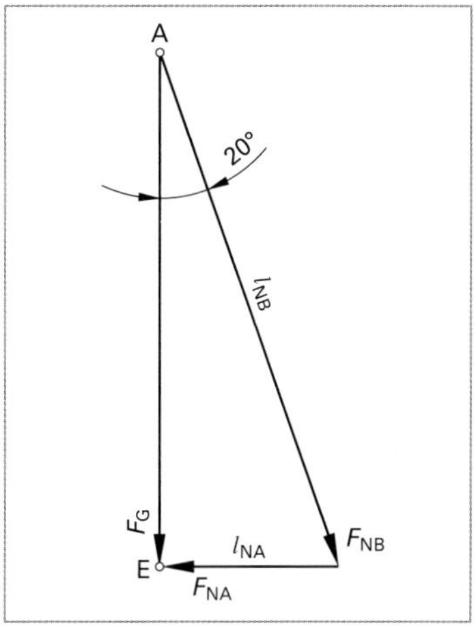

Bild 84/7a: Keilspanner

b) 1. Schritt: Gewählter Kräftemaßstab

$M_k = 5\ \frac{\text{kN}}{\text{cm}}$

2. Schritt: Pfeillänge $l_{NB} = 5{,}3$ cm (siehe Teilaufgabe a)

3. Schritt: Kräfteplan (Bild 84/7b)

4. Schritt: Teilkräfte F_{NC} und F_1 (Bild 84/7b)

5. Schritt: Pfeillängen $l_{F1} = 1{,}82$ cm, $l_{NC} = 5$ cm

$F_1 = l_{F1} \cdot M_k$

$= 1{,}82\ \text{cm} \cdot 5\ \frac{\text{kN}}{\text{cm}} = \mathbf{9{,}1\ kN}$

Die Zugkraft F in der Schraube hebt die Kraft F_1 auf.

$F = F_1 = 9{,}1$ kN

$F_{NC} = l_{NC} \cdot M_k = 5\ \text{cm} \cdot 5\ \frac{\text{kN}}{\text{cm}} = \mathbf{25\ kN}$

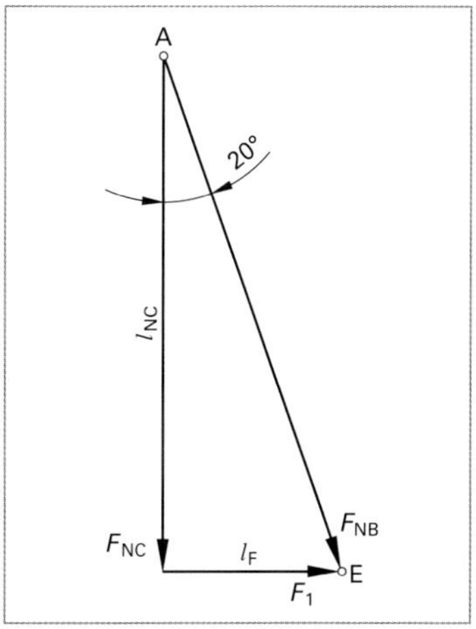

Bild 84/7b: Keilspanner

Rechnerische Lösung

a) Die Kräfte F_{NA} und F_{NB} werden über Winkelfunktionen ermittelt (Bild 84/7a).

$F_{NA} = F_G \cdot \tan 20° = 25\ \text{kN} \cdot \tan 20° = \mathbf{9{,}09\ kN}$

$\cos 20° = \frac{F_G}{F_{NB}};\ F_{NB} = \frac{F_G}{\cos 20°} = \frac{25\ \text{kN}}{\cos 20°} = \mathbf{26{,}6\ kN}$

b) Die Kräfte F und F_{NC} werden über Winkelfunktionen ermittelt (Bild 84/7b).

$F_{NB} = 26{,}6$ kN (siehe Teilaufgabe a)

$F_{NC} = F_{NB} \cdot \cos 20° = 26{,}6\ \text{kN} \cdot \cos 20° = \mathbf{25\ kN}$

$F = F_1 = F_{NB} \cdot \sin 20° = 26{,}6\ \text{kN} \cdot \sin 20° = \mathbf{9{,}09\ kN}$

84/8. Schließeinheit, Winkel $\alpha = 10°$

Grafische Lösung

a) 1. Schritt: Gewählter Kräftemaßstab

$M_k = \frac{500\ \text{N}}{\text{mm}}$

2. Schritt: Pfeillänge

$$l_F = \frac{F}{M_k} = \frac{10\,000\text{ N}}{500\,\frac{\text{N}}{\text{mm}}} = 20\text{ mm}$$

3. Schritt: Kräfte F_1 und F_2 (Bild 84/8-1)

4. Schritt: Pfeillängen, Kräfte

$l_1 = l_2 = 57$ mm

$$F_1 = F_2 = l_1 \cdot M_k = 57\text{ mm} \cdot \frac{500\text{ N}}{\text{mm}} = 28\,500\text{ N} = \mathbf{28{,}5\text{ kN}}$$

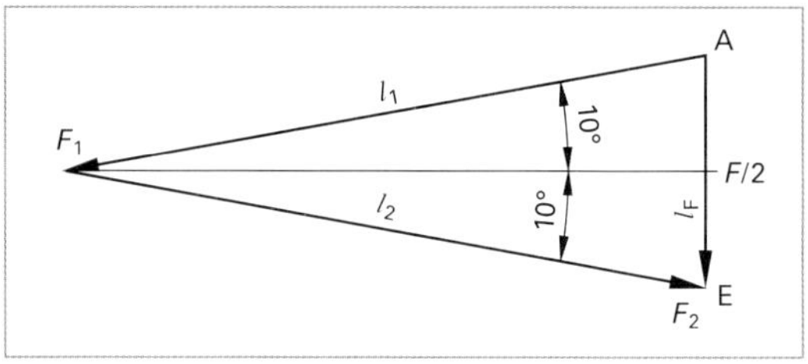

Bild 84/8-1: Schließeinheit, Winkel α = 10°

b) Die Pleuelkraft F_2 wird im Lagerpunkt in die Schließkraft F_S und die Kraft F_y zerlegt.

1. Schritt: Gewählter Kräftemaßstab $M_k = \frac{500\text{ N}}{\text{mm}}$

2. Schritt: Pfeillänge $l_F = \frac{F_2}{M_k} = \frac{28\,500\text{ N}}{500\,\frac{\text{N}}{\text{mm}}} = 57\text{ mm}$

3. Schritt: Kräfte F_S und F_y (Bild 84/8-2)

4. Schritt: Pfeillängen, Kräfte

$l_S = 56$ mm, $l_y = 10$ mm

$$F_S = l_S \cdot M_k = 56\text{ mm} \cdot \frac{500\text{ N}}{\text{mm}} = 28\,000\text{ N} = \mathbf{28\text{ kN}}$$

$$F_y = l_y \cdot M_k = 10\text{ mm} \cdot \frac{500\text{ N}}{\text{mm}} = 5\,000\text{ N} = \mathbf{5\text{ kN}}$$

Rechnerische Lösung

a) Die Pleuelkräfte F_1 und F_2 werden über Winkelfunktionen berechnet (Bild 84/8-1).

$$F_1 = \frac{F}{2 \cdot \sin\alpha} = \frac{5\text{ kN}}{\sin 10°}$$
$$= 28{,}79\text{ kN} = 28{,}8\text{ kN}$$

$F_2 = F_1 = 28{,}8$ kN

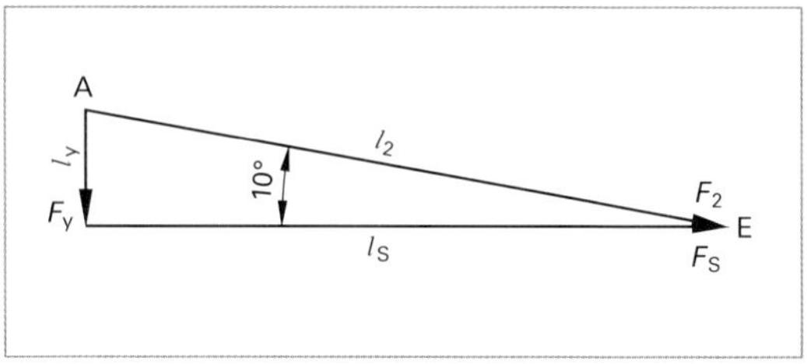

Bild 84/8-2: Schließeinheit, Winkel α = 10°

b) Die Teilkräfte F_S und F_y werden über Winkelfunktionen berechnet (Bild 84/8-2).
$F_S = F_2 \cdot \cos\alpha = 28{,}8\text{ kN} \cdot \cos 10° = \mathbf{28{,}36\text{ kN}}$
$F_y = F_2 \cdot \sin\alpha = 28{,}8\text{ kN} \cdot \sin 10° = \mathbf{5\text{ kN}}$

84/8. **Schließeinheit, Winkel α = 5°**

Grafische Lösung

a) 1. Schritt: Gewählter Kräftemaßstab

$$M_k = \frac{1\,000\text{ N}}{\text{mm}}$$

2. Schritt: Pfeillänge

$$l_F = \frac{F}{M_k} = \frac{10\,000\text{ N}}{1\,000\,\frac{\text{N}}{\text{mm}}}$$
$$= 10\text{ mm}$$

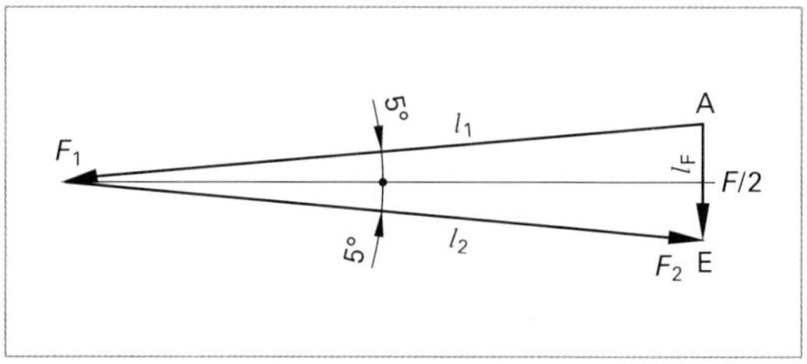

Bild 84/8-3: Schließeinheit, Winkel α = 5°

3. Schritt: Kräfte F_1 und F_2 (Bild 84/8-3)

4. Schritt: Pfeillängen, Kräfte

$$l_1 = l_2 = 57{,}5 \text{ mm}$$

$$F_1 = F_2 = l_1 \cdot M_k = 57{,}5 \text{ mm} \cdot \frac{1\,000 \text{ N}}{\text{mm}} = 57\,500 \text{ N} = \mathbf{57{,}5\ kN}$$

b) Die Pleuelkraft F_2 wird im Lagerpunkt in die Schließkraft F_S und die Kraft F_y zerlegt.

1. Schritt: Gewählter Kräftemaßstab

$$M_k = \frac{1\,000 \text{ N}}{\text{mm}}$$

2. Schritt: Pfeillänge

$$l_F = \frac{F_2}{M_k} = \frac{57\,500 \text{ N}}{1\,000 \frac{\text{N}}{\text{mm}}}$$

$$= 57{,}5 \text{ mm}$$

3. Schritt: Kräfte F_S und F_y (Bild 84/8-4)

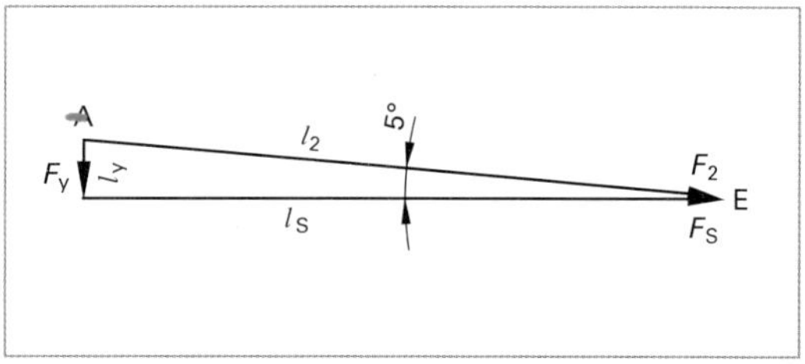

Bild 84/8-4: Schließeinheit, Winkel α = 5°

4. Schritt: Pfeillängen, Kräfte

$$l_S = 57 \text{ mm}, \; l_y = 5 \text{ mm}$$

$$F_S = l_S \cdot M_k = 57 \text{ mm} \cdot \frac{1\,000 \text{ N}}{\text{mm}} = 57\,000 \text{ N} = \mathbf{57\ kN}$$

$$F_y = l_y \cdot M_k = 5 \text{ mm} \cdot \frac{1\,000 \text{ N}}{\text{mm}} = 5\,000 \text{ N} = \mathbf{5\ kN}$$

Rechnerische Lösung

a) Die Pleuelkräfte F_1 und F_2 werden über Winkelfunktionen berechnet (Bild 84/8-3).

$$F_1 = \frac{F}{2 \cdot \sin \alpha} = \frac{5 \text{ kN}}{\sin 5°} = 57{,}37 \text{ kN} = \mathbf{57{,}4\ kN}$$

$$F_2 = F_1 = 57{,}4 \text{ kN}$$

b) Die Teilkräfte F_S und F_y werden über Winkelfunktionen berechnet (Bild 84/8-4).

$F_S = F_2 \cdot \cos \alpha = 57{,}4 \text{ kN} \cdot \cos 5° = \mathbf{57{,}18\ kN}$

$F_y = F_2 \cdot \sin \alpha = 57{,}4 \text{ kN} \cdot \sin 5° = \mathbf{5\ kN}$

84/8. Schließeinheit, Winkel α = 2°

Grafische Lösung

Durch den Winkel α = 2° ist eine hinreichend genaue Konstruktion der Kraftecke mit handelsüblichen Zeichengeräten nicht mehr gesichert.

Rechnerische Lösung

a) Die Pleuelkräfte F_1 und F_2 werden über Winkelfunktionen berechnet (Bild 84/8-5).

$$F_1 = \frac{F}{2 \cdot \sin \alpha} = \frac{5 \text{ kN}}{\sin 2°} = 143{,}268 \text{ kN} = \mathbf{143{,}27\ kN}$$

$$F_2 = F_1 = \mathbf{143{,}27\ kN}$$

b) Die Teilkräfte F_S und F_y werden über Winkelfunktionen berechnet (Bild 84/8-5).

$F_S = F_2 \cdot \cos \alpha = 143{,}27 \text{ kN} \cdot \cos 2° = 143{,}182 \text{ kN} = \mathbf{143{,}18\ kN}$

$F_y = F_2 \cdot \sin \alpha = 143{,}27 \text{ kN} \cdot \sin 2° = \mathbf{5\ kN}$

84/8. Schließeinheit, Teilaufgabe c)

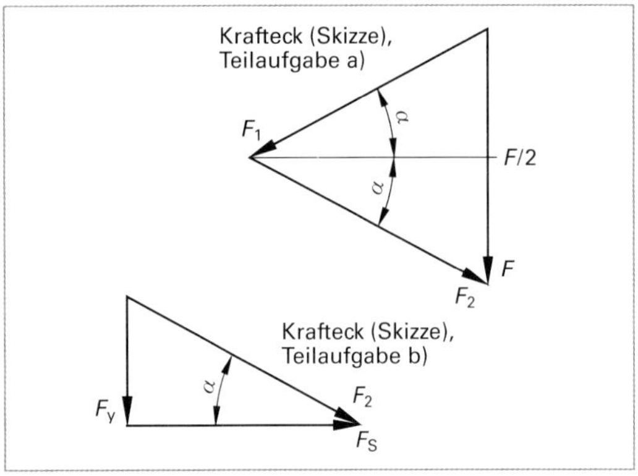

Bild 84/8-5: Schließeinheit, Winkel α = 2°

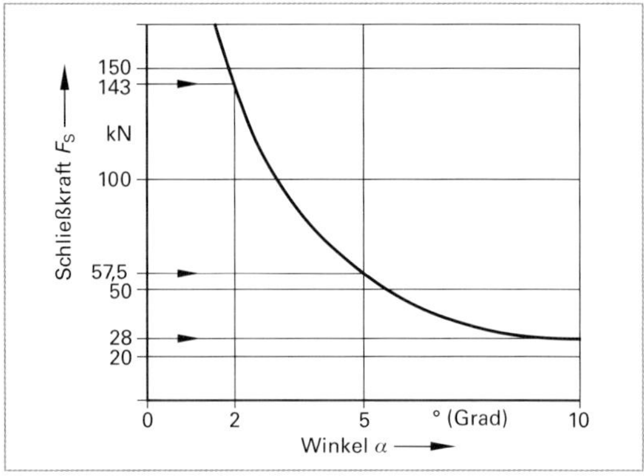

Bild 84/8-6: Schließkraftverlauf

2.5 Hebel

2.5.1 Drehmoment und Hebelgesetz

85/1. Kettentrieb

$$F = \frac{M}{l};\; l = \frac{d}{2} = 60 \text{ mm}$$

$$F = \frac{144 \text{ N} \cdot \text{m}}{0{,}060 \text{ m}} = \mathbf{2\,400\ N}$$

85/2. Kipphebel

$$F_1 \cdot l_1 = F_2 \cdot l_2$$

$$F_2 = \frac{F_1 \cdot l_1}{l_2} = \frac{1\,450 \text{ N} \cdot 145 \text{ mm}}{225 \text{ mm}} = \mathbf{934{,}4\ N}$$

86/3. Ausgleichsgewicht

$$F \cdot l_1 = F_G \cdot l_2$$

$$F_G = \frac{F \cdot l_1}{l_2} = \frac{2\,100 \text{ N} \cdot 1\,400 \text{ mm}}{600 \text{ mm}} = \mathbf{4\,900\ N}$$

86/4. Spannexzenter

$$F \cdot l_1 = F_N \cdot l_2$$

$$F_N = \frac{F \cdot l_1}{l_2} = \frac{180 \text{ N} \cdot 150 \text{ mm}}{1{,}4 \text{ mm}} = 19\,285{,}7 \text{ N} = \mathbf{19{,}3\ kN}$$

86/5. Umlenkhebel

a) $l_1 = l \cdot \cos 30° = 420 \text{ mm} \cdot \cos 30° = \mathbf{363{,}7\ mm}$

b) $M_l = M_r$

$$F_2 \cdot l_2 = F_1 \cdot l_1$$

$$F_2 = \frac{F_1 \cdot l_1}{l_2} = \frac{48 \text{ kN} \cdot 363{,}7 \text{ mm}}{280 \text{ mm}} = \mathbf{62{,}35\ kN}$$

86/6. **Pressvorrichtung**

$$\Sigma M_l = \Sigma M_r$$

$$F_2 \cdot l_2 = F_1 \cdot l_1 + F_G \cdot l_G$$

$$F_2 = \frac{F_1 \cdot l_1 + F_G \cdot l_G}{l_2} = \frac{80\ \text{N} \cdot 840\ \text{mm} + 50\ \text{N} \cdot 380\ \text{mm}}{44\ \text{mm}} = \frac{86\,200\ \text{N} \cdot \text{mm}}{44\ \text{mm}} = \mathbf{1\,959\ N}$$

86/7. **Spanneisen**

$$F_1 \cdot l_1 = F_2 \cdot l_2$$

$$F_2 = \frac{F_1 \cdot l_1}{l_2} = \frac{12\ \text{kN} \cdot 74\ \text{mm}}{109\ \text{mm}} = \mathbf{8{,}15\ kN}$$

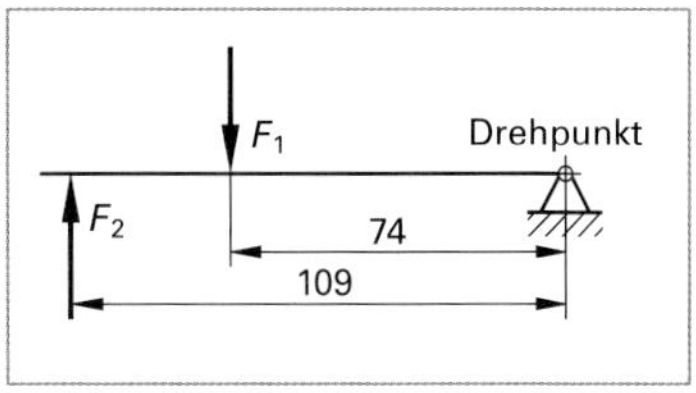

Bild 86/7: Spanneisen

86/8. **Auswerfer**

$$\Sigma M_l = \Sigma M_r$$

$$F_2 \cdot l_2 = F_1 \cdot l_1 + F_3 \cdot l_1$$

$$F_2 = \frac{F_1 \cdot l_1 + F_3 \cdot l_1}{l_2} = \frac{2{,}2\ \text{kN} \cdot 118\ \text{mm} + 0{,}18\ \text{kN} \cdot 118\ \text{mm}}{140\ \text{mm}} = \mathbf{2{,}0\ kN}$$

86/9. **Spannrolle**

$$F_N \cdot l_N = F_1 \cdot l_2; \quad F_1 = \frac{F_N \cdot l_N}{l_2}$$

$$l_N = 225\ \text{mm} \cdot \sin 50° = 225\ \text{mm} \cdot 0{,}7660 = 172{,}35\ \text{mm}$$

$$l_2 = 250\ \text{mm} \cdot \cos 25° = 250\ \text{mm} \cdot 0{,}9063 = 226{,}58\ \text{mm}$$

$$F_1 = \frac{850\ \text{N} \cdot 172{,}35\ \text{mm}}{226{,}58\ \text{mm}} = \mathbf{646{,}6\ N}$$

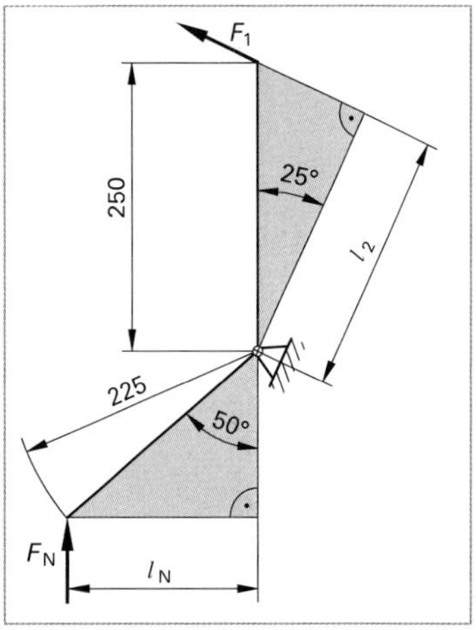

Bild 86/9: Spannrolle

86/10. **Kippschaufel**

a) $M_l = M_r$

$$F_1 \cdot l_2 = F \cdot l_1$$

$$F_1 = \frac{F \cdot l_1}{l_2} = \frac{10\ \text{kN} \cdot 275\ \text{mm}}{305\ \text{mm}} = \mathbf{9{,}02\ kN}$$

b) $M_l = M_r$

$$F_G \cdot l_G = F_1 \cdot l_2$$

$$F_G = \frac{F_1 \cdot l_2}{l_G} = \frac{9{,}02\ \text{kN} \cdot 305\ \text{mm}}{400\ \text{mm}} = 6{,}877\ \text{kN} \approx \mathbf{6{,}9\ KN}$$

2.5.2 Lagerkräfte

88/1. **Wälzführung**

Für den Drehpunkt A gilt:

$$\Sigma M_l = \Sigma M_r$$

$$F_B \cdot l = F \cdot l_F$$

$$F_B = \frac{F \cdot l_F}{l} = \frac{450\ \text{N} \cdot 82\ \text{mm}}{186\ \text{mm}} = \mathbf{198{,}4\ N}$$

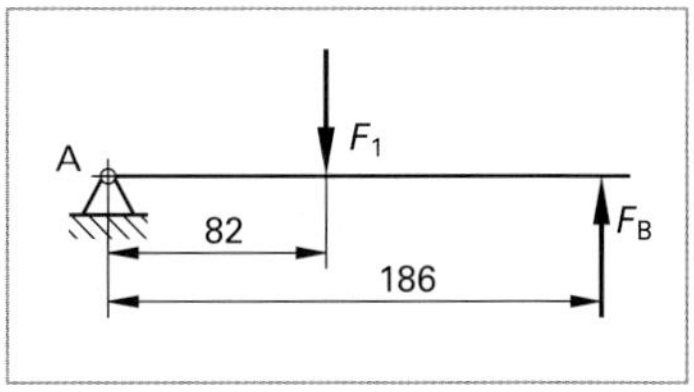

Bild 88/1: Wälzführung

$$F_A + F_B = F$$

$$F_A = F - F_B = 450\ \text{N} - 198{,}4\ \text{N} = \mathbf{251{,}6\ N}$$

88/2. **Träger**

Für den Drehpunkt A gilt:

$$\Sigma M_l = \Sigma M_r$$

$$F_B \cdot l = F_1 \cdot l_1 + F_2 \cdot l_2$$

$$F_B = \frac{F_1 \cdot l_1 + F_2 \cdot l_2}{l}$$

$$F_B = \frac{6\,000\ \text{N} \cdot 300\ \text{mm} + 4\,500\ \text{N} \cdot 750\ \text{mm}}{1\,000\ \text{mm}} = \mathbf{5\,175\ N}$$

$$F_A + F_B = F_1 + F_2$$

$$F_A = F_1 + F_2 - F_B = 6\,000\ \text{N} + 4\,500\ \text{N} - 5\,175\ \text{N}$$

$$= \mathbf{5\,325\ N}$$

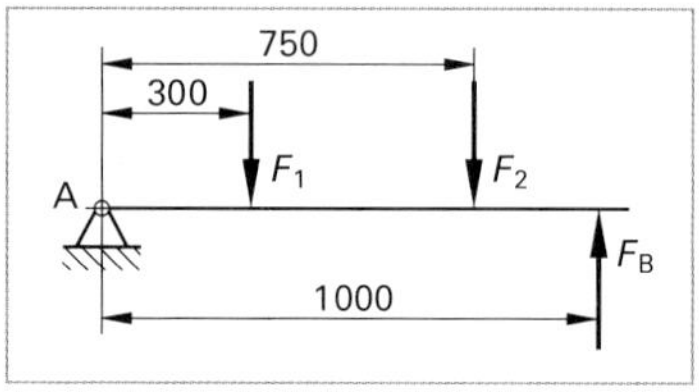

Bild 88/2: Träger

88/3. **Fräsmaschine**

Für den Drehpunkt A gilt:

$$\Sigma M_l = \Sigma M_r$$

$$F \cdot l_F = F_B \cdot l$$

$$F_B = \frac{F \cdot l_F}{l} = \frac{3{,}5\ \text{kN} \cdot 180\ \text{mm}}{390\ \text{mm}} = \mathbf{1{,}615\ kN}$$

$$F_A + F_B = F$$

$$F_A = F - F_B = 3{,}5\ \text{kN} - 1{,}615\ \text{kN} = \mathbf{1{,}885\ kN}$$

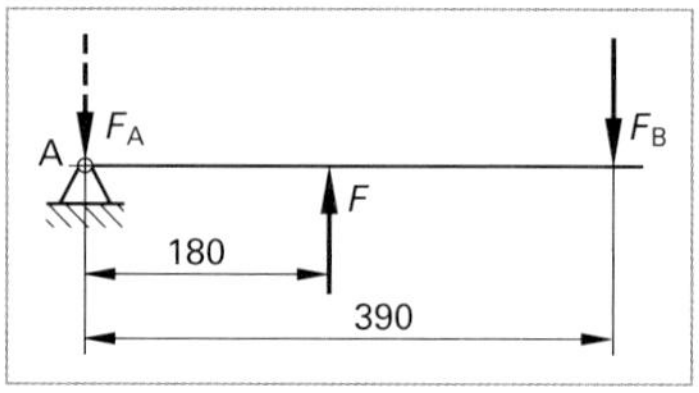

Bild 88/3: Fräsmaschine

88/4. **Umlenkrolle**

a) $F_A = \sqrt{F_{AX}^2 + F_{AY}^2}$

$= \sqrt{(1\,500\ \text{N})^2 + (1\,500\ \text{N}^2)}$

$= \mathbf{2\,121{,}3\ N}$

b) Die Pendelstange stellt sich in Richtung der Lagerkraft F_A ein.

$$\cos\alpha = \frac{F_{AX}}{F_A} = \frac{1\,500\ \text{N}}{2\,121{,}3\ \text{N}} = 0{,}7071$$

$\boldsymbol{\alpha = 45°}$

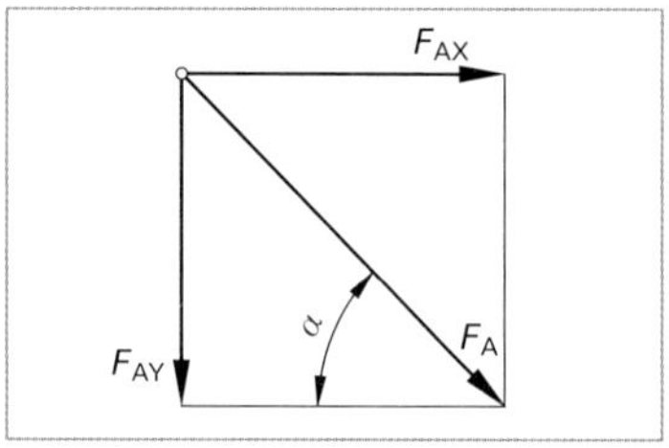

Bild 88/4: Umlenkrolle

88/5. **Hebel**

a) $\Sigma M_l = \Sigma M_r$

$$F_2 \cdot l_2 = F_1 \cdot l_1 + F_3 \cdot l_1$$

$$F_2 = \frac{F_1 \cdot l_1 + F_3 \cdot l_1}{l_2}$$

$$= \frac{2{,}8\ \text{kN} \cdot 118\ \text{mm} + 0{,}18\ \text{kN} \cdot 118\ \text{mm}}{140\ \text{mm}}$$

$$= \mathbf{2{,}51\ kN}$$

b) $F_A = F_1 + F_2 + F_3 = 2{,}8\ \text{kN} + 2{,}51\ \text{kN} + 0{,}18\ \text{kN} = \mathbf{5{,}49\ kN}$

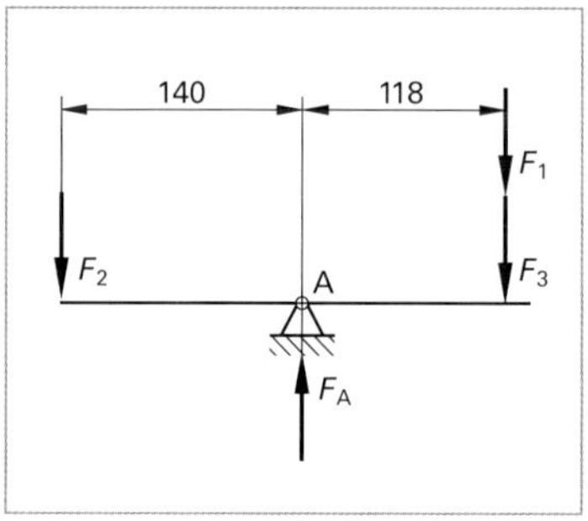

Bild 88/5: Hebel

88/6. **Winkelhebel**

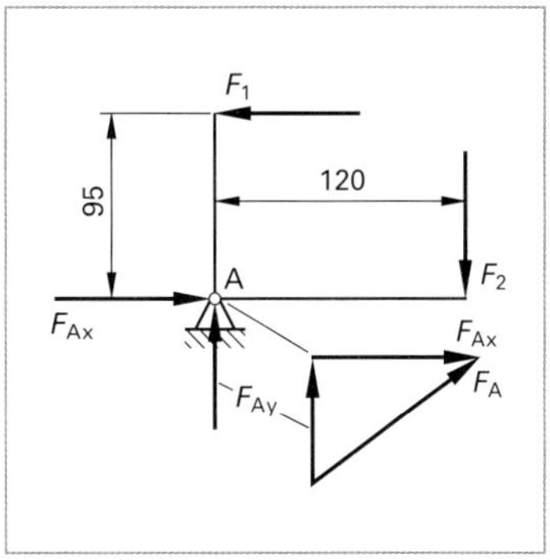

Bild 88/6: Winkelhebel

Kraft F_1

$$F_1 \cdot l_1 = F \cdot l_2$$

$$F_1 = \frac{F \cdot l_2}{l_1} = \frac{10\ \text{kN} \cdot 95\ \text{mm}}{120\ \text{mm}} = 7{,}916\ \text{kN} \approx \mathbf{7{,}92\ kN}$$

Lagerkraft F_A

$$F_{AX} = F$$

$$F_{AY} = F_1$$

$$F_A = \sqrt{F_{AX}^2 + F_{AY}^2}$$

$$= \sqrt{(10\ \text{kN})^2 + (7{,}29\ \text{kN})^2}$$

$$= \mathbf{12{,}76\ kN}$$

88/7. **Containerfahrzeug**

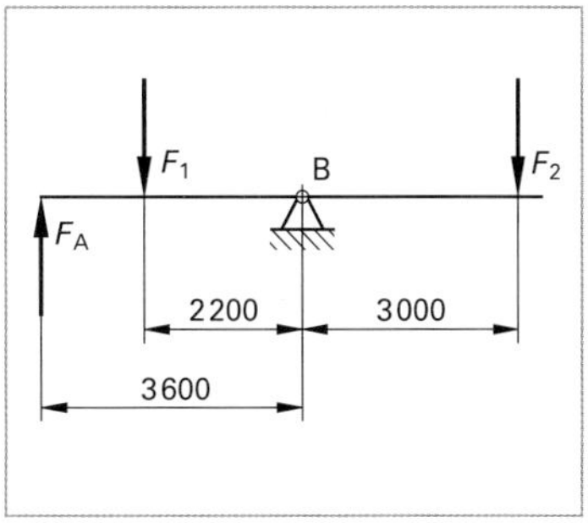

Bild 88/7: Containerfahrzeug

Für den Drehpunkt B gilt:

$$\Sigma M_l = \Sigma M_r$$

$$F_1 \cdot l_1 = F_A \cdot l + F_2 \cdot l_2$$

$$F_A \cdot l = F_1 \cdot l_1 - F_2 \cdot l_2$$

$$F_A = \frac{F_1 \cdot l_1 - F_2 \cdot l_2}{l}$$

$$= \frac{35\ \text{kN} \cdot 2\,200\ \text{mm} - 20\ \text{kN} \cdot 3\,000\ \text{mm}}{3\,600\ \text{mm}}$$

$$= \frac{17\,000\ \text{kN} \cdot \text{mm}}{3\,600\ \text{mm}} = \mathbf{4{,}72\ kN}$$

$$F_A + F_B = F_1 + F_2$$

$$F_B = F_1 + F_2 - F_A = 35\ \text{kN} + 20\ \text{kN} - 4{,}72\ \text{kN} = \mathbf{50{,}28\ kN}$$

88/8. **Laufkran**

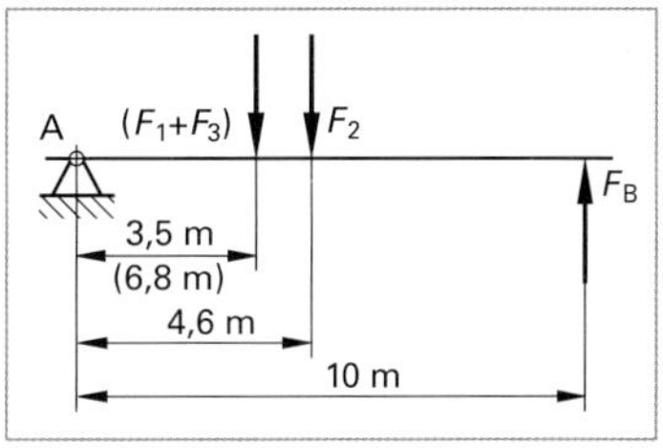

Bild 88/8: Laufkran

Für den Drehpunkt A gilt:

$$\Sigma M_l = \Sigma M_r$$

$$F_B \cdot l = (F_1 + F_3) \cdot l_1 + F_2 \cdot l_2$$

$$F_B = \frac{(F_1 + F_3) \cdot l_1 + F_2 \cdot l_2}{l}$$

Linke Stellung der Laufkatze:

$$F_B = \frac{(12\ \text{kN} + 20\ \text{kN}) \cdot 3{,}5\ \text{m} + 60\ \text{kN} \cdot 4{,}6\ \text{m}}{10\ \text{m}}$$

$$= \frac{388\ \text{kN} \cdot \text{m}}{10\ \text{m}} = \mathbf{38{,}8\ kN}$$

$$F_A + F_B = F_1 + F_2 + F_3$$

$$F_A = F_1 + F_2 + F_3 - F_B = 12\ \text{kN} + 20\ \text{kN} + 60\ \text{kN} - 38{,}8\ \text{kN} = \mathbf{53{,}2\ kN}$$

Rechte Stellung der Laufkatze:

$$F_B = \frac{(12\ \text{kN} + 20\ \text{kN}) \cdot 6{,}8\ \text{m} + 60\ \text{kN} \cdot 4{,}6\ \text{m}}{10\ \text{m}} = \frac{493{,}6\ \text{kN} \cdot \text{m}}{10\ \text{m}} = \mathbf{49{,}36\ kN}$$

$$F_A = F_1 + F_2 + F_3 - F_B = 12\ \text{kN} + 20\ \text{kN} + 60\ \text{kN} - 49{,}63\ \text{kN} = \mathbf{42{,}64\ kN}$$

2.5.3 Umfangskraft und Drehmoment

89/1. **Zahnriementrieb**

a) $i = \frac{z_2}{z_1} = \frac{35}{15} = \mathbf{2{,}33}$

b) $M_2 = i \cdot M_1 = 2{,}33 \cdot 240\ \text{N} \cdot \text{m} = \mathbf{559{,}2\ N \cdot m}$

89/2. **Schneckengetriebe**

a) $i = \frac{n_1}{n_2} = \frac{z_2}{z_1};$

$n_2 = \frac{n_1 \cdot z_1}{z_2} = \frac{1\,440\ \frac{1}{\text{min}} \cdot 1}{32} = \mathbf{45\ \frac{1}{min}}$

b) $\frac{M_2}{M_1} = \frac{z_2}{z_1};$

$M_1 = \frac{M_2 \cdot z_1}{z_2} = \frac{80\ \text{N} \cdot \text{m} \cdot 1}{32} = \mathbf{2{,}5\ N \cdot m}$

90/3. **Montagepresse**

a) $M_2 = F_1 \cdot l = F_1 \cdot \frac{d}{2} = 1{,}5\ \text{kN} \cdot 60\ \text{mm} = 90\ \text{kN} \cdot \text{mm} = \mathbf{90\ N \cdot m}$

b) $\frac{M_2}{M_1} = \frac{z_2}{z_1}; \quad M_1 = \frac{M_2 \cdot z_1}{z_2}; \quad z_2 = \frac{d_2}{m} = \frac{120\ \text{mm}}{2{,}5\ \text{mm}} = 48$

$M_1 = \frac{90\ \text{N} \cdot \text{m} \cdot 22}{48} = \mathbf{41{,}25\ N \cdot m}$

90/4. **Kolbenverdichter**

a) $M = \frac{F_u \cdot d}{2}; \; d = d_{w1}$

$F_u = \frac{2 \cdot M}{d_{w1}} = \frac{2 \cdot 48\ \text{N} \cdot \text{m}}{0{,}180\ \text{m}} = \mathbf{533{,}33\ N}$

b) $\frac{M_2}{M_1} = \frac{n_1}{n_2} = i;$

$M_2 = i \cdot M_1 = 2{,}84 \cdot 48\ \text{N} \cdot \text{m} = \mathbf{136{,}32\ N \cdot m}$

90/5. **Räderwinde**

a) $M_2 = F_G \cdot l_2 = F_G \cdot \frac{d}{2}$

$= 2\ \text{kN} \cdot \frac{0{,}180\ \text{m}}{2} = 0{,}180\ \text{kN} \cdot \text{m} = \mathbf{180\ N \cdot m}$

b) $\frac{M_2}{M_1} = \frac{z_2}{z_1} = i;$

$M_1 = \frac{M_2}{i} = \frac{180\ \text{N} \cdot \text{m}}{3{,}3} = \mathbf{54{,}55\ N \cdot m}$

c) $m_2 = \frac{F_u \cdot d_2}{2};$

$d_2 = m \cdot z_2 = 3\ \text{mm} \cdot 99 = 297\ \text{mm}$

$F_u = \frac{2 \cdot M_2}{d_2} = \frac{2 \cdot 180\ \text{N} \cdot \text{m}}{0{,}297\ \text{m}} = \mathbf{1\,212{,}1\ N}$

d) $M_1 = F_1 \cdot l_1;$

$$F_1 = \frac{M_1}{l_1} = \frac{54{,}55 \text{ N} \cdot \text{m}}{0{,}3 \text{ m}} = \mathbf{181{,}8 \text{ N}}$$

90/6. **Pkw-Antrieb**

a) 1. Gang: $i_{1G} = i_1 \cdot i_A = 4{,}12 \cdot 3{,}38 = \mathbf{13{,}93}$
2. Gang: $i_{2G} = i_2 \cdot i_A = 2{,}85 \cdot 3{,}38 = \mathbf{9{,}63}$
3. Gang: $i_{3G} = i_3 \cdot i_A = 1{,}95 \cdot 3{,}38 = \mathbf{6{,}59}$
4. Gang: $i_{4G} = i_4 \cdot i_A = 1{,}38 \cdot 3{,}38 = \mathbf{4{,}66}$
5. Gang: $i_{5G} = i_5 \cdot i_A = 1{,}09 \cdot 3{,}38 = \mathbf{3{,}68}$

b) $M_2 = i \cdot M_1;\ M_2 = F_u \cdot r_R$

$F_u \cdot r_R = i \cdot M_1$

$$F_u = \frac{i \cdot M_1}{r_R}$$

1. Gang: $$F_{u1} = \frac{i_1 \cdot M_1}{r_R} = \frac{13{,}93 \cdot 220 \text{ N} \cdot \text{m}}{0{,}295 \text{ m}} = \mathbf{10\,388{,}5 \text{ N}}$$

2. Gang: $$F_{u2} = \frac{i_2 \cdot M_1}{r_R} = \frac{9{,}63 \cdot 220 \text{ N} \cdot \text{m}}{0{,}295 \text{ m}} = \mathbf{7\,181{,}7 \text{ N}}$$

3. Gang: $$F_{u3} = \frac{i_3 \cdot M_1}{r_R} = \frac{6{,}59 \cdot 220 \text{ N} \cdot \text{m}}{0{,}295 \text{ m}} = \mathbf{4\,914{,}6 \text{ N}}$$

4. Gang: $$F_{u4} = \frac{i_4 \cdot M_1}{r_R} = \frac{4{,}66 \cdot 220 \text{ N} \cdot \text{m}}{0{,}295 \text{ m}} = \mathbf{3\,475{,}3 \text{ N}}$$

5. Gang: $$F_{u5} = \frac{i_5 \cdot M_1}{r_R} = \frac{3{,}68 \cdot 220 \text{ N} \cdot \text{m}}{0{,}295 \text{ m}} = \mathbf{2\,744{,}4 \text{ N}}$$

c) $v = \pi \cdot d \cdot n;\ d = 2 \cdot r_R = 2 \cdot 0{,}295 \text{ m} = 0{,}59 \text{ m}$

$$\frac{n}{n_5} = i_{5G};\ n_5 = \frac{n}{i_{5G}} = \frac{6\,200 \frac{1}{\text{min}}}{3{,}68} = 1\,684{,}8 \frac{1}{\text{min}}$$

$$v = \pi \cdot 0{,}59 \text{ m} \cdot \frac{1\,684{,}8}{60 \cdot \text{s}} = 52{,}05 \frac{\text{m}}{\text{s}}$$

$$= \frac{52{,}05 \frac{\text{m}}{\text{s}} \cdot 3\,600 \frac{\text{s}}{\text{h}}}{1\,000 \frac{\text{m}}{\text{km}}} = \mathbf{187{,}4 \frac{km}{h}}$$

90/7. **Hubwerk**

a) $$i = \frac{n_1}{n_{Tr}} = \frac{z_2 \cdot z_4}{z_1 \cdot z_3};\ n_{Tr} = n_1 \cdot \frac{z_1 \cdot z_3}{z_2 \cdot z_4} = 550 \frac{1}{\text{min}} \cdot \frac{17 \cdot 21}{57 \cdot 65} = \mathbf{53 \frac{1}{min}}$$

b) $$v = \pi \cdot d \cdot n = \pi \cdot 0{,}28 \cdot 53 \frac{1}{\text{min}} = \mathbf{46{,}62 \frac{m}{min}}$$

c) $$M_{Tr} = F_G \cdot \frac{d}{2} = 3 \text{ kN} \cdot \frac{0{,}28 \text{ m}}{2} = 0{,}42 \text{ kN} \cdot \text{m} = \mathbf{420 \text{ N} \cdot \text{m}}$$

d) $$\frac{M_2}{M_1} = \frac{n_1}{n_2};\ M_1 = \frac{M_2 \cdot n_2}{n_1} = \frac{420 \text{ N} \cdot \text{m} \cdot 53 \frac{1}{\text{min}}}{550 \frac{1}{\text{min}}} = \mathbf{40{,}47 \text{ N} \cdot \text{m}}$$

2.6 Reibung

92/1. **Ladestation**

a) $F_R = \mu \cdot F_N = 0{,}15 \cdot 3\,500\ \text{N} = \mathbf{525\ N}$

b) $F_R = \mu \cdot F_N = 0{,}08 \cdot 3\,500\ \text{N} = \mathbf{280\ N}$

92/2. **Kupplung**

a) $F_R = \mu \cdot F_N = 0{,}62 \cdot 125\ \text{N} = \mathbf{77{,}5\ N}$

b) $M_R = F_R \cdot r = 77{,}5\ \text{N} \cdot \dfrac{85\ \text{mm}}{2} = 3\,293{,}8\ \text{N} \cdot \text{mm} = \mathbf{3{,}3\ N \cdot m}$

92/3. **Maschinenschlitten**

a) Für den Drehpunkt A gilt:

$$F_G \cdot l_1 = F_B \cdot l$$

$$F_B = \frac{F_G \cdot l_1}{l} - = \frac{450\ \text{N} \cdot 82\ \text{mm}}{186\ \text{mm}} = \mathbf{198{,}4\ N}$$

$$F_A + F_B = F_G$$

$$F_A = F_G - F_B = 450\ \text{N} - 198{,}4\ \text{N} = \mathbf{251{,}6\ N}$$

b) $F = F_{RA} + F_{RB} = \mu \cdot F_A + \mu \cdot F_B$

$= \mu \cdot (F_A + F_B) = \mu \cdot F = 0{,}005 \cdot 450\ \text{N} = \mathbf{2{,}25\ N}$

92/4. **Schweißmaschine**

a) $F_R = \dfrac{f \cdot F_N}{r} = \dfrac{0{,}6\ \text{cm} \cdot 2\ \text{kN}}{6\ \text{cm}} = 0{,}2\ \text{kN} = \mathbf{200\ N}$

b) $M = 2 \cdot \dfrac{F_R \cdot d}{2}$ (zwei Rollen)

$= 2 \cdot \dfrac{200\ \text{N} \cdot 0{,}120\ \text{m}}{2} = \mathbf{24\ N \cdot m}$

92/5. **Schraubenverbindung**

$F_R = \mu \cdot F_N$;

$$F_N = \frac{F_R}{\mu} = \frac{3\,200\ \text{N}}{0{,}2} = 16\,000\ \text{N}$$

Spannkraft je Schraube $F_{Ns} = \dfrac{F_N}{2} = \dfrac{16\,000\ \text{N}}{2} = \mathbf{8\,000\ N}$

92/6. **Bohreinheit**

a) $F = F_R + F_H + F_f$

$F_R = \mu \cdot F_N = \mu \cdot F_G \cdot \cos\alpha = 0{,}07 \cdot 1\,500\ \text{N} \cdot \cos 30° = 90{,}93\ \text{N}$

$F_H = F_G \cdot \sin\alpha = 1\,500\ \text{N} \cdot \sin 30° = 750\ \text{N}$

$F = 90{,}93\ \text{N} + 750\ \text{N} + 1\,800\ \text{N} = \mathbf{2\,640{,}93\ N}$

b) $M = F \cdot \dfrac{d}{2} = 2\,640{,}93\ \text{N} \cdot 0{,}071\ \text{m}$

$= \mathbf{187{,}5\ N \cdot m}$

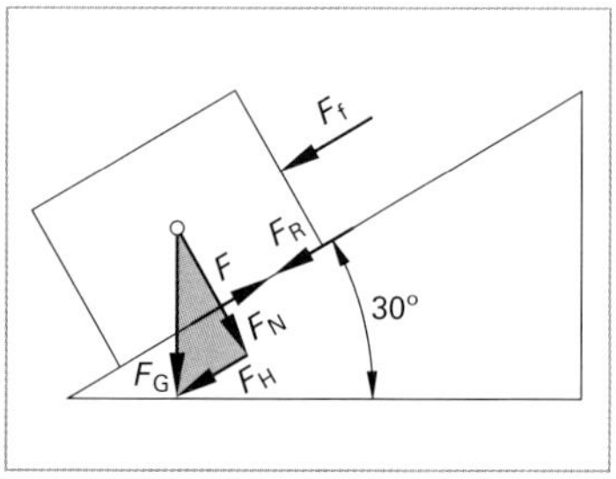

Bild 92/6: Bohreinheit

92/7. Getriebewelle

a) Für den Drehpunkt A gilt:

$$F_B \cdot l = F_1 \cdot l_1 + F_2 \cdot l_2$$

$$F_B = \frac{F_1 \cdot l_1 + F_2 \cdot l_2}{l}$$

$$= \frac{18\ \text{kN} \cdot 450\ \text{mm} + 13{,}5\ \text{kN} \cdot 1\,130\ \text{mm}}{1\,580\ \text{mm}}$$

$$= \mathbf{14{,}78\ kN}$$

$$F_A + F_B = F_1 + F_2$$

$$F_A = F_1 + F_2 - F_B = 18\ \text{kN} + 13{,}5\ \text{kN} - 14{,}78\ \text{kN}$$

$$= \mathbf{16{,}72\ kN}$$

b) $F_{RA} = \mu \cdot F_A = 0{,}06 \cdot 16{,}72\ \text{kN} = 1{,}003\ \text{kN} = \mathbf{1\,003\ N}$

$F_{RB} = \mu \cdot F_B = 0{,}06 \cdot 14{,}78\ \text{kN} = 0{,}887\ \text{kN} = \mathbf{887\ N}$

c) $M_R = M_{RA} + M_{RB}$;

$$M_{RA} = \frac{F_{RA} \cdot d_A}{2} = \frac{1\,003\ \text{N} \cdot 0{,}1\ \text{m}}{2} = 50{,}15\ \text{N} \cdot \text{m}$$

$$M_{RB} = \frac{F_{RB} \cdot d_B}{2} = \frac{887\ \text{N} \cdot 0{,}125\ \text{m}}{2} = 55{,}44\ \text{N} \cdot \text{m}$$

$$M_R = 50{,}15\ \text{N} \cdot \text{m} + 55{,}44\ \text{N} \cdot \text{m} = \mathbf{105{,}59\ N \cdot m}$$

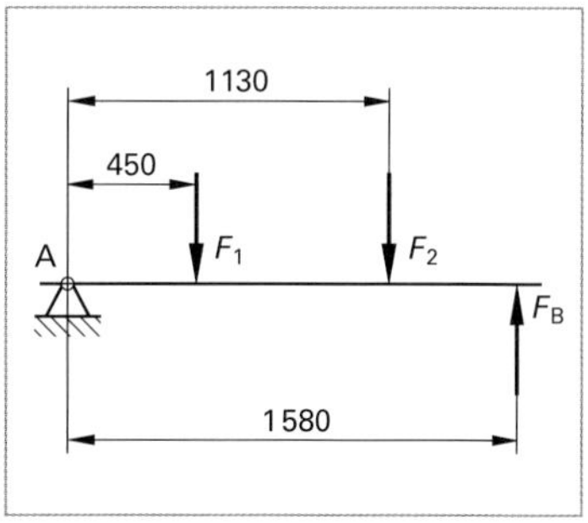

Bild 92/7: Getriebewelle

2.7 Arbeit, Energie, Leistung, Wirkungsgrad

2.7.1 Mechanische Arbeit und 2.7.2 mechanische Energie

Mechanische Arbeit

94/1. Aufzug

$W = F \cdot s = 11\,200\ \text{N} \cdot 12{,}5\ \text{m} = 140\,000\ \text{N} \cdot \text{m} = \mathbf{140\ kN \cdot m}$

94/2. Betonpumpe

$$F_G = \varrho \cdot V \cdot g = 2{,}45\ \frac{\text{kg}}{\text{dm}^3} \cdot 5\,000\ \text{dm}^3 \cdot 9{,}81\ \frac{\text{m}}{\text{s}^2} = 120\,172{,}5\ \frac{\text{kg} \cdot \text{m}}{\text{s}^2} \approx 120{,}17\ \text{kN}$$

$W = F \cdot s = 120{,}17\ \text{kN} \cdot 11{,}5\ \text{m} = 1\,381{,}955\ \text{kN} \cdot \text{m} \approx \mathbf{1{,}38\ MN \cdot m}$

95/3. Werkstück

$$V = \frac{\pi \cdot d^2}{4} \cdot h = \frac{\pi \cdot (4{,}35\ \text{dm})^2}{4} \cdot 15\ \text{dm} = 222{,}925\ \text{dm}^3$$

$$F_G = \varrho \cdot V \cdot g = 7{,}25\ \frac{\text{kg}}{\text{dm}^3} \cdot 222{,}925\ \text{dm}^3 \cdot 9{,}81\ \frac{\text{m}}{\text{s}^2} = 15\,855\ \frac{\text{kg} \cdot \text{m}}{\text{s}^2} \approx 15{,}86\ \text{kN}$$

$W = F \cdot s = 15{,}86\ \text{kN} \cdot 0{,}8\ \text{m} = \mathbf{12{,}688\ kN \cdot m}$

95/4. Vorschubeinheit

a) $F_R = \mu \cdot F_G = 0{,}08 \cdot 3\,250\ \text{N} = \mathbf{260\ N}$

b) $W_R = F_R \cdot s = 260\ \text{N} \cdot 0{,}43\ \text{m} = \mathbf{111{,}8\ N \cdot m}$

95/5. Druckfeder

a) $F = R \cdot s = 24{,}5\ \frac{\text{N}}{\text{mm}} \cdot 23\ \text{mm} = \mathbf{563{,}5\ N}$

b) $$W = \frac{R \cdot s^2}{2} = \frac{24{,}5\ \frac{\text{N}}{\text{mm}} \cdot (23\ \text{mm})^2}{2}$$

$$= 6\,480\ \text{N} \cdot \text{mm} = \mathbf{6{,}48\ N \cdot m}$$

95/6. Drehversuch

Zurückgelegter Weg s:

$$s = \pi \cdot 85\ \text{mm} \cdot \frac{425\ \text{mm}}{0{,}5\ \text{mm}} = 226\ 980\ \text{mm} = 226{,}98\ \text{m}$$

$$W = F \cdot s = 650\ \text{N} \cdot 226{,}98\ \text{m} = 147\ 357\ \text{N} \cdot \text{m} = \frac{147\ 537\ \text{N} \cdot \text{m}}{3\ 600\ \frac{\text{N} \cdot \text{m}}{\text{W} \cdot \text{h}}} = \mathbf{40{,}983\ W \cdot h \approx 0{,}041\ kW \cdot h}$$

Potenzielle und kinetische Energie

95/7. Pumpspeicherwerk

$$V = l \cdot b \cdot h = 320\ \text{m} \cdot 85\ \text{m} \cdot 16{,}5\ \text{m} = 448\ 800\ \text{m}^3 = 448\ 800\ 000\ \text{dm}^3$$

$$F_G = \varrho \cdot V \cdot g = 1\ \frac{\text{kg}}{\text{dm}^3} \cdot 448\ 800\ 000\ \text{dm}^3 \cdot 9{,}81\ \frac{\text{m}}{\text{s}^2} = 4\ 402\ 728\ 000\ \frac{\text{kg} \cdot \text{m}}{\text{s}^2} = 4\ 402\ 728\ \text{kN}$$

$$W_P = F_G \cdot s = 4\ 402\ 728\ \text{kN} \cdot 283\ \text{m} = 1\ 245\ 972\ 024\ \text{kN} \cdot \text{m} = \frac{1\ 245\ 972\ 024\ \text{kN} \cdot \text{m}}{3\ 600\ \frac{\text{kN} \cdot \text{m}}{\text{kW} \cdot \text{h}}}$$

$$= \mathbf{346\ 103{,}3\ kW \cdot h \approx 346\ MW \cdot h}$$

95/8. Schleifscheibe

a) $$W_k = \frac{m \cdot v^2}{2} = \frac{0{,}012\ \text{kg} \cdot \left(80\ \frac{\text{m}}{\text{s}}\right)^2}{2} = 38{,}4\ \frac{\text{kg} \cdot \text{m}}{\text{s}^2} \cdot \text{m} = \mathbf{38{,}4\ N \cdot m}$$

b) $$W_k = F \cdot s;\ F = \frac{W_k}{s} = \frac{38{,}4\ \text{N} \cdot \text{m}}{0{,}0015\ \text{m}} = \mathbf{25\ 600\ N}$$

95/9. Personenwagen

a) $$v = 60\ \frac{\text{km}}{\text{h}} = \frac{60\ \text{km} \cdot 1\ 000\ \frac{\text{m}}{\text{km}}}{1\ \text{h} \cdot \frac{3\ 600\ \text{s}}{1\ \text{h}}} = 16{,}67\ \frac{\text{m}}{\text{s}}$$

$$W_k = \frac{m \cdot v^2}{2} = \frac{1\ 200\ \text{kg} \cdot \left(16{,}67\ \frac{\text{m}}{\text{s}}\right)^2}{2} = 166\ 733\ \frac{\text{kg} \cdot \text{m}}{\text{s}^2} \cdot \text{m}$$

$$= \mathbf{166{,}7\ kN \cdot m}$$

b) $$v = 120\ \frac{\text{km}}{\text{h}} = \frac{120\ \text{km} \cdot 1\ 000\ \frac{\text{m}}{\text{km}}}{1\ \text{h} \cdot \frac{3\ 600\ \text{s}}{1\ \text{h}}} = 33{,}33\ \frac{\text{m}}{\text{s}}$$

$$W_k = \frac{m \cdot v^2}{2} = \frac{1\ 200\ \text{kg} \cdot \left(33{,}3\ \frac{\text{m}}{\text{s}}\right)^2}{2} = 666\ 533\ \frac{\text{kg} \cdot \text{m}}{\text{s}^2} \cdot \text{m} = \mathbf{666{,}5\ kN \cdot m}$$

(Die doppelte Geschwindigkeit ergibt die vierfache kinetische Energie!)

95/10. Pendelschlagwerk

a) $$W_p = F_G \cdot s_1 = m \cdot g \cdot s_1 = 21{,}735\ \text{kg} \cdot 9{,}81\ \frac{\text{m}}{\text{s}^2} \cdot 1{,}407\ \text{m} = \mathbf{300\ N \cdot m}$$

b) $W_p = W_k$

$$W_k = \frac{m \cdot v^2}{2};\ v = \sqrt{\frac{2 \cdot W_k}{m}} = \sqrt{\frac{2 \cdot 300\ \text{kg} \cdot \text{m}^2}{21{,}735\ \text{kg} \cdot \text{s}^2}} = \mathbf{5{,}25\ \frac{m}{s}}$$

c) $$W_p = F_G \cdot s_2 = m \cdot g \cdot s_2 = 21{,}735\ \text{kg} \cdot 9{,}81\ \frac{\text{m}}{\text{s}^2} \cdot 0{,}22\ \text{m} = 46{,}9\ \text{N} \cdot \text{m}$$

Verbrauchte Schlagarbeit = 300 N · m – 46,9 N · m = **253,1 N · m**

2.7.3 Mechanische Leistung und 2.7.4 Wirkungsgrad

Mechanische Leistung (ohne Wirkungsgrad)

98/1. **Kran**

$$P = \frac{W}{t} = \frac{15\ \text{kN} \cdot \text{m}}{30\ \text{s}} = 0{,}5\ \frac{\text{kN} \cdot \text{m}}{\text{s}} = \mathbf{0{,}5\ kW}$$

98/2. **Hebebühne**

$$P = \frac{F_G \cdot s}{t} = \frac{11\,500\ \text{N} \cdot 1{,}80\ \text{m}}{5{,}5\ \text{s}} = 3\,763{,}64\ \frac{\text{N} \cdot \text{m}}{\text{s}} \approx \mathbf{3{,}764\ kW}$$

98/3. **Hubstapler**

$$P = \frac{F_G \cdot s}{t} = \frac{6\,550\ \text{N} \cdot 1{,}65\ \text{m}}{2{,}5\ \text{s}} = 4\,323\ \frac{\text{N} \cdot \text{m}}{\text{s}} = \mathbf{4{,}323\ kW}$$

98/4. **Riementrieb**

$P = F \cdot v;\ \ v = \pi \cdot d \cdot n;\ \ P = F \cdot \pi \cdot d \cdot n;$

$$F = \frac{P}{\pi \cdot d \cdot n} = \frac{7\,400\ \frac{\text{N} \cdot \text{m}}{\text{s}}}{\pi \cdot 0{,}355\ \text{m} \cdot \frac{1\,450}{\text{min} \cdot \frac{60\ \text{s}}{\text{min}}}} \approx \mathbf{274{,}6\ N}$$

98/5. **Hydraulikmotor**

$$P = 2\pi \cdot n \cdot M = 2\pi \cdot \frac{720}{60\text{s}} \cdot 67{,}5\ \text{N} \cdot \text{m} = 5\,089{,}38\ \frac{\text{N} \cdot \text{m}}{\text{s}} \approx \mathbf{5{,}1\ kW}$$

98/6. **Pumpspeicherwerk**

$$F = \frac{p \cdot t}{s} = \frac{34\,000\,000\ \frac{\text{N} \cdot \text{m}}{\text{s}} \cdot 1\ \text{s}}{283\ \text{m}} = 120\,141{,}34\ \text{N} \approx \mathbf{120{,}141\ kN}$$

$$m = \frac{F_G}{g} = \frac{120\,141{,}34\ \frac{\text{kg} \cdot \text{m}}{\text{s}^2}}{9{,}81\ \frac{\text{m}}{\text{s}^2}} \approx 12\,247\ \text{kg} \mathrel{\hat{=}} 12\,247\ \text{dm}^3 = \mathbf{12{,}2\ m^3\ Wasser}$$

98/7. **Aufzug**

a) $F_G = 50\ \text{kN} - 38\ \text{kN} = 12\ \text{kN}$

$$P = F_G \cdot v = 12\ \text{kN} \cdot 2{,}3\ \frac{\text{m}}{\text{s}} = 27{,}6\ \frac{\text{kN} \cdot \text{m}}{\text{s}} = \mathbf{27{,}6\ kW}$$

b) $M = F_G \cdot \frac{d}{2} = 12\ \text{kN} \cdot \frac{0{,}45\ \text{m}}{2} = \mathbf{2{,}7\ kN \cdot m}$

Wirkungsgrad

98/8. **Elektromotor**

$$\eta = \frac{P_2}{P_1} = \frac{22\ \text{kW}}{24{,}3\ \text{kW}} = 0{,}905 = \mathbf{90{,}5\ \%}$$

98/9. **Antriebseinheit**

$$\eta = \eta_1 \cdot \eta_2 \cdot \eta_3 = 0{,}85 \cdot 0{,}83 \cdot 0{,}78 = 0{,}550\,29 \approx \mathbf{55\ \%}$$

98/10. Dieselmotor

$$W_2 = P \cdot t = 160\,\frac{\text{kN} \cdot \text{m}}{\text{s}} \cdot 1\,800\ \text{s} = 288\,000\ \text{kN} \cdot \text{m} = \mathbf{288\,000\ kJ}$$

$$W_1 = 20{,}18\ \text{l} \cdot 37\,000\,\frac{\text{kJ}}{\text{l}} = \mathbf{746\,660\ kJ}$$

$$\eta = \frac{W_2}{W_1} = \frac{288\,000\ \text{kJ}}{746\,660\ \text{kJ}} = 0{,}3857 \approx \mathbf{38{,}6\ \%}$$

Mechanische Leistung und Wirkungsgrad

99/11. Kaltkreissäge

a) $P_2 = \eta \cdot P_1 = 0{,}65 \cdot 4{,}3\ \text{kW} = \mathbf{2{,}795\ kW} \approx \mathbf{2{,}8\ kW}$

b) $$P_2 = 2 \cdot \pi \cdot n \cdot M;\quad M = \frac{P_2}{2 \cdot \pi \cdot n} = \frac{2\,795\,\frac{\text{N} \cdot \text{m}}{\text{s}}}{2 \cdot \pi \cdot \frac{\frac{18}{\text{min} \cdot 60\ \text{s}}}{\text{min}}} = \mathbf{1\,482{,}8\ N \cdot m}$$

c) $$F = \frac{M}{\frac{d}{2}} = \frac{1\,482{,}8\ \text{N} \cdot \text{m}}{\frac{0{,}63\ \text{m}}{2}} = \mathbf{4\,707{,}3\ N}$$

99/12. Hydraulikkolben

a) $$P_2 = F \cdot v = 120\ \text{kN} \cdot \frac{12{,}5\ \text{m}}{60\ \text{s}} = 25\ \text{kN} \cdot \frac{\text{m}}{\text{s}} = \mathbf{25\ kW}$$

b) $$P_1 = \frac{P_2}{\eta} = \frac{25\ \text{kW}}{0{,}84} = \mathbf{29{,}762\ kW} \approx \mathbf{29{,}8\ kW}$$

99/13. Seilwinde

$$F_G = m \cdot g = 5\,000\ \text{kg} \cdot 9{,}81\,\frac{\text{m}}{\text{s}^2} = 49\,050\,\frac{\text{kg} \cdot \text{m}}{\text{s}^2} = \mathbf{49\,050\ N}$$

$$P_2 = F_G \cdot v = 49\,050\ \text{N} \cdot \frac{1{,}5\ \text{m}}{60\ \text{s}} = 1\,226{,}25\,\frac{\text{N} \cdot \text{m}}{\text{s}} \approx \mathbf{1{,}2\ kW}$$

$$P_1 = \frac{P_2}{\eta} = \frac{1{,}226\ \text{kW}}{0{,}8 \cdot 0{,}86} = \mathbf{1{,}782\ kW} \approx \mathbf{1{,}8\ kW}$$

99/14. Wasserturbine

$$F = F_G = \varrho \cdot V \cdot g = 1\,\frac{\text{kg}}{\text{dm}^3} \cdot 144\,000\ \text{dm}^2 \cdot 9{,}81\,\frac{\text{m}}{\text{s}^2} = 1\,412\,640\,\frac{\text{kg} \cdot \text{m}}{\text{s}^2} = 1\,412{,}6\ \text{kN}$$

$$P_1 = \frac{F \cdot s}{t} = \frac{1\,412{,}6\ \text{kN} \cdot 37\ \text{m}}{60\ \text{s}} = 871{,}1\,\frac{\text{kN} \cdot \text{m}}{\text{s}} = 871{,}1\ \text{kW}$$

$$P_2 = \eta \cdot P_1 = 0{,}85 \cdot 871{,}1\ \text{kW} = \mathbf{740{,}4\ kW}$$

99/15. Kreiselpumpe

a) $$P_{P2} = \frac{F \cdot s}{t} = \frac{66\ \text{kg} \cdot 9{,}81\,\frac{\text{m}}{\text{s}^2} \cdot 51\ \text{m}}{1\ \text{s}} = 33\,020{,}5\,\frac{\text{N} \cdot \text{m}}{\text{s}} \approx \mathbf{33\ kW}$$

b) $$P_{P1} = P_{M2} = \frac{P_{P2}}{\eta_P} = \frac{33\ \text{kW}}{0{,}75} = \mathbf{44\ kW}$$

c) $$P_{M1} = \frac{P_{M2}}{\eta_M} = \frac{44\ \text{kW}}{0{,}85} = \mathbf{51{,}8\ kW}$$

d) $\eta = \eta_M \cdot \eta_G = 0{,}75 \cdot 0{,}85 = 0{,}6375 \approx \mathbf{63{,}8\ \%}$

99/16. Windturbine

a) $v = \pi \cdot d \cdot n = \pi \cdot 116\ \text{m} \cdot 14{,}8\ \text{min} = 5\,393{,}5\ \frac{\text{m}}{\text{min}}$

$$= \frac{5\,393{,}5\ \text{m} \cdot 60\ \frac{\text{min}}{\text{h}}}{\frac{1\,000\ \text{m}}{\text{km}} \cdot \text{min}} = 323{,}6\ \frac{\text{km}}{\text{h}}$$

b) $P = 2 \cdot \pi \cdot n \cdot M$

$$M = \frac{P}{2 \cdot \pi \cdot n} = \frac{5\,000\ \text{kN} \cdot \text{m}}{2 \cdot \pi \cdot \text{s} \cdot \frac{14{,}8}{60\ \text{s}}} = 3\,226\ \text{kN} \cdot \text{m}$$

c) $i = \frac{n_1}{n_2} \rightarrow n_2 = \frac{n_1}{i} = \frac{14{,}8}{\text{min} \cdot \frac{1}{10}} = 148\ \frac{1}{\text{min}}$

99/17. Pkw-Dieselmotor

a) $M = \frac{P}{2 \cdot \pi \cdot n} = \frac{105\,000\ \frac{\text{N} \cdot \text{m}}{\text{s}}}{2 \cdot \pi \cdot \frac{4\,200}{\text{min} \cdot \frac{60\ \text{s}}{\text{min}}}} = \mathbf{238{,}7\ N \cdot m}$

b) $P = 2 \cdot \pi \cdot n \cdot M = 2 \cdot \pi \cdot \frac{2\,200}{\text{min} \cdot \frac{60\ \text{s}}{\text{min}}} \cdot 315\ \text{N} \cdot \text{m} = 72\,570{,}8\ \frac{\text{N} \cdot \text{m}}{\text{s}} \approx \mathbf{72{,}6\ kW}$

c) Drehmoment am Hinterrad

$M_2 = \eta \cdot i \cdot M_1 = 0{,}9 \cdot 13{,}515 \cdot 300\ \text{N} \cdot \text{m} = 3\,649\ \text{N} \cdot \text{m}$

$$F = \frac{M_2}{\frac{d}{2}} = \frac{3\,649\ \text{N} \cdot \text{m}}{\frac{0{,}616\ \text{m}}{2}} = \mathbf{11\,847\ N}$$

2.8 Einfache Maschinen

2.8.1 Schiefe Ebene

101/1. Schrägaufzug

$$F = \frac{F_G \cdot h}{s} = \frac{600\ \text{N} \cdot 4\ \text{m}}{7{,}5\ \text{m}} = \mathbf{320\ N}$$

101/2. Rampe

a) $F = \frac{F_G \cdot h}{s} = \frac{3{,}6\ \text{kN} \cdot 2{,}8\ \text{m}}{8\ \text{m}} = \mathbf{1{,}26\ kN}$

b) $s = \frac{F_G \cdot h}{F} = \frac{3{,}6\ \text{kN} \cdot 2{,}8\ \text{m}}{1\ \text{kN}} = \mathbf{10{,}08\ m}$

101/3. Schrägaufzug

$$h = \frac{F \cdot s}{F_G} = \frac{1\,000\ \text{N} \cdot 300\ \text{m}}{45\,000\ \text{N}} = \mathbf{6{,}667\ m}$$

101/4. **Steigung**

$$F_G = m \cdot g \approx 6\,500 \text{ kg} \cdot 10 \frac{\text{m}}{\text{s}^2} = 65\,000 \text{ N} = 65 \text{ kN}$$

$$F = \frac{F_G \cdot h}{s} = \frac{65 \text{ kN} \cdot 210 \text{ m}}{3\,500 \text{ m}} = \mathbf{3{,}9\ kN}$$

101/5. **Ladebalken**

a) $F_G = \frac{F \cdot s}{h} = \frac{650 \text{ N} \cdot 4{,}8 \text{ m}}{1{,}2 \text{ m}} = \mathbf{2\,600\ N}$

b) Rechnerische Lösung:

$$\sin \alpha = \frac{h}{s} = \frac{1{,}2 \text{ m}}{4{,}8 \text{ m}} = 0{,}250; \quad \alpha = 14{,}478°$$

$$F_G = \frac{F_H}{\sin \alpha} = \frac{650 \text{ N}}{\sin 14{,}478°} = 2\,600 \text{ N} = \mathbf{2{,}6\ kN}$$

$$F_N = \frac{F_H}{\tan \alpha} = \frac{650 \text{ N}}{\tan 14{,}478°} = 2\,517{,}35 \text{ N} \approx \mathbf{2{,}52\ kN}$$

Zeichnerische Lösung vgl. **Bild 101/5:**
Zeichnen Sie maßstäblich ein rechtwinkliges Dreieck aus der senkrechten Kathete h = 1,2 m und der Hypotenuse s = 4,8 m. Auf dem Ladebalken (Hypotenuse) befindet sich der Kessel (als Kreis dargestellt). Im Schwerpunkt des Kreises ist die Gewichtskraft als Strahl senkrecht nach unten darzustellen. Das Kräfteparallelogramm wird gebildet aus der Normalkraft F_N senkrecht zu den Ladebalken und der Hangabtriebskraft F_H im gewählten Kräftemaßstab parallel zu den Ladebalken. Die Hangabtriebskraft ist gleich groß wie die Zugkraft, wirkt jedoch in entgegengesetzter Richtung.

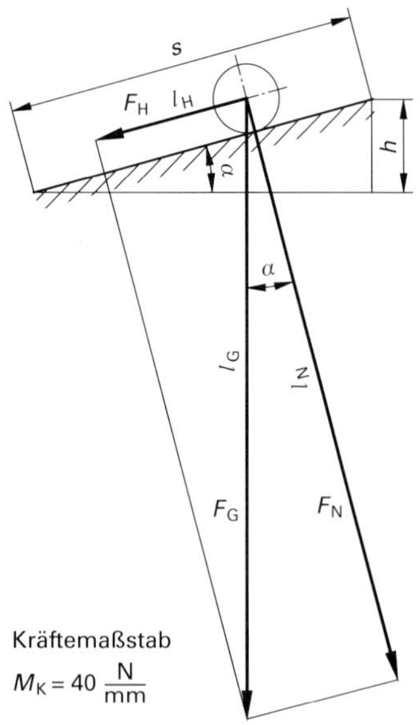

Kräftemaßstab
$M_K = 40 \frac{\text{N}}{\text{mm}}$

$$l_H = \frac{F_H}{M_K} = \frac{650 \text{ N}}{40 \frac{\text{N}}{\text{mm}}} = 16{,}25 \text{ mm}$$

$$F_N = l_N \cdot M_K = 63 \text{ mm} \cdot 40 \frac{\text{N}}{\text{mm}} = 2520 \text{ N}$$

$$F_G = l_G \cdot M_K = 65 \text{ mm} \cdot 40 \frac{\text{N}}{\text{mm}} = 2600 \text{ N}$$

Bild 101/5: Ladebalken

2.8.2 Keil

101/6. **Rollbiegewerkzeug**

$$\tan 30° = \frac{s_2}{s_1} = 0{,}5774$$

$$F_2 = \frac{F_1 \cdot s_1}{s_2} = \frac{F_1}{\frac{s_2}{s_1}} = \frac{F_1}{\tan 30°} = \frac{2\,400 \text{ N}}{0{,}5774} = \mathbf{4\,156{,}6\ N}$$

101/7. **Keiltriebpresse**

$$F_1 \cdot s_1 = F_2 \cdot s_2; \ \tan 30° = \frac{s_2}{s_1} = 0{,}5774; \ F_2 = \frac{F_1 \cdot s_1}{s_2} = \frac{F_1}{\frac{s_2}{s_1}} = \frac{F_1}{\tan 30°} = \frac{12{,}5 \text{ kN}}{0{,}5774} = \mathbf{21{,}6\ kN}$$

bei 60 % Reibungsverlust F_2 = 0,4 · 21,6 kN = **8,6 kN**

2.8.3 Schraube

102/1. Abzieher

$$2 \cdot F_1 \cdot \pi \cdot d = F_2 \cdot P; \quad F_2 = \frac{2 \cdot F_1 \cdot \pi \cdot d}{P}$$

$$= \frac{2 \cdot 95 \text{ N} \cdot \pi \cdot 220 \text{ mm}}{1,5 \text{ mm}} = \textbf{87 545,7 N}$$

102/2. Spindelpresse

a) $F_2 = \frac{F_1 \cdot \pi \cdot d}{P} = \frac{96 \text{ N} \cdot \pi \cdot 400 \text{ mm}}{10 \text{ mm}} = \textbf{12 063,7 N}$

b) $F_1 = \frac{F_2 \cdot P}{\pi \cdot d} = \frac{15\,700 \text{ N} \cdot 10 \text{ mm}}{\pi \cdot 400 \text{ mm}} = \textbf{124,9 N}$

c) $124,9 \text{ N} \mathrel{\hat{=}} 35 \text{ \%}; \quad 100 \text{ \%} \mathrel{\hat{=}} \frac{124,9 \text{ N} \cdot 100 \text{ \%}}{35 \text{ \%}} = \textbf{356,9 N}$

a) Lageplan M 1 : 20

102/3. Schraubstock

$F_1 \cdot \pi \cdot d = F_2 \cdot P; \quad F_1 = \frac{F_2 \cdot P}{\pi \cdot d} = \frac{12\,000 \text{ N} \cdot 5 \text{ mm}}{\pi \cdot 2 \cdot 250 \text{ mm}}$

$= 38,2 \text{ N} \mathrel{\hat{=}} 30 \text{ \%}$

$100 \text{ \%} \mathrel{\hat{=}} \frac{38,2 \text{ N} \cdot 100 \text{ \%}}{30 \text{ \%}} = \textbf{127,3 N}$

Kräftemaßstab

$M_K = 500 \frac{\text{N}}{\text{mm}}$

$l_{FG} = \frac{F_G}{M_K} = \frac{10\,000 \text{ N}}{500 \frac{\text{N}}{\text{mm}}} = 20 \text{ mm}$

$F_I = l_{FI} \cdot M_K = 18 \text{ mm} \cdot 500 \frac{\text{N}}{\text{mm}} = 9\,000 \text{ N}$

$F_{II} = F_I = 9\,000 \text{ N}$

b) Krafteck im Gelenk A

102/4. Wagenheber

a) Zeichnerische Lösung (**Bild 102/4**)

b) $F_1 = \frac{F_2 \cdot P}{\pi \cdot d \cdot \eta} = \frac{15\,000 \text{ N} \cdot 4 \text{ mm}}{\pi \cdot 2 \cdot 125 \text{ mm} \cdot 0,35} = \textbf{218,3 N}$

$F_2 = l_{F2} \cdot M_K = 30 \text{ mm} \cdot 500 \frac{\text{N}}{\text{mm}} = 15\,000 \text{ N}$

c) Krafteck im Gelenk B

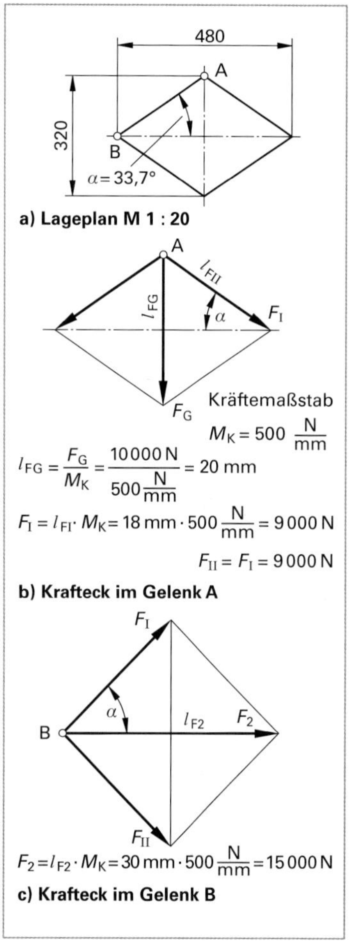

Bild 102/4: Wagenheber

3 Prüftechnik und Qualitätsmanagement

3.1 Maßtoleranzen und Passungen

3.1.1 Maßtoleranzen

Alle Maße sind in mm angegeben.

104/1. **Maßtoleranzen**

a) $T_B = ES - EI = +0{,}05\text{ mm} - (+0{,}02\text{ mm}) = \mathbf{0{,}03\text{ mm}}$

$G_{oB} = N + ES = 80\text{ mm} + (+0{,}05\text{ mm}) = \mathbf{80{,}05\text{ mm}}$

$G_{uB} = N + EI = 80\text{ mm} + (+0{,}02\text{ mm}) = \mathbf{80{,}02\text{ mm}}$

b) $T_B = +0{,}15\text{ mm} - (-0{,}15\text{ mm}) = \mathbf{0{,}30\text{ mm}}$

$G_{oB} = 5\text{ mm} + (+0{,}15\text{ mm}) = \mathbf{5{,}15\text{ mm}}$; $G_{uB} = 5\text{ mm} + (-0{,}15\text{ mm}) = \mathbf{4{,}85\text{ mm}}$

c) $T_w = 0\text{ mm} - (-0{,}08\text{ mm}) = \mathbf{0{,}08\text{ mm}}$

$G_{oW} = 28\text{ mm} + 0\text{ mm} = \mathbf{28{,}00\text{ mm}}$; $G_{uW} = 28\text{ mm} + (-0{,}08\text{ mm}) = \mathbf{27{,}92\text{ mm}}$

d) Aus einer Maßtoleranztabelle: $120\text{j}6 = 120^{+0{,}013}_{-0{,}009}$

$T_W = +0{,}013\text{ mm} - (-0{,}009\text{ mm}) = \mathbf{0{,}022\text{ mm}}$

$G_{oW} = 120\text{ mm} + (+0{,}013\text{ mm}) = \mathbf{120{,}013\text{ mm}}$; $G_{uW} = 120\text{ mm} + (-0{,}009\text{ mm}) = \mathbf{119{,}991\text{ mm}}$

e) Aus einer Maßtoleranztabelle: $50\text{K}7 = 50^{+0{,}007}_{-0{,}018}$

$T_B = +0{,}007\text{ mm} - (-0{,}018\text{ mm}) = \mathbf{0{,}025}\text{ mm}$

$G_{oB} = 50\text{ mm} + (+0{,}007\text{ mm}) = \mathbf{50{,}007\text{ mm}}$; $G_{uB} = 50\text{ mm} + (-0{,}018\text{ mm}) = \mathbf{49{,}982\text{ mm}}$

104/2. **Buchse**

Toleriertes Maß	*Abmaße in mm*	*Toleranzen in mm*	*Höchstmaße in mm*	*Mindestmaße in mm*
50h9	$es = 0$ $ei = -0{,}062$	$T_W =$ **0,062**	$G_{oW} =$ **50,000**	$G_{uW} =$ **49,938**
35H6	$ES = +0{,}016$ $EI = 0$	$T_B =$ **0,016**	$G_{oB} =$ **35,016**	$G_{uB} =$ **35,000**
38 – 0,2	$es = 0$ $ei = -0{,}2$	$T_W =$ **0,2**	$G_{oW} =$ **38,0**	$G_{uW} =$ **37,8**
20 + 2	$ES = +2$ $EI = 0$	$T_B =$ **2**	$G_{oB} =$ **22**	$G_{uB} =$ **20**

104/3. **Lehre**

Maß a: $G_{oW} = 60{,}2\text{ mm} - 34{,}8\text{ mm} = \mathbf{25{,}4\text{ mm}}$

$G_{uW} = 59{,}8\text{ mm} - 35{,}2\text{ mm} = \mathbf{24{,}6\text{ mm}}$

$T_W = G_{ow} - G_{uW} = 25{,}4\text{ mm} - 24{,}6\text{ mm} = \mathbf{0{,}8\text{ mm}}$

Maß b: $G_{oW} = 20{,}2\text{ mm} - 7{,}47\text{ mm} = \mathbf{12{,}73\text{ mm}}$

$G_{uW} = 19{,}8\text{ mm} - 7{,}55\text{ mm} = \mathbf{12{,}25\text{ mm}}$

$T_W = G_{ow} - G_{uW} = 12{,}73\text{ mm} - 12{,}25\text{ mm} = \mathbf{0{,}48\text{ mm}}$

104/4. **Anschlagleiste**

$G_o = 26{,}1\text{ mm} - 6{,}5\text{ mm} = \mathbf{19{,}6\text{ mm}}$ $G_u = 25{,}9\text{ mm} - 6{,}7\text{ mm} = \mathbf{19{,}2\text{ mm}}$

104/5. **Welle**

$50\text{f}7 = 50^{-0{,}025}_{-0{,}050}$

$G_o = 49{,}975\text{ mm} - 5{,}5\text{ mm} + 10\text{ mm} = \mathbf{54{,}475\text{ mm}}$

$G_u = 49{,}950\text{ mm} - 5{,}6\text{ mm} + 10\text{ mm} = \mathbf{54{,}350\text{ mm}}$

104/6. **Gehäuse**

Maß in mm	Abmaße in mm		Istmaß
27 ± 0,1	*es* = **+ 0,1**	*ei* = **– 0,1**	**ok**
65 ± 0,15	*es* = **+ 0,15**	*ei* = **– 0,15**	**ok**
2,5H11	*ES* = **+ 0,060**	*EI* = **0**	**ok**
25h9	*es* = **0**	*ei* = **– 0,052**	**ok**
M20x1,5	*es* = + 0,22	*ei* = + 0,03	**ok**
30 ± 0,03	*es* = **+ 0,03**	*ei* = **– 0,03**	**ok**

104/7. **Antriebseinheit**

Höchstmaß x = 85,5 mm – 12,0 mm – 31,8 mm + 0,1 mm = **41,8 mm**

Mindestmaß x = 85,0 mm – 12,3 mm – 32,0 mm + 0,1 mm = **40,8 mm**

3.1.2 Passungen

Alle Maße sind in mm angegeben.

107/1. **Bohrung und Welle**

Toleriertes Maß	Abmaße in mm	Grenzmaße in mm	Toleranzen in mm	Mindest-spiel in mm	Höchst-spiel in mm
100H8	ES = + 0,054 EI = 0	G_{oB} = **100,054** G_{uB} = **100,000**	T_B = **0,054**	P_{SM} **+ 0,036**	P_{SH} **+ 0,125**
100f7	es = – 0,036 ei = – 0,071	G_{oW} = **99,964** G_{uW} = **99,929**	T_W = **0,035**		

107/2. **Passungen**

Toleriertes Maß	Abmaße in mm	Grenzmaße in mm	Grenzpassungen in mm
50H7	ES = 0,025 EI = 0	G_{oB} = **50,025** G_{uB} = **50,000**	P_{SH} = **0,050**
50g6	es = – 0,009 ei = – 0,025	G_{oW} = **49,991** G_{uW} = **49,975**	P_{SM} = **0,009**
100 + 0,05	ES = + 0,05 EI = 0	G_{oB} = **100,05** G_{uB} = **100,00**	P_{SH} = **0,10**
100 – 0,05	es = 0 ei = – 0,05	G_{oW} = **100,00** G_{uW} = **99,95**	P_{SM} = **0**
10F7	ES = + 0,028 EI = + 0,013	G_{oB} = **10,028** G_{uB} = **10,013**	P_{SH} = **0,022**
10m6	es = + 0,015 ei = + 0,006	G_{oW} = **10,015** G_{uW} = **10,006**	$P_{ÜH}$ = **– 0,002**
25K6	ES = + 0,002 EI = – 0,011	G_{oB} = **25,002** G_{uB} = **24,989**	P_{SH} = **0,011**
25h5	es = 0 ei = – 0,009	G_{oW} = **25,000** G_{uW} = **24,991**	$P_{ÜH}$ = **– 0,011**

107/3. Schwenklager

a) **16F7** = $16^{+0,034}_{+0,016}$ mit 16g6 = $16^{-0,006}_{-0,017}$ ergibt eine Spielpassung.

b) **16M7** = $16^{0}_{-0,018}$ mit 16g6 = $16^{-0,006}_{-0,017}$ ergibt eine Übergangspassung.

c) **16H7** = $60^{+0,018}_{0}$ mit 16r6 = $16^{+0,034}_{+0,023}$ ergibt eine Übermaßpassung.

d) Zu den frei gewählten Tolerierungen genau passende ISO-Toleranzklassen gibt es nicht. Deshalb müssen die nächstliegenden Toleranzen aus der Größe der Toleranz *T* und den Grundabmaßen *ES* bzw. *es* berechnet werden. Als Grundabmaß bezeichnet man den Abstand zwischen der Nulllinie und dem Grenzabmaß, das der Nulllinie am nächsten liegt. Die folgenden Werte sind Tabellenbüchern zu entnehmen.

Bei 20 + 0,2/0 sind *ES* = 0 und *T* = 0,2. Da bei allen H-Toleranzen *ES* = 0 und beim Nennmaß 20 mm und dem Grundtoleranzgrad IT12 die Grundtoleranz *T* = 0,21 ist, liegt **20H12** = 20 +0,21/0 der gegebenen frei gewählten Tolerierung am nächsten.

Bei 20 – 0,2/– 0,5 sind *es* = – 0,2 und *T* = 0,3. Da bei allen a-Toleranzen *es* = – 0,30 und beim Nennmaß 20 mm und dem Grundtoleranzgrad IT13 die Grundtoleranz *T* = 0,33 ist, liegt **20a13** = 20 – 0,30/– 0,63 der gegebenen frei gewählten Tolerierung näher als z. B. 20c13.

108/4. Gleitlager

a) 200f7 = $200^{-0,050}_{-0,096}$ 200H8 = $200^{+0,072}_{0}$

$T_B = ES - EI = +0,072\text{ mm} - 0\text{ mm} = \mathbf{0,072\text{ mm}}$

$T_w = es - ei = -0,050\text{ mm} - (-0,096\text{ mm}) = \mathbf{0,046\text{ mm}}$

b) $G_{oB} = N + ES = 200\text{ mm} + 0,072\text{ mm} = \mathbf{200,072\text{ mm}}$

$G_{uB} = N + EI = 200\text{ mm} + 0\text{ mm} = \mathbf{200,000\text{ mm}}$

$G_{oW} = N + es = 200\text{ mm} + (-0,050\text{ mm}) = \mathbf{199,950\text{ mm}}$

$G_{uW} = N + ei = 200\text{ mm} + (-0,096\text{ mm}) = \mathbf{199,904\text{ mm}}$

c) $P_{SH} = G_{oB} - G_{uW} = 200,072\text{ mm} - 199,904\text{ mm} = \mathbf{0,168\text{ mm}}$

$P_{SM} = G_{uB} - G_{oW} = 200,000\text{ mm} - 199,950\text{ mm} = \mathbf{0,050\text{ mm}}$

108/5. Grenzrachenlehre

Maße 24f6: IT6 = 13 μm
es = **–20 µm** (Gut)
ei = es – IT = –20 μm – 13 μm
ei = **–33 µm** (Ausschuss)

Maße 30k7: IT7 = 21 μm
ei = **2 µm** (Ausschuss)
es = ei – IT = 2 μm – 21 μm
es = **23 µm** (Gut)

108/6. Grundplatte

Zylinderstift 12 m6; es = +18 μm; ei = +7 μm

G_{oW} = N + es = 12 mm + 0,018 mm
G_{oW} = 12,018 mm
G_{uW} = N + ei = 12 mm + 0,007 mm
G_{uW} = 12,007 mm

Bohrung 12 M7 : ES = 0 mm; EI = –18 μm
G_{oB} = N + ES = 12 mm + 0 mm
G_{oB} = **12,000 mm**
G_{uB} = N + EI = 12 mm + (–0,018 mm)
G_{uB} = **11,982 mm**

Passungsart: Übermaßpassung

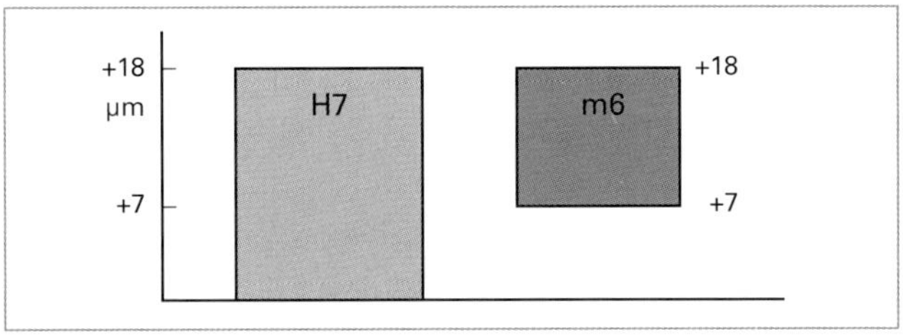

Bild 108/6

108/7. **Passungsart**

∅ 60 G8: EI = 10 μm, IT8 = 46 μm
ES = EI + IT = 10 μm + 46 μm
ES = 56 μm
G_{oB} = N + ES = 60 mm + 0,056 mm
G_{oB} = **60,056 mm**
G_{uB} = N + EI = 60 mm + 0,01 mm
G_{uB} = **60,01 mm**

∅ 60 p7: IT7 = 30 μm; ei = 32 μm
es = ei + IT = 32 μm + 30 μm
es = 62 μm
G_{oW} = N + es = 60 + 0,062 mm
G_{oW} = **60,062 mm**
G_{uW} = N + ei = 60 + 0,032 mm
G_{uW} = **60,032 mm**

Passungsart: Übergangspassung

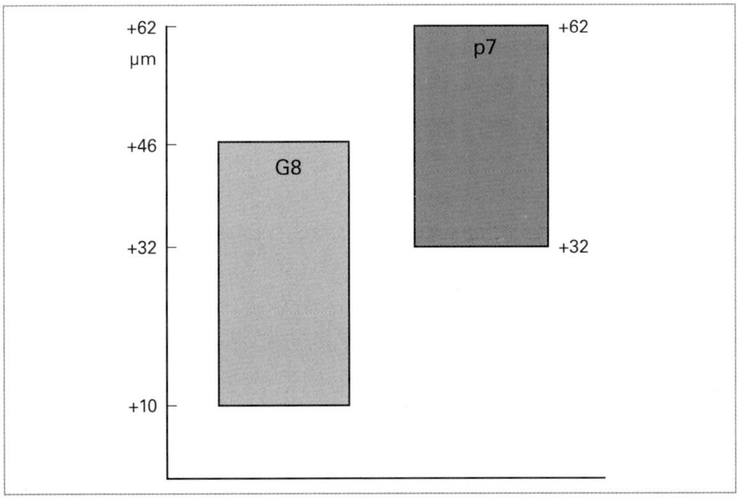

Bild 108/7

108/8. Passungen beim Einbau verschiedener Normteile

Die Grenzpassungen können direkt aus den Abmaßen berechnet werden.

Übergangspassung

a) $20H7 = 20^{+0{,}021}_{\;0}$ $\quad 20m6 = 20^{+0{,}021}_{+0{,}008}$

Höchstspiel P_{SH} = + 0,021 mm – (+ 0,008 mm) = **0,013 mm**

Höchstübermaß $P_{ÜH}$ = 0 mm – (+ 0,021 mm) = **– 0,021 mm**

Spielpassung

b) $20H7 = 20^{+0{,}021}_{\;0}$ $\quad 20h8 = 20^{\;0}_{-0{,}033}$

Höchstspiel P_{SH} = + 0,021 mm – (– 0,033 mm) = **0,054 mm**

Mindestspiel P_{SM} = 0 mm – 0 mm = **0 mm**

Die Abmaße von 20h8 müssen aus dem Grundabmaß $es = 0$ und der Grundtoleranz $T = 33\ \mu m$ für IT8 und $N = 20$ mm berechnet werden, wenn keine Toleranztabelle zur Verfügung steht.

Spielpassung

c) $20H7 = 20^{+0{,}021}_{\;0}$ $\quad 20h11 = 20^{\;0}_{-0{,}130}$

Höchstspiel P_{SH} = + 0,021 mm – (– 0,130 mm) = **0,151 mm**

Mindestspiel P_{SM} = 0 mm – 0 mm = **0 mm**

Übergangspassung

d) $20H7 = 20^{+0{,}021}_{\;0}$ $\quad 20n6 = 20^{+0{,}028}_{+0{,}015}$

Höchstspiel P_{SH} = + 0,021 mm – (+ 0,015 mm) = **0,006 mm**

Höchstübermaß $P_{ÜH}$ = 0 mm – (0,028 mm) = **– 0,028 mm**

108/9. Bestimmung einer Wellentoleranz

●

Aus einer Toleranztabelle: $35H7 = 35^{+0{,}025}_{\;0}$

$P_{SH} = G_{oB} - G_{uW}$; $\quad G_{uW} = G_{oB} - P_{SH}$ = 35,025 mm – 0,008 mm = 35,017 mm

$P_{ÜH} = G_{uB} - G_{oW}$; $\quad G_{oW} = G_{uB} - P_{ÜH}$ = 35,000 mm – (– 0,033 mm) = 35,033 mm

Die Grenzabmaße der Welle sind damit $35^{+0{,}033}_{+0{,}017}$ ≙ **35n6.**

3.2 Qualitätsmanagement

Hinweise zur Lösung der Aufgaben

Die Prüfdaten, z. B. Messwerte, zu einem Prüfmerkmal (z. B. Bauteildurchmesser), werden während einer Stichprobenprüfung in einer **Urliste** oder **Strichliste** gesammelt. Die Verteilung der Häufigkeit gleicher Werte kann in einem **Histogramm** als Kurven- oder Balkendiagramm dargestellt werden.

Bei einem **logarithmischen Auswerteblatt** ergibt die Häufigkeitsverteilung eine Gerade, wenn es sich um eine Normalverteilung handelt. Diese grafische Methode stellt die im Gesamtlos zu erwartenden, prozentualen Anteile an Gutteilen, Nacharbeit und Ausschuss dar.

Prozessregelkarten bieten die Möglichkeit, Veränderungen eines Prozesses gegenüber einem Sollwert grafisch darzustellen.

Urwertkarte: Sie erfasst alle Messwerte einer Prüfung.

Zentralwert-Spannweitenkarte ($\tilde{x}$-R-Karte): Ohne großen Rechenaufwand lassen sich Fertigungsstreuungen und Tendenzen aufzeigen. Sie werden vor allem in der manuellen Regelkartenführung eingesetzt.

Mittelwert-Standardabweichungskarte ($\bar{x}$-s-Karte): Diese Karten zeigen die Veränderungen des Mittelwertes innerhalb der Fertigung. Die Auswertung der Messwerte erfolgt meist rechnerunterstützt. Die Ergebnisse sind genauer, weil alle Werte einer Stichprobenprüfung in die Auswertung einfließen.

3.2.1 Prozesskennwerte aus Stichprobenprüfung

113/1. Einkommen

a) Medianwert: $\tilde{x}$ = **2.200 €**

b) Arithmetischer Mittelwert:

$$\bar{x} = \frac{x_1 + x_2 + x_3 + \ldots x_n}{n}$$

$$\bar{x} = \frac{(1 \cdot 1.885 + 3 \cdot 2.050 + 4 \cdot 2.080 + 3 \cdot 2.200 + 2 \cdot 2.280 + 1 \cdot 2.500 + 1 \cdot 2.550)\ €}{15}$$

$\bar{x}$ = **2.171 €**

c)

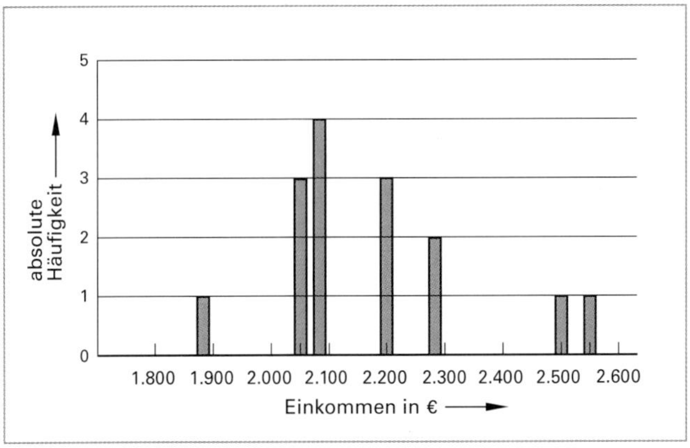

Bild 113/1c: Einkommen

113/2. Passmaße

a) $k = \sqrt{n} = \sqrt{40} = 6{,}3 \approx 6$

$h = \frac{R}{k} = \frac{0{,}027}{6} = 0{,}0045 \approx 0{,}005$

Strichliste Passmaße			
Klasse	von (≥)	bis (<)	Anzahl der Messwerte
1	16,000	16,005	𝍸 (5)
2	16,005	16,010	|||| (4)
3	16,010	16,015	𝍸 (5)
4	16,015	16,020	𝍸 |||| (9)
5	16,020	16,025	𝍸 𝍸 ||| (13)
6	16,025	16,030	|||| (4)

b)

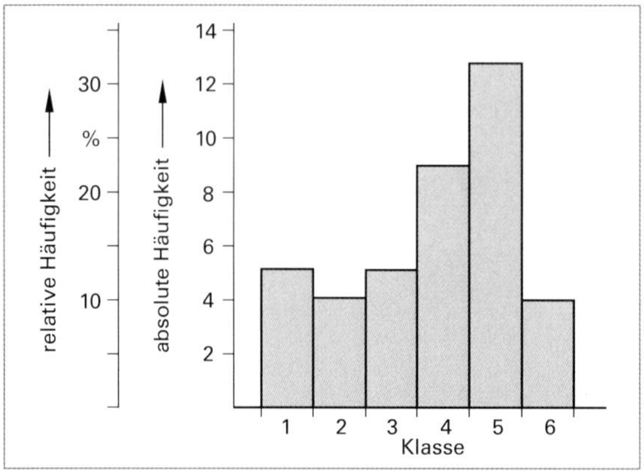

Bild 113/2b: Passmaße

c) $\tilde{x} = 16{,}015$

$\bar{x} = \frac{x_1 + x_2 + x_3 + \dots x_n}{n}$

$\bar{\bar{x}} = \frac{\bar{x}_1 + \bar{x}_2 + \bar{x}_3 + \dots \bar{x}_n}{n}$ (Gesamtmittelwert)

Urliste Passmaße in mm (*n* = 40)					$\bar{x}$
16,027	16,020	16,021	16,022	16,024	16,023
16,000	16,001	16,002	16,024	16,020	16,009
16,005	16,007	16,015	16,017	16,026	16,014
16,003	16,010	16,017	16,025	16,020	16,015
16,007	16,003	16,010	16,012	16,017	16,010
16,015	16,007	16,015	16,020	16,021	16,016
16,020	16,015	16,012	16,017	16,025	16,018
16,017	16,012	16,021	16,020	16,022	16,018
				$\bar{\bar{x}}$ =	**16,015**

113/3. Blechdicke

Lösungen für a) bis c) in der Tabelle

$$\bar{x} = \frac{x_1 + x_2 + x_3 + \dots x_n}{n}$$

$R = x_{max} - x_{min}$

Urliste								
Prüfmerkmal: Blechdicke 1,00 ± 0,02								
Stichproben: 8								
	1	2	3	4	5	6	7	8
x_1	0,97	1,01	0,98	1,03	1,00	1,03	1,03	1,03
x_2	0,98	0,98	0,99	0,99	1,01	1,01	1,02	1,02
x_3	0,99	0,99	1,01	1,02	0,99	1,02	1,02	1,00
x_4	1,00	1,02	1,00	1,00	1,02	1,00	1,00	1,02
x_5	1,00	1,00	1,01	1,01	1,01	1,01	1,01	1,01
$\tilde{x}$	0,99	1,00	1,00	1,01	1,01	1,02	1,02	1,02
$\bar{x}$	0,998	1,00	0,998	1,01	1,006	1,014	1,016	1,016
R	0,03	0,04	0,03	0,04	0,03	0,03	0,03	0,03

113/4. Wellendurchmesser

a) $\bar{x} = \frac{x_1 + x_2 + x_3 + x_4 + \dots + x_n}{n}$

$$\bar{x} = \frac{1 \cdot 14{,}999\ \text{mm} + 2 \cdot 15{,}000\ \text{mm} + 3 \cdot 15{,}001\ \text{mm} + 2 \cdot 15{,}002\ \text{mm} + 1 \cdot 15{,}003\ \text{mm}}{9}$$

$$= \frac{135{,}009\ \text{mm}}{9} = \mathbf{15{,}001\ mm}$$

b) Berechnung der relativen Häufigkeit h_j:

$h_j = \frac{n_j}{n} \cdot 100\ \%;\quad n = 9$

$h_{j1} = \frac{1}{9} \cdot 100\ \% = 11{,}11\ \%$

$h_{j2} = \frac{2}{9} \cdot 100\ \% = 22{,}22\ \%$

$h_{j3} = \frac{3}{9} \cdot 100\ \% = 33{,}33\ \%$

$h_{j4} = \frac{2}{9} \cdot 100\ \% = 22{,}22\ \%$

$h_{j5} = \frac{1}{9} \cdot 100\ \% = 11{,}11\ \%$

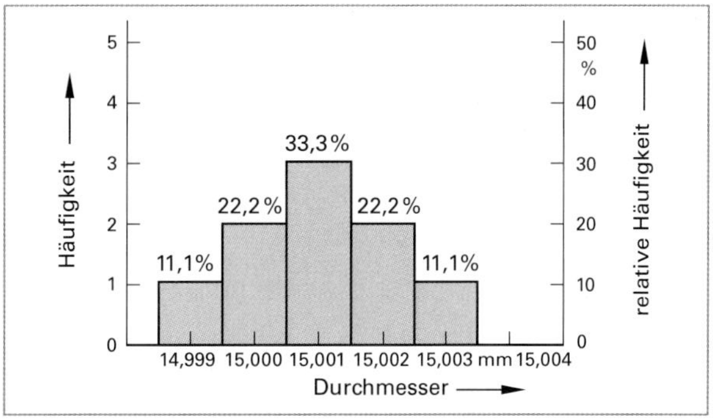

Bild 113/4: Wellendurchmesser

113/5. Widerstände

a) $\bar{x} = \frac{22 \cdot 98\ \Omega + 33 \cdot 99\ \Omega + 39 \cdot 100\ \Omega + 45 \cdot 101\ \Omega + 41 \cdot 102\ \Omega + 20 \cdot 103\ \Omega}{200}$

$$= \frac{20\,110\ \Omega}{200} = \mathbf{100{,}55\ \Omega}$$

b) $R = x_{max} - x_{min} = 103\ \Omega - 98\ \Omega = \mathbf{5\ \Omega}$

c)

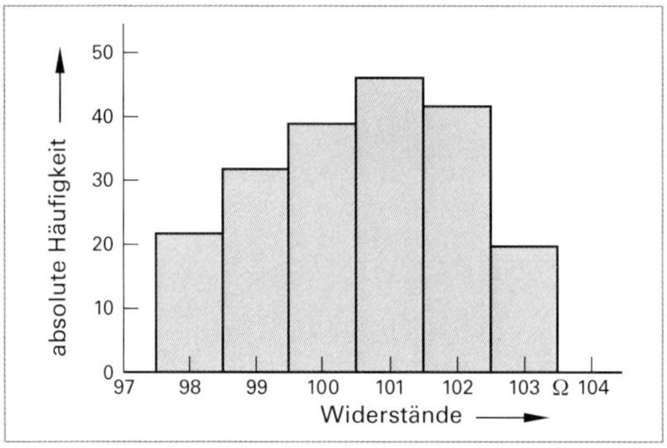

Bild 113/5: Widerstände

113/6. **Lochkreisdurchmesser**

a) $\bar{x} = \frac{1 \cdot 10{,}6\text{ mm} + 2 \cdot 10{,}5\text{ mm} + 5 \cdot 10{,}4\text{ mm} + 5 \cdot 10{,}3\text{ mm} + 7 \cdot 10{,}2\text{ mm} + 11 \cdot 10{,}1\text{ mm} +}{120}$

$$\frac{+16 \cdot 10{,}0\text{ mm} + 26 \cdot 9{,}9\text{ mm} + 16 \cdot 9{,}8\text{ mm} + 11 \cdot 9{,}7\text{ mm} + 8 \cdot 9{,}6\text{ mm} + 6 \cdot 9{,}5\text{ mm} +}{120}$$

$$\frac{+4 \cdot 9{,}4\text{ mm} + 2 \cdot 9{,}3\text{ mm}}{120} = \frac{1\,188{,}5\text{ mm}}{120} = \mathbf{9{,}904\text{ mm}}$$

b) $R = x_{max} - x_{min} = 10{,}6\text{ mm} - 9{,}3\text{ mm} = \mathbf{1{,}3\text{ mm}}$

c) $s = \sqrt{\frac{\sum (x_i - x)^2}{n-1}}$

Anmerkung: Mehrmaliges Auftreten von gleichen Messwerten wird über einen entsprechenden Faktor berücksichtigt.

$$s = \sqrt{\frac{(10{,}6\text{ mm} - 9{,}9\text{ mm})^2 + (10{,}5\text{ mm} - 9{,}9\text{ mm})^2 \cdot 2 + (10{,}4\text{ mm} - 9{,}9\text{ mm})^2 \cdot 5 + \ldots + (9{,}3\text{ mm} - 9{,}9\text{ mm})^2 \cdot 2}{119}}$$

$$= \sqrt{\frac{8{,}49\text{ mm}^2}{119}} = \sqrt{0{,}071345\text{ mm}^2} = \mathbf{0{,}267\text{ mm}}$$

d) $+s = \bar{x} + s = 9{,}904 + 0{,}267 = \mathbf{10{,}171}$

$-s = \bar{x} - s = 9{,}904 - 0{,}267 = \mathbf{9{,}637}$

Es liegen 80 Messwerte zwischen den Grenzen der Standardabweichung.

Dies entspricht einem prozentualen Anteil von $\frac{80 \cdot 100\,\%}{120} = 66{,}66\,\%$.

e) Beispielrechnungen:

Für Maß 9,3 gilt: $h_j = \frac{n_j}{n} \cdot 100\,\% = \frac{2}{120} \cdot 100\,\% = 1{,}67\,\%$

Für Maß 9,5 gilt: $h_j = \frac{n_j}{n} \cdot 100\,\% = \frac{6}{120} \cdot 100\,\% = 5\,\%$

$F_j = 1{,}67\,\% + 3{,}33\,\% + 5\,\% = 10\,\%$

Maße	9,3	9,4	9,5	9,6	9,7	9,8	9,9	10	10,1	10,2	10,3	10,4	10,5	10,6
h_j %	1,67	3,33	5	6,67	9,17	13,3	21,67	13,3	9,17	5,83	4,17	4,17	1,67	0,83
F_j %	1,67	5	10	16,67	25,84	39,14	60,81	74,11	83,28	89,11	93,28	97,45	99,12	99,95

3.2.3 Maschinen- und Prozessfähigkeit

117/1. **Bundbuchse**

a) ⌀ 25h6 → $T_w = es - ei = 0\ \mu m - (-13\ \mu m) = 13\ \mu m$
(*es* und *ei* aus Tabellenbuch)

$$c_m = \frac{T}{6 \cdot s} = \frac{13\ \mu m}{6 \cdot 1{,}4\ \mu m} = \mathbf{1{,}55}$$

Ermittlung von Δkrit:
$OGW - \bar{x} = 25{,}000\ mm - 24{,}994\ mm = 0{,}006\ mm$
$\bar{x} - UGW = 24{,}994\ mm - 24{,}987\ mm = 0{,}007\ mm$
→ Δkrit = 0,006 mm = 6 μm

$$c_{mk} = \frac{\Delta krit}{3 \cdot s} = \frac{6\ \mu m}{3 \cdot 1{,}4\ \mu m} = \mathbf{1{,}43}$$

b) Die Maschinenfähigkeit ist nicht nachgewiesen, da $c_m = 1{,}55 < 1{,}67$ ist.
$c_{mk} = 1{,}43 > 1{,}33$, d. h. der kritische Maschinenfähigkeitsindex wird eingehalten.
Um die geforderten Kennwerte zu erfüllen, muss die Streuung des Fertigungsprozesses reduziert werden.

117/2. **Maschinenauswahl**

a) 60f7 → $T_w = es - ei = -30\ \mu m - (-60\ \mu m) = 30\ \mu m$
(*es* und *ei* aus Tabellenbuch)

Maschine A:

$$c_m = \frac{T}{6 \cdot s} = \frac{30\ \mu m}{6 \cdot 5\ \mu m} = \mathbf{1{,}0}$$

Ermittlung von Δkrit:
$OGW - \bar{x} = 59{,}970\ mm - 59{,}955\ mm = 0{,}015\ mm$
$\bar{x} - UGW = 59{,}955\ mm - 59{,}940\ mm = 0{,}015\ mm$
→ Δkrit = 0,015 mm = 15 μm

$$c_{mk} = \frac{\Delta krit}{3 \cdot s} = \frac{15\ \mu m}{3 \cdot 5\ \mu m} = \mathbf{1{,}0}$$

Maschine B:

$$c_m = \frac{T}{6 \cdot s} = \frac{30\ \mu m}{6 \cdot 2\ \mu m} = \mathbf{2{,}5}$$

Ermittlung von Δkrit:
$OGW - \bar{x} = 59{,}970\ mm - 59{,}959\ mm = 0{,}011\ mm$
$\bar{x} - UGW = 59{,}959\ mm - 59{,}940\ mm = 0{,}019\ mm$
→ Δkrit = 0,011 mm = 11 μm

$$c_{mk} = \frac{\Delta krit}{3 \cdot s} = \frac{11\ \mu m}{3 \cdot 2\ \mu m} = \mathbf{1{,}83}$$

b) Die Maschinenfähigkeit ist nur für die Maschine B nachgewiesen, da bei dieser Maschine die üblichen Kennwerte für den Nachweis der Maschinenfähigkeit $c_m = 2{,}5 \geq 1{,}67$ und $c_{mk} = 1{,}83 \geq 1{,}67$ erfüllt sind.

Bei Maschine A ist dagegen die Maschinenfähigkeit nicht nachgewiesen:
$c_m = 1{,}0 < 1{,}67$ und $c_{mk} = 1{,}0 < 1{,}67$.

c) Die Maschine B sollte in der Serienbearbeitung eingesetzt werden, weil mit der Maschinenfähigkeitsuntersuchung festgestellt wurde, dass nur die Maschine B unter idealen Bedingungen innerhalb der vorgegebenen Grenzwerte fertigen kann.

117/3. Lagerplatte

a) $20^{\;\,0}_{-0,25} \rightarrow T = es - ei = 0\text{ mm} - (-0,25\text{ mm})$
$= 0,25\text{ mm} = 250\ \mu\text{m}$

$$c_p = \frac{T}{6 \cdot \hat{\sigma}} = \frac{250\ \mu\text{m}}{6 \cdot 24\ \mu\text{m}} = \mathbf{1,74}$$

Ermittlung von Δkrit:
$\text{OGW} - \hat{\mu} = 20,000\text{ mm} - 19,750\text{ mm} = 0,250\text{ mm} = 250\ \mu\text{m}$
$\hat{\mu} - \text{UGW} = 19,750\text{ mm} - 19,750\text{ mm} = 0\text{ mm} = 0\ \mu\text{m}$
$\rightarrow \Delta\text{krit} = 0\ \mu\text{m}$

$$c_{pk} = \frac{\Delta\text{krit}}{3 \cdot \hat{\sigma}} = \frac{0\ \mu\text{m}}{3 \cdot 24\ \mu\text{m}} = \mathbf{0}$$

b) Der Prozessfähigkeitsindex $c_p = 1,74 \geq 1,33$ ist nachgewiesen.
Die Prozessfähigkeit ist dagegen nicht nachgewiesen, da $c_{pk} = 0 < 1,33$ ist.
Soll eine Fähigkeit erreicht werden, muss der Fertigungsprozess zentriert werden.

c) 50 % der Teile liegen unterhalb der unteren Toleranzgrenze.

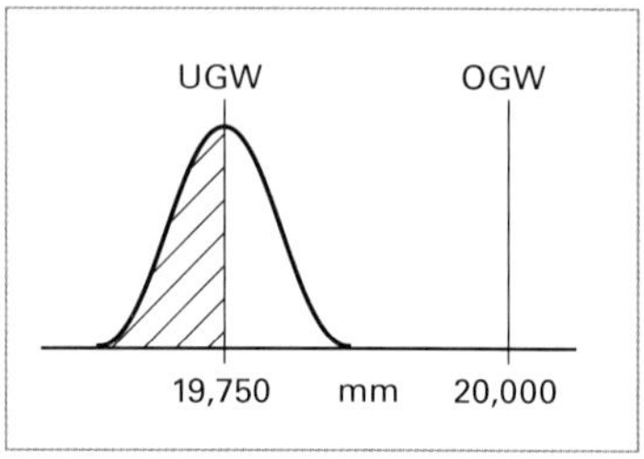

Bild 117/3: Lagerplatte

117/4. Welle

a) $30\text{h}6 \rightarrow T = es - ei = 0\ \mu\text{m} - (-13\ \mu\text{m}) = 13\ \mu\text{m}$
(*es* und *ei* aus Tabellenbuch)

$$c_p = \frac{T}{6 \cdot \hat{\sigma}}; \qquad \hat{\sigma} = \frac{T}{6 \cdot c_\varrho} = \frac{13\ \mu\text{m}}{6 \cdot 1,67} \approx \mathbf{1,297\ \mu m}$$

b) Toleranzmitte $\hat{\mu}_1 = \dfrac{(G_{oW} + G_{uW})}{2}$

$$= \frac{30,000\text{ mm} + 29,987\text{ mm}}{2} = 29,9935\text{ mm}$$

$\hat{\mu}_2 = \hat{\mu}_1 + 0,003\text{ m} = 29,9965\text{ mm}$

$\Delta\text{krit} = \text{OGW} - \hat{\mu}_2 = 30\text{ mm} - 29,9965\text{ mm}$
$= 0,0035\text{ mm} = 3,5\ \mu\text{m}$

$$c_{pk} = \frac{\Delta\text{krit}}{3 \cdot \hat{\sigma}} = \frac{3,5\ \mu\text{m}}{3 \cdot 1,6\ \mu\text{m}} = \mathbf{0,73}$$

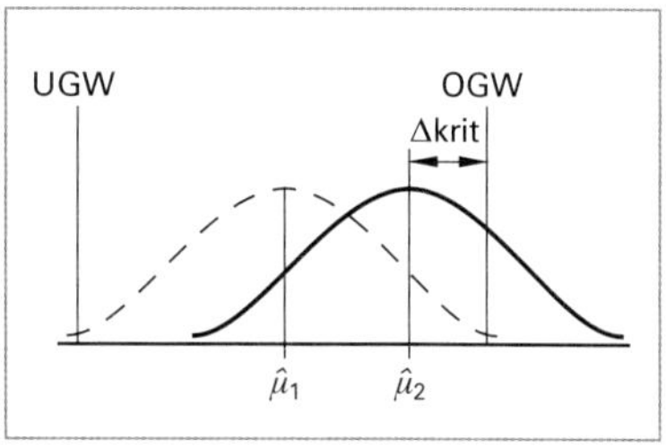

Bild 117/4: Welle

117/5. Antriebswelle

• **a)** $\varnothing\ 40\text{m}6 \rightarrow T = es - ei = 25\ \mu\text{m} - 9\ \mu\text{m} = 16\ \mu\text{m}$
(*es* und *ei* aus Tabellenbuch)

$$c_p = \frac{T}{6 \cdot \hat{\sigma}} = \frac{16\ \mu\text{m}}{6 \cdot 1,1\ \mu\text{m}} = \mathbf{2,42}$$

Ermittlung von Δkrit:

$OGW - \hat{\mu} = 40{,}025\ \text{mm} - 40{,}019\ \text{mm} = 0{,}006\ \text{mm} = 6\ \mu\text{m}$

$\hat{\mu} - UGW = 40{,}019\ \text{mm} - 40{,}009\ \text{mm} = 0{,}01\ \text{mm} = 10\ \mu\text{m}$

$\rightarrow \Delta\text{krit} = 6\ \mu\text{m}$

$$c_{pk} = \frac{\Delta\text{krit}}{3 \cdot \hat{\sigma}} = \frac{6\ \mu\text{m}}{3 \cdot 1{,}1\ \mu\text{m}} = \mathbf{1{,}82}$$

Die Prozessfähigkeit ist nachgewiesen, da $c_p = 2{,}42 \geq 1{,}33$ und $c_{pk} = 1{,}82 \geq 1{,}33$ ist.

b) Im Bereich

$\hat{\mu} - 3\hat{\sigma} = 40{,}019\ \text{mm} - 3 \cdot 0{,}0011\ \text{mm} = 40{,}0157\ \text{mm}$ und

$\hat{\mu} + 3\hat{\sigma} = 40{,}019\ \text{mm} + 3 \cdot 0{,}0011\ \text{mm} = 40{,}0223\ \text{mm}$

liegen 99,73 % der gefertigten Teile.

3

3.2.4 Statistische Prozesslenkung mit Qualitätsregelkarten

121/1. Bohrungen

a)

Klassen	1	2	3	4	5	6	7	8	9
relative Häufigkeit h_j in %	2	4	8	22	32	16	12	4	0
absolute Häufigkeit n_j	1	2	4	11	16	8	6	2	0

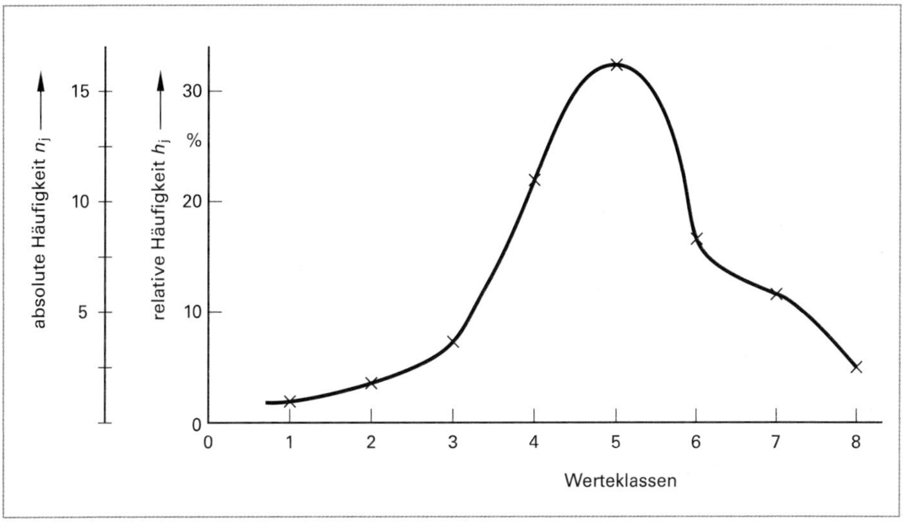

Bild 121/1: Histogramm der Häufigkeitsverteilung

b) Die Bohrungen könnten einem Trend unterliegen, da die Durchmesser zur Unterschreitung des unteren Grenzwertes tendieren. Das lässt auf eine Abnützung des Werkzeuges schließen. Die untere Eingriffsgrenze wurde bei der Fertigung nicht beachtet.

121/2. **Dehnschraube**

a) – c) Für Schaftdurchmesser 11k6 ergibt sich Höchstmaß 11,012; Mindestmaß 11,001

$$\bar{x} = \frac{x_1 + x_2 + x_3 + \ldots + x_n}{n}; \qquad s = \sqrt{\frac{\sum (x_i - \bar{x})^2}{n-1}}; \qquad R = x_{max} - x_{min}$$

Stichprobe	1	2	3	4	5	6	7	8
Mittelwert $\bar{x}$	11,002 0	11,002 6	11,003 6	11,005 4	11,007 0	11,007 8	11,010 0	11,011 6
Spannweite R	0,005	0,007	0,005	0,005	0,007	0,005	0,004	0,005
Standardabweichung s	0,002 0	0,002 7	0,001 8	0,001 9	0,002 6	0,002 0	0,001 8	0,002 0

Die Standardabweichung aller Stichproben wird als Mittelwert der Standardabweichungen $\bar{s}$ bezeichnet und aus den Einzelstandardabweichungen s_1, s_2, ... s_m und der Anzahl der Stichproben m berechnet.

$$\bar{s} = \frac{s_1 + s_2 + s_3 + \ldots + s_m}{m}$$

$$\bar{s} = \frac{0{,}002\,0 + 0{,}002\,7 + 0{,}001\,8 + 0{,}001\,9 + 0{,}002\,6 + 0{,}002\,0 + 0{,}001\,8 + 0{,}002\,0}{8}\ \text{mm}$$

$\bar{s}$ = **0,002 1 mm**

d) Gesamtmittelwert $\bar{\bar{x}} = \frac{\bar{x}_1 + \bar{x}_2 + \bar{x}_3 + \ldots + \bar{x}_n}{n}$

$$= \frac{(11{,}002\,0 + 11{,}002\,6 + 11{,}003\,6 + 11{,}005\,4 + 11{,}007\,0 + 11{,}007\,8 + 11{,}010\,0 + 11{,}011\,6)\ \text{mm}}{8}$$

x = 11,006 3 mm

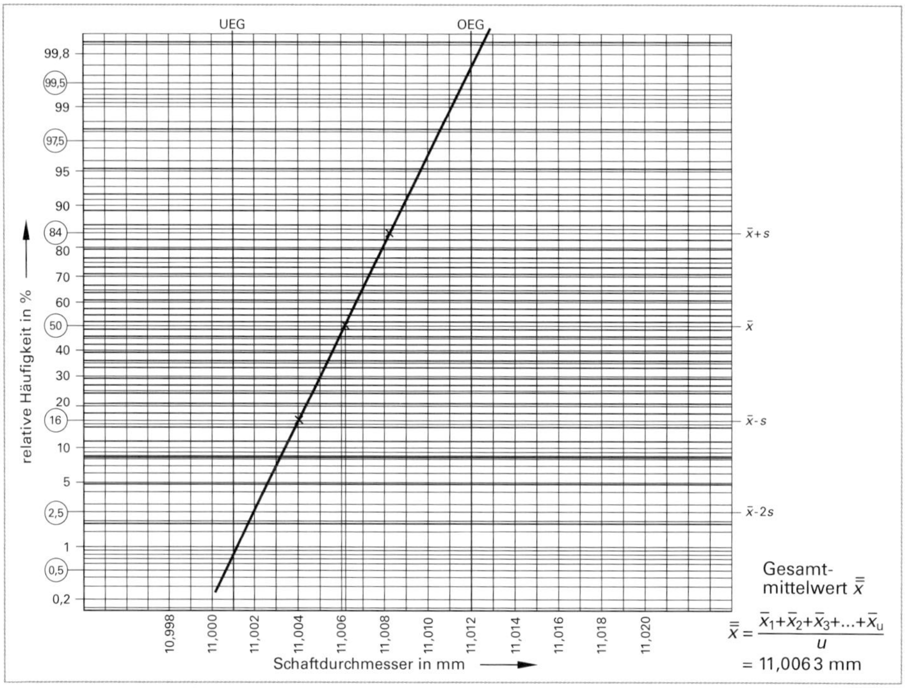

Bild 121/2: Wahrscheinlichkeitsnetz

Es sind weniger als 1 % Ausschuss zu erwarten.

121/3. **Prozessregelkarten**

Histogramm der Häufigkeitsverteilung der Messwerte.
Häufigkeitsverteilung:

Messwert	Anzahl	Messwert	Anzahl
10,999	II	11,008	𝍸 II
11,001	III	11,011	IIII
11,003	𝍸	11,012	III
11,004	𝍸 I	11,013	II
11,006	𝍸 III		

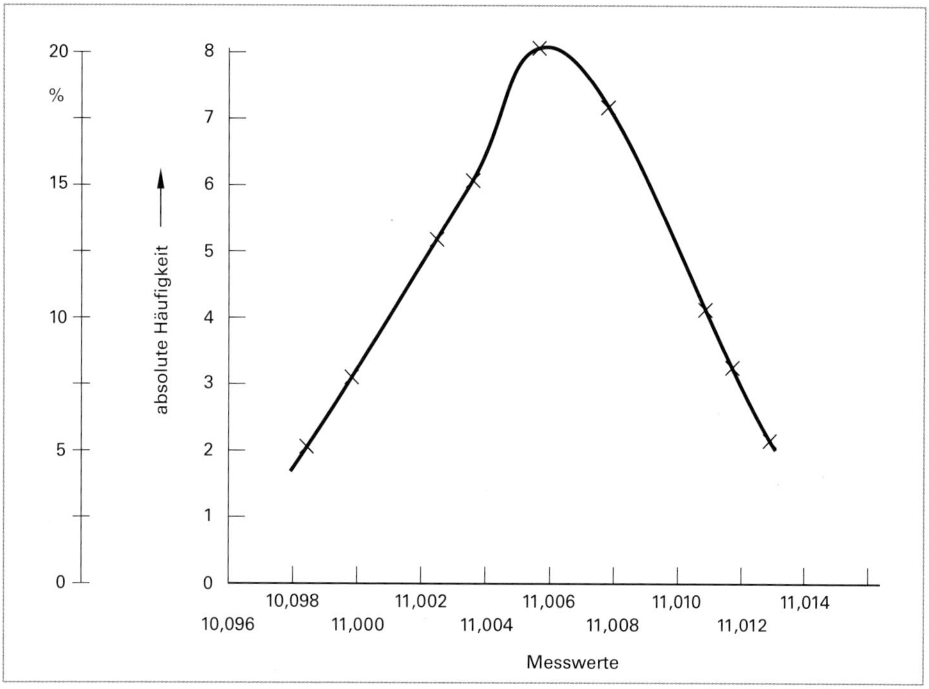

Bild 121/3a: Histogramm der Häufigkeitsverteilung

Tabelle mit den Medianwerten $\tilde{x}$ der Stichprobe.
Der Medianwert ist der mittlere der nach Größe geordneten Messwerte einer Stichprobe.
Der Medianwert wird auch Zentralwert genannt.

Beispiel: Stichprobe 2
nach der Größe geordnet:
10,999; 11,001; 11,003; 11,004; 11,006;

121/3. **Prozessregelkarten**

Stichprobe	1	2	3	4	5	6	7	8
$\tilde{x}$	11,003	11,003	11,004	11,006	11,006	11,008	11,011	11,012

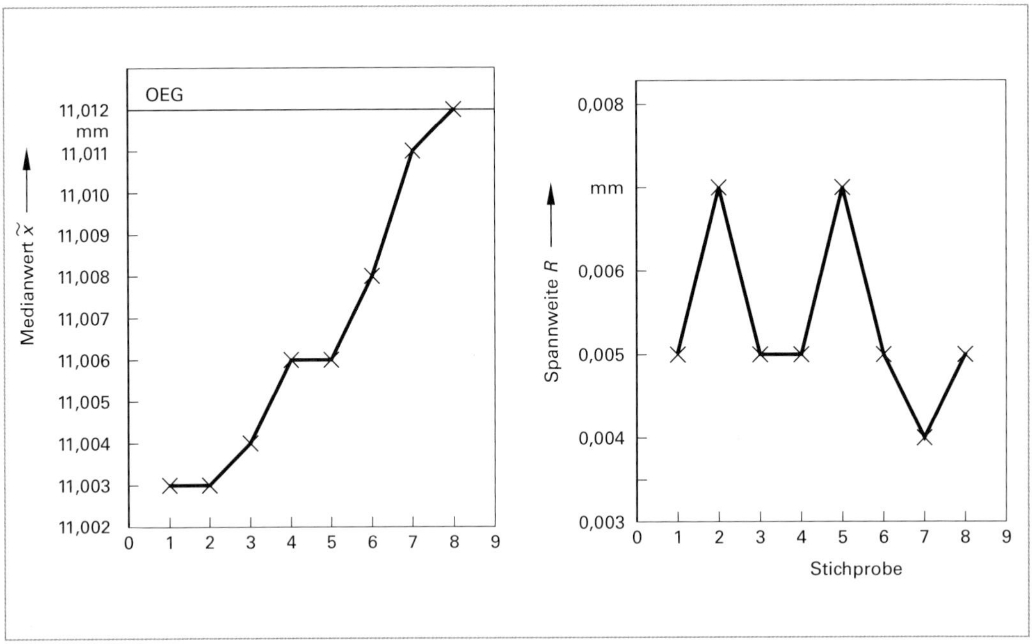

Bild 121/3b: **$\tilde{x}$-*R*-Karte**

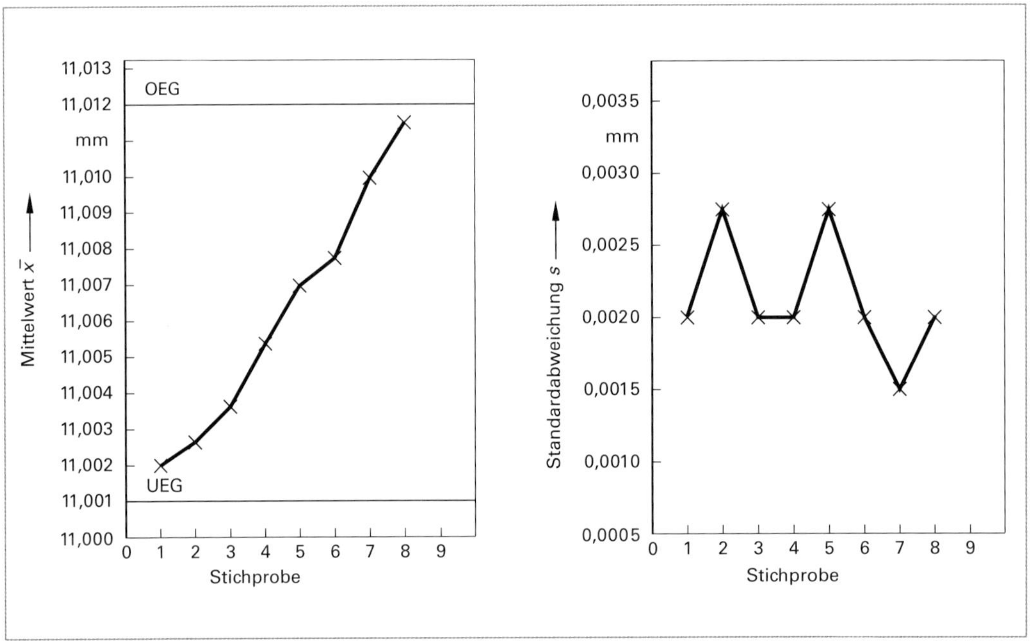

Bild 121/3c: **$\bar{x}$-*s*-Karte**

Erkenntnis: Die Messwerte liegen noch innerhalb der Eingriffs- und Warngrenzen. Es ist jedoch ein Trend in Richtung obere Eingriffsgrenze zu erkennen. Es kann in nächster Zeit mit unzulässigem Verschleiß des Drehwerkzeuges gerechnet werden.

121/4. **Objektivlinse**

a) Aus Grafik abgelesen

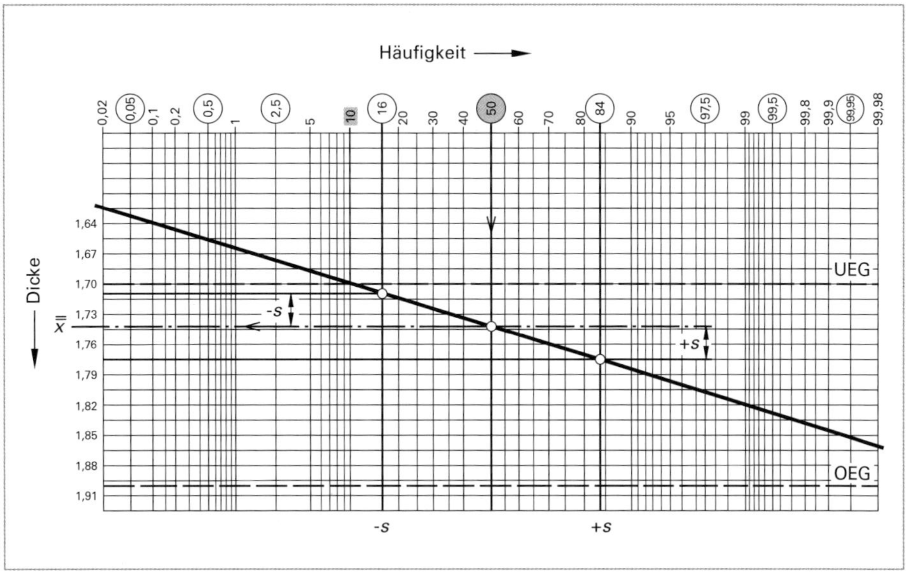

Bild 121/4a: Wahrscheinlichkeitsnetz

$\bar{\bar{x}}$ = 1,745 mm + s = 0,030 mm – s = 0,038 mm

$\bar{\bar{x}}$ = Gesamtmittelwert.

Bei der 10-%-Marke verlässt die Gerade den Bereich zwischen unterer und oberer Eingriffsgrenze. Es kann mit einem Ausschuss von 10 % gerechnet werden.

b) $$\bar{x} = \frac{x_1 + x_2 + x_3 + x_4 + x_5}{n}$$

$$\bar{x} = \frac{(1{,}80 + 1{,}70 + 1{,}78 + 1{,}74 + 1{,}71)\ \text{mm}}{5}$$

$\mathbf{\bar{x} = 1{,}746\ mm}$ Mittelwert der 1. Stichprobe

$$s = \sqrt{\frac{\sum (x_i - \bar{x})^2}{n-1}}$$

$$s = \sqrt{\frac{[(1{,}80 - 1{,}746)^2 + (1{,}70 - 1{,}746)^2 + (1{,}78 - 1{,}746)^2 + (1{,}74 - 1{,}746)^2 + (1{,}71 - 1{,}746)^2]\ \text{mm}^2}{5-1}}$$

$\mathbf{s = 0{,}0433\ mm}$ Standardabweichung der 1. Stichprobe

Mittelwert aller Einzelstandardabweichungen, näherungsweise gerechnet über die gemittelte Spannweite $\bar{R}$:

$$\bar{R} = \frac{R_1 + R_2 + \ldots + R_{10}}{10} = \mathbf{0{,}095\ mm}$$

$\bar{s} = R \cdot 0{,}4 = 0{,}095\ \text{mm} \cdot 0{,}4 = \mathbf{0{,}038\ mm}$

Gesamtmittelwert:

$$\bar{\bar{x}} = \frac{\bar{x}_1 + \bar{x}_2 + \bar{x}_3 + \ldots + \bar{x}_{10}}{10} = \mathbf{1{,}7354\ mm}$$

c) **Messwerte in $\bar{x}$-s-Karte**

Stichprobe	1	2	3	4	5
$\tilde{x}$	1,74	1,75	1,74	1,73	1,73
R	0,1	0,12	0,12	0,09	0,12
$\bar{x}$	1,746	1,76	1,732	1,726	1,74
s	0,0433	0,0463	0,0476	0,0321	0,0474

Stichprobe	6	7	8	9	10
$\tilde{x}$	1,73	1,73	1,74	1,74	1,74
R	0,06	0,09	0,12	0,06	0,07
$\bar{x}$	1,716	1,722	1,754	1,726	1,732
s	0,0230	0,0342	0,0488	0,0261	0,0295

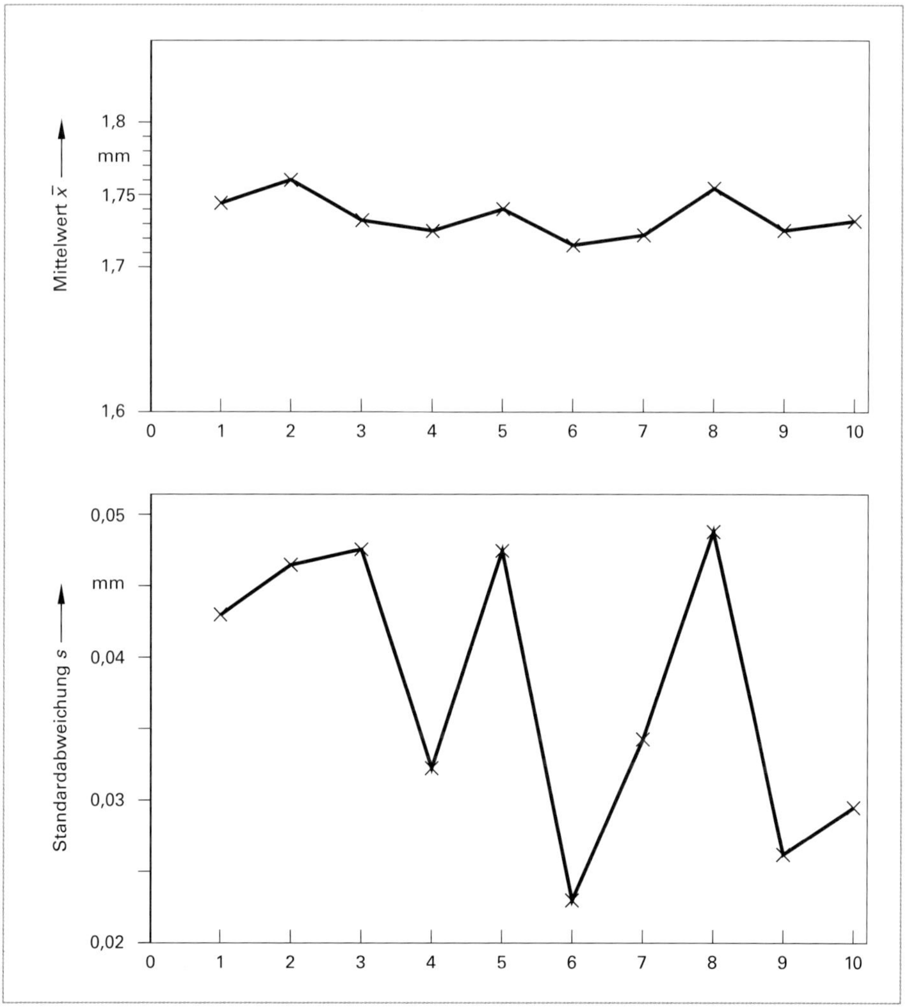

Bild 121/4c: $\bar{x}$-s-Karte

c) Messwerte in $\tilde{x}$-*R*-Karte

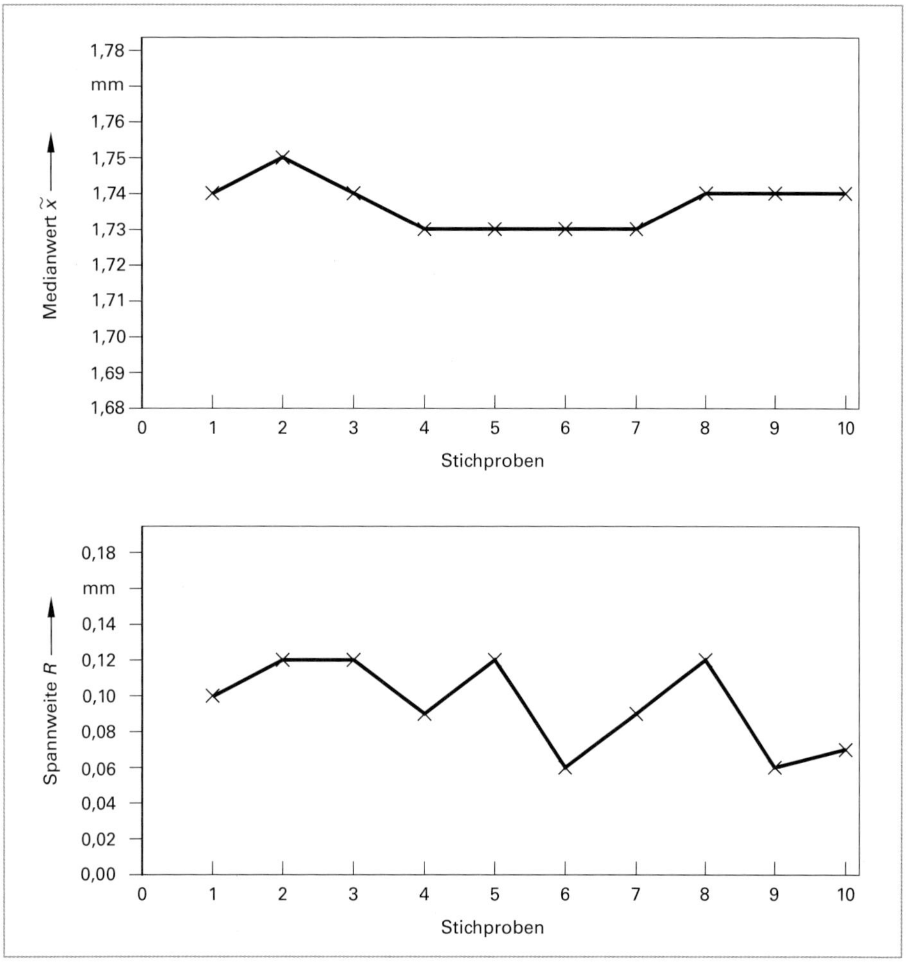

Bild 121/4c: $\tilde{x}$-*R*-Karte

4 Fertigungstechnik und Fertigungsplanung

4.1 Spanende Fertigung

4.1.1 Drehen

Schnittdaten, Drehzahlen und Anzahl der Schnitte

125/1. Längs-Runddrehen

a) Tabellenwerte für die Schnittgeschwindigkeit v_c:

$$v_{cmin} = 100 \frac{m}{min}, \; v_{cmax} = 200 \frac{m}{min}.$$

$$v_c = \frac{v_{cmin} + v_{cmax}}{2} = \frac{(100 + 200) \frac{m}{min}}{2} = \mathbf{150 \frac{m}{min}}$$

b) Tabellenwert für den Vorschub f:

$f_{min} = 0{,}1$ mm $\quad f_{max} = 0{,}5$ mm

$$f = \frac{f_{min} + f_{max}}{2} = \frac{(0{,}1 + 0{,}5)\ mm}{2} = \mathbf{0{,}3\ mm}$$

c) Tabellenwert für die Schnitttiefe a_p:

$a_{pmax} = 4{,}0$ mm

$a_p = a_{pmax} = \mathbf{4{,}0\ mm}$

125/2. Welle

a) Tabellenwerte für die Schnittgeschwindigkeit v_c:

$$v_{cmax} = 180 \frac{m}{min}$$

$$v_c = 0{,}7 \cdot v_{cmax} = 0{,}7 \cdot 180 \frac{m}{min} = \mathbf{126 \frac{m}{min}}$$

b) Tabellenwerte für den Vorschub f und die Schnitttiefe a_p:

$f_{max} = 0{,}5$ mm, $a_{pmax} = 4$ mm

$f = 0{,}7 \cdot f_{max} = 0{,}7 \cdot 0{,}5\ mm = \mathbf{0{,}35\ mm}$

$a_p = 0{,}7 \cdot a_{pmax} = 0{,}7 \cdot 4\ mm = \mathbf{2{,}8\ mm}$

c) $$n = \frac{v_c}{\pi \cdot d} = \frac{126 \frac{m}{min}}{\pi \cdot 0{,}05\ m} = \mathbf{802 \frac{1}{min}}$$

125/3. Kupplungsflansch

a) $$d_m = \frac{d + d_1}{2} = \frac{(180 + 105)\ mm}{2} = \mathbf{142{,}5\ mm}$$

b) Tabellenwerte für die Schnittgeschwindigkeit v_c:

$$v_{cmin} = 100 \frac{m}{min}, \; v_{cmax} = 180 \frac{m}{min}$$

$$v_c = \frac{v_{cmin} + v_{cmax}}{2} = \frac{(100 + 180) \frac{m}{min}}{2} = \mathbf{140 \frac{m}{min}}$$

c) $$n = \frac{v_c}{\pi \cdot d_m} = \frac{140 \frac{m}{min}}{\pi \cdot 0{,}1425\ m} = \mathbf{313 \frac{1}{min}}$$

d) Außendurchmesser d:

$$v_c = \pi \cdot d \cdot n = \pi \cdot 0{,}180\ \text{m} \cdot 313\ \frac{1}{\text{min}} = \mathbf{177\ \frac{m}{min}}$$

e) Innendurchmesser d_1:

$$v_c = \pi \cdot d_1 \cdot n = \pi \cdot 0{,}105\ \text{m} \cdot 313\ \frac{1}{\text{min}} = \mathbf{103{,}2\ \frac{m}{min}}$$

126/4. Ritzelwelle

a) Tabellenwerte für die Schnittgeschwindigkeit v_c:

$$v_{cmin} = 120\ \frac{\text{m}}{\text{min}},\ v_{cmax} = 180\ \frac{\text{m}}{\text{min}}$$

$$v_c = \frac{v_{cmin} + v_{cmax}}{2} = \frac{(120 + 180)\ \frac{\text{m}}{\text{min}}}{2} = \mathbf{150\ \frac{m}{min}}$$

b) $n = \mathbf{710\ \frac{1}{min}}$

c) Tabellenwerte für die Schnitttiefe a_p:
$a_{pmin} = 0{,}2$ mm, $a_{pmax} = 0{,}5$ mm

$$a_p = \frac{a_{pmin} + a_{pmax}}{2} = \frac{0{,}2\ \text{mm} + 0{,}5\ \text{mm}}{2} = \mathbf{0{,}35\ mm}$$

d) Enddurchmesser d_1 der Vorbearbeitung = Anfangsdurchmesser d der Fertigbearbeitung.

Anfangsdurchmesser d der Fertigbearbeitung:

$$i = \frac{d - d_1}{2 \cdot a_p}$$

$$d = i \cdot 2 \cdot a_p + d_1 = 1 \cdot 2 \cdot 0{,}35\ \text{mm} + 40\ \text{mm} = 40{,}7\ \text{mm}$$

(= Enddurchmesser d_1 der Vorbearbeitung)

$$i = \frac{d - d_1}{2 \cdot a_p}$$

$$a_p = \frac{d - d_1}{2 \cdot i} = \frac{65\ \text{mm} - 40{,}7\ \text{mm}}{2 \cdot 4} = \mathbf{3{,}0375\ mm}$$

Schnittkraft und Leistung beim Drehen

126/5. Spezifische Schnittkraft

a) $A = a_p \cdot f = 3\ \text{mm} \cdot 0{,}35\ \text{mm} = \mathbf{1{,}05\ mm^2}$

b) $h = f \cdot \sin \varkappa = 0{,}35\ \text{mm} \cdot \sin 60° = \mathbf{0{,}303\ mm}$

c) $k_c = \mathbf{4\,445\ \frac{N}{mm^2}}$

d) $F_c = A \cdot k_c \cdot C$; $C = 1{,}0$ (Tabellenwert)

$$F_c = 1{,}05\ \text{mm}^2 \cdot 4\,445\ \frac{\text{N}}{\text{mm}^2} \cdot 1{,}0 = \mathbf{4\,667{,}25\ N}$$

126/6. Welle

a) $A = a_p \cdot f = 5{,}5\ \text{mm} \cdot 0{,}3\ \text{mm} = \mathbf{1{,}65\ mm^2}$

b) $h = f \cdot \sin \varkappa$
$\varkappa = 60°$: $h = 0{,}3\ \text{mm} \cdot \sin 60° = \mathbf{0{,}259\ mm}$
$\varkappa = 90°$: $h = 0{,}3\ \text{mm} \cdot \sin 90° = \mathbf{0{,}30\ mm}$

4

c) $\varkappa = 60°$: $k_c = \mathbf{3\,710\,\frac{N}{mm^2}}$

$\varkappa = 90°$: $k_c = \mathbf{3\,535\,\frac{N}{mm^2}}$

d) $P_c = F_c \cdot v_c = A \cdot k_c \cdot C \cdot v_c$; $C = 1{,}0$ (Tabellenwert)

$\varkappa = 60°$: $P_c = 1{,}65\text{ mm}^2 \cdot 3\,710\,\frac{\text{N}}{\text{mm}^2} \cdot 1{,}0 \cdot 200\,\frac{\text{m}}{\text{min}} \cdot \frac{1\text{ min}}{60\text{ s}} = 20\,405\,\frac{\text{N} \cdot \text{m}}{\text{s}} = \mathbf{20{,}4\text{ kW}}$

$\varkappa = 90°$: $P_c = 1{,}65\text{ mm}^2 \cdot 3\,535\,\frac{\text{N}}{\text{mm}^2} \cdot 1{,}0 \cdot 200\,\frac{\text{m}}{\text{min}} \cdot \frac{1\text{ min}}{60\text{ s}} = 19\,442{,}5\,\frac{\text{N} \cdot \text{m}}{\text{s}} = \mathbf{19{,}4\text{ kW}}$

e) $P_1 = \frac{P_c}{\eta}$

$\varkappa = 60°$: $P_1 = \frac{20{,}4\text{ kW}}{0{,}75} = \mathbf{27{,}2\text{ kW}}$

$\varkappa = 90°$: $P_1 = \frac{19{,}4\text{ kW}}{0{,}75} = \mathbf{25{,}9\text{ kW}}$

f) Größere Eingriffswinkel $\varkappa$ haben kleinere Antriebsleitungen P_1 zur Folge.

126/7. Kupplungsflansch

a) $A = a_p \cdot f = 5\text{ mm} \cdot 0{,}4\text{ mm} = \mathbf{2{,}0\text{ mm}^2}$

b) $h = f \cdot \sin \varkappa = 0{,}4\text{ mm} \cdot \sin 100° = 0{,}394\text{ mm} \approx \mathbf{0{,}39\text{ mm}}$

c) $k_c = \mathbf{1\,500\,\frac{N}{mm^2}}$

d) $n = \frac{v_c}{\pi \cdot d_m}$; $d_m = \frac{d + d_1}{2} = \frac{180\text{ mm} + 110\text{ mm}}{2} = 145\text{ mm}$

$$n = \frac{150\,\frac{\text{m}}{\text{min}}}{\pi \cdot 0{,}145\text{ m}} = \mathbf{329\,\frac{1}{min}}$$

e) $v_c = \pi \cdot d \cdot n = \pi \cdot 0{,}180\text{ m} \cdot 329\,\frac{1}{\text{min}} = \mathbf{186\,\frac{m}{min}}$

f) $P_1 = \frac{P_c}{\eta}$; $P_c = F_c \cdot v_c = A \cdot k_c \cdot C \cdot v_c$; $C = 1{,}0$ (Tabellenwert)

$= 2{,}0\text{ mm}^2 \cdot 1\,500\,\frac{\text{N}}{\text{mm}^2} \cdot 1 \cdot 186\,\frac{\text{m}}{\text{min}} \cdot \frac{1\text{ min}}{60\text{ s}} = 9\,300\,\frac{\text{N} \cdot \text{m}}{\text{s}} = 9{,}3\text{ kW}$

$P_1 = \frac{9{,}3\text{ kW}}{0{,}80} = \mathbf{11{,}6\text{ kW}}$

126/8. Drehversuch

a) $P_1 = \frac{P_c}{\eta}$

$P_c = P_1 \cdot \eta = 167{,}8\text{ kW} \cdot 0{,}8 = \mathbf{13{,}44\text{ kW}}$

b) $P_c = A \cdot k_c \cdot C \cdot v_c$

$k_c = \frac{P_c}{A \cdot C \cdot v_c}$; $C = 1{,}0$ (Tabellenwert)

$A = a_p \cdot f = 6{,}0\text{ mm} \cdot 0{,}35\text{ mm} = 2{,}1\text{ mm}^2$

$$k_c = \frac{13\,440\,\frac{\text{N} \cdot \text{m}}{\text{s}}}{2{,}1\text{ mm}^2 \cdot 1{,}0 \cdot 180\,\frac{\text{m}}{\text{min}} \cdot \frac{1\text{ min}}{60\text{ s}}} = \frac{13\,440 \cdot 60\text{ N}}{2{,}1 \cdot 1{,}0 \cdot 180\text{ mm}^2} = \mathbf{2\,133\,\frac{N}{mm^2}}$$

c) $h = f \cdot \sin \varkappa = 0{,}35\text{ m} \cdot \sin 60° = 0{,}303\text{ mm}$

$k_c = \mathbf{1\,935\,\frac{N}{mm^2}}$

Rautiefe

127/1. **Ritzelwelle**

a) $R_{th} = \frac{f^2}{8 \cdot r} = \frac{(0{,}25\ \text{mm})^2}{8 \cdot 0{,}4\ \text{mm}} = 0{,}0195\ \text{mm} = \mathbf{19{,}5\ \mu m}$

b) $R_{th} \approx Rz$
Aus Bild 5 entnommen Rz = 16 μm
Die geforderte Rautiefe wird nicht erreicht, da
$R_{th} = 19{,}5\ \mu\text{m} \geq Rz = 16\ \mu\text{m}$ ist.

127/2. **Aufnahme**

a) $r = \frac{f^2}{8 \cdot R_{th}} = \frac{(0{,}24\ \text{mm})^2}{8 \cdot 0{,}010\ \text{mm}} = \mathbf{0{,}72\ mm}$

b) Aus Tabelle 1: $\mathbf{r = 0{,}8\ mm}$

127/3. **Kupplungsflansch**

a) $f = \sqrt{8 \cdot r \cdot R_{th}} = \sqrt{8 \cdot 0{,}4\ \text{mm} \cdot 0{,}0063\ \text{mm}} = \mathbf{0{,}14\ mm}$

b) $f = \sqrt{8 \cdot r \cdot R_{th}} = \sqrt{8 \cdot 0{,}8\ \text{mm} \cdot 0{,}0063\ \text{mm}} = \mathbf{0{,}20\ mm}$

4

Hauptnutzungszeit beim Drehen

129/1. **Gelenkbolzen**

a) $n = \mathbf{2\,800\ \frac{1}{min}}$

b) $L = L_1 + L_2 = (l_1 + l_a) + (l_2 + l_a) = (20 + 1{,}5)\ \text{mm} + (25 + 1{,}5)\ \text{mm} = \mathbf{48\ mm}$

c) $t_h = \frac{L \cdot i}{n \cdot f} = \frac{48\ \text{mm} \cdot 200}{2\,800\ \frac{1}{\text{min}} \cdot 0{,}1\ \text{mm}} = \mathbf{34{,}3\ min}$

129/2. **Flansch**

a) $n = \frac{v_c}{\pi \cdot d_m};\ d_m = \frac{d + d_1}{2} = \frac{200\ \text{mm} + 80\ \text{mm}}{2} = 140\ \text{mm}$

$n = \frac{140\ \frac{\text{m}}{\text{min}}}{\pi \cdot 0{,}14\ \text{m}} = \mathbf{318\ \frac{1}{min}}$

b) $t_h = \frac{L \cdot i}{n \cdot f};\ L = \frac{d - d_1}{2} + l_a + l_u = \frac{200\ \text{mm} - 80\ \text{mm}}{2} + 1\ \text{mm} + 0{,}8\ \text{mm} = 61{,}8\ \text{mm}$

$t_h = \frac{61{,}8\ \text{mm} \cdot 2 \cdot 15}{318\ \frac{1}{\text{min}} \cdot 0{,}3\ \text{mm}} = \mathbf{19{,}43\ min}$

129/3. **Lagerbüchse**

a) Quer-Plandrehen:

$n = \frac{v_c}{\pi \cdot d_m};\ d_m = \frac{d + d_1}{2} = \frac{70\ \text{mm} + 45\ \text{mm}}{2} = 57{,}5\ \text{mm}$

$n = \frac{120\ \frac{\text{m}}{\text{min}}}{\pi \cdot 0{,}0575\ \text{m}} = \mathbf{664\ \frac{1}{min}}$

Längs-Runddrehen:

$$n = \frac{v_c}{\pi \cdot d} = \frac{120\,\frac{\text{m}}{\text{min}}}{\pi \cdot 0{,}07\ \text{m}} = 545{,}6\,\frac{1}{\text{min}} \approx \mathbf{546\,\frac{1}{min}}$$

b) $t_h = \frac{L \cdot i}{n \cdot f};\ L = \frac{d - d_1}{2} + l_a + l_u = \frac{70\ \text{mm} - 45\ \text{mm}}{2} + 3\ \text{mm} = 15{,}5\ \text{mm}$

$$t_h = \frac{15{,}5\ \text{mm} \cdot 2}{664\,\frac{1}{\text{min}} \cdot 0{,}4\ \text{mm}} = 0{,}116\ \text{min} \approx \mathbf{0{,}12\ min}$$

c) $t_h = \frac{L \cdot i}{n \cdot f};\ L = l + l_a + l_u = 62\ \text{mm} + 2\ \text{mm} = 64\ \text{mm}$

$$t_h = \frac{64\ \text{mm} \cdot 2}{546\,\frac{1}{\text{min}} \cdot 0{,}4\ \text{mm}} = 0{,}586\ \text{min} \approx \mathbf{0{,}59\ min}$$

129/4. Kupplungsflansch

a) $d_m = \frac{d + d_1}{2} = \frac{130\ \text{mm} + 90\ \text{mm}}{2} = 110\ \text{mm};\quad n = \mathbf{250\,\frac{1}{min}}$

b) $d_m = \frac{d + d_1}{2} = \frac{130\ \text{mm} + 90\ \text{mm}}{2} = 110\ \text{mm};\quad n = \mathbf{500\,\frac{1}{min}}$

c) Vorbearbeitung: $t_h = \frac{L \cdot i}{n \cdot f}$

Planfläche A: $L = \frac{d - d_1}{2} + l_a + l_u = \frac{130\ \text{mm} - 90\ \text{mm}}{2} + 1{,}6\ \text{mm} = 21{,}6\ \text{mm}$

$$t_{hA} = \frac{21{,}6\ \text{mm} \cdot 1}{250\,\frac{1}{\text{min}} \cdot 0{,}3\ \text{mm}} = 0{,}29\ \text{min}$$

Planfläche B: $L = \frac{d - d_1}{2} + l_a = \frac{130\ \text{mm} - 90\ \text{mm}}{2} + 0{,}8\ \text{mm} = 20{,}8\ \text{mm}$

$$t_{hB} = \frac{L \cdot i}{n \cdot f} = \frac{20{,}8\ \text{mm} \cdot 1}{250\,\frac{1}{\text{min}} \cdot 0{,}3\ \text{mm}} = 0{,}28\ \text{min}$$

$$t_h = t_{hA} + t_{hB} = 0{,}29\ \text{min} + 0{,}28\ \text{min} = \mathbf{0{,}57\ min}$$

Fertigbearbeitung (nur Planfläche A)

$t_h = \frac{L \cdot i}{n \cdot f};\ L = \frac{d - d_1}{2} + l_a + l_u = \frac{130\ \text{mm} - 90\ \text{mm}}{2} + 1{,}6\ \text{mm} = 21{,}6\ \text{mm}$

$$t_h = \frac{21{,}6\ \text{mm} \cdot 1}{500\,\frac{1}{\text{min}} \cdot 0{,}1\ \text{mm}} = \mathbf{0{,}43\ min}$$

4.1.2 Bohren

Schnittdaten, Schnittkräfte und Leistungen

132/1. Schnittdaten

a) Tabellenwert für die Schnittgeschwindigkeit v_c:

$$v_{cmax} = 25\,\frac{m}{min}$$

$$v_c = 0{,}7 \cdot v_{cmax} = 0{,}7 \cdot 25\,\frac{m}{min} = \mathbf{17{,}5\,\frac{m}{min}}$$

b) $f = \mathbf{0{,}1\ mm}$

c) $n = \frac{v_c}{\pi \cdot d} = \frac{17{,}5\,\frac{m}{min}}{\pi \cdot 0{,}010\ m} = \mathbf{557\,\frac{1}{min}}$

132/2. Grundplatte

a) $A = \frac{d \cdot f}{4} = \frac{14\ mm \cdot 0{,}4\ mm}{4} = \mathbf{1{,}4\ mm^2}$

b) $h = \frac{f}{2} \cdot \sin\frac{\sigma}{2} = 0{,}2\ mm \cdot \sin 59° = \mathbf{0{,}17\ mm}$

c) Tabellenwerte für die spezifische Schnittkraft k_c:

$h = 0{,}15\ mm$: $k_{c1} = 1\,840\,\frac{N}{mm^2}$

$h = 0{,}20\ mm$: $k_{c2} = 1\,730\,\frac{N}{mm^2}$

$k_c \approx$ Mittelwert aus k_{c1} und k_{c2}

$$k_c = \frac{k_{c1} + k_{c2}}{2} = \frac{(1\,840 + 1\,730)\,\frac{N}{mm^2}}{2} = \mathbf{1\,785\,\frac{N}{mm^2}}$$

d) $F_c = 1{,}2 \cdot A \cdot k_c \cdot C$; $C = 1{,}3$ (Tabellenwert)

$$F_c = 1{,}2 \cdot 1{,}4\ mm^2 \cdot 1\,785\,\frac{N}{mm^2} \cdot 1{,}3 = \mathbf{3\,898{,}4\ N}$$

e) $P_c = z \cdot F_c \cdot \frac{v_c}{2} = 2 \cdot 3\,898{,}4\ N \cdot \frac{22\,\frac{m}{min} \cdot \frac{1\ min}{60\ s}}{2} = 1\,429{,}4\,\frac{N \cdot m}{s} = \mathbf{1{,}4\ kW}$

f) $P_1 = \frac{P_c}{\eta} = \frac{1{,}4\ kW}{0{,}8} = \mathbf{1{,}75\ kW}$

132/3. Leiste

a) $h = \frac{f}{2} \cdot \sin\frac{\sigma}{2} = 0{,}2\ mm \cdot \sin 59° = \mathbf{0{,}17\ mm}$

b) $A = A_2 - A_1$

$$A_2 = \frac{d_2 \cdot f}{4} = \frac{20\ mm \cdot 0{,}4\ mm}{4} = 2{,}0\ mm^2$$

$$A_1 = \frac{d_1 \cdot f}{4} = \frac{8\ mm \cdot 0{,}4\ mm}{4} = 0{,}8\ mm^2$$

$$A = 2{,}0\ mm^2 - 0{,}8\ mm^2 = \mathbf{1{,}2\ mm^2}$$

4

c) $P_c = z \cdot F_c \cdot v$

$F_c = 1{,}2 \cdot A \cdot k_c\ C;\ C = 1{,}3$ (Tabellenwert)

Tabellenwerte für die spezifische Schnittkraft k_c:

$h = 0{,}15\ \text{mm}:\ k_{c1} = 5\,320\ \frac{\text{N}}{\text{mm}^2}$

$h = 0{,}20\ \text{mm}:\ k_{c2} = 4\,940\ \frac{\text{N}}{\text{mm}^2}$

$k_c \approx$ Mittelwert aus k_{c1} und k_{c2}

$$k_c = \frac{k_{c1} + k_{c2}}{2} = \frac{(5\,320 + 4\,940)\ \frac{\text{N}}{\text{mm}^2}}{2} = 5\,130\ \frac{\text{N}}{\text{mm}^2}$$

$$F_c = 1{,}2 \cdot 1{,}2\ \text{mm}^2 \cdot 5\,130\ \frac{\text{N}}{\text{mm}^2} \cdot 1{,}3 = 9\,603{,}4\ \text{N}$$

Die Geschwindigkeit v wirkt in der Mitte des Spanungsquerschnittes A.

$$v = \frac{v_c}{r_2} \cdot r_v;\quad r_2 = \frac{d_2}{2} = \frac{20\ \text{mm}}{2} = 10\ \text{mm}$$

$$r_1 = \frac{d_1}{2} = \frac{8\ \text{mm}}{2} = 4\ \text{mm}$$

$$r_v = \frac{r_1 + r_1}{2} = \frac{(10 + 4)\ \text{mm}}{2} = 7\ \text{mm}$$

$$v = \frac{18\ \frac{\text{m}}{\text{min}}}{10\ \text{mm}} \cdot 7\ \text{mm} = 12{,}6\ \frac{\text{m}}{\text{min}}$$

$$P_c = 2 \cdot 9\,603{,}4\ \text{N} \cdot 12{,}6\ \frac{\text{m}}{\text{min}} \cdot \frac{1\ \text{min}}{60\ \text{s}} = 4\,033{,}4\ \frac{\text{N} \cdot \text{m}}{\text{s}} \approx \mathbf{4{,}0\ kW}$$

d) $P_1 = \frac{P}{\eta} = \frac{4\ \text{kW}}{0{,}75} = \mathbf{5{,}3\ kW}$

■ Hauptnutzungszeit beim Bohren, Reiben, Senken

134/1. Flanschring

a) $n = \mathbf{355\ \frac{1}{min}}$

b) $t_h = \frac{L \cdot i}{n \cdot f};\ L = l + l_s + l_a + l_u;\ l_s = \frac{d}{2 \cdot \tan \frac{\sigma}{2}} = \frac{25\ \text{mm}}{2 \cdot \tan 59°} = 7{,}51\ \text{mm}$

$$L = 32\ \text{mm} + 7{,}51\ \text{mm} + 1{,}5\ \text{mm} = 41{,}01\ \text{mm}$$

$$t_h = \frac{41{,}01\ \text{mm} \cdot 8}{355\ \frac{1}{\text{min}} \cdot 0{,}15\ \text{mm}} = 6{,}16\ \text{min (für einen Flanschring)}$$

für 60 Flanschringe: $t_h = 60 \cdot 6{,}16\ \text{min} = \mathbf{369{,}6\ min}$

c) $t_h = \frac{L \cdot i}{n \cdot f};\ L = l + l_s + l_a + l_u;\ l_s = 7{,}51\ \text{mm}$ (Aufgabe b)

$$L = 96\ \text{mm} + 7{,}51\ \text{mm} + 1{,}5\ \text{mm} = 105{,}01\ \text{mm}$$

$$t_h = \frac{105{,}01\ \text{mm} \cdot 8}{355\ \frac{1}{\text{min}} \cdot 0{,}15\ \text{mm}} = 15{,}78\ \text{min (für 3 Flanschringe)}$$

für 60 Flanschringe: $t_h = 20 \cdot 15{,}78\ \text{min} = \mathbf{315{,}6\ min}$

134/2. Rohrflansch

a) $n = \frac{v_c}{\pi \cdot d} = \frac{16\ \frac{\text{m}}{\text{min}}}{\pi \cdot 0{,}018\ \text{m}} = \mathbf{283\ \frac{1}{min}}$

b) $t_h = \frac{L \cdot i}{n \cdot f}$; $L = l + l_s + l_a + l_u$

$$l_s = \frac{d}{2 \cdot \tan \frac{\sigma}{2}} = \frac{18\ \text{mm}}{2 \cdot \tan 40°} = 10{,}73\ \text{mm}$$

$$L = 20\ \text{mm} + 10{,}73\ \text{mm} + 0{,}8\ \text{mm} + 1\ \text{mm} = 32{,}53\ \text{mm}$$

$$t_h = \frac{32{,}53\ \text{mm} \cdot 4}{283\ \frac{1}{\text{min}} \cdot 0{,}08\ \text{mm}} = \mathbf{5{,}75\ min}$$

134/3. Kettenrad

a) $n = \frac{v_c}{\pi \cdot d} = \frac{8\ \frac{\text{m}}{\text{min}}}{\pi \cdot 0{,}025\ \text{m}} = \mathbf{102\ \frac{1}{min}}$

b) $t_h = \frac{L \cdot i}{n \cdot f}$; $L = l + l_s + l_a + l_u$

$$= 32\ \text{mm} + 4\ \text{mm} + 1\ \text{mm} + 4{,}5\ \text{mm} = 41{,}5\ \text{mm}$$

$$t_h = \frac{41{,}5\ \text{mm} \cdot 200}{102\ \frac{1}{\text{min}} \cdot 0{,}35\ \text{mm}} = \mathbf{232{,}5\ min}$$

134/4. Bundbüchse

a) $t_h = \frac{L \cdot i}{n \cdot f}$; $L = l + l_s + l_a + l_u$

$$l_s = \frac{d}{2 \cdot \tan \frac{\sigma}{2}} = \frac{6{,}6\ \text{mm}}{2 \cdot \tan 59°} = 1{,}98\ \text{mm}$$

$$L = 10\ \text{mm} + 1{,}98\ \text{mm} + 0{,}8\ \text{mm} + 1{,}0\ \text{mm} = 13{,}78\ \text{mm}$$

$$n = \frac{v_c}{\pi \cdot d} = \frac{14\ \frac{\text{m}}{\text{min}}}{\pi \cdot 0{,}0066\ \text{m}} = 675\ \frac{1}{\text{min}}$$

$$t_h = \frac{13{,}78\ \text{mm} \cdot 4}{675\ \frac{1}{\text{min}} \cdot 0{,}12\ \text{mm}} = \mathbf{0{,}68\ min}$$

b) $t_h = \frac{L \cdot i}{n \cdot f}$; $L = l + l_a = 4{,}8\ \text{mm} + 0{,}5\ \text{mm} = 5{,}3\ \text{mm}$

$$n = \frac{v_c}{\pi \cdot d} = \frac{9\ \frac{\text{m}}{\text{min}}}{\pi \cdot 0{,}013\ \text{m}} = 220\ \frac{1}{\text{min}}$$

$$t_h = \frac{5{,}3\ \text{mm} \cdot 4}{220\ \frac{1}{\text{min}} \cdot 0{,}08\ \text{mm}} = \mathbf{1{,}2\ min}$$

4.1.3 Fräsen

Schnittdaten, Drehzahl, Vorschub und Vorschubgeschwindigkeit

137/1. Schnittdaten, Drehzahl

a) Tabellenwerte für die Schnittgeschwindigkeit v_c:

$v_{cmin} = 80\ \frac{\text{m}}{\text{min}}$; $v_{cmax} = 120\ \frac{\text{m}}{\text{min}}$

$$v_c = \frac{v_{cmin} + v_{cmax}}{2} = \frac{(80 + 120)\ \frac{\text{m}}{\text{min}}}{2} = \mathbf{100\ \frac{m}{min}}$$

b) $n = \frac{v_c}{\pi \cdot d} = \frac{100\,\frac{\text{m}}{\text{min}}}{\pi \cdot 0{,}15\ \text{m}} = \mathbf{212\,\frac{1}{min}}$

c) Tabellenwerte für den Vorschub je Schneide f_z:
$f_{zmin} = 0{,}05$ mm; $f_{zmax} = 0{,}15$ mm

$f_z = \frac{f_{zmin} + f_{zmax}}{2} = \frac{(0{,}05 + 0{,}15)\ \text{mm}}{2} = \mathbf{0{,}1\ mm}$

d) $f = f_z \cdot z = 0{,}1\ \text{mm} \cdot 8 = \mathbf{0{,}8\ mm}$

e) $v_f = n \cdot f = 212\,\frac{1}{\text{min}} \cdot 0{,}8\ \text{mm} = \mathbf{169{,}6\,\frac{mm}{min}}$

138/2. **Getriebegehäuse**

a) Tabellenwert für die Schnittgeschwindigkeit:

$v_{cmax} = 220\,\frac{\text{m}}{\text{min}}$

b) Tabellenwerte für den Vorschub je Schneide f_z:
$f_{zmin} = 0{,}05$ mm

c) $n = \frac{v_c}{\pi \cdot d} = \frac{220\,\frac{\text{m}}{\text{min}}}{\pi \cdot 0{,}315\ \text{m}} = \mathbf{222\,\frac{1}{min}}$

d) $f = f_z \cdot z = 0{,}05\ \text{mm} \cdot 12 = \mathbf{0{,}6\ mm}$

e) $v_f = n \cdot f = 222\,\frac{1}{\text{min}} \cdot 0{,}6\ \text{mm} = \mathbf{133{,}2\,\frac{mm}{min}}$

138/3. **Formplatte**

a) $v_c = v_{cmin} = \mathbf{80\,\frac{m}{min}}$

b) $n = \mathbf{500\,\frac{1}{min}}$

c) $f_z = f_{zmin} = \mathbf{0{,}05\ mm}$

d) $v_f = n \cdot f = n \cdot f_z \cdot z$
$= 500\,\frac{1}{\text{min}} \cdot 0{,}05\ \text{mm} \cdot 4 = \mathbf{100\,\frac{mm}{min}}$

Schnittkraft und Leistung beim Fräsen

138/4. **Grundkörper**

a) $h \approx f_z = \mathbf{0{,}10\ mm}$

b) $A = a_p \cdot f_z = 6\ \text{mm} \cdot 0{,}10\ \text{mm} = \mathbf{0{,}60\ mm^2}$

c) $k_c = \mathbf{3\,245\,\frac{N}{mm^2}}$

d) $F_c = 1{,}2 \cdot A \cdot k_c \cdot C;\ C = 1{,}0$ (Tabellenwert)
$F_c = 1{,}2 \cdot 0{,}60\ \text{mm}^2 \cdot 3\,245\,\frac{\text{N}}{\text{mm}^2} \cdot 1{,}0 = \mathbf{2\,336{,}4\ N}$

e) $\frac{d}{a_e} = \frac{275\ \text{mm}}{220\ \text{mm}} = 1{,}25$
$\varphi = \mathbf{106°}$ (Tabellenwert)

f) $z_e = z \cdot \frac{\varphi}{360°} = 10 \cdot \frac{106°}{360°} = \mathbf{2{,}9}$

g) $P_c = z_e \cdot F_c \cdot v_c = 2{,}9 \cdot 2\,336{,}4\ \text{N} \cdot 90\ \frac{\text{m}}{\text{min}} \cdot \frac{1\ \text{min}}{60\ \text{s}} = 10\,163{,}4\ \frac{\text{N} \cdot \text{m}}{\text{s}} = \mathbf{10{,}2\ kW}$

h) $P_1 = \frac{P_c}{\eta} = \frac{10{,}2\ \text{kW}}{0{,}78} = \mathbf{13{,}1\ kW}$

138/5. **Passleiste**

a) $A = a_p \cdot f_z = 4\ \text{mm} \cdot 0{,}1\ \text{mm} = \mathbf{0{,}4\ mm^2}$

b) $F_c = 1{,}2 \cdot A \cdot k_c \cdot C$; $C = 1{,}0$ (Tabellenwert)

$F_c = 1{,}2 \cdot 0{,}4\ \text{mm}^2 \cdot 1\,890\ \frac{\text{N}}{\text{mm}^2} \cdot 1{,}0 = \mathbf{907{,}2\ N}$

c) $\frac{d}{a_e} = \frac{100\ \text{mm}}{70\ \text{mm}} = 1{,}43$

$\varphi \approx 89°$ (Tabellenwert)

$z_e = z \cdot \frac{\varphi}{360°} = 8 \cdot \frac{89°}{360°} = 1{,}98 \approx \mathbf{2{,}0}$

d) $P_c = z_e \cdot F_c \cdot v_c = 2{,}0 \cdot 907{,}2\ \text{N} \cdot 150\ \frac{\text{m}}{\text{min}} \cdot \frac{1\ \text{min}}{60\ \text{s}} = 4\,536\ \frac{\text{N} \cdot \text{m}}{\text{s}} = \mathbf{4{,}5\ kW}$

e) $P_1 = \frac{P_c}{\eta} = \frac{4{,}5\ \text{kW}}{0{,}75} = \mathbf{6{,}0\ kW}$

Hauptnutzungszeit beim Fräsen

140/1. **Führungsleiste**

a) $n = \frac{v_c}{\pi \cdot d} = \frac{25\ \frac{\text{m}}{\text{min}}}{\pi \cdot 0{,}08\ \text{m}} = 99{,}5\ \frac{1}{\text{min}} \approx \mathbf{100\ \frac{1}{min}}$

b) $v_f = n \cdot f_z \cdot z = 100\ \frac{1}{\text{min}} \cdot 0{,}08\ \text{mm} \cdot 8 = \mathbf{64\ \frac{mm}{min}}$

c) $L = l + 0{,}5 \cdot d + l_a + l_u = 260\ \text{mm} + 0{,}5 \cdot 80\ \text{mm} + 2 \cdot 1{,}2\ \text{mm} = \mathbf{302{,}4\ mm}$

d) $t_h = \frac{L \cdot i}{v_f} = \frac{302{,}4\ \text{mm} \cdot 15}{64\ \frac{\text{mm}}{\text{min}}} = \mathbf{70{,}9\ min}$

140/2. **Maschinentisch**

Vorfräsen

a) $n = \frac{v_c}{\pi \cdot d} = \frac{80\ \frac{\text{m}}{\text{min}}}{\pi \cdot 0{,}315\ \text{m}} = \mathbf{81\ \frac{1}{min}}$

b) $v_f = n \cdot f_z \cdot z = 81\ \frac{1}{\text{min}} \cdot 0{,}15\ \text{mm} \cdot 20 = \mathbf{243\ \frac{mm}{min}}$

c) $L = l + 0{,}5 \cdot d + l_a + l_u - l_s$

$L_s = 0{,}5 \cdot \sqrt{d^2 - d_e^2} = 0{,}5 \cdot \sqrt{(315\ \text{mm})^2 - (215\ \text{mm})^2} = 115{,}1\ \text{mm}$

$L = 1\,050\ \text{mm} + 0{,}5 \cdot 315\ \text{mm} + 2{,}5\ \text{mm} - 115{,}1\ \text{mm} = 1\,094{,}9\ \text{mm}$

d) $t_h = \frac{L \cdot i}{v_f} = \frac{1\,094{,}9\ \text{mm} \cdot 1}{243\ \frac{\text{mm}}{\text{min}}} = \mathbf{4{,}51\ min}$

4

Fertigfräsen

a) $n = \frac{v_c}{\pi \cdot d} = \frac{130\,\frac{\text{m}}{\text{min}}}{\pi \cdot 0{,}315\text{ m}} = \mathbf{131\,\frac{1}{min}}$

b) $v_f = n \cdot f_z \cdot z = 131\,\frac{1}{\text{min}} \cdot 0{,}08\text{ mm} \cdot 20 = \mathbf{209{,}6\,\frac{mm}{min}}$

c) $L = \mathbf{1\,094{,}9\text{ mm}}$ (vgl. Vorfräsen)

d) $t_h = \frac{L \cdot i}{v_f} = \frac{1\,094{,}9\text{ mm} \cdot 1}{209{,}6\,\frac{\text{mm}}{\text{min}}} = \mathbf{5{,}2\text{ min}}$

140/3. **Keilwelle**

a) $n = \frac{v_c}{\pi \cdot d} = \frac{14\,\frac{\text{m}}{\text{min}}}{\pi \cdot 0{,}08\text{ m}} = \mathbf{56\,\frac{1}{min}}$

b) $f = f_z \cdot z = 0{,}08\text{ mm} \cdot 14 = \mathbf{1{,}12\text{ mm}}$

c) $L = l + l_s + l_a;\quad l_s = \sqrt{a_e \cdot d - a_e^2} = \sqrt{3\text{ mm} \cdot 80\text{ mm} - (3\text{ mm})^2} = 15{,}2\text{ mm}$

$L = 58\text{ mm} + 15{,}2\text{ mm} + 2\text{ mm} = \mathbf{75{,}2\text{ mm}}$

d) $t_{th} = \frac{L \cdot i}{n \cdot f} = \frac{75{,}2\text{ mm} \cdot 6}{56\,\frac{1}{\text{min}} \cdot 1{,}12\text{ mm}} = \mathbf{7{,}19\text{ min}}$

4.1.4 Indirektes Teilen

142/1. **Zahnrad**

a) $n_K = \frac{i}{T} = \frac{40}{56} = \frac{5}{7} = \mathbf{\frac{35}{49}\,\frac{LA}{LK}}$ (Lochabstände) (Lochkreis)

b) Möglich sind alle Lochkreise, in denen 7 ganzzahlig enthalten ist:

$\frac{5 \cdot 3}{7 \cdot 3} = \mathbf{\frac{15}{21}\,\frac{LA}{LK}}$ oder $\frac{5 \cdot 4}{7 \cdot 4} = \mathbf{\frac{20}{28}\,\frac{LA}{LK}}$ oder $\frac{5 \cdot 6}{7 \cdot 6} = \mathbf{\frac{30}{42}\,\frac{LA}{LK}}$

142/2. **Anschlussplatte**

$n_K = \frac{i \cdot \alpha}{360°} = \frac{40 \cdot 21°}{360°} = \frac{21}{9} = \frac{7}{3} = 2\,\frac{1}{3} = \mathbf{2\,\frac{7}{21}\,\frac{LA}{LK}}$

Weitere Möglichkeiten: $\mathbf{2\,\frac{5}{15}};\ \mathbf{2\,\frac{6}{18}};\ \mathbf{2\,\frac{9}{27}};\ \mathbf{2\,\frac{11}{33}}; \ldots$

142/3. **Welle mit Sechskant**

a) $n_K = \frac{i}{T} = \frac{40}{6} = 6\,\frac{4}{6} = 6\,\frac{2}{3}$

Verwendbar sind alle Lochkreise, in denen 3 ganzzahlig enthalten ist, also 15, 21, 24, 27, 30, 33 … 48 …

b) Teilschritte $n_K = \mathbf{6\,\frac{10}{15};\ 6\,\frac{14}{21};\ 6\,\frac{16}{24};\ 6\,\frac{18}{27};\ 6\,\frac{20}{30};\ 6\,\frac{22}{33} \ldots 6\,\frac{32}{48}\,\frac{LA}{LK}}$

142/4. **Skalenscheibe**

$n_K = \frac{i}{T} = \frac{40}{360} = \frac{1}{9} = \mathbf{\frac{3}{27}\,\frac{LA}{LK}}$. Die Schere schließt 4 Löcher ein.

Weitere mögliche Lochkreise und Teilschritte: $\mathbf{\frac{2}{18}};\ \mathbf{\frac{7}{63}}$

142/5. Reibahlen

Die Winkelsumme für den halben Umfang ist bei jeder der beiden Reibahlen $\alpha = \alpha_1 + \alpha_2 + \ldots = \mathbf{180°}$

a) Reibahle mit 8 Zähnen:

$$\text{Für } 42°\text{: } n_K = \frac{i \cdot \alpha}{360°} = \frac{40 \cdot 42°}{360°} = \frac{42}{9} = 4\,\frac{6}{9} = \mathbf{4\,\frac{12\ LA}{18\ LK}} \text{ oder } \mathbf{4\,\frac{18\ LA}{27\ LK}}$$

$$\text{Für } 44°\text{: } n_K = \frac{40 \cdot 44°}{360°} = \frac{44}{9} = 4\,\frac{8}{9} = \mathbf{4\,\frac{16\ LA}{18\ LK}} \text{ oder } \mathbf{4\,\frac{24\ LA}{27\ LK}}$$

$$\text{Für } 46°\text{: } n_K = \frac{40 \cdot 46°}{360°} = \frac{46}{9} = 5\,\frac{1}{9} = \mathbf{5\,\frac{2\ LA}{18\ LK}} \text{ oder } \mathbf{5\,\frac{3\ LA}{27\ LK}}$$

$$\text{Für } 48°\text{: } n_K = \frac{40 \cdot 48°}{360°} = \frac{48}{9} = 5\,\frac{3}{9} = \mathbf{5\,\frac{6\ LA}{18\ LK}} \text{ oder } \mathbf{5\,\frac{9\ LA}{27\ LK}}$$

b) Reibahle mit 10 Zähnen

$\alpha_1 = 33°$: $n_K = \mathbf{3\,\frac{12\ LA}{18\ LK}}$ $\alpha_2 = 34\,\frac{1}{2}°$: $n_K = \mathbf{3\,\frac{15\ LA}{18\ LK}}$ $\alpha_3 = 36°$: $n_K = \mathbf{4}$

$\alpha_4 = 37\,\frac{1}{2}°$: $n_K = \mathbf{4\,\frac{3\ LA}{18\ LK}}$ $\alpha_5 = 39°$: $n_K = \mathbf{4\,\frac{6\ LA}{18\ LK}}$

142/6. Zahnradsegment

Winkelteilung für 1 Zahn: $\alpha = \frac{160°}{32} = 5°$

a) $n_K = \frac{i \cdot \alpha}{360°} = \frac{40 \cdot 5°}{360°} = \frac{5}{9} = \mathbf{\frac{15\ LA}{27\ LK}}$

Lösung mit Vollzahnrad:

$$z' = \frac{32 \cdot 360°}{160°} = 72$$

$$n_K = \frac{i}{T} = \frac{40}{72} = \frac{5}{9} = \mathbf{\frac{15\ LA}{27\ LK}}$$

b) $n_K = \frac{i \cdot \alpha}{360°} = \frac{60 \cdot 5°}{360°} = \frac{5}{6} = \mathbf{\frac{15\ LA}{18\ LK}}$

142/7. Klauenkupplung

•

a) $n_K = \frac{i}{T} = \frac{40}{6} = 6\,\frac{4}{6} = \mathbf{6\,\frac{12\ LA}{18\ LK}}$

b) Um die Fräserbreite: $\mathbf{x = 10\ mm}$

c) Größtmögliche Breite b_{max} des Fräsers:

$$b_{max} = \frac{d}{2} \cdot \sin \alpha_1 = 30\text{ mm} \cdot \sin 30° = \mathbf{15\ mm}$$

d) Kleinstmögliche Breite b_{min} des Fräsers:

$$b_{min} = \frac{D}{2} \cdot \sin \alpha_2 = 55\text{ mm} \cdot \sin 15° = \mathbf{14{,}24\ mm}$$

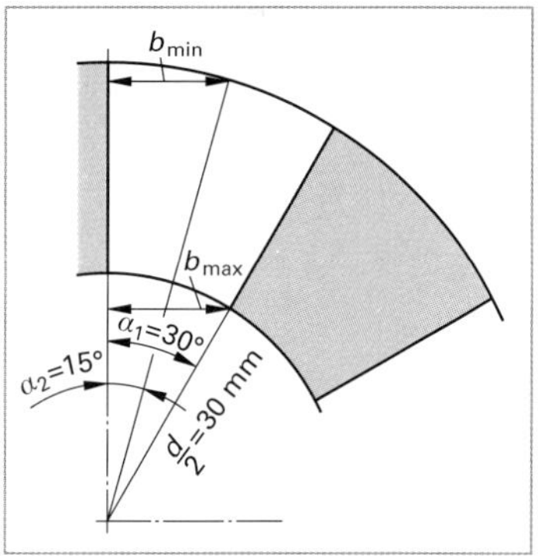

Bild 142/7: Klauenkupplung

4.1.5 Schleifen

■ Längs-Rundschleifen

144/1. Schaltstangen

a) $L = l - \frac{b_s}{3} = 180\text{ mm} - \frac{80\text{ mm}}{3} = \mathbf{153{,}33\ mm}$

$$\textbf{b)}\ q = \frac{v_c}{v_f} = \frac{25\,\frac{\text{m}}{\text{s}} \cdot 60\,\frac{\text{s}}{\text{min}}}{\pi \cdot 0{,}02\ \text{m} \cdot 112\,\frac{1}{\text{min}}} = \mathbf{213{,}2}$$

$$\textbf{c)}\ i = \frac{t}{2 \cdot a} = \frac{0{,}3\ \text{mm}}{2 \cdot 0{,}03\ \text{mm}} = \mathbf{5}$$

$$\textbf{d)}\ t_h = \frac{L \cdot i}{n \cdot f} = \frac{153{,}33\ \text{mm} \cdot 5 \cdot 20}{112\,\frac{1}{\text{min}} \cdot 25\ \text{mm}} = \mathbf{5{,}48\ min}$$

144/2. Ankerwelle

$$\textbf{a)}\ L_1 = l - \frac{2 \cdot b_s}{3} = 120\ \text{mm} - \frac{2 \cdot 63\ \text{mm}}{3} = \mathbf{78\ min;}$$

$$L_2 = l - \frac{2 \cdot b_s}{3} = 195\ \text{mm} - \frac{2 \cdot 63\ \text{mm}}{3} = \mathbf{153\ mm}$$

$$\textbf{b)}\ n = \frac{v_f}{\pi \cdot d_1} = \frac{12\,\frac{\text{m}}{\text{min}}}{\pi \cdot 0{,}063\ \text{m}} = \mathbf{60\ \frac{1}{min}}$$

$$\textbf{c)}\ i = \frac{t}{2 \cdot a} + 2 = \frac{0{,}3\ \text{mm}}{2 \cdot 0{,}05\ \text{mm}} + 2 = 3 + 2 = \mathbf{5}$$

$$\textbf{d)}\ t_h = t_{h1} + t_{h2};$$

$$t_{h1} = \frac{L_1 \cdot i}{n \cdot f} = \frac{78\ \text{mm} \cdot 5}{60\,\frac{1}{\text{min}} \cdot 20\ \text{mm}} = 0{,}33\ \text{min};\quad t_{h2} = \frac{L_2 \cdot i}{n \cdot f} = \frac{153\ \text{mm} \cdot 5}{60\,\frac{1}{\text{min}} \cdot 20\ \text{mm}} = 0{,}64\ \text{min}$$

$$t_h = 0{,}33\ \text{min} + 0{,}64\ \text{min} = \mathbf{0{,}97\ min}$$

Umfangs-Planschleifen

146/1. Umfangs-Planschleifen

$$\textbf{a)}\ n_H = \frac{v_f}{L} = \frac{13{,}2\,\frac{\text{m}}{\text{min}}}{0{,}180\ \text{m}} = 73{,}33\,\frac{1}{\text{min}} \approx \mathbf{73\ \frac{1}{min}};$$

$$t_h = \frac{i}{n_H} \cdot \left(\frac{B}{f} + 1\right) = \frac{6}{73\,\frac{1}{\text{min}}} \cdot \left(\frac{60\ \text{mm}}{20\ \text{mm}} + 1\right) = \mathbf{0{,}33\ min}$$

$$\textbf{b)}\ n_H = \frac{v_f}{L} = \frac{16\,\frac{\text{m}}{\text{min}}}{0{,}300\ \text{m}} = 53{,}33\,\frac{1}{\text{min}} \approx \mathbf{53\ \frac{1}{min}};$$

$$t_h = \frac{i}{n_H} \cdot \left(\frac{B}{f} + 1\right) = \frac{13}{53\,\frac{1}{\text{min}}} \cdot \left(\frac{175\ \text{mm}}{25\ \text{mm}} + 1\right) = \mathbf{1{,}96\ min}$$

$$\textbf{c)}\ n_H = \frac{v_f}{L} = \frac{35\,\frac{\text{m}}{\text{min}}}{0{,}28\ \text{m}} = \mathbf{125\ \frac{1}{min}};$$

$$t_h = \frac{i}{n_H} \cdot \left(\frac{B}{f} + 1\right) = \frac{8}{125\,\frac{1}{\text{min}}} \cdot \left(\frac{216\ \text{mm}}{36\ \text{mm}} + 1\right) = \mathbf{0{,}45\ min}$$

146/2. **Tuschierlineal**

a) $B = b - \frac{b_s}{3} = 140\text{ mm} - \frac{50\text{ mm}}{3} = 123{,}33\text{ mm} \approx \mathbf{123\text{ mm}}$

b) $L = l + 2 \cdot l_a = 1\,500\text{ mm} + 2 \cdot 12\text{ mm} = \mathbf{1\,524\text{ mm}}$

c) $n_H = \frac{v_f}{L} = \frac{12{,}6\,\frac{\text{m}}{\text{min}}}{1{,}524\text{ m}} = 8{,}26\,\frac{1}{\text{min}} \approx \mathbf{8\,\frac{1}{min}}$

d) $i = \frac{t}{a} + 2 = \frac{0{,}5\text{ mm}}{0{,}08\text{ mm}} + 2 = 6{,}25 + 2 = 8{,}25 \approx \mathbf{9}$

e) $t_h = \frac{i}{n_H} \cdot \left(\frac{B}{f} + 1\right) = \frac{9}{8\,\frac{1}{\text{min}}} \cdot \left(\frac{123\text{ mm}}{20{,}5\text{ mm}} + 1\right) = \mathbf{7{,}88\text{ min}}$

4.1.6 Koordinaten in NC-Programmen

4

Geometrische Grundlagen

148/1. **Formplatte**

$\alpha + 110° = 180°$

$\alpha = 180° - 110° = \mathbf{70°}$

$\alpha + \beta = 90°$

$\beta = 90° - \alpha = 90° - 70° = \mathbf{20°}$

$\gamma + 115° = 180°$

$\gamma = 180° - 115° = \mathbf{65°}$

$\gamma + \delta = 90°$

$\delta = 90° - \gamma = 90° - 65° = \mathbf{25°}$

148/2. **Nocken**

$\beta = \frac{100°}{2} = \mathbf{50°}$

$\alpha + \beta = 90°$

$\alpha = 90° - \beta = 90° - 50° = \mathbf{40°}$

Der Winkel η ist Stufenwinkel zum Winkel von 100°.
Der Winkel 2 δ ist Scheitelwinkel zum Winkel η.

$2\,\delta = \eta = 100°$

$\delta = \frac{2\,\delta}{2} = \frac{100°}{2} = \mathbf{50°}$

$\delta + \gamma = 90°$

$\gamma = 90° - \delta = 90° - 50° = \mathbf{40°}$

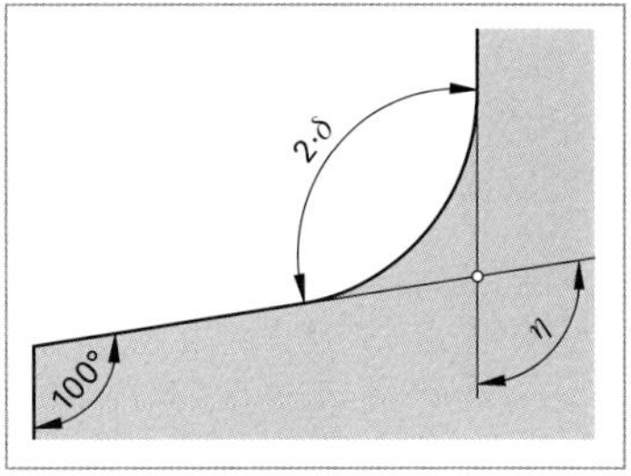

Bild 148/2: Nocken

148/3. **Bolzen**

Strahlensatz:

$\frac{a}{b} = \frac{a_1}{b_1}; \frac{12{,}5\text{ mm}}{8\text{ mm}} = \frac{a_1}{9\text{ mm}}$

$a_1 = \frac{a \cdot b_1}{b} = \frac{12{,}5 \cdot 9}{8} \cdot \text{mm} = 14{,}06\text{ mm}$

$r_3 = a_1 + 12{,}5\text{ mm} = 26{,}56\text{ mm}; d_3 = \mathbf{53{,}13\text{ mm}}$

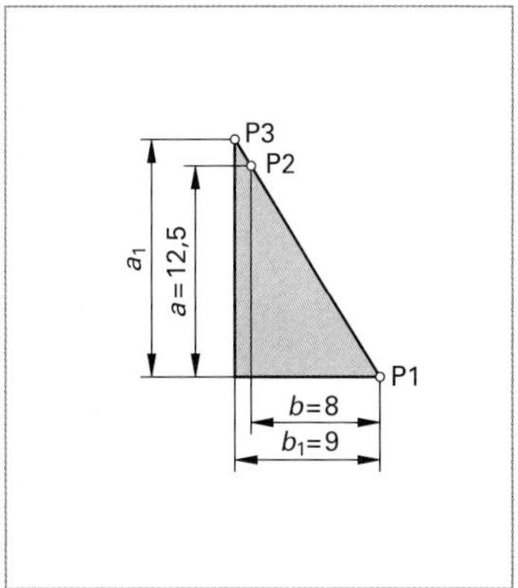

Bild 148/3: Bolzen

148/4. **Welle**

$\alpha = 180° - 90° - 50° = \mathbf{40°}$

$\gamma = 180° - 40° = \mathbf{140°}$

$\gamma = 2 \cdot \delta;\ \delta = \frac{\gamma}{2} = \frac{140°}{2} = \mathbf{70°}$

$\varepsilon = 180° - 90° - 70° = \mathbf{20°}$

148/5. **Schneidplatte**

a) Konturpunkt P1:
Hilfsdreieck M1 P1 A

Konturpunkt P2:
Hilfsdreieck M2 P2 B,
Hilfsdreieck P1 C P2

b) Hilfsdreieck M1 D P3

c) $\alpha = \beta = \gamma = \mathbf{30°}$

$\delta = \frac{30°}{2} = \mathbf{15°}$

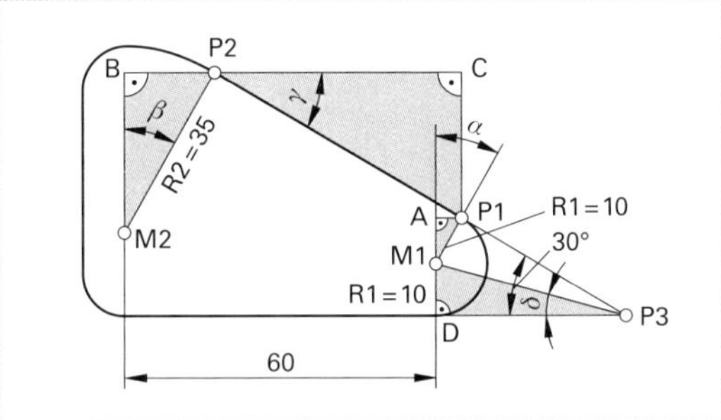

Bild 148/5: Schneidplatte

Koordinatenmaße

151/1. **Distanzplatte**

a)

Punkt	Koordinatenmaße X-Achse	Koordinatenmaße Y-Achse
P1	**X 20**	**Y 47,5**
P2	**X 20**	**Y 12,5**
P3	**X 48**	**Y 30**
P4	**X 90**	**Y 30**
P5	**X 90**	**Y 12**
P6	**X 90**	**Y 48**

b)

Punkt	Koordinatenmaße X-Achse	Koordinatenmaße Y-Achse
P1	**X 20**	**Y 47,5**
P2	**X 0**	**Y –35**
P3	**X 28**	**Y 17,5**
P4	**X 42**	**Y 0**
P5	**X 0**	**Y –18**
P6	**X 0**	**Y 36**

151/2. **Führungsnut**

$\sin \alpha = \frac{a}{c};\ a = c \cdot \sin \alpha = 26\ \text{mm} \cdot \sin 22{,}5° = 9{,}950\ \text{mm}$

$y = 6\ \text{mm} + 9{,}950\ \text{mm} = \mathbf{15{,}950\ mm}$

$\cos \alpha = \frac{b}{c};\ b = c \cdot \cos \alpha = 26\ \text{mm} \cdot \cos 22{,}5° = 24{,}021\ \text{mm}$

$x = 5\ \text{mm} + 24{,}021\ \text{mm} = \mathbf{29{,}021\ mm}$

Absolutmaß:
P2 (X 29,021 Y 15,950)

Kettenmaß:
P2 (X 24,021 Y 9,950)

151/3. **Ventilplatte**

a)

Punkt	Koordinatenmaße Absolutmaß X-Achse	Absolutmaß Y-Achse	Kettenmaß X-Achse	Kettenmaß Y-Achse
P1	**X – 40**	**Y – 35**	**X – 40**	**Y – 35**
P2	**X 100**	**Y – 35**	**X 140**	**X 0**
P3	**X 100**	**Y 55**	**X 0**	**Y 90**
P4	**X – 40**	**Y 55**	**X – 140**	**Y 0**
P5	**X 60**	**Y 35**	**X 100**	**Y – 20**

b)

Punkt	Koordinatenmaße Absolutmaß Radius	Absolutmaß Winkel	Kettenmaß Radius	Kettenmaß Winkel
P6	**R 27,5**	**A 90**	**R 27,5**	**A 90**
P7	**R 27,5**	**A 210**	**R 27,5**	**A 120**
P8	**R 27,5**	**A 330**	**R 27,5**	**A 120**

151/4. **Schneidplatte**

Punkt P2: $x_2' = 32\text{ mm} \cdot \tan 25° = 14{,}922\text{ mm}$

$x_2 = 25\text{ mm} - 14{,}922\text{ mm} = 10{,}078\text{ mm}$

X 10,078; Y 40

Punkt P3: $x_3 = 25\text{ mm} + 14{,}922\text{ mm} = 39{,}922\text{ mm}$

X 39,922; Y 40

151/5. **Lagerschale**

$b = \sqrt{R^2 - a^2} = \sqrt{(16\text{ mm})^2 - (3{,}5\text{ mm})^2} = 15{,}612\text{ mm}$

Punkt	Koordinatenmaße X-Achse	Koordinatenmaße Z-Achse
P0	**X 41** *	**Z 15**
P1	**X 26** *	**Z 0**
P2	**X 22,5** *	**Z – 3,5**
P3	**X 22,5** *	**Z – 24,388**
P4	**X 10** *	**Z – 40**
M	**I – 16**	**K 0**

* In NC-Programmen für Drehteile werden die X-Koordinatenmaße durchmesserbezogen angegeben.

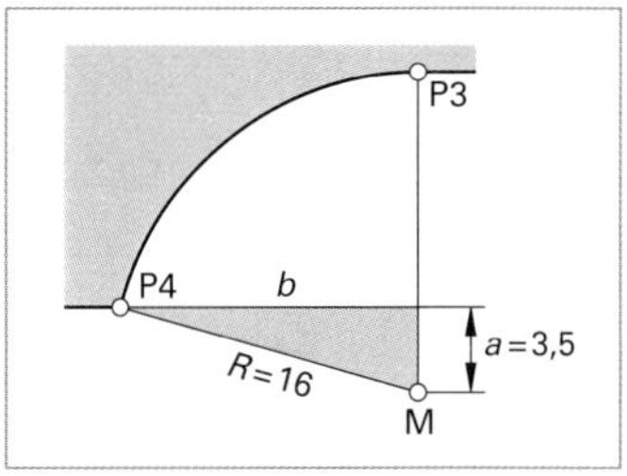

Bild 151/5: Lagerschale

151/6. **Biegeklotz**

Scheitelwinkel $\varepsilon = \delta = 20°$

Rechtwinkliges Dreieck

A P3 M: $\varepsilon + \beta + \delta + 90° = 180°$

$\beta = 180° - \varepsilon - \delta - 90°$

$\beta = 180° - 20° - 20° - 90°$

$\beta = 50°$

$y = 5\text{ mm} \cdot \sin 50° = 3{,}83\text{ mm}$

$y_{p3} = 5\text{ mm} + 3{,}83\text{ mm} = \mathbf{8{,}83\text{ mm}}$

$x = \sqrt{(5\text{ mm})^2 - (3{,}83\text{ mm})^2} = 3{,}21\text{ mm}$

$x_{p3} = 75\text{ mm} + 3{,}21\text{ mm}$

$x_{p3} = \mathbf{78{,}21\text{ mm}}$

$\tan 40° = \dfrac{16{,}17\text{ mm}}{x}$

$x = \dfrac{16{,}17\text{ mm}}{\tan 40°} = 19{,}27\text{ mm}$

$x_{p4} = 75\text{ mm} + 3{,}21\text{ mm} - x$

$x_{p4} = 75\text{ mm} + 3{,}21\text{ mm} - 19{,}27\text{ mm}$

$x_{p4} = 58{,}94\text{ mm}$

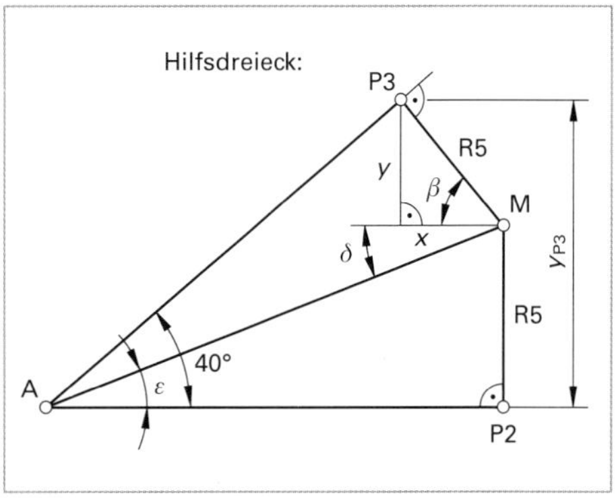

Bild 151/6a: Biegeklotz, Hilfsdreieck AP3M

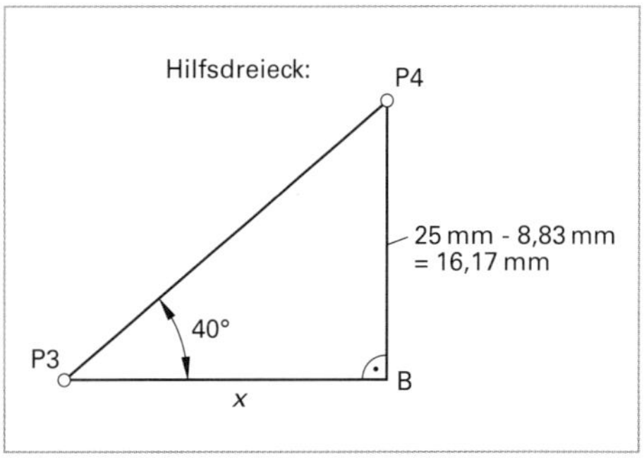

Bild 151/6b: Biegeklotz, Hilfsdreieck P3 P4 B

Punkt	Koordinatenmaße X-Achse	Koordinatenmaße Y-Achse
P1	**X 0**	**Y 0**
P2	**X – 75**	**Y 0**
P3	**X – 78,21**	**Y 8,83**
P4	**X – 58,94**	**Y 25**
P5	**X – 0**	**Y 25**

152/7. Deckplatte

Punkt	Koordinatenmaße	
	X-Achse	Y-Achse
P8	**X 85**	**Y 27**
P9	**X 77**	**Y 35**
P10	**X 76**	**Y 35**
P11	**X 68**	**Y 43**
P12	**X 68**	**Y 50**
P13	**X 52**	**Y 50**
P14	**X 52**	**Y 43**
P15	**X 44**	**Y 35**
P16	**X 43**	**Y 35**
P17	**X 35**	**Y 27**

152/8. Schaltnocken

•

Punkte	Absolutmaße		Inkrementalmaße	
	X-Achse	Y-Achse	X-Achse	Y-Achse
P1	**15,000**	**4,000**	**15,000**	**4,000**
P2	**42,000**	**4,000**	**27,000**	**0,000**
P3	**54,042**	**33,000**	**12,042**	**29,000**
P4	**32,000**	**53,724**	**– 22,04**	**20,72**
P5	**9,666**	**47,267**	**– 22,33**	**– 6,45**
P6	**1,666**	**22,267**	**– 8**	**– 25,000**

Mittelpunktdreieck:

$$\tan\beta = \frac{g}{a} = \frac{25\text{ mm}}{8\text{ mm}} = 3{,}125$$

$$\beta = 72{,}255°$$

$$\alpha = 90° - \beta = 17{,}745°$$

$$\sin\alpha = \frac{y_5'}{R} \Rightarrow y_5' = R \cdot \sin\alpha$$

$$y_5' = y_6' = 14\text{ mm} \cdot \sin 17{,}745°$$
$$= 4{,}267\text{ mm}$$

$$x_5' = x_6' = R \cdot \cos\alpha$$
$$= 14\text{ mm} \cdot \cos 17{,}745° = 13{,}334\text{ mm}$$

$$y_5 = 43\text{ mm} + 4{,}267\text{ mm} = \mathbf{47{,}267\text{ mm}}$$

$$x_5 = 23\text{ mm} - 13{,}334\text{ mm}$$
$$= \mathbf{9{,}666\text{ mm}}$$

$$y_6 = 18\text{ mm} + 4{,}267\text{ mm}$$
$$= \mathbf{22{,}267\text{ mm}}$$

$$x_6 = 15\text{ mm} - 13{,}334\text{ mm}$$
$$= \mathbf{1{,}666\text{ mm}}$$

$$x_3' = \sqrt{(17\text{ mm})^2 - (12\text{ mm})^2}$$
$$x_3' = 12{,}042\text{ mm}$$
$$x_3 = 42\text{ mm} + 12{,}042\text{ mm} = 54{,}042\text{ mm}$$

$$y_4' = \sqrt{(14\text{ mm})^2 - (9\text{ mm})^2}$$
$$y_4' = 10{,}724\text{ mm}$$
$$y_4' = 43\text{ mm} + 10{,}724\text{ mm} = 53{,}724\text{ mm}$$

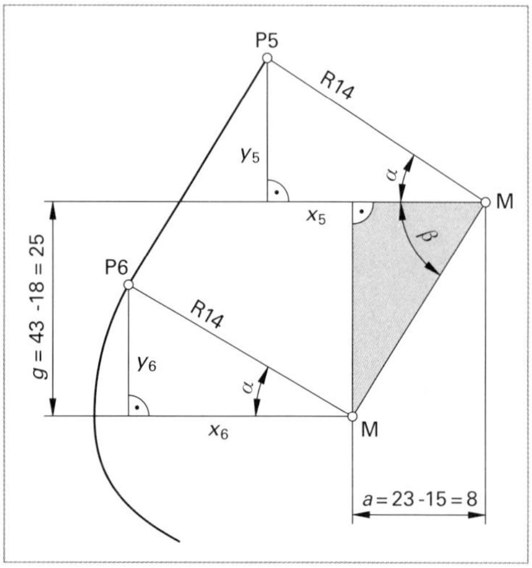

Bild 152/8: Schaltnocken

152/9. Kastenträger

•

$\tan \gamma = \frac{y_2'}{R_1}$

$y_2' = R_1 \cdot \tan \gamma = 250 \text{ mm} \cdot \tan 32{,}5° = 159 \text{ mm}$

$x_3' = R_1 \cdot \sin \alpha = 250 \text{ mm} \cdot \sin 25° = 106 \text{ mm}$

$y_3' = R_1 \cdot \cos \alpha = 250 \text{ mm} \cdot \cos 25° = 227 \text{ mm}$

$x_4' = R_2 \cdot \sin \alpha = 500 \text{ mm} \cdot \sin 25° = 211 \text{ mm}$

$y_4' = R_2 \cdot \cos \alpha = 500 \text{ m} \cdot \cos 25° = 453 \text{ mm}$

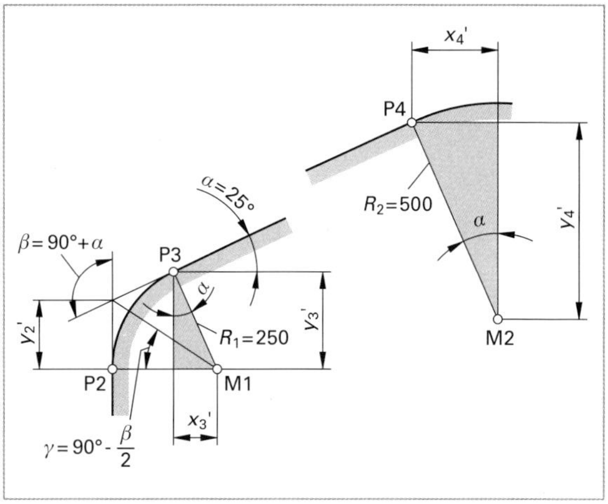

Bild 152/9: Kastenträger

Punkt	Koordinatenmaße X-Achse	Koordinatenmaße Y-Achse	Punkt	Koordinatenmaße X-Achse	Koordinatenmaße Y-Achse
P1	**X 0**	**Y 0**	P7	**X 3800**	**Y 256**
P2	**X 0**	**Y 256**	P8	**X 3800**	**Y 0**
P3	**X 144**	**Y 483**	M1	**I 250**	**J 0**
P4	**X 1689**	**Y 1203**	M2	**I 211**	**J –453**
P5	**X 2111**	**Y 1203**	M3	**I –106**	**J –227**
P6	**X 3656**	**X 483**	–	–	–

152/10. Schneidplatte

•

Dreieck A P1 B: $\tan \alpha = \frac{a}{b}$

$b = \frac{a}{\tan \alpha} = \frac{14 \text{ mm}}{\tan 55°} = 9{,}803 \text{ mm}$

$d = 30 \text{ mm} - b = 30 \text{ mm} - 9{,}803 \text{ mm} = 20{,}197 \text{ mm}$

Dreieck P1 C P2:

$x_2' = d \cdot \cos \alpha = 20{,}197 \text{ mm} \cdot \cos 55° = 11{,}585 \text{ mm}$

$y_2' = d \cdot \sin \alpha = 20{,}197 \text{ mm} \cdot \sin 55° = 16{,}544 \text{ mm}$

Dreieck A' P1 B':

$b' = \frac{a'}{\tan \alpha} = \frac{10 \text{ mm}}{\tan 55°} = 7{,}002 \text{ mm}$

$c' = \frac{a'}{\sin \alpha} = \frac{10 \text{ mm}}{\sin 55°} = 12{,}208 \text{ mm}$

Dreieck A' C' P3:

$d' = \overline{A'\,P3} = 10 \text{ mm} + d + b'$
$= 10 \text{ mm} + 20{,}197 \text{ mm} + 7{,}002 \text{ mm}$
$= 37{,}199 \text{ mm}$

$x_3' = d' \cdot \cos \alpha = 37{,}199 \text{ mm} \cdot \cos 55° = 21{,}336 \text{ mm}$

$y_3' = d' \cdot \sin \alpha = 37{,}199 \text{ mm} \cdot \sin 55° = 30{,}472 \text{ mm}$

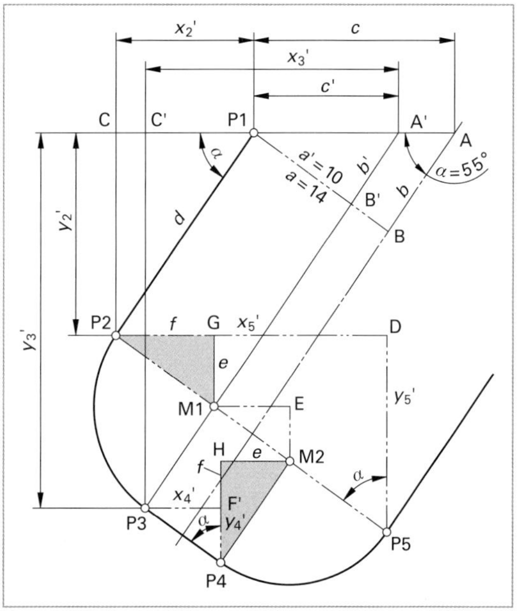

Bild 152/10: Schneidplatte

Dreieck P3 P4 F:
$x_4' = 8\ \text{mm} \cdot \sin 55° = 6{,}553\ \text{mm}$
$y_4' = 8\ \text{mm} \cdot \cos 55° = 4{,}589\ \text{mm}$

Dreieck P2 P5 D:
$x_5' = 28\ \text{mm} \cdot \sin 55° = 22{,}936\ \text{mm}$
$y_5' = 28\ \text{mm} \cdot \cos 55° = 16{,}060\ \text{mm}$

Dreieck A P1 B:
$c = \frac{a}{\sin \alpha} = \frac{14\ \text{mm}}{\sin 55°} = 17{,}091\ \text{mm}$

Dreiecke P2 M1 G und H P4 M2:
$e = R \cdot \cos \alpha = 10\ \text{mm} \cdot \cos 55° = 5{,}736\ \text{mm}$
$f = R \cdot \sin \alpha = 10\ \text{mm} \cdot \sin 55° = 8{,}192\ \text{mm}$

Punkt	Koordinatenmaße X-Achse	Y-Achse
P1	X 75	Y 60
P2	X 63,415	Y 43,456
P3	X 65,872	Y 29,528
P4	X 72,425	Y 24,939
P5	X 86,351	Y 27,396
P6	X 109,182	Y 60
M1	I 8,192	J – 5,736
M2	I 5,736	J 8,192

152/11. Formplatte

•

$x_1' = l \cdot \tan \alpha_1 = 80\ \text{mm} \cdot \tan 35° = 56{,}017\ \text{mm}$

$x_1'' = \frac{R}{\cos \alpha_1} = \frac{100\ \text{mm}}{\cos 35°} = 122{,}077\ \text{mm}$

$x_2' = R \cdot \cos \alpha_1 = 100\ \text{mm} \cdot \cos 35° = 81{,}915\ \text{mm}$

$y_2' = R \cdot \sin \alpha_1 = 100\ \text{mm} \cdot \sin 35° = 57{,}358\ \text{mm}$

$x_3' = R \cdot \cos \alpha_2 = 100\ \text{mm} \cdot \cos 20° = 93{,}969\ \text{mm}$

$y_3' = R \cdot \sin \alpha_2 = 100\ \text{mm} \cdot \sin 20° = 34{,}202\ \text{mm}$

$x_4' = l \cdot \tan \alpha_2 = 80\ \text{mm} \cdot \tan 20° = 29{,}118\ \text{mm}$

$x_4'' = \frac{R}{\cos \alpha_2} = \frac{100\ \text{mm}}{\cos 20°} = 106{,}418\ \text{mm}$

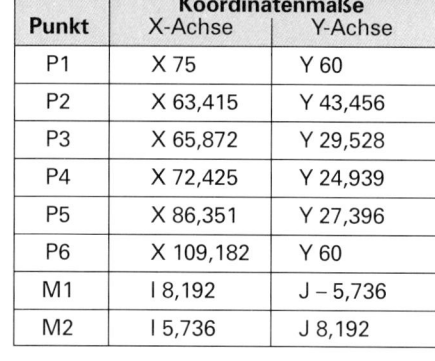

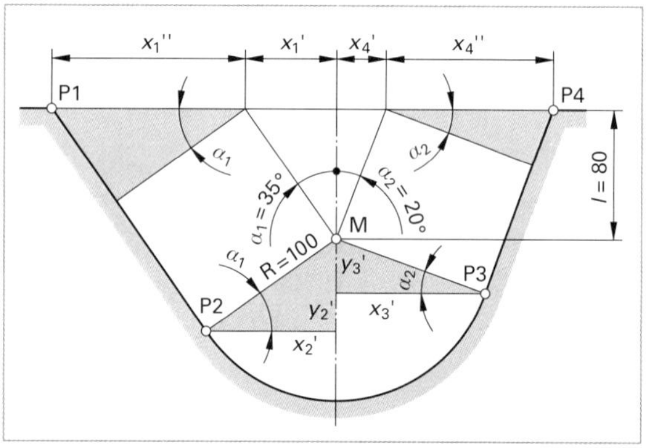

Bild 152/11: Formplatte

Punkt	Koordinatenmaße X-Achse	Y-Achse
P1	**X 121,906**	**Y 280**
P2	**X 218,085**	**Y 142,642**
P3	**X 393,969**	**Y 165,798**
P4	**X 435,536**	**Y 280**
M	**I 81,915**	**J 57,358**

4.1.7 Hauptnutzungszeit beim Abtragen und Schneiden

154/1. Untergesenk

$t_h = 4 \cdot (t_{h1} + t_{h2}); \quad t_h = \frac{V}{V_W}$

Zylindrischer Ansatz: $V = \frac{\pi \cdot d^2}{4} \cdot h = \frac{\pi \cdot 14\ \text{mm}^2}{4} \cdot 8\ \text{mm} = 1\,231{,}5\ \text{mm}^3$

$$t_{h1} = \frac{1\,231{,}5\ \text{mm}^3}{68\ \frac{\text{mm}^3}{\text{min}}} = 18{,}1\ \text{min}$$

Gesamtquerschnitt: $V = l \cdot b \cdot h = 40\ \text{mm} \cdot 40\ \text{mm} \cdot 12\ \text{mm} = 19\,200\ \text{mm}^3$

$$t_{h2} = \frac{19\,200\ \text{mm}^3}{315\ \frac{\text{mm}^3}{\text{min}}} = 61\ \text{min}$$

$t_h = 4 \cdot (18{,}1\ \text{min} + 61\ \text{min}) = \mathbf{316{,}4\ min}$

154/2. **Armaturenplatte**

a) $t_h = \frac{L}{v_f}$; $L = 800\text{ mm} + 2 \cdot 400\text{ mm} + 2 \cdot 100\text{ mm} + 2 \cdot 95\text{ mm} + 610\text{ mm} = 2\,600\text{ mm}$

$$t_h = \frac{2\,600\text{ mm}}{380\,\frac{\text{mm}}{\text{min}}} = \mathbf{6{,}8\ min}$$

b) $t_h = \frac{L}{v_f}$; $L = 3 \cdot (300\text{ mm} + 150\text{ mm}) = 1\,350\text{ mm}$

$$t_h = \frac{1\,350\text{ mm}}{380\,\frac{\text{mm}}{\text{min}}} = \mathbf{3{,}6\ min}$$

Bohrungen bleiben unberücksichtigt.

154/3. **Segment**

a) $t_h = 15 \cdot \frac{L}{v_f}$; $L = 2 \cdot l_1 + \widehat{l}_2 + \widehat{l}_3 + \widehat{l}_4$

$l_1 = \sqrt{26^2\text{mm}^2 - 8^2\text{mm}^2} = 24{,}74\text{ mm}$

$\widehat{l}_2 = \frac{\pi \cdot d_1 \cdot \alpha}{360°} = \frac{\pi \cdot 16\text{ mm} \cdot 150°}{360°} = 20{,}94\text{ mm}$

$\widehat{l}_3 = \frac{\pi \cdot d_2 \cdot \pi}{360°}$; $\cos\beta = \frac{R_1}{R_2} = \frac{8\text{ mm}}{26\text{ mm}} = 0{,}3077$; $\beta = 72{,}1°$

$\gamma = 210° - 2 \cdot \beta = 210° - 2 \cdot 72{,}1° = 65{,}8°$

$\widehat{l}_3 = \frac{\pi \cdot 52\text{ mm} \cdot 65{,}8°}{360°} = 29{,}9\text{ mm}$

$\widehat{l}_4 = \pi \cdot d_3 = \pi \cdot 8\text{ mm} = 25{,}13\text{ mm}$

$L = 2 \cdot 24{,}74\text{ mm} + 20{,}9\text{ mm} + 29{,}9\text{ mm} + 25{,}13\text{ mm} = 125{,}41\text{ mm}$

$$t_h = 15 \cdot \frac{125{,}41\text{ mm}}{5{,}7\,\frac{\text{mm}}{\text{min}}} = \mathbf{330\ min}$$

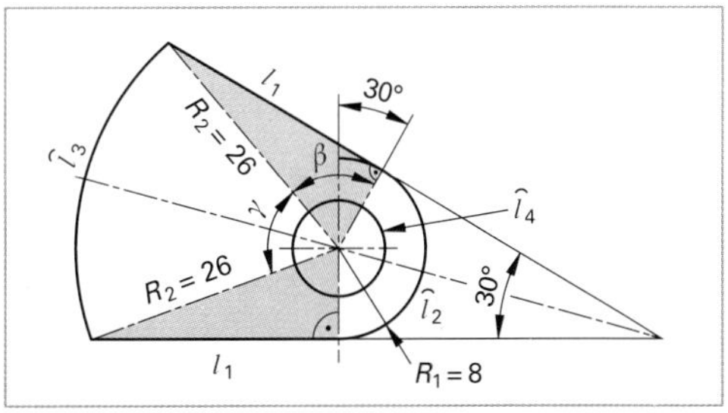

Bild 154/3: Segment

b) $v = \frac{l}{t}$; $l = v \cdot t$

$l = 180\,\frac{\text{mm}}{\text{min}} \cdot 330\text{ min} \cdot 15 = 891\,000\text{ mm} = \mathbf{891\ m}$

154/4. **Schlossblende**

a) $l_1 = \pi \cdot d = \pi \cdot 70\text{ mm}$
$l_1 = \mathbf{219{,}91\ mm}$

$l_2 = \pi \cdot d = \pi \cdot 6\text{ mm}$
$l_2 = \mathbf{18{,}85\ mm}$

$l_3 = \frac{\pi \cdot 24\text{ mm} \cdot 282{,}64°}{360°}$ (Winkelbestimmung s. Nebenrechnung)
$l_3 = \mathbf{59{,}20\ mm}$

$l_4 = 16\text{ mm} + 15\text{ mm} - 9{,}37\text{ mm}$
$l_4 = \mathbf{21{,}63\ mm}$

$l_5 = \frac{\pi \cdot d}{4} = \frac{\pi \cdot 8\text{ mm}}{4}$
$l_5 = \mathbf{6{,}28\ mm}$

$l_6 = 15\text{ mm} - 2 \cdot 4\text{ mm} = \mathbf{7\ mm}$

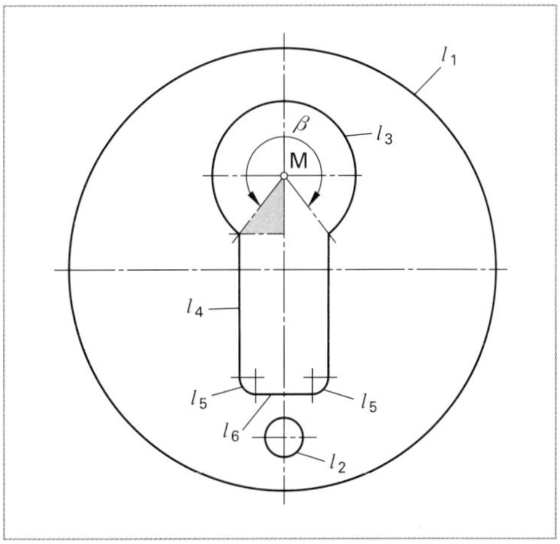

Bild 154/4a: Schlossblende

$L = l_1 + l_2 + l_3 + 2 \cdot l_4 + 2 \cdot l_5 + l_6$

$L = 219{,}91\ \text{mm} + 18{,}85\ \text{mm} + 59{,}20\ \text{mm} + 2 \cdot 21{,}63\ \text{mm} + 2 \cdot 6{,}28\ \text{mm} + 7\ \text{mm} = \mathbf{360{,}78\ mm}$

Nebenrechnung:

$\sin \alpha = \frac{7{,}5}{12};\ \alpha = 38{,}68°$

$\beta = 360° - 2 \cdot \alpha = 360° - 2 \cdot 38{,}68°$

$\beta = 282{,}64°$

$y = \sqrt{(12\ \text{mm})^2 - (7{,}5\ \text{mm})^2}$

$y = 9{,}37\ \text{mm}$

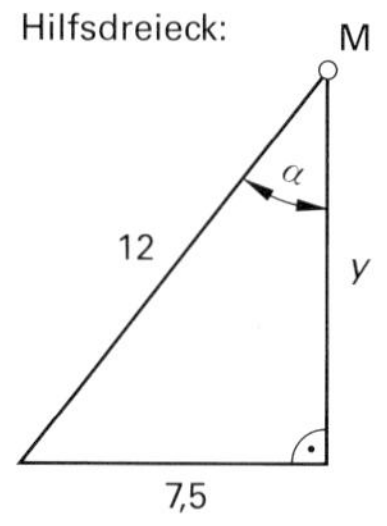

Bild 154/4b: Schlossblende, Detail

b) $t_h = \frac{L}{v_f} = \frac{360{,}78\ \text{mm}}{1{,}5\ \frac{\text{m}}{\text{min}} \cdot 1\,000\ \frac{\text{mm}}{\text{m}}} = \mathbf{0{,}24\ min}$

t_h für 40 Schlossblenden:

$t_h = 0{,}24\ \text{min} \cdot 40 = 9{,}6\ \text{min} = 9{,}6\ \text{min} \cdot 60\ \frac{\text{s}}{\text{min}} = \mathbf{576\ s}$

154/5. ● **Verfahrensvergleich**

a) Aus Bild 5: Schneidgeschwindigkeit Wasserstrahlschneiden: $v_f = 0{,}3\ \frac{\text{m}}{\text{min}}$

$t_h = \frac{L}{v_f} = \frac{360{,}78\ \text{mm} \cdot \text{min} \cdot \text{m}}{0{,}3\ \text{m} \cdot 1\,000\ \text{mm}} = \mathbf{1{,}20\ min}$

$t_h = \mathbf{1\ min\ 12\ s} = \mathbf{72\ s}$

Laserstrahlschneiden: $v_f = 1{,}5\ \frac{\text{m}}{\text{min}} \rightarrow t_h = \mathbf{14{,}4\ s}$

b) Die Zeit beim Laserstrahlschneiden (14,4 s) ist gegenüber der Zeit beim Wasserstrahlschneiden (72 s) fünfmal kleiner und damit die Geschwindigkeit 500% größer.

4.1.8 Kegelmaße

156/1. Kegelmaße

a) $C = \frac{D-d}{L};\ d = D - C \cdot L = 64\ \text{mm} - \frac{1 \cdot 80\ \text{mm}}{20} = 64\ \text{mm} - 4\ \text{mm} = \mathbf{60\ mm};\ \frac{C}{2} = \mathbf{\frac{1}{40}};\ \frac{\alpha}{2} = \mathbf{1{,}43°}$

b) $C = \frac{D-d}{L};\ D = d + C \cdot L = 65\ \text{mm} + \frac{1}{8} \cdot 120\ \text{mm} = 65\ \text{mm} + 15\ \text{mm} = \mathbf{80\ mm};\ \frac{C}{2} = \mathbf{\frac{1}{16}};\ \frac{\alpha}{2} = \mathbf{3{,}58°}$

c) $C = \frac{D-d}{L};\ L = \frac{D-d}{C} = \frac{(60\ \text{mm} - 52\ \text{mm}) \cdot 10}{1} = \mathbf{80\ mm};\ \frac{C}{2} = \mathbf{\frac{1}{20}};\ \frac{\alpha}{2} = \mathbf{2{,}86°}$

d) $C = \frac{D-d}{L};\ D = d + C \cdot L = 90\ \text{mm} + \frac{1}{20} \cdot 200\ \text{mm} = 90\ \text{mm} + 10\ \text{mm} = \mathbf{100\ mm};\ \frac{C}{2} = \mathbf{\frac{1}{40}};\ \frac{\alpha}{2} = \mathbf{1{,}43°}$

e) $C = \frac{D-d}{L} = \frac{40\ \text{mm} - 34\ \text{mm}}{180\ \text{mm}} = \frac{6\ \text{mm}}{180\ \text{mm}} = \frac{1}{30} = \mathbf{1 : 30};\ = \frac{C}{2} = \mathbf{\frac{1}{60}};\ \frac{\alpha}{2} = \mathbf{0{,}95°}$

156/2. Hülse

$C = \frac{D-d}{L} = \frac{40\ \text{mm} - 32\ \text{mm}}{80\ \text{mm}} = \frac{8\ \text{mm}}{80\ \text{mm}} = \frac{1}{10} = \mathbf{1 : 10}$

$\tan \frac{\alpha}{2} = \frac{C}{2} = \frac{1}{20} = 0{,}05;\quad \frac{\alpha}{2} = \mathbf{2{,}86°}$

156/3. Oberschlittenverstellung

a) Kegelverjüngung: $C = \frac{D-d}{L} = \frac{48\ \text{mm} - 40\ \text{mm}}{120\ \text{mm}}$

$C = \mathbf{\frac{1}{15}}$

b) Neigung: $\frac{C}{2} = \mathbf{\frac{1}{30}}$

c) Neigungswinkel: $\tan\frac{\alpha}{2} = \frac{C}{2} = 0{,}0333$

$\frac{\alpha}{2} = \mathbf{1{,}91°}$

156/4. **Lagersitz**

$C = \frac{D-d}{L};\ D = L \cdot C + d$

$D = 28\ \text{mm} \cdot \frac{1}{12} + 30\ \text{mm}$

$D = \mathbf{32{,}33\ mm}$

156/5. **Fräsdorn**

a) $\tan\frac{\alpha}{2} = \frac{C}{2} = \frac{7}{24 \cdot 2} = 0{,}1458;\quad \frac{\alpha}{2} = \mathbf{8{,}3°}$

b) $C = \frac{D-d}{L};\ d = D - C \cdot L = 44{,}45\ \text{mm} - \frac{7}{24} \cdot 65{,}4\ \text{mm} = 44{,}45\ \text{mm} - 19{,}075\ \text{mm} = \mathbf{25{,}38\ mm}$

4

156/6. **Morsekegel**
●
a) $\tan\frac{\alpha}{2} = \frac{C}{2} = \frac{1}{2 \cdot 19{,}254} = 0{,}026;\quad \frac{\alpha}{2} = \mathbf{1{,}49°}$

b) $C = \frac{D-d}{L};\quad D = d + C \cdot L = 26{,}2\ \text{mm} + \frac{1}{19{,}254} \cdot 109\ \text{mm} = 26{,}2\ \text{mm} + 5{,}66\ \text{mm} = \mathbf{31{,}86\ mm}$

c) $C = \frac{D-d}{L};\quad x = L = \frac{D-d}{C} = \frac{(26{,}2\ \text{mm} - 25{,}9\ \text{mm}) \cdot 19{,}254}{1} = \mathbf{5{,}78\ mm}$

4.2 Trennen durch Schneiden

4.2.1 Schneidspalt

158/1. **Scheibe**

a) $a = a_1 + 2 \cdot u = 18\ \text{mm} + 2 \cdot 0{,}1\ \text{mm} = \mathbf{18{,}2\ mm}$

b) $d_1 = d - 2 \cdot u = 58\ \text{mm} - 2 \cdot 0{,}1\ \text{mm} = \mathbf{57{,}8\ mm}$

158/2. **Lasche**

$u = \frac{2\ \text{mm} \cdot 3\ \%}{100\ \%} = 0{,}06\ \text{mm}$

$a_1 = a - 2 \cdot u = 36\ \text{mm} - 2 \cdot 0{,}06\ \text{mm} = \mathbf{35{,}88\ mm}$

$b_1 = b - 2 \cdot u = 90\ \text{mm} - 2 \cdot 0{,}06\ \text{mm} = \mathbf{89{,}88\ mm}$

$d = d_1 + 2 \cdot u = 14\ \text{mm} + 2 \cdot 0{,}06\ \text{mm} = \mathbf{14{,}12\ mm}$

158/3. **Joch- und Kernbleche**

Schneidspalt nach Tab. 1, Seite 157: $u = 0{,}01\ \text{mm}$

a) $a_1 = a - 2 \cdot u = 84\ \text{mm} - 2 \cdot 0{,}01\ \text{mm} = \mathbf{83{,}98\ mm}$

$b_1 = b - 2 \cdot u = 14\ \text{mm} - 2 \cdot 0{,}01\ \text{mm} = \mathbf{13{,}98\ mm}$

b) $a_1 = a - 2 \cdot u = 56\ \text{mm} - 2 \cdot 0{,}01\ \text{mm} = \mathbf{55{,}98\ mm}$

$b_1 = b - 2 \cdot u = 84\ \text{mm} - 2 \cdot 0{,}01\ \text{mm} = \mathbf{83{,}98\ mm}$

$c_1 = c - 2 \cdot u = 14\ \text{mm} - 2 \cdot 0{,}01\ \text{mm} = \mathbf{13{,}98\ mm}$

$d_1 = d - 2 \cdot u = 14\ \text{mm} - 2 \cdot 0{,}01\ \text{mm} = \mathbf{13{,}98\ mm}$

$e_1 = e - 2 \cdot u = 28\ \text{mm} - 2 \cdot 0{,}01\ \text{mm} = \mathbf{27{,}98\ mm}$

158/4. **Halter**

$u = \dfrac{0{,}4\ \text{mm} \cdot 2{,}5\ \%}{100\ \%} = 0{,}01\ \text{mm}$

$a_1 = a - 2 \cdot u = 20\ \text{mm} - 2 \cdot 0{,}01\ \text{mm} = \mathbf{19{,}98\ mm}$
$b_1 = b - 2 \cdot u = 60\ \text{mm} - 2 \cdot 0{,}01\ \text{mm} = \mathbf{59{,}98\ mm}$
$c_1 = c - 2 \cdot u = 20\ \text{mm} - 2 \cdot 0{,}01\ \text{mm} = \mathbf{19{,}98\ mm}$
$d_1 = d - 2 \cdot u = 80\ \text{mm} - 2 \cdot 0{,}01\ \text{mm} = \mathbf{79{,}98\ mm}$

158/5. **Platte**

Schneidspalt nach Tab. 1, Seite 148: $u = 0{,}09$ mm

a) $a_1 = a - 2 \cdot u = 25\ \text{mm} - 2 \cdot 0{,}09\ \text{mm} = \mathbf{24{,}82\ mm}$
$b_1 = b - 2 \cdot u = 35\ \text{mm} - 2 \cdot 0{,}09\ \text{mm} = \mathbf{34{,}82\ mm}$
$R_1 = R - u = 4\ \text{mm} - 0{,}09\ \text{mm} = \mathbf{3{,}91\ mm}$

b) $d = d_1 + 2 \cdot u = 10\ \text{mm} + 2 \cdot 0{,}09\ \text{mm} = \mathbf{10{,}18\ mm}$

4.2.2 Streifenmaße und Streifenausnutzung

160/1. **Scheiben**

a) $B = d + 2 \cdot a = 36\ \text{mm} + 2 \cdot 2{,}1\ \text{mm} = \mathbf{40{,}2\ mm}$

b) $V = d + e = 36\ \text{mm} + 2{,}1\ \text{mm} = \mathbf{38{,}1\ mm}$

c) $\eta = \dfrac{R \cdot A}{V \cdot B} = \dfrac{1 \cdot 1\,018\ \text{mm}^2}{38{,}1 \cdot 40{,}2\ \text{mm}} = 0{,}665 \mathrel{\hat{=}} \mathbf{66{,}5\ \%}$

160/2. **Schilder**

a) $B = b + 2 \cdot a = 32\ \text{mm} + 2 \cdot 1{,}0\ \text{mm} = \mathbf{34\ mm}$

b) $V = l + e = 38\ \text{mm} + 1{,}0\ \text{mm} = \mathbf{39\ mm}$

c) $A = 38\ \text{mm} \cdot 22\ \text{mm} + 18\ \text{mm} \cdot 10\ \text{mm} + \dfrac{\pi \cdot (20\ \text{mm})^2}{2 \cdot 4} = 1\,173\ \text{mm}^2$

$\eta = \dfrac{R \cdot A}{V \cdot B} = \dfrac{1 \cdot 1\,173\ \text{mm}^2}{39\ \text{mm} \cdot 34\ \text{mm}} = 0{,}88 \mathrel{\hat{=}} \mathbf{88\ \%}$

160/3. **Klemme**

Einreihige Anordnung:

a) $B = b + 2 \cdot a = (26 + 5 + 3)\ \text{mm} + 2 \cdot 0{,}9\ \text{mm} = \mathbf{35{,}8\ mm}$

b) $V = l + e = 28\ \text{mm} + 0{,}9\ \text{mm} = \mathbf{28{,}9\ mm}$

c) $A = 10\ \text{mm} \cdot 12\ \text{mm} + 10\ \text{mm} \cdot 18\ \text{mm} + 6\ \text{mm} \cdot 4\ \text{mm} + \dfrac{3 \cdot \pi \cdot (10\ \text{mm})^2}{2 \cdot 4} + \dfrac{\pi \cdot (6\ \text{mm})^2}{2 \cdot 4}$
$= 456\ \text{mm}^2$

$\eta = \dfrac{R \cdot A}{V \cdot B} = \dfrac{1 \cdot 456\ \text{mm}^2}{28{,}9\ \text{mm} \cdot 35{,}8\ \text{mm}} = 0{,}44 \mathrel{\hat{=}} \mathbf{44\ \%}$

Zweireihige Anordnung:

a) $B = b + 2 \cdot a + e$
$= 34\ \text{mm} + 2 \cdot 0{,}9\ \text{mm} + 0{,}9\ \text{mm}$
$= \mathbf{36{,}7\ mm}$

b) $V = 38\ \text{mm} + 2 \cdot 0{,}9\ \text{mm} = \mathbf{39{,}8\ mm}$

c) $\eta = \dfrac{2 \cdot 456\ \text{mm}^2}{39{,}8\ \text{mm} \cdot 36{,}7\ \text{mm}} = 0{,}62 \mathrel{\hat{=}} \mathbf{62\ \%}$

d) $\dfrac{100\ \%\ (0{,}62 - 0{,}44)}{0{,}44} = \mathbf{41\ \%}$

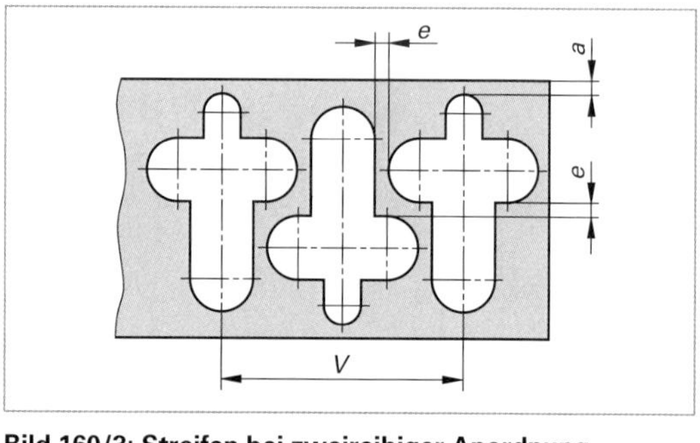

Bild 160/3: Streifen bei zweireihiger Anordnung

161/4. **Platinen in zweireihiger Anordnung**

a) $V = d + e = 40\ \text{mm} + 1{,}3\ \text{mm} = \mathbf{41{,}3\ mm}$

b) $\sin 60° = \frac{a_R}{V};\ a_R = V \cdot \sin 60° = 41{,}3\ \text{mm} \cdot 0{,}8660 = 35{,}8\ \text{mm}$

$B = d + 2 \cdot a + a_R = 40\ \text{mm} + 2 \cdot 1{,}3\ \text{mm} + 35{,}8\ \text{mm} = \mathbf{78{,}4\ mm}$

c) $$\eta = \frac{R \cdot A}{V \cdot B} = \frac{2 \cdot \frac{\pi\,(40\ \text{mm})^2}{4}}{41{,}3\ \text{mm} \cdot 78{,}4\ \text{mm}} = 0{,}776 \mathrel{\hat{=}} \mathbf{77{,}6\ \%}$$

161/5. **Platinen in dreireihiger Anordnung mit Seitenschneider**

a) $V = d + e = 40\ \text{mm} + 1{,}3\ \text{mm} = \mathbf{41{,}3\ mm}$

b) $a_R = V \cdot 0{,}8660 = 35{,}8\ \text{mm}$ (siehe Aufgabe 152/4.)

$i = 2{,}2$ (Tabelle 1, Seite 150)

$B = d + 2 \cdot a + 2 \cdot a_R + i = 40\ \text{mm} + 2 \cdot 1{,}3\ \text{mm} + 2 \cdot 35{,}8\ \text{mm} + 2{,}2\ \text{mm} = \mathbf{116{,}4\ mm}$

c) $$\eta = \frac{R \cdot A}{V \cdot B} = \frac{3 \cdot \frac{\pi \cdot (40\ \text{mm})^2}{4}}{41{,}3\ \text{mm} \cdot 116{,}4\ \text{mm}} = 0{,}784 \mathrel{\hat{=}} \mathbf{78{,}4\ \%}$$

Die geringe Erhöhung des Ausnutzungsgrades rechtfertigt die Mehrkosten für den Seitenschneider nicht.

4.3 Umformen

4.3.1 Biegen

Zuschnittermittlung bei Biegeteilen

162/1. **Gestreckte Längen**

a) $L = l_1 + l_2 - v = 16\ \text{mm} + 22\ \text{mm} - 1{,}9\ \text{mm} = \mathbf{36{,}1\ mm}$

b) $L = 62\ \text{mm} + 120\ \text{mm} - 3{,}2\ \text{mm} = \mathbf{178{,}8\ mm}$

c) $L = 82\ \text{mm} + 76\ \text{mm} - 5{,}2\ \text{mm} = \mathbf{152{,}8\ mm}$

162/2. **Winkel**

$L = l_1 + l_2 + l_3 - n \cdot v = (20 + 55 + 60)\ \text{mm} - 2 \cdot 6{,}7\ \text{mm} = \mathbf{121{,}6\ mm}$

162/3. **Halter**

$L = l_1 + l_2 - v = (31 + 11)\ \text{mm} - 4{,}5\ \text{mm} = \mathbf{37{,}5\ mm}$

162/4. **Kastenprofil**

$L = (4 \cdot 50 - 2)\ \text{mm} - 4 \cdot 8{,}3\ \text{mm} = \mathbf{164{,}8\ mm}$

162/5. **Rohrschelle**

$$L = \left[(100 - 2 \cdot 22) + 2 \cdot 15 + \pi \cdot \left(22 + \frac{5}{2}\right) - 2 \cdot 9{,}9\right]\ \text{mm}$$
$$= \mathbf{143{,}2\ mm}$$

162/6. **Befestigungswinkel**

a) $L_1 = l_1 + l_2 - v = (26 + 15 - 4)\ \text{mm}$
$= \mathbf{37\ mm}$

$L_2 = (20 + 9{,}5 - 4)\ \text{mm} = \mathbf{25{,}5\ mm}$

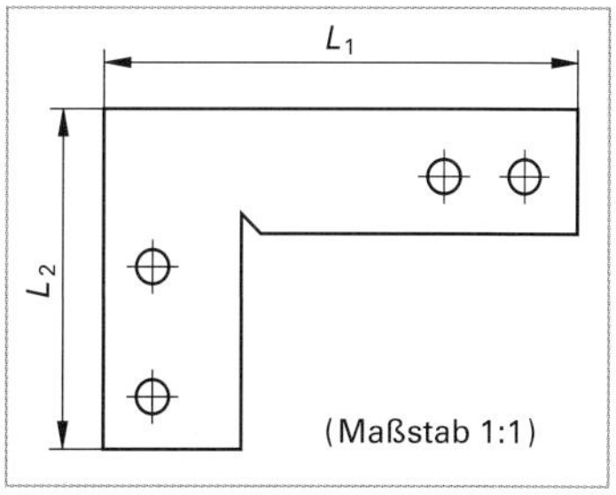

Bild 162/6: Befestigungswinkel

Rückfederung beim Biegen

164/1. **Lasche**

a) $\frac{r_2}{s} = \frac{5\ \text{mm}}{2\ \text{mm}} = 2{,}5$; aus Tabelle 163/1: $k_R = \mathbf{0{,}96}$

b) $r_1 = k_R \cdot (r_2 + 0{,}5 \cdot s) - 0{,}5 \cdot s = 0{,}96 \cdot (5\text{ mm} + 0{,}5 \cdot 2\text{ mm}) - 0{,}5 \cdot 2\text{ mm}$

$= \mathbf{4{,}76\ mm}$

c) $\alpha_1 = \frac{\alpha_2}{k_R} = \frac{90°}{0{,}96} \approx \mathbf{93{,}8°}$

164/2. **Abdeckblech**

a) $\frac{r_2}{s} = \frac{6\text{ mm}}{1{,}5\text{ mm}} = 4{,}0$; aus Diagramm 163/3: $k_R = \mathbf{0{,}84}$

b) $r_1 = k_R \cdot (r_2 + 0{,}5 \cdot s) - 0{,}5 \cdot s = 0{,}84 \cdot (6\text{ mm} + 0{,}5 \cdot 1{,}5\text{ mm}) - 0{,}5 \cdot 1{,}5\text{ mm}$

$\approx 4{,}92\text{ mm} \approx \mathbf{4{,}9\ mm}$

c) $\alpha_2 = 90° - 30° = 60°$; $\alpha_2' = 30°$

$\alpha_1 = \frac{\alpha_2}{k_R} = \frac{60°}{0{,}84} \approx \mathbf{71{,}4°}$; $\alpha_1' \frac{\alpha_2'}{k_R} = \frac{30°}{0{,}84} \approx \mathbf{35{,}7°}$

164/3. **Befestigungswinkel Bild 164/3:**

a) $\alpha_2 = 180° - 125° = 55°$

b) $\frac{r_2}{s} = \frac{25\text{ mm}}{4\text{ mm}} \approx 6{,}3$; aus Tabelle 163/1: $k_R = \mathbf{0{,}93}$

c) $\alpha_1 = \frac{\alpha_2}{k_R} = \frac{55°}{0{,}93} = \mathbf{59{,}1°}$

d) $r_1 = k_R \cdot (r_2 + 0{,}5 \cdot s) - 0{,}5 \cdot s$

$= 0{,}93 \cdot (25\text{ mm} + 0{,}5 \cdot 4\text{ mm}) - 0{,}5 \cdot 4\text{ mm}$

$= \mathbf{23{,}1\ mm}$

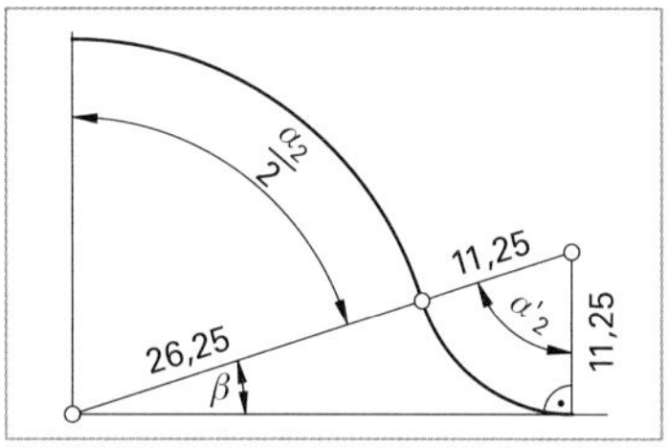

Bild 164/4: Berechnung der Biegewinkel für Rohrschelle

Rohrschelle Bild 164/4.

a) Berechnung der Biegewinkel (Bild 164/4)

$\sin\beta = \frac{11{,}25\text{ mm}}{37{,}50\text{ mm}} = 0{,}3$

$\beta = 17{,}5°$

$\alpha_2 = 180° - 2 \cdot \beta$

$= 180° - 2 \cdot 17{,}5° = \mathbf{145°}$

$\alpha_2' = 90° - \beta$

$= 90° - 17{,}5° = \mathbf{72{,}5°}$

b) $\frac{r_2}{s} = \frac{25\text{ mm}}{2{,}5\text{ mm}} = 10$; aus Tabelle 163/1: $k_R = \mathbf{0{,}96}$

$\frac{r_2'}{s} = \frac{10\text{ mm}}{2{,}5\text{ mm}} = 4$; aus Tabelle 163/1: $k_R = \mathbf{0{,}97}$

c) **Biegewinkel α_2 = 145°:**

$\alpha_1 = \frac{\alpha_2}{k_R} = \frac{145°}{0{,}96} = \mathbf{151{,}0°}$

Biegewinkel α_2' = 72,5°:

$\alpha_1' = \frac{\alpha_2'}{k_R} = \frac{72{,}5°}{0{,}97} = \mathbf{74{,}7°}$

d) $r_1 = k_R \cdot (r_2 + 0{,}5 \cdot s) - 0{,}5 \cdot s$

$= 0{,}96 \cdot (25 + 0{,}5 \cdot 2{,}5)\text{ mm} - 0{,}5 \cdot 2{,}5\text{ mm}$

$\approx \mathbf{24\ mm}$

$r_1' = 0{,}97 \cdot (10 + 0{,}5 \cdot 2{,}5)\text{ mm} - 0{,}5 \cdot 2{,}5\text{ mm}$

$\approx \mathbf{9{,}7\ mm}$

164/4. **Wandhaken**

a) $\alpha_2 = 180° - 45° = \mathbf{135°}$

$\alpha_2' = 23°$

b) $\frac{r_2}{s} = \frac{2{,}5\ \text{mm}}{1\ \text{mm}} = 2{,}5$; aus Tabelle 163/1: $k_R = \mathbf{0{,}96}$

c) $\alpha_1 = \frac{\alpha_2}{k_R} = \frac{135°}{0{,}96} = \mathbf{140{,}6°}$

$\alpha_1' = \frac{\alpha_2'}{k_R} = \frac{23°}{0{,}96} = \mathbf{24{,}0°}$

d) $r_1 = k_R \cdot (r_2 + 0{,}5 \cdot s) - 0{,}5 \cdot s$
$= 0{,}96 \cdot (2{,}5\ \text{mm} + 0{,}5 \cdot 1\ \text{mm}) - 0{,}5 \cdot 1\ \text{mm} = \mathbf{2{,}4\ mm}$

$r_1' = r_1 = \mathbf{2{,}4\ mm}$

164/5. **Kleiderhaken**

a) $\alpha_2 = 180° - 30° = \mathbf{150°}$

$\alpha_2' = \mathbf{35°}$

b) $\frac{r_2}{s} = \frac{10\ \text{mm}}{1{,}6\ \text{mm}} = 6{,}25 \approx 6{,}3$; aus Tabelle 163/1: $k_R = \mathbf{0{,}96}$

$\frac{r_2'}{s} = \frac{20\ \text{mm}}{1{,}6\ \text{mm}} = 12{,}5$; aus Diagramm 163/3: $k_R' \approx \mathbf{0{,}95}$

c) $\alpha_1 = \frac{\alpha_2}{k_R} = \frac{150°}{0{,}96} = \mathbf{156{,}3°}$; $\alpha_1' = \frac{\alpha_2'}{k_R'} = \frac{35°}{0{,}95} = \mathbf{36{,}8°}$

d) $r_1 = k_R \cdot (r_2 + 0{,}5 \cdot s) - 0{,}5 \cdot s = 0{,}96 \cdot (10\ \text{mm} + 0{,}5 \cdot 1{,}6\ \text{mm}) - 0{,}5 \cdot 1{,}6\ \text{mm}$
$= \mathbf{9{,}6\ mm}$

$r_1' = 0{,}95 \cdot (20\ \text{mm} + 0{,}5 \cdot 1{,}6\ \text{mm}) - 0{,}5 \cdot 1{,}6\ \text{mm} = \mathbf{19{,}0\ mm}$

e) $L = l_1 + l_2 + l_3 + l_4 + l_5$

$= 20\ \text{mm} + \frac{\pi \cdot r_{m1} \cdot \alpha_1}{180°} + 55\ \text{mm} + \frac{\pi \cdot r_{m2} \cdot \alpha_2}{180°} + 30\ \text{mm}$

$= 20\ \text{mm} + \frac{\pi \cdot 10{,}8\ \text{mm} \cdot 150°}{180°} + 55\ \text{mm} + \frac{\pi \cdot 20{,}8\ \text{mm} \cdot 35°}{180°} + 30\ \text{mm}$

$= (20 + 28{,}3 + 55 + 12{,}7 + 30)\ \text{mm}$

$= \mathbf{146\ mm}$

4.3.2 Tiefziehen

Zuschnittdurchmesser, Ziehstufen, Ziehverhältnisse

167/1. **Zylinder**

$D = \sqrt{d^2 + 4 \cdot d \cdot h} = \sqrt{(45\ \text{mm})^2 + 4 \cdot 45\ \text{mm} \cdot 40\ \text{mm}} = \mathbf{96\ mm}$

167/2. **Hülse**

$D = \sqrt{d_2^2 + 4 \cdot d_1 \cdot h} = \sqrt{(120\ \text{mm})^2 + 4 \cdot 60\ \text{mm} \cdot 90\ \text{mm}} = \mathbf{190\ mm}$

167/3. **Kugelhalbschale**

$A_1 = \frac{\pi \cdot d_1^2}{2} + \frac{\pi}{4}(d_1^2 - d_2^2) = \frac{\pi\,(40\ \text{mm})^2}{2} + \frac{\pi}{4}[(55\ \text{mm})^2 - (40\ \text{mm})^2] = 3\,632{,}5\ \text{mm}^2$

$D = \sqrt{\frac{4 \cdot A}{\pi}} = \sqrt{\frac{4 \cdot 3\,632{,}5\ \text{mm}^2}{\pi}} = \mathbf{68\ mm}$

167/4. Filtereinsatz

$$D = \sqrt{d_2^2 + 4 \cdot (d_1 \cdot h_1 + d_2 \cdot h_2)} =$$

$$= \sqrt{(50\ \text{mm})^2 + 4 \cdot (30\ \text{mm} \cdot 25\ \text{mm} + 50\ \text{mm} \cdot 10\ \text{mm})} = \mathbf{87\ mm}$$

167/5. Napf

a) $\beta = \frac{D}{d} = \frac{140\ \text{mm}}{100\ \text{mm}} = \mathbf{1{,}4}$

b) $\beta_{max} = 2{,}1$ (Tabelle 1, Seite 166); β_{max} ist größer als β: das Teil kann **in einem Zug** gezogen werden.

167/6. Ziehteildurchmesser

$\beta_1 = 1{,}8$ (Tabelle 1, Seite 166); $d_1 = \frac{D}{\beta_1} = \frac{117\ \text{mm}}{1{,}8} = \mathbf{65\ mm}$

167/7. Zylinder

a) $D = \sqrt{d^2 + 4 \cdot d \cdot h} = \sqrt{(20\ \text{mm})^2 + 4 \cdot 20\ \text{mm} \cdot 30\ \text{mm}} = \mathbf{53\ mm}$

b) $\beta_1 = 2{,}0$; $\beta_2 = 1{,}3$ (Tabelle 1, Seite 166)

$$d_1 = \frac{D}{\beta_1} = \frac{53\ \text{mm}}{2{,}0} = 26{,}5\ \text{mm}$$

$$d_2 = \frac{d_1}{\beta_2} = \frac{26{,}5\ \text{mm}}{1{,}3} = 20{,}4\ \text{mm} \approx 20\ \text{mm}$$

2 Züge sind erforderlich.

167/8. Relaisgehäuse

a) $D = \sqrt{d^2 + 4 \cdot d \cdot h} = \sqrt{(15\ \text{mm})^2 + 4 \cdot 15\ \text{mm} \cdot 60\ \text{mm}} = \mathbf{62\ mm}$

b) $d_1 = \frac{D}{\beta_1} = \frac{62\ \text{mm}}{2{,}1} = \mathbf{30\ mm}$ (1. Zwischenzug)

$d_2 = \frac{d_1}{\beta_2} = \frac{30\ \text{mm}}{1{,}6} = \mathbf{19\ mm}$ (2. Zwischenzug)

$d_3 = \frac{d_2}{\beta_3} = \frac{19\ \text{mm}}{1{,}4} = 14\ \text{mm}$

(d_3 ist kleiner als $d = 15$ mm; d. h., **in 3 Zügen** kann das Gehäuse gezogen werden.)

c) $\beta_3 = \frac{d_2}{d} = \frac{19\ \text{mm}}{15\ \text{mm}} = \mathbf{1{,}3}$

167/9. Kegeleinsatz

A = Kreis + Kegelstumpfmantel + Zylinder + Kreisring =

$$= \frac{\pi \cdot d_1^2}{4} + \frac{\pi}{2} \cdot \sqrt{h_1^2 + \left(\frac{d_2 - d_1}{2}\right)^2} \cdot (d_1 + d_2) + \pi \cdot d_2 \cdot h_1 + \frac{\pi}{4}(d_3^2 - d_2^2)$$

$$= \frac{\pi \cdot (40\ \text{mm})^2}{4} + \frac{\pi}{4} \cdot \sqrt{(50\ \text{mm}) + \left(\frac{60\ \text{mm} - 40\ \text{mm}}{2}\right)^2} \cdot (40\ \text{mm} + 60\ \text{mm}) +$$

$$+ \pi \cdot 60\ \text{mm} \cdot 20\ \text{mm} + \frac{\pi}{4} \cdot \left[(80\ \text{mm})^2 - (60\ \text{mm})^2\right] = 15\,235\ \text{mm}^2$$

$$D = \sqrt{\frac{4 \cdot A}{\pi}} = \sqrt{\frac{4 \cdot 15\,235\ \text{mm}^2}{\pi}} = \mathbf{139{,}3\ mm}$$

167/10. Behälter

a) $\beta_1 = 2{,}1$ (Tabelle 1, Seite 166)

$D = \beta_1 \cdot d_1 = 2{,}1 \cdot 74\ \text{mm} = \mathbf{155{,}4\ mm}$

b) $D = \sqrt{d^2 + 4 \cdot d \cdot h};\ h = \dfrac{D^2 - d^2}{4 \cdot d} = \dfrac{(155{,}4\ \text{mm})^2 - (74\ \text{mm})^2}{4 \cdot 74\ \text{mm}} = \mathbf{63\ mm}$

c) $A = \dfrac{\pi \cdot D^2}{4} = \dfrac{\pi \cdot (155{,}4\ \text{mm})^2}{4} = \mathbf{18\,967\ mm^2}$

d) $\eta = \dfrac{R \cdot A}{V \cdot B} = \dfrac{1 \cdot 18\,967\ \text{mm}^2}{(155{,}4\ \text{mm} + 2{,}5\ \text{mm}) \cdot 160\ \text{mm}} = 0{,}75 \mathrel{\hat{=}} \mathbf{75\ \%}$

4.4 Exzenter- und Kurbelpressen

4

169/1. Sicherungsblech

a) $F = S \cdot \tau_{\text{aBmax}}$

$S = 1\ \text{mm} \cdot (\pi \cdot 22\ \text{mm} + 2 \cdot 30\ \text{mm} + 2 \cdot \pi \cdot 9{,}5\ \text{mm}) = 188{,}8\ \text{mm}^2$

$F = 188{,}8\ \text{mm}^2 \cdot 280\ \dfrac{\text{N}}{\text{mm}^2} = \mathbf{52\,864\ N}$

b) $W = \dfrac{2}{3} \cdot F \cdot s = \dfrac{2}{3} \cdot 52\,864\ \text{N} \cdot 1\ \text{mm} = 35\,242{,}7\ \text{N} \cdot \text{mm} = \mathbf{35{,}243\ N \cdot m}$

c) $W_\text{D} = \dfrac{F_\text{n} \cdot H}{15} = \dfrac{40\ \text{kN} \cdot 20\ \text{mm}}{15} = 53{,}33\ \text{kN} \cdot \text{mm} = \mathbf{53{,}33\ N \cdot m}$

d) $F < F_\text{n}$ und $W < W_\text{D}$; die Presse kann im Dauerbetrieb eingesetzt werden.

169/2. Scheibe

a) $F = S \cdot \tau_{\text{aBmax}}$

$S = 3\ \text{mm} \cdot (\pi \cdot 25\ \text{mm} + \pi \cdot 12\ \text{mm}) = 348{,}7\ \text{mm}^2$

$F = 348{,}7\ \text{mm}^2 \cdot 376\ \dfrac{\text{N}}{\text{mm}^2} = 131\,111{,}2\ \text{N} = \mathbf{131{,}1\ kN}$

b) $W = \dfrac{2}{3} \cdot F \cdot s = \dfrac{2}{3} \cdot 131{,}1\ \text{kN} \cdot 3\ \text{mm} = 262{,}6\ \text{kN} \cdot \text{mm} = \mathbf{262{,}6\ N \cdot m}$

c) $W_\text{D} = \dfrac{F_\text{n} \cdot H}{15}$

Stanzautomat A: $W_\text{D} = \dfrac{160\ \text{kN} \cdot 15\ \text{mm}}{15} = 160\ \text{N} \cdot \text{m}$

Stanzautomat B: $W_\text{D} = \dfrac{250\ \text{kN} \cdot 30\ \text{mm}}{15} = 500\ \text{N} \cdot \text{m}$

Die Einsatzbedingungen $F \leq F_\text{n}$ und $W \leq W_\text{D}$ werden vom Stanzautomaten B erfüllt.

169/3. Warmumformung

a) $W_\text{E} = 2 \cdot W_\text{D} = 2 \cdot \dfrac{F_\text{n} \cdot H}{15} = 2 \cdot \dfrac{400\ \text{kN} \cdot 40\ \text{mm}}{15} = 2\,133{,}3\ \text{kN} \cdot \text{mm}$

b) $F \cdot h = W_\text{E}$

$F = \dfrac{W_\text{E}}{h} = \dfrac{2\,133{,}3\ \text{kN} \cdot \text{mm}}{14\ \text{mm}} = \mathbf{152{,}38\ kN}$

169/4. Distanzblech

a) $F = S \cdot \tau_{\text{aBmax}}$

$s = t \cdot (\text{Umfang } l + \text{Bohrung } b)$

$l = 15\ \text{mm} + 6\ \text{mm} + 20\ \text{mm} + 16\ \text{mm} + 10\ \text{mm} + 5\ \text{mm} + 8\ \text{mm} + 5\ \text{mm} + 9\ \text{mm}$

$+ \dfrac{\pi \cdot 16\ \text{mm}}{4} + 14\ \text{mm} = 120{,}56\ \text{mm} \approx 120{,}6\ \text{mm}$

$b = \pi \cdot d = \pi \cdot 10\ \text{mm} = 31{,}4\ \text{mm}$

$S = 0{,}8\ \text{mm} \cdot (120{,}6\ \text{mm} + 31{,}4\ \text{mm}) = 121{,}6\ \text{mm}^2$

$F = 121{,}6\ \text{mm}^2 \cdot 476\ \frac{\text{N}}{\text{mm}^2} = 57\,882\ \text{N} = \mathbf{57{,}9\ kN}$

b) $W = \frac{2}{3} \cdot F \cdot s = \frac{2}{3} \cdot 57{,}9\ \text{kN} \cdot 0{,}8\ \text{mm} = \frac{2}{3} \cdot 57\,900\ \text{N} \cdot 0{,}0008\ \text{m} = \mathbf{30{,}88\ N \cdot m}$

c) $F_n > F$ und $W_D > W$. Die Distanzbleche sind auf der Presse herstellbar.

169/5. **Fließpressrohling**

a) $W_D = \frac{F_n \cdot H}{15} = \frac{80\ \text{kN} \cdot 20\ \text{mm}}{15} = \mathbf{106{,}7\ N \cdot m}$

b) $W = W_D$

$= \frac{2}{3} \cdot F \cdot s$

$F = \frac{3 \cdot W_D}{2 \cdot s} = \frac{3 \cdot 106\,700\ \text{N} \cdot \text{mm}}{2 \cdot 3{,}5\ \text{mm}} = \mathbf{45\,728{,}6\ N}$

c) $\tau_{aBmax} = 0{,}8 \cdot R_{mmax} = 0{,}8 \cdot 95\ \frac{\text{N}}{\text{mm}^2} = \mathbf{76\ \frac{N}{mm^2}}$

d) $F = S \cdot \tau_{aBmax}$

$S = \pi \cdot d \cdot t$

$F = \pi \cdot d \cdot t \cdot \tau_{aBmax}$

$d = \frac{F}{\pi \cdot t \cdot \tau_{aBmax}} = \frac{45\,728{,}6\ \text{N}}{\pi \cdot 3{,}5\ \text{mm} \cdot 76\ \frac{\text{N}}{\text{mm}^2}} = \mathbf{54{,}7\ mm}$

4.5 Spritzgießen

4.5.1– 4.5.4 4.5.1 Schwindung, 4.5.2 Kühlung, 4.5.3 Dosierung der Formmassen, 4.5.4 Kräfte

174/1. **Schwindung**

a) Formmaß für Polyamid

$d_1 = \frac{d \cdot 100\ \%}{100\ \% - S} = \frac{20\ \text{mm} \cdot 100\ \%}{100\ \% - 1{,}3\ \%} = \mathbf{20{,}26\ mm}$

$s_1 = \frac{s \cdot 100\ \%}{100\ \% - S} = \frac{1{,}5\ \text{mm} \cdot 100\ \%}{100\ \% - 1{,}3\ \%} = \mathbf{1{,}52\ mm}$

	d_1 mm	s_1 mm
b) Polystyrol	20,090	1,507
c) Polyethylen	20,325	1,524
d) Polypropylen	20,305	1,523
e) PVC	20,121	1,509

174/2. **Projizierte Fläche**

a) Die projizierte Fläche ist eine Kreisfläche.

$A_{P1} = \frac{d^2 \cdot \pi}{4} = \frac{(50\ \text{mm})^2 \cdot \pi}{4} = \mathbf{1\,963\ mm^2}$

b) Die projizierte Fläche ist eine Rechteckfläche.
$A_{P2} = 2 \cdot d \cdot l = 2 \cdot 2\ \text{mm} \cdot 30\ \text{mm} = \mathbf{120\ mm^2}$

c) $A = A_{P1} + A_{P2} = 1\,963\ \text{mm}^2 + 120\ \text{mm}^2 = \mathbf{2\,083\ mm^2} = \mathbf{20{,}83\ cm^2}$

174/3. **Formmasse**

a) $V_{FT} = V_1 - V_2$ (V_1 und V_2 sind Kegelstümpfe)

$$V_1 = \frac{\pi \cdot h}{12} \cdot (D^2 + d^2 + D \cdot d) = \frac{\pi \cdot 40\ \text{mm}}{12} \cdot (50^2 + 40^2 + 50 \cdot 40)\ \text{mm}^2 = \mathbf{63\,879\ mm^3}$$

$$V_2 = \frac{\pi \cdot 39\ \text{mm}}{12} \cdot (48^2 + 38^2 + 48 \cdot 38)\ \text{mm}^2 = \mathbf{56\,891\ mm^3}$$

$V_{FT} = 63\,879\ \text{mm}^3 - 56\,891\ \text{mm}^3 = \mathbf{6\,988\ mm^3}$
V_{FT} gesamt = $\mathbf{13\,976\ mm^3}$ (zwei Formteile)

b) Zwei Angießkanäle

$$V_A = 2 \cdot \frac{d^2 \cdot \pi}{4} \cdot l = 2 \cdot \frac{(2\ \text{mm})^2 \cdot \pi}{4} \cdot 30\ \text{mm} = \mathbf{188{,}5\ mm^3}$$

c) $m_s = (V_{FT} + V_A) \cdot \varrho = (13{,}976\ \text{cm}^3 + 0{,}189\ \text{cm}^3) \cdot 1{,}14\ \frac{\text{g}}{\text{cm}^3} \approx \mathbf{16\ g}$

174/4. **Dosierung**

a) $V_D = 1{,}25 \cdot V_s + V_p$

$$V_S = \frac{m_s}{\varrho} = \frac{60\ \text{g}}{1{,}38\ \text{g/cm}^3} = 43{,}478\ \text{cm}^3$$

$$V_p = \frac{m_p}{\varrho} = \frac{20\ \text{g}}{1{,}38\ \text{g/cm}^3} = 14{,}493\ \text{cm}^3$$

$V_D = 1{,}25 \cdot 43{,}478\ \text{cm}^3 + 14{,}493\ \text{cm}^3 = \mathbf{68{,}841\ cm^3}$

174/5. **Zykluszeit**

a) $t_k = s \cdot (1 + 2 \cdot s) = 2 \cdot (1 + 2 \cdot 2) = 10$
$t_k = \mathbf{10\ Sekunden}$

b) $t_k = \underbrace{\text{Nachdruckzeit}}_{t_p} + \underbrace{\text{Dosierzeit + Haltezeit}}_{t_{RK}}$

$t_k = t_p + t_{RK}$

$$t_p = \frac{1}{3} \cdot t_k = \frac{1}{3} \cdot 10\ \text{s} = \mathbf{3\ Sekunden}$$

c) t_z = Werkzeug schließen + Einspritzen + Kühlen t_k + Werkzeug öffnen + Auswerfen
$t_z = (1 + 2 + 10 + 0{,}8 + 1{,}4)$ Sekunden = $\mathbf{15{,}2\ s}$

174/6. **Zuhaltekraft**
projizierte Fläche mit Anguss: $A_p = 1{,}15 \cdot A = 1{,}15 \cdot 20\ \text{cm}^2 = 23\ \text{cm}^2$

$$F_Z = 1{,}15 \cdot A_p \cdot p = 1{,}15 \cdot 23\ \text{cm}^2 \cdot 1\,000 \cdot 10\ \frac{\text{N}}{\text{cm}^2} = 264\,500\ \text{N} = \mathbf{264{,}5\ kN}$$

174/7. **Kniehebel**
•

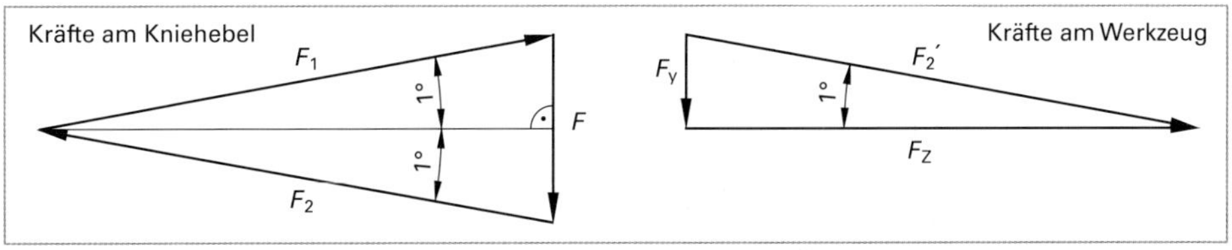

Bild 174/7: Befestigungswinkel

a) $\sin\alpha = \frac{F/2}{F_1}$; $F_1 = \frac{F/2}{\sin\alpha} = \frac{10/2\ \text{kN}}{\sin 1°} = \mathbf{286{,}493\ kN}$; $F_1 = F_2$

$F_y = \frac{F}{2} = \mathbf{5\ kN}$; $F_z = \frac{F_y}{\tan\alpha} = \frac{5\ \text{kN}}{\tan 1°} = \mathbf{286{,}450\ kN}$

b) $F_y = F_z \cdot \tan\alpha = 500\ \text{kN} \cdot \tan 1° = \mathbf{8{,}728\ kN}$

$F_y = \frac{F}{2}$; $F = 2 \cdot F_y = 2 \cdot 8{,}728\ \text{kN} = \mathbf{17{,}456\ kN}$

4.6 Fügen

4.6.1 Schraubenverbindung

178/1. Druckzylinder

a) $F_B = \frac{A \cdot p_e \cdot \nu}{6} = \frac{(500\ \text{mm})^2 \cdot \pi}{4} \cdot \frac{8 \cdot 1{,}5}{6} \cdot 0{,}1\ \frac{\text{N}}{\text{mm}^2} = \mathbf{39\ 270\ N = 39{,}27\ kN}$

b) $\sigma_{zul} = \frac{R_e}{2{,}5} = \frac{8 \cdot 8 \cdot 10}{2{,}5} = \mathbf{256\ \frac{N}{mm^2}}$

c) $S = \frac{F_B}{\sigma_{zul}} = \frac{39\ 270\ \text{N}}{256\ \frac{\text{N}}{\text{mm}^2}} = \mathbf{153{,}4\ mm^2}$; M16 mit $S = 157\ \text{mm}^2$

178/2. Vorschubantrieb

a) $F_B = \frac{F \cdot \nu}{4} = \frac{4\ 000\ \text{N} \cdot 3}{4} = \mathbf{3\ 000\ N}$

b) $\sigma_{zul} = \frac{R_e}{2{,}5} = \frac{8 \cdot 8 \cdot 10}{2{,}5} = \mathbf{256\ \frac{N}{mm^2}}$

c) $S = \frac{F_B}{\sigma_{zul}} = \frac{3\ 000\ \text{N}}{256\ \frac{\text{N}}{\text{mm}^2}} = \mathbf{11{,}72\ mm^2}$; M5 mit $S = 14{,}2\ \text{mm}^2$

d) $F_B = \frac{4\ 000\ \text{N} \cdot 3}{6} = 2\ 000\ \text{N}$; $S = \frac{F_B}{\sigma_{zul}} = \frac{2\ 000\ \text{N}}{256\ \frac{\text{N}}{\text{mm}^2}} = 7{,}81\ \text{mm}^2$

M4 mit S = 8,78 mm²

178/3. Schraubenverbindung

a) $F_R = \nu \cdot F_Q = 2 \cdot 3{,}2\ \text{kN} = \mathbf{6{,}4\ kN}$

$F_N = \frac{F_R}{\mu} = \frac{6{,}4\ \text{kN}}{0{,}2} = 32\ \text{kN}$; wird durch 2 Schrauben erzeugt!

$F_{erf} = \frac{F_N}{2} = \frac{32\ \text{kN}}{2} = \mathbf{16\ kN}$

b) Nach Tabelle 1 Seite 177 kann als kleinster Gewindenenndurchmesser gewählt werden: **M8 mit F_v = 17,2 kN** und **M_A = 23,1 N · m**

c) $p = \frac{F_v}{A} = \frac{F_v}{\frac{\pi}{4}(d_w^2 - d_h^2)} = \frac{17\ 200\ \text{N}}{\frac{\pi}{4}(11{,}6^2 - 9^2)\ \text{mm}^2} = \mathbf{408{,}88\ \frac{N}{mm^2}}$

d) $p_{zul} = 1{,}2 \cdot R_e = 1{,}2 \cdot 235 \frac{N}{mm^2} = 282 \frac{N}{mm^2}; p_{zul} < p!$

Abhilfe: 1) Verwendung von Scheiben nach ISO 7090-200 HV.
2) Größere Auflagefläche durch Verwendung von M10 ohne Ausschöpfung der maximalen Vorspannkraft.

178/4. Spanneisen

● **a)** 2 Spanneisen erzeugen 4 Reibkräfte.

$$F_R = \frac{\nu \cdot F_c}{4} = \frac{3 \cdot 6\,800\ N}{4} = \mathbf{5\,100\ N}$$

b) $F_N = \frac{F_R}{\mu} = \frac{5\,100\ N}{0{,}15} = \mathbf{34\,000\ N}$

$$F_{erf} = \frac{F_N \cdot (35 + 74)\ mm}{74\ mm} = \frac{34\ kN \cdot 109\ mm}{74\ mm} = \mathbf{50{,}08\ kN}$$

c) Auswahl nach Tabelle 1 Seite 177:
M10–8.8 ist nicht verwendbar, da $F_{max} = 27{,}3$ kN.
M12–10.9 oder M16–8.8 wären verwendbar.
Oder alternativ werden 2 weitere Spanneisen eingesetzt. Die erforderliche Vorspannkraft wird dadurch halbiert → $F_{erf} = 25$ kN.

4

4.6.2 Schmelzschweißen

Nahtquerschnitt und Elektrodenbedarf beim Lichtbogenschweißen

181/1. I-Naht

$A = b \cdot s = 2{,}5\ mm \cdot 3\ mm = 7{,}5\ mm^2$

$V_s = A \cdot L = 7{,}5\ mm^2 \cdot 970\ mm = \mathbf{7\,275\ mm^3}$

181/2. Kehlnaht

a) Nach Tabelle 1 Seite 180 benötigt man 1 Wurzellage mit Elektrodendurchmesser 4 mm und 4 Decklagen mit Elektrodendurchmesser 5 mm, mit jeweils 450 mm Länge.

b) Wurzellage: $z_s = 3 \frac{Stück}{m}$ mit 4 x 450 mm

Decklage: $z_s = 18{,}5 \frac{Stück}{m}$ mit 5 x 450 mm

Wurzellage: $Z = L \cdot z_s = 9{,}7\ m \cdot 3 \frac{Stück}{m} = 29{,}1$ Stück = **29 Stück**

Decklage: $Z = L \cdot z_s = 9{,}7\ m \cdot 18{,}5 \frac{Stück}{m} = 179{,}5$ Stück = **180 Stück**

181/3. Abdeckplatte

a) $L = \pi \cdot d = \pi \cdot 100\ mm = \mathbf{314\ mm}$

$A = a^2 \cdot \tan \frac{\alpha}{2} = (8\ mm)^2 \cdot \tan 45° = \mathbf{64\ mm^2}$

$V_s = A \cdot L = 64\ mm^2 \cdot 314\ mm = \mathbf{20\,096\ mm^3}$

b) Nach Tabelle 1 Seite 180 benötigt man 1 Wurzellage mit Elektrodendurchmesser 4 mm und 2 Decklagen mit Elektrodendurchmesser 5 mm, mit jeweils 450 mm Länge.

181/4. Versteifungsblech

a) $L = 2 \cdot 300\ \text{mm} + 2 \cdot 720\ \text{mm} = 600\ \text{mm} + 1\,440\ \text{mm} = \mathbf{2\,040\ mm}$

b) Nach Tabelle 1 Seite 180 benötigt man eine Wurzellage mit Elektrodendurchmesser 4 mm und 4 Decklagen mit Elektrodendurchmesser 5 mm, mit jeweils 450 mm Länge.

181/5. Kreisring

a) $L = L_1 + L_2 = \pi \cdot D + \pi \cdot d = \pi \cdot (D + d) = \pi \cdot (250\ \text{mm} + 150\ \text{mm}) = 1\,256{,}63\ \text{mm} \approx \mathbf{1\,257\ mm}$

b) Nahtplanung nach Tabelle 1 Seite 180:
Für die Nahtdicke a = 8 mm sind erforderlich:
1 Wurzellage, Elektroden 4 · 450 mm, spez. Elektrodenbedarf $z_s = 3$ Stück/m
2 Decklagen, Elektroden 5 · 450 mm, spez. Elektrodenbedarf $z_s = 7$ Stück/m

c) $Z = L \cdot z_s;$

Wurzellage : $Z = 1{,}257\ \text{m} \cdot 3\ \frac{\text{Stück}}{\text{m}} = 3{,}771$ Stück ≈ **4 Elektroden**

Decklagen : $Z = 1{,}257\ \text{m} \cdot 7\ \frac{\text{Stück}}{\text{m}} = 8{,}799$ Stück ≈ **9 Elektroden**

181/6. Absperrgitter

a) $p = \frac{l - 2a}{n - 1};\quad n = \frac{l - 2a}{p} + 1 = \frac{16\,000\ \text{mm} - 170\ \text{mm} \cdot 2}{180\ \text{mm}} + 1 = \mathbf{88}$

b) Schweißnahtlänge: $L = 2 \cdot (60\ \text{mm} + 40\ \text{mm}) \cdot 88 = 17\,600\ \text{mm} = \mathbf{17{,}6\ m}$

c) Nach Tabelle 1 Seite 180 beträgt die Nahtmasse $m = 0{,}14\ \frac{\text{kg}}{\text{m}}$

gesamte Nahtmasse = $m \cdot L = 0{,}14\ \frac{\text{kg}}{\text{m}} \cdot 17{,}6\ \text{m} = \mathbf{2{,}46\ kg}$

181/7. V-Naht

a) $A = s^2 \cdot \tan \frac{\alpha}{2} + b \cdot s$

$A = (10\ \text{mm})^2 \cdot \tan 30° + 2\ \text{mm} \cdot 10\ \text{mm}$
$= 57{,}735\ \text{mm}^2 + 20\ \text{mm}^2 = \mathbf{77{,}7\ mm^2}$

b) $V_s = A \cdot L = 77{,}7\ \text{mm}^2 \cdot 12\,000\ \text{mm} = \mathbf{932\,400\ mm^3}$

c) Nach Tabelle 1 Seite 180 benötigt man eine Wurzellage mit Elektrodendurchmesser 3,2 mm, eine Fülllage mit Elektrodendurchmesser 4 mm und eine Decklage mit Elektrodendurchmesser 5 mm, mit jeweils 450 mm Länge.

Spez. Elektrodenbedarf nach Tabelle 1 Seite 180:

Wurzellage: $z_s = 4\ \frac{\text{Stück}}{\text{m}}$ mit 3,2 x 450 mm

Fülllage: $z_s = 4\ \frac{\text{Stück}}{\text{m}}$ mit 4 x 450 mm

Decklage: $z_s = 6{,}2\ \frac{\text{Stück}}{\text{m}}$ mit 5 x 450 mm

Wurzellage: $Z = L \cdot z_s = 12\ \text{m} \cdot 4\ \frac{\text{Stück}}{\text{m}} = \mathbf{48\ Stück}$

Fülllage: $Z = L \cdot z_s = 12\ \text{m} \cdot 4\ \frac{\text{Stück}}{\text{m}} = \mathbf{48\ Stück}$

Decklage: $Z = L \cdot z_s = 12\ \text{m} \cdot 6{,}2\ \frac{\text{Stück}}{\text{m}} = \mathbf{75\ Stück}$

181/8. Doppel-V-Naht

$$A = 4 \cdot \frac{\left(\frac{a}{2}\right)^2 \cdot \tan\frac{\alpha}{2}}{2} + s \cdot a$$

$$A = \frac{a^2}{2} \cdot \tan\frac{\alpha}{2} + s \cdot a$$

$$A = \frac{(20\text{ mm})^2}{2} \cdot \tan\frac{50°}{2} + 20\text{ mm} \cdot 2\text{ mm}$$

$A = 93{,}26\text{ mm}^2 + 40\text{ mm}^2 = \mathbf{133{,}26\ mm^2}$

Nach Tabelle 1 Seite 180 benötigt man 1 Wurzellage mit Elektrodendurchmesser 3,2 mm, 1 Fülllage mit Elektrodendurchmesser 4 mm und 1 Decklage mit Elektrodendurchmesser 5 mm mit jeweils 450 mm Länge.

Wurzellage: $z_s = 4\,\frac{\text{Stück}}{\text{m}}$ mit 3,2 x 450 mm = **8 Stück**

Fülllage: $z_s = 4\,\frac{\text{Stück}}{\text{m}}$ mit 4 x 450 mm (wegen Doppel-V-Naht · 2) = **8 Stück**

Decklage: $z_s = 6{,}2\,\frac{\text{Stück}}{\text{m}}$ mit 5 x 450 mm = **13 Stück**

4

4.7 Fertigungsplanung

4.7.1 Standgrößen (Standzeit, Standmenge, Standweg, Standvolumen)

182/1. Aufnahmeplatte

$$n = \frac{v_c}{d \cdot \pi} = \frac{70\text{ m/min}}{0{,}0078\text{ m} \cdot \pi} = 2\,856{,}6\,\frac{1}{\text{min}}$$

$$t_h = \frac{L}{n \cdot f};\ \text{mit } L = l + l_s \text{ und } l_s = \frac{d}{2\tan\frac{\sigma}{2}} \text{ oder } l_s = 0{,}3 \cdot d$$

$$L = 60\text{ mm} + 0{,}3 \cdot 7{,}8\text{ mm} = 62{,}3\text{ mm}$$

$$t_n = \frac{62{,}3\text{ mm}}{2\,856{,}6\,\frac{1}{60\,s} \cdot 0{,}2\text{ mm}} = \mathbf{6{,}54\ s}$$

$$N = \frac{T}{t_h} = \frac{20\text{ min} \cdot 60\,\frac{\text{s}}{\text{min}}}{6{,}54\text{ s}} = 183{,}5$$

$\boldsymbol{N}$ = **183 Bohrungen**

182/2. Optimierung

$$L = l + l_s + l_a + l_u = 25\text{ mm} + 0{,}3 \cdot 11\text{ mm} + 1\text{ mm} + 1\text{ mm} = 30{,}3\text{ mm}$$

a) $n_1 = \frac{v_{c1}}{d \cdot \pi} = \frac{30\text{ m/min}}{0{,}011\text{ m} \cdot \pi} = 868{,}1\,\frac{1}{\text{min}}$ $\quad t_{h1} = \frac{l \cdot i}{u_1 \cdot f} = \frac{30{,}3\text{ mm}}{868\,\frac{1}{\text{min}} \cdot 0{,}13\text{ mm}} = 0{,}27\text{ min}$

$N_1 = \frac{T_1}{} = \frac{15\text{ min}}{} = 55{,}55$ $\quad$ $\boldsymbol{N_1}$ **= 55 Bohrungen**

t_{h1} 0,27 min

b) $n_2 = \frac{v_{c2}}{d \cdot \pi} = \frac{80 \frac{1}{\text{min}}}{0{,}011\ \text{m} \cdot \pi} = 2\,315 \frac{1}{\text{min}}$ $t_{n2} = \frac{l \cdot i}{n_2 \cdot f} = \frac{30{,}3\ \text{mm}}{2\,315 \frac{1}{\text{min}} \cdot 0{,}13\ \text{mm}} = 0{,}101\ \text{min}$

$N_2 = \frac{T_2}{t_{n2}} = \frac{15\ \text{min}}{0{,}101\ \text{min}} = 148{,}5$ **N_2 = 148 Bohrungen**

c) Mit dem HM-Bohrer werden fast 3-mal so viele Bohrungen gefertigt.

182/3. Welle

Spanquerschnitt $A = a_p \cdot f = 5\ \text{mm} \cdot 0{,}35\ \text{mm} = 1{,}75\ \text{mm}^2$

$V_t = A \cdot v_c \cdot T = 1{,}75\ \text{mm}^2 \cdot 110 \frac{\text{m}}{\text{min}} \cdot 1\,000 \frac{\text{mm}}{\text{m}} \cdot 15\ \text{min} = 2\,887{,}5 \cdot 10^3\ \text{mm}^3$

$\mathbf{V_t = 2\,887{,}5\ cm^3 \approx 2{,}9\ dm^3}$

4.7.2 Durchlaufzeit, Belegungszeit

Die Aufgaben eignen sich zur Lösung mit einem Tabellenkalkulationsprogramm, z. B. Excel.

185/1. Durchlaufzeiten einer Baugruppe

a) Belegungszeit für Teil 1 und Arbeitsgang 1

Rüsten in Minuten	
BM-Rüstgrundzeit t_{rgB}	15,0
BM-Rüstverteilzeit t_{rVB} = 12 %	1,8
BM-Rüstzeit t_{rB}	**16,8**

Ausführen in Minuten	
Hauptnutzungszeit t_h	2,5
Nebennutzungszeit t_n	1,2
BM-Grundzeit $t_{gB} = t_h + t_n$	3,7
BM-Verteilzeit t_{vB} = 12 %	0,4
BM-Zeit je Einheit t_{eB}	**4,1**

$T_{bB} = t_{rB} + m \cdot t_{eB} = 16{,}8\ \text{min} + 100\ \text{Stück} \cdot 4{,}1\ \text{min} = 426{,}8\ \text{min}$

Belegungszeit = 426,80 Minuten = 7,11 Stunden

Belegungszeit für Teil 1 und Arbeitsgang 2

Rüsten in Minuten	
BM-Rüstgrundzeit t_{rgB}	25,0
BM-Rüstverteilzeit t_{rVB} = 12 %	3,0
BM-Rüstzeit t_{rB}	**28,0**

Ausführen in Minuten	
Hauptnutzungszeit t_h	4,2
Nebennutzungszeit t_n	1,5
BM-Grundzeit $t_{gB} = t_h + t_n$	5,7
BM-Verteilzeit t_{vB} = 12 %	0,7
BM-Zeit je Einheit t_{eB}	**6,4**

$T_{bB} = t_{rB} + m \cdot t_{eB} = 28{,}0\ \text{min} + 100\ \text{Stück} \cdot 6{,}4\ \text{min} = 668{,}0\ \text{min}$

Belegungszeit = 668,00 Minuten = 11,13 Stunden

b)

	Teil 1		
	AG1 in h	**AG2 in h**	
Belegungszeiten T_{bB}	7,11	11,13	
Liegezeiten t_{lie}	4,00	4,00	
Transportzeiten t_{tr}	2,00	2,00	
Planmäßige Durchlaufzeit t_p	13,11	17,13	
Zusatzzeit t_{zu} = 20 % von t_p	2,62	3,43	
Durchlaufzeit T_D	**15,74**	**20,56**	
Durchlaufzeit T_D (gerundet)	**16,00**	**21,00**	**37,00** Stunden

185/2. Drehen und Fräsen einer Abdeckung

Drehen von 200 Abdeckungen:

Rüsten in Minuten		**Ausführen in Minuten**	
BM-Rüstgrundzeit t_{rgB}	13,0	Hauptnutzungszeit t_h	2,8
BM-Rüstverteilzeit t_{rVB} = 12 %	1,6	Nebennutzungszeit t_n	1,5
BM-Rüstzeit t_{rB}	**14,6**	BM-Grundzeit $t_{gB} = t_h + t_n$	4,3
		BM-Verteilzeit t_{vB} = 12 %	0,5
		BM-Zeit je Einheit t_{eB}	**4,8**

$T_{bB} = t_{rB} + m \cdot t_{eB}$ = 14,6 min + 200 Stück · 4,8 min = 974,6 min

T_{bB1} = 974,6 Minuten = 16,24 Stunden

Fräsen von 200 Abdeckungen:

Rüsten in Minuten		**Ausführen in Minuten**	
BM-Rüstgrundzeit t_{rgB}	30,0	Hauptnutzungszeit t_h	5,0
BM-Rüstverteilzeit t_{rVB} = 12 %	3,6	Nebennutzungszeit t_n	1,7
BM-Rüstzeit t_{rB}	**33,6**	BM-Grundzeit $t_{gB} = t_h + t_n$	6,7
		BM-Verteilzeit t_{vB} = 12 %	0,8
		BM-Zeit je Einheit t_{eB}	**7,5**

$T_{bB} = t_{rB} + m \cdot t_{eB}$ = 33,6 min + 200 Stück · 7,5 min = 1 533,6 min

T_{bB2} = 1 533,6 Minuten = 25,56 Stunden

4

185/3. Drehen von Wellen

a) $t_{aB} = m \cdot t_{eB}$ + 14 Stück · 18,5 min = 259,00 Minuten

b) $T_{bB} = t_{rB} + t_{aB}$ = 24,0 min + 259,0 min = 283,00 Minuten

Belegungszeit T_{bB} = 4,72 Stunden

185/4. Fräsen einer Platte

a), b) **Rüsten**		c) **Ausführen**	
BM-Rüstgrundzeit t_{rgB}	32,0	BM-Grundzeit t_{gB}	2,8
BM-Rüstverteilzeit t_{rVB} = 12 %	3,8	BM-Verteilzeit t_{vB} = 8 %	1,5
BM-Rüstzeit t_{rB}	**35,8**	**BM-Zeit je Einheit t_{eB}**	**75,6**

d) $T_{bB} = t_{rB} + m \cdot t_{eB}$ = 35,8 min + 1 Stück · 75,6 min = 111,44 Minuten

Belegungszeit T_{bB} = 1,86 Stunden

185/5. Bohren eines Gehäuses

a), b) Belegungszeit zum Bohren eines Gehäuses

BM-Rüstzeit t_{rB} in Minuten **125,0**

Ausführen in Minuten	
Hauptnutzungszeit t_h	260,0
Nebennutzungszeit t_n	85,0
Brachzeit t_b = 15 % von t_h	39,0
BM-Grundzeit $t_{gB} = t_h + t_n + t_b$	**384,0**
BM-Verteilzeit t_{vB} = 12 % von t_{gB}	46,1
BM-Zeit je Einheit t_{eB}	**430,1**

$T_{bB} = t_{rB} + m \cdot t_{eB}$ = 125,0 min + 1 Stück · 430,1 min = 555,1 Minuten

Belegungszeit T_{bB} = 9,25 Stunden

4.7.3 Auftragszeit

Die Aufgaben eignen sich zur Lösung mit einem Tabellenkalkulationsprogramm, z. B. Excel.

187/1. Tabellenaufgabe

Nr.	Zeiten jeweils in Minuten oder in % der Grundzeiten bzw. Rüstgrundzeiten														
	t_{tb}	t_{tu}	t_t	t_w	t_g	z_{er}	z_v	t_e	m	t_a	t_{rg}	z_{rer}	z_{rv}	t_r	T
a	–	–	29	1,5	**30,5**	4 %	8 %	**34,2**	4	**137**	–	–	–	13	**150**
b	4,2	3,9	**8,1**	1,4	**9,5**	3 %	10 %	**10,8**	50	**540**	15	3 %	12 %	**18**	**558**
c	10	**8,2**	18,2	2,5	**20,7**	–	7 %	**22,2**	11	**245**	37	4 %	10 %	**43**	**288**
d	82	**53**	135	–	135	2 %	**9 %**	150	**5**	750	300	5 %	**12 %**	**351**	1 100

187/2. Schleifen einer Grundplatte

a) **Rüstzeit t_r in Minuten** 32,0

Ausführen in Minuten

Grundzeit t_g	25,0
Erholzeit t_{er}	0,0
Verteilzeit t_v = 10 % v. t_g	2,5
Zeit je Einheit t_e	**27,5**

b) $T = t_r + m \cdot t_e$ = 32,0 min + 1 Stück · 27,5 min = 59,5 min

Auftragszeit = 59,50 Minuten

Auftragszeit ≈ 1,00 Stunden

187/3. Fräsen von Spannbolzen

Auftragszeit = $T = t_r + t_a$

a), b)

	Zeit alt	Zeit neu	Einsparung in Minuten	Einsparung in %
Rüstzeiten t_r	8,3	4,5	3,8	**45,8**
Ausführungszeiten t_a	**8,2**	**5,5**	2,7	**32,9**
Auftragszeiten T	16,5	10,0	6,5	39,4

187/4. Gesamtdurchlaufzeit eines Auftrages

a) **Auftragszeit T_E für die Endmontage des Erzeugnisses**
Losgröße: 100 Stück

Rüsten in Minuten

Rüstgrundzeit t_{rg}	20,0
Rüsterholzeit t_{rer} = 5 % v. t_g	1,0
Rüstverteilzeit t_{rv} = 10 % v. t_g	2,0
Rüstzeit t_r	**23,0**

Ausführen in Minuten

Tätigkeitszeit t_t	4,0
Wartezeit t_W	0,0
Grundzeit t_g	4,0
Erholzeit t_{er} = 5 % v. t_g	0,2
Verteilzeit t_v = 10 % v. t_g	0,4
Zeit je Einheit t_e	**4,6**

T = $t_r + m \cdot t_e$ = 23,0 min + 100 Stück · 4,6 min = 483,0 min

Auftragszeit = 483,00 Minuten

Auftragszeit ≈ 8,00 Stunden

b) **Auftragszeit T_1 für die Montage von Baugruppe 1**
Losgröße: 100 Stück

Rüsten in Minuten		**Ausführen in Minuten**	
Rüstgrundzeit t_{rg}	10,0	Tätigkeitszeit t_t	2,0
Rüsterholzeit t_{rer} = 5 % v. t_g	0,5	Wartezeit t_w	0,0
Rüstverteilzeit t_{rv} = 10 % v. t_g	1,0	Grundzeit t_g	2,0
Rüstzeit t_r	**11,5**	Erholzeit t_{er} = 5 % v. t_g	0,1
		Verteilzeit t_v = 10 % v. t_g	0,2
		Zeit je Einheit t_e	**2,3**

$T = t_r + m \cdot t_e$ = 11,5 min + 100 Stück · 2,3 min = 241,5 min

Auftragszeit = 241,50 Minuten
Auftragszeit ≈ 4,00 Stunden

c) **Auftragszeit T_2 für die Montage von Baugruppe 2**
Losgröße: 200 Stück

Rüsten in Minuten		**Ausführen in Minuten**	
Rüstgrundzeit t_{rg}	15,0	Tätigkeitszeit t_t	5,00
Rüsterholzeit t_{rer} = 5 % v. t_g	0,8	Wartezeit t_W	0,00
Rüstverteilzeit t_{rv} = 10 % v. t_g	1,5	Grundzeit t_g	5,00
Rüstzeit t_r	**17,3**	Erholzeit t_{er} = 5 % v. t_g	0,25
		Verteilzeit t_v = 10 % v. t_g	0,50
		Zeit je Einheit t_e	**5,75**

$T = t_r + m \cdot t_e$ = 17,3 min + 200 Stück · 5,8 min = 1 167,25 min

Auftragszeit = 1 167,25 Minuten
Auftragszeit ≈ 20,00 Stunden

d)

	Montage BG1 in h	**Montage BG2 in h**	**Montage E in h**
Auftragszeit	4,00	20,00	8,00
Liegezeiten	6,00	6,00	6,00
Transportzeiten	2,00	2,00	2,00
Planmäßige Durchlaufzeit	12,00	28,00	16,00
Zusatzzeit 20 % der planm. Durchlaufzeit	2,40	5,60	3,20
Durchlaufzeit	**14,40**	**33,60**	**19,20**
Durchlaufzeit (gerundet)	**15,00**	**34,00**	**20,00**

d) **Vorgangsfolge für die kürzeste Gesamtdurchlaufzeit**

Vorgänge	**Durchlaufzeit**
1. Teil 1 – AG1	16 Stunden
2. Teil 1 – AG2	21 Stunden
3. Montage BG2	34 Stunden
4. Montage BG1	15 Stunden
5. Endmontage	20 Stunden
Gesamtdurchlaufzeit	**106 Stunden**

Alle anderen Vorgänge zur Herstellung des Erzeugnisses lassen sich parallel durchführen.

Erzeugnisgliederung

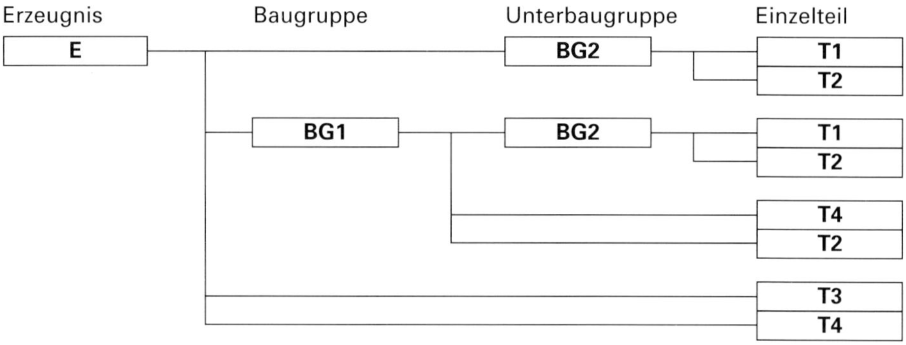

4.7.4 Kostenrechnung

191/1. Gemeinkosten

$$\text{Gemeinkostensatz} = \frac{\text{jährliche Gemeinkosten} \cdot 100\ \%}{\text{Jahreslohnsumme}} = \frac{172.200\ € \cdot 100\ \%}{184.000\ €} = \mathbf{93{,}6\ \%}$$

191/2. Selbstkosten

Werkstoffkosten	70,00 €
Lohnkosten	152,00 €
Gemeinkosten	1,4 · 152,00 € = 212,80 €
Selbstkosten	**434,80 €**

191/3. Verkaufspreis

Selbstkosten = Werkstoffkosten + Lohnkosten + Gemeinkosten
= 78,00 € + 143,00 € + 1,35 · 143,00 € = 414,05 €

Verkaufspreis = Selbstkosten + Gewinn = 414,05 € + 0,09 · 414,05 € = **451,31 €**

191/4. Gewinn

Verkaufspreis = vorgesehene Selbstkosten + vorgesehener Gewinn
= 1.280,00 € + 0,12 · 1.280,00 € = 1.433,60 €

tatsächlicher Gewinn = Verkaufspreis – tatsächliche Selbstkosten
= 1.433,60 € – (1.280,00 € + 26,40 €) = 127,20 €

$$\text{tatsächlicher Gewinn in \%} = \frac{127{,}20\ € \cdot 100\ \%}{1.280{,}00\ € + 26{,}40\ €} = \mathbf{9{,}74\ \%}$$

191/5. Selbstkosten

$$\text{Selbstkosten} = \frac{\text{Verkaufspreis} \cdot 100\ \%}{100\ \% + \text{Gewinn in \%}} = \frac{6.400{,}00\ € \cdot 100\ \%}{110\ \%} = \mathbf{5.818{,}18\ €}$$

191/6. Provision

Rohpreis = Selbstkosten + Gewinn = 360,00 € + 0,1 · 360,00 € = 396,00 €

$$\text{Provision} = \frac{396{,}00\ € \cdot 5\ \%}{95\ \%} = \mathbf{20{,}84\ €}$$

Verkaufspreis = Rohpreis + Provision = 396,00 € + 20,84 € = **416,84 €**

191/7. **Platzkosten**

Platzkosten = Lohnkosten + Gemeinkosten = 16,95 € + 5,5 · 16,95 € = **110,18 €**

191/8. **Verkaufspreis**

Werkstoffeinzelkosten	5,88 €
Werkstoffgemeinkosten = 6 % von 5,88 €	0,35 €
Lohnkosten	11,86 €
Fertigungsgemeinkosten = 310 % von 11,86 €	36,77 €
Herstellkosten	54,86 €
Verwaltung und Vertrieb = 14 % von 54,86 €	7,68 €
Selbstkosten	62,54 €
Gewinn = 10 % von 62,54 €	6,25 €
Rohpreis (95 %)	**68,79 €**
Risiko und Provision = 5 % des Verkaufspreises = $\frac{68{,}79\ € \cdot 5\ \%}{95\ \%}$ =	3,62 €
Verkaufspreis	**72,41 €**

191/9. **Jahresabrechnung**

$$\text{Gemeinkostenzuschlagsatz} = \frac{\text{Gemeinkosten} \cdot 100\ \%}{\text{Fertigungslöhne}} = \frac{218.340\ € \cdot 100\ \%}{83.980\ €} = \mathbf{260\ \%}$$

$$\text{Durchschnittsstundenlohn} = \frac{\text{Fertigungslöhne}}{\text{Jahresarbeitsstunden}} = \frac{83.980\ €}{6\ 150\ \text{h}} = \mathbf{13{,}66\ \frac{€}{h}}$$

Platzkosten = Durchschnittsstundenlohn + Gemeinkosten

$$= 13{,}66\ \frac{€}{\text{h}} + \frac{13{,}66\ € \cdot 260\ \%}{\text{h} \cdot 100\ \%} = \mathbf{49{,}18\ \frac{€}{h}}$$

	Sägerei	Dreherei	Schleiferei	Zusammenbau
Gemeinkostenzuschlag in %	**260**	**285**	**295**	**180**
Durchschnittsstundenlohn in €/h	13,66	15,34	15,00	16,00
Platzkosten in €/h	**49,18**	**59,06**	**59,25**	**44,80**

191/10. **Getriebegehäuse**

Drehen: 1,8 h · 32,00 €/h = 57,60 €
Fräsen: 1,6 h · 43,00 €/h = 68,80 €
Schleifen: 1,1 h · 60,00 €/h = 66,00 €

Fertigungskosten	192,40 €
Werkstoffkosten	70,20 €
Herstellkosten	262,60 €
Verwaltung und Vertrieb = 12 % von 262,60 €	31,51 €
Selbstkosten	294,11 €
Gewinn = 11 % von 294,11 €	32,35 €
Rohpreis (93 %)	326,46 €
Risiko und Provision = 7 % des Verkaufspreises = $\frac{326{,}46\ € \cdot 7\ \%}{93\ \%}$	24,57 €
Verkaufspreis	**351,03 €**

4.7.5 Maschinenstundensatz

193/1. Maschinenlaufzeiten

a) T_G = 35 h/W x 46 W = 1610 h/a T_{ST} = 1610 h/a x 0,25 = 402,5 h/a
$T_L = T_G - T_{ST}$ = 1610 h/a – 402,5 h/a = 1207,5 h/a

$\boldsymbol{T_{L100\,\%}}$ **= 1200 Std./Jahr (gerundet) Normalauslastung** 100 % Auslastung

b) $\boldsymbol{T_{L80\,\%}}$ **=** $\boldsymbol{T_{L100\,\%}}$ **x 0,8 =** 1200 h/a x 0,8 = 960 h/a 80 % Auslastung
$\boldsymbol{T_{L120\,\%}}$ **=** $\boldsymbol{T_{L100\,\%}}$ **x 1,2 =** 1200 h/a x 1,2 = 1440 h/a 120 % Auslastung

193/2. Drehmaschine

Daten:

Beschaffungswert in €:	100.000,00	Stromkosten in €/kWh:	0,25
Nutzungsdauer in Jahren:	8,00	Fläche in m²:	10,00
Zins in %:	8,00	Flächenkosten in €/(m² · Monat):	12,00
Leistung in kW	6,00	Instandhaltung:	0,10
Strom Grundgebühr in €/Monat:	0,00	Maschinenlaufzeit (100 %)	1 200,00

	Kostenarten	Berechnung	K_f €/Jahr	K_v €/h
1	Kalkulatorische Abschreibung	K_{AfA} = BW/N = 100.000,00 €/8 Jahre	12.500,00	
2	Kalkulatorische Zinsen	K_Z = 0,5 · BW · Z/100 % = 0,5 · 100.000,00 € · 8 %/100 %	4.000,00	
3	Instandhaltungskosten	K_I = BW · 10 %/100 % = BW · 0,1 = 100.000,00 € · 0,1	10.000,00	
4	Energiekosten	K_E = Leistung · Stromkosten = 6 kW · 0,25 €/kWh		1,50
5	Raumkosten	K_R = Fläche · Kosten/(m² · M) · 12 M/a = 10 m² · 12,00 €/(m² · M) · 12 M/a	1.440,00	
		Summe der Maschinenkosten	**27.940,00**	**1,50**

Maschinenstundensatz = $K_f/T_L + K_v$ = 27.940,00 €/1 200 h/a + 1,50 €/h = **24,78 €/h**
$K_{MH} \approx$ **25,00 €/h**

193/3. Fräsmaschine

Daten:

Beschaffungswert in €:	130.000,00	Stromkosten in €/kWh:	0,25
Nutzungsdauer in Jahren:	8,00	Fläche in m²:	20,00
AFA fix in %:	100,00	Flächenkosten in €/m² Monat:	10,00
Zins in %:	8,00	Instandhaltung:	0,40
Leistung in kW	5,00	Maschinenlaufzeit (100 %)	1 200,00
Strom Grundgebühr in €/Monat:	20,00		
Werkzeugkosten in €:	4.100,00		

	Kostenarten	Berechnung	K_f €/Jahr	K_v €/h
1	Kalkulatorische Abschreibung	K_{AfA} = BW/N = 130.000,00 €/8 Jahre	16.250,00	
2	Kalkulatorische Zinsen	K_Z = 0,5 · BW · Z/100 % = 0,5 · 130.000,00 € · 8 %/100 %	5.200,00	
3	Instandhaltungskosten	$K_I = K_{AfA}$ · 40 %/100 % = K_{AfA} · 0,4 = 16.250,00 € · 0,4	6.500,00	
4	Energiekosten	K_E = Leistung · Stromkosten = 5 kW · 0,25 €/kWh Grundgebühr 20,00 €/M · 12 Monate	240,00	1,25
5	Raumkosten	K_R = Fläche · Kosten/(m² · M) · 12 M/a = 20 m² · 10,00 €/(m² · M) · 12 M/a	2.400,00	
6	Sonstige Kosten	Werkzeugkosten	4.100,00	
		Summe der Maschinenkosten	**34.690,00**	**1,25**

Maschinenstundensatz = $K_f/T_L + K_v$ = 3. 690,00 €/1 200 h/a + 1,25 €/h = **30,16 €/h**
$K_{MH} \approx$ **31,00 €/h**

193/4. Roboter

Daten:

Beschaffungswert in €:	90.000,00	Fläche in m^2:	6,00
Nutzungsdauer in Jahren:	10,00	Flächenkosten in €/m^2Monat:	12,00
Zins in %:	8,00	Instandhaltungsfaktor:	0,10
Leistung in kW	5,00	Maschinenlaufzeit (100 %)	1 200,00
Stromkosten in €/kwh:	0,25	Maschinenlaufzeit (200 %)	2 400,00

	Kostenarten	Berechnung	Kf €/Jahr	Kv €/h
1	Kalkulatorische Abschreibung	K_{AfA} = BW/N = 90.000,00 €/10 Jahre = 9.000,00 € → variable Kosten: 9.000,00 €/1 200 h/a		7,50
2	Kalkulatorische Zinsen	K_Z = 0,5 · BW · Z/100 % = 0,5 · 90.000,00 € · 8 %/100 %	3.600,00	
3	Instandhaltungskosten	$K_I = K_{AfA}$ · 10 %/100 % = K_{AfA} · 0,1 = 9.000,00 € · 0,1 = 900,00 € → variable Kosten: 9.000,00 €/1 200 h/a		0,75
4	Energiekosten	K_E = Leistung · Stromkosten = 5 kW · 0,25 €/kWh		1,25
5	Raumkosten	K_R = Fläche · Kosten/(m^2 · M) · 12 M/a = 6 m^2 · 12,00 €/(m^2 · M) · 12 M/a	864,00	
		Summe der Maschinenkosten	**4.464,00**	**9,50**
	Maschinenstundensatz bei 1 200 h/a → 4.464 €/1 200 h/a + 9,50 €/h =			13,22 €/a K_{MH} ≈ **14,00 €/a**
	Maschinenstundensatz bei 2 400 h/a → 4.464 €/2 400 h/a + 9,50 €/h =			11,36 €/a K_{MH} ≈ **12,00 €/a**

193/5. Transferstraße

a) **Daten:**

Beschaffungswert in €:	540.000,00	Stromkosten in €/kWh:	0,23
Nutzungsdauer in Jahren:	6,00	Fläche in m^2:	100,00
Abschreibung fix in %:	80,00	Flächenkosten in €/m^2 Monat:	10,00
Zins in %:	8,00	Instandhaltung:	35.000,00
Leistung in kW	50,00	Instandhaltung fix in %:	50,00
Strom Grundgebühr in €/Monat:	150,00	Versicherung in €/a:	1.200,00
Werkzeugkosten in €/175 Std:	2.500,00	Maschinenlaufzeit (100 %)	1 200,00

	Kostenarten	Berechnung	Kf €/Jahr	Kv €/h
1	Kalkulatorische Abschreibung	K_{AfA} = BW/N = 540.000,00 €/6 Jahre = 90.000,00 € → 80 % fixe Kosten: 90.000,00 € · 0,8 = → 20 % variable Kosten: (90.000,00 € – 72.000,00 €)/1 200 h/J	72.000,00	15,00
2	Kalkulatorische Zinsen	K_Z = 0,5 · BW · Z/100 % = 0,5 · 540.000,00 € · 8 %/100 %	21.600,00	
3	Instandhaltungskosten	K_I = 35.000,00 € bei Normalauslastung → 50 % fixe Kosten: 35.000,00 € · 0,5 = → 50 % variable Kosten: 17.500,00 €/1 200 h/a	17.500,00	14,58
4	Energiekosten	K_E = Leistung · Stromkosten = 50 kW · 0,23 €/kWh Grundgebühr 150,00 €/M · 12 M	1.800,00	11,50
5	Raumkosten	K_R = Fläche · Kosten/m^2M · 12 M/J = 100 m^2 · 10,00 €/(m^2 · M) · 12 M/J	12.000,00	
6	Sonstige Kosten	Werkzeugkosten = 2.500,00 €/175 Stunden Versicherungsprämien	1.200,00	14,29
		Summe der Maschinenkosten	**126.100,00**	**55,37**
	Maschinenstundensatz bei 1 200 h/a → 126.100 €/1 200 h/a + 55,37 €/h =			160,45 €/a K_{MH} ≈ **161,00 €/a**
	Maschinenstundensatz bei 80 % Auslastung → 126.100 €/(1.200 h/a · 0,8) + 55,37 €/h			186,72 €/a K_{MH} ≈ **187,00 €/a**
	Maschinenstundensatz bei 120 % Auslastung → 126.100 €/(1.200 h/a · 1,2) + 55,37 €/h			142,94 €/a K_{MH} ≈ **143,00 €/a**

4

b) **Datentabelle und Diagramm mit „Excel" erstellt.**

K_f	K_v	Laufzeit	K_{MH}
in €	in €/h	h/a	€/h
126.100,00	55,37	100	1316
126.100,00	55,37	200	686
126.100,00	55,37	300	476
126.100,00	55,37	400	371
126.100,00	55,37	500	308
126.100,00	55,37	600	266
126.100,00	55,37	700	236
126.100,00	55,37	800	213
126.100,00	55,37	900	195
126.100,00	55,37	1000	181
126.100,00	55,37	1100	170
126.100,00	55,37	1200	160
126.100,00	55,37	1300	152
126.100,00	55,37	1400	145
126.100,00	55,37	1500	139
126.100,00	55,37	1600	134
126.100,00	55,37	1700	130
126.100,00	55,37	1800	125

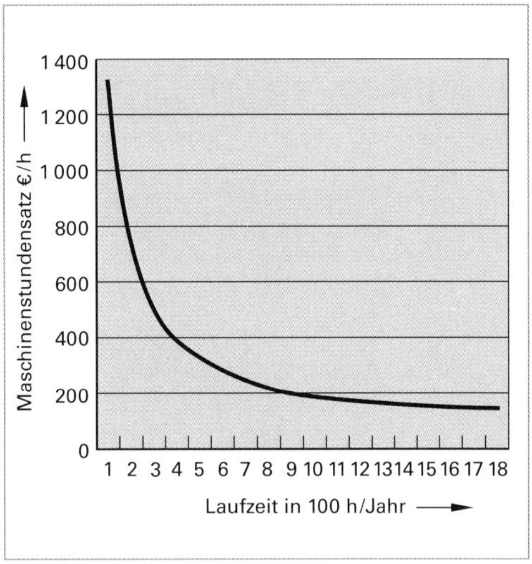

Bild 193/5b

4.7.6 Deckungsbeitrag

Die Aufgaben eignen sich zur Lösung mit einem Tabellenkalkulationsprogramm, z. B. Excel.

195/1. Spezialschraube

a), b)

E = Erlös/Stück	9,00 €/Stück
K_v = variable Kosten/Stück	5,00 €/Stück
DB = E – Kv = (9,00 – 5,00) €/Stück	4,00 €/Stück
Σ DB = DB · 500 Stück = 4,00 €/Stück · 500 Stück	2.000,00 €
K_f = fixe Kosten	1.000,00 €
Gewinn = Σ DB – K_f = (2.000,00 – 1.000,00) €	**1.000,00 €**

Gs = Gewinnschwelle = K_f/DB = 1.000,00 €/4,00 €/Stück = 250,00 Stück

c) **Datentabelle und Diagramm mit „Excel" berechnet und erstellt.**

Menge	Erlös	ΣK	K_f
Stück	**€**	**€**	**€**
100	900	1.500	1.000
200	1.800	2.000	1.000
300	2.700	2.500	1.000
400	3.600	3.000	1.000
500	4.500	3.500	1.000
600	5.400	4.000	1.000
700	6.300	4.500	1.000
800	7.200	5.000	1.000
900	8.100	5.500	1.000
1000	9.000	6.000	1.000

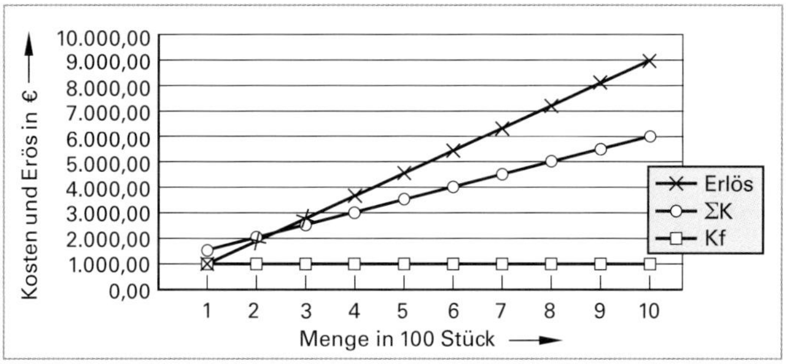

Bild 195/1c

d)

E = Erlös/Stück	7,50 €/Stück
K_v = variable Kosten/Stück	6,00 €/Stück
DB = E – K_v = (9,00 – 5,00) €/Stück	1,50 €/Stück
K_f = fixe Kosten	1.000,00 €
Plangewinn	**1.000,00 €**

Gs = Gewinnschwelle = (K_f + G)/DB = (1.000,00 + 1.000,00)€/1,50 €/Stück =
1.333,33 ≈ **1 334 Stück**

4

195/2. Verschlussdeckel

a)

		Januar	Februar	März	April
monatliche Kapazität	Stück	20 000,00	20 000,00	20 000,00	20 000,00
monatliche Auslastung	Stück	5 000,00	12 000,00	14 000,00	20 000,00
Beschäftigungsgrad (Auslastung) in %		**25,00**	**60,00**	**70,00**	**100,00**

b)

E = Erlös/Stück	€/Stück	6,00	6,00	6,00	6,00
K_v = variable Kosten/Stück	€/Stück	2,00	2,00	2,00	2,00
DB = E – K_v	€/Stück	4,00	4,00	4,00	4,00
Σ DB = DB · Menge	€	20.000,00	48.000,00	56.000,00	80.000,00
K_f = fixe Kosten	€	20.000,00	20.000,00	20.000,00	20.000,00
Gewinn = Σ DB – K_f	**€**	**0,00**	**28.000,00**	**36.000,00**	**60.000,00**

195/3. Spritzgussteile

a)

		Situation alt	Situation neu	b) Zusatzauftrag
Kapazität	Stück	10 000,00	10 000,00	2 500,00
Menge (Auslastung)	Stück	8 400,00	7 500,00	1 500,00
Auslastung	%	**84,00**	**75,00**	**90,00**

E = Erlös/Stück	€/Stück		30,00	22,00
K_v = variable Kosten/Stück = (126 000,00 €/8 400 Stück)		15,00	15,00	15,00
DB = E – K_v	€/Stück		15,00	7,00
Σ DB = DB · Menge	€		112.500,00	10.500,00
K_f = fixe Kosten	€	84.000,00	84.000,00	(keine zusätzlich!)
Gewinn = Σ DB – K_f	**€**		**28.500,00**	**10.500,00**

Da die fixen Kosten bereits gedeckt sind, lohnt sich jeder Auftrag, der einen zusätzlichen Deckungsbeitrag bringt! Zusätzlicher Deckungsbeitrag = 10.500,00 € = zusätzlicher Gewinn!

195/4. Rührgeräte

a)

	Typ I	**Typ II**	**Typ III**	
Menge (Auslastung)	1 200,00	1 100,00	2 500,00	
variable Kosten				
Fertigungsmaterial	21.600,00	30.800,00	105.000,00	
Fertigungslöhne	8.400,00	13.200,00	60.000,00	
variable GK	10.800,00	15.400,00	45.000,00	
Summe K_v	40.800,00	59.400,00	210.000,00	
K_v = variable Kosten/Stück	**34,00**	**54,00**	**84,00**	

b)	E = Erlös/Stück	32,00	58,00	118,00	
	K_v = variable Kosten/Stück	34,00	54,00	84,00	
	DB = E – K_v	–2,00	4,00	34,00	
	Σ DB = DB · Menge	–2.400,00	4.400,00	85.000,00	87.000,00
c)	K_f = fixe Kosten				(45.000,00)
	Gewinn = Σ DB – K_f = 87.000,00 € – 45.000,00 € =				**42.000,00**
d)	**Rangreihenfolge der DB**	**3**	**2**	**1**	

Typ III hat den höchsten Deckungsbeitrag und sollte in Zukunft produziert und verkauft werden!
Typ I hat sogar einen negativen Deckungsbeitrag und sollte deshalb aus dem Programm gestrichen werden!

4.7.7 Lohnberechnung

198/1. Stundenlohn

$$V = \frac{E \cdot S}{100\,\%} = \frac{11{,}98\,\frac{€}{h} \cdot 97\,\%}{100\,\%} = \mathbf{11{,}62\ €/h}$$

198/2. Wochenlohn

$$V = \frac{E \cdot S}{100\,\%} \cdot \left(1 + \frac{Z}{100\,\%}\right) = \frac{12{,}08\,\frac{€}{h} \cdot 110\,\%}{100\,\%} \cdot \left(1 + \frac{14\,\%}{100\,\%}\right) = 13{,}29\ €/h$$

$$\text{Wochenlohn } V_W = V \cdot 38\,\frac{h}{\text{Woche}} = 13{,}29\,\frac{€}{h} \cdot 38\,\frac{h}{\text{Woche}} = \mathbf{505{,}02\ €/Woche}$$

198/3. Ecklohn

a) $E_n = 11{,}50\,\frac{€}{h} \cdot \left(1 + \frac{2{,}1\,\%}{100\,\%}\right) = \mathbf{11{,}74\ €/h}$

b) $V_6 = \frac{E_n \cdot S}{100\,\%} = \frac{11{,}74\,\frac{€}{h} \cdot 97\,\%}{100\,\%} = \mathbf{11{,}39\ €/h}$

$$V_8 = \frac{11{,}74\,\frac{€}{h} \cdot 110\,\%}{100\,\%} = \mathbf{12{,}91\ €/h}$$

198/4. Leistungszulage

$$V = \frac{12{,}08\,\frac{€}{h} \cdot 114\,\%}{112\,\%} = \mathbf{12{,}30\ €/h}$$

198/5. Monatslohn

$$V = \frac{E \cdot S}{100\ \%} \cdot \left(1 + \frac{Z}{100\ \%}\right) = \frac{11{,}95\ \frac{€}{\text{h}} \cdot 120\ \%}{100\ \%} \cdot \left(1 + \frac{18\ \%}{100\ \%}\right) = 16{,}92\ €/\text{h}$$

$$\text{Monatslohn } V_{\text{m}} = 16{,}92\ \frac{€}{\text{h}} \cdot 163\ \frac{\text{h}}{\text{Monat}} = \mathbf{2.757{,}96\ €/Monat}$$

198/6. Leistungszulage

$$V_9 = V \cdot \left(1 + \frac{Z}{100\ \%}\right) = 13{,}76\ \frac{€}{\text{h}} \cdot \left(1 + \frac{26\ \%}{100\ \%}\right) = 17{,}34\ €/\text{h}$$

$$V_{10} = 15{,}60\ \frac{€}{\text{h}} \cdot \left(1 + \frac{18\ \%}{100\ \%}\right) = 18{,}41\ €/\text{h}$$

$$\Delta V = V_{10} - V_9 = (18{,}41 - 17{,}34)\ \frac{€}{\text{h}} = \mathbf{1{,}07\ €/h}$$

198/7. Akkordlohn

a) Die Vorgabezeit T_{v} bezieht sich auf die Normalleistung.

$$\text{Wochenarbeitszeit } T = 39\ \frac{\text{h}}{\text{Woche}} \cdot 60\ \frac{\text{min}}{\text{h}} = 2\,340\ \frac{\text{min}}{\text{Woche}}$$

$$\text{Stück/Woche} = \frac{T}{T_{\text{v}}} = \frac{2\,340\ \frac{\text{min}}{\text{Woche}}}{6\ \frac{\text{min}}{\text{Stück}}} = \mathbf{390\ Stück/Woche}$$

b) $$\text{Tatsächliche Zeit/Stück } T_{\text{t}} = \frac{T}{\text{Stückzahl}} = \frac{2\,340\ \frac{\text{min}}{\text{Woche}}}{503\ \frac{\text{Stück}}{\text{Woche}}} = 4{,}65\ \frac{\text{min}}{\text{Stück}}$$

$$G = \frac{T_{\text{v}}}{T_{\text{t}}} \cdot 100\ \% = \frac{6\ \frac{\text{min}}{\text{Stück}}}{4{,}65\ \frac{\text{min}}{\text{Stück}}} \cdot 100\ \% = \mathbf{129\ \%}$$

c) $$V = \frac{R \cdot G}{100\ \%} = \frac{13{,}25\ \frac{€}{\text{h}} \cdot 129\ \%}{100\ \%} = \mathbf{17{,}09\ €/h}$$

198/8. Akkordrichtsatz

$$\frac{R_8}{R_6} = \frac{S_8}{R_6};\quad R_8 = \frac{R_6 \cdot S_8}{S_6} = \frac{13{,}21\ \frac{€}{\text{h}} \cdot 110\ \%}{97\ \%} = \mathbf{14{,}98\ €/h}$$

198/9. Leistungsgrad

• **a)** Besprechung beim Betriebsrat: $T_{\text{v}} = \frac{G \cdot T_{\text{t}}}{100\ \%} = \frac{116\ \% \cdot 25\ \text{min}}{10\ \%} = 29\ \text{min}$

$$G = \frac{T_{\text{v}}}{T_{\text{t}}} \cdot 100\ \% = \frac{(120 + 140 + 250 + 29)\ \text{min}}{(95 + 133 + 220 + 25)\ \text{min}} \cdot 100\ \% = \mathbf{114\ \%}$$

b) $$V = \frac{R \cdot G}{100\ \%} = \frac{13{,}15\ \frac{€}{\text{h}} \cdot 114\ \%}{100\ \%} = \mathbf{14{,}99\ €/h}$$

4

5 Werkstofftechnik

5.1 Wärmetechnik

5.1.1 Temperatur, 5.1.2 Längen- und Volumenänderung, 5.1.3 Schwindung

201/1. **Umrechnung von Temperaturangaben**

a) $T = t + 273 =$ **308 K; 523 K; 253 K; 288 K; 265 K**

b) $t = T - 273 =$ **235 °C; 45 °C; –100 °C; –238 °C; –255 °C**

201/2. **Längenänderung**

a) $\Delta t = t_2 - t_1 = 38\ °C - 20\ °C = 18\ °C$

$$\Delta l = \alpha_l \cdot l_1 \cdot \Delta t = 0{,}000012\,\frac{1}{°C} \cdot 6\ m \cdot 18\ °C = 0{,}001296\ m = \mathbf{1{,}296\ mm}\ \text{im Sommer}$$

b) $\Delta l = 0{,}000012\,\frac{1}{°C} \cdot 6\ m \cdot (-35\ °C) = -0{,}00252 = \mathbf{-2{,}52\ mm}$ im Winter

201/3. **Pressverbindung**

$$\Delta l = l_2 - l_1 = \alpha_l \cdot l_1 \cdot \Delta t; \quad \Delta t = \frac{l_2 - l_1}{\alpha_l \cdot l_1} = \frac{(17{,}980 - 18{,}000)\ mm}{\frac{0{,}000012 \cdot 18{,}000\ mm}{°C}} = -92{,}59\ °C$$

$$\Delta t = t_2 - t_1; \quad t_2 = \Delta t + t_1 = (-92{,}59 + 20)\ °C = -72{,}59\ °C \approx \mathbf{-73\ °C}$$

201/4. **Warmaufziehen**

$\Delta t = t_2 - t_1 = 95\ °C - 20\ °C = 75\ °C$

$$\Delta d = \alpha_l \cdot d_1 \cdot \Delta t = 0{,}000016\,\frac{1}{°C} \cdot 100\ mm \cdot 75\ °C = 0{,}120\ mm$$

$d_2 = d_1 + \Delta d = 100\ mm + 0{,}120\ mm = \mathbf{100{,}120\ mm}$

201/5. **Getriebwelle**

$\Delta l = \alpha_l \cdot l_1 \cdot \Delta t$

a) Betrieb: $\Delta l_B = 0{,}000012\,\frac{1}{°C} \cdot 420\ mm \cdot 45\ °C = \mathbf{0{,}227\ mm}$

b) Stillstand: $\Delta l_S = 0{,}000012\,\frac{1}{°C} \cdot 420\ mm \cdot (-15\ °C) = \mathbf{-0{,}076\ mm}$

201/6. **Volumenausdehnung**

$\Delta t = t_2 - t_1 = 90\ °C - 18\ °C = 72\ °C$

$$\Delta V = \alpha_V \cdot V_1 \cdot \Delta t = 0{,}00018\,\frac{1}{°C} \cdot 1{,}5\ m^3 \cdot 72\ °C = 0{,}01944\ m^3$$

$V_2 = V_1 + \Delta V = 1{,}5\ m^3 + 0{,}01944\ m^3 = 1{,}51944\ m^3 \mathrel{\hat=} \mathbf{1519{,}44\ l}$

201/7. **Modelllänge**

$$l_1 = \frac{l \cdot 100\ \%}{100\ \% - S} = \frac{75\ mm \cdot 100\ \%}{100\ \% - 1\ \%} = \mathbf{75{,}76\ mm}$$

201/8. **Schwungscheibe**

$$l_1 = \frac{l \cdot 100\,\%}{100\,\% - S} = \frac{1\,200\text{ mm} \cdot 100\,\%}{100\,\% - 1\,\%} = \mathbf{1\,212{,}1\text{ mm}}$$

Werkstücklänge l in mm	1 200	140	120	80	40
Modelllänge l_1 in mm	**1 212,1**	**141,4**	**121,2**	**80,8**	**40,4**

201/9. **Stahlwelle**

a) $\Delta t = t_2 - t_1 = 20\text{ °C} - 65\text{ °C} = -45\text{ °C}$

$$\Delta d = \alpha_l \cdot d_1 \cdot \Delta t = 0{,}000\,012\,\frac{1}{\text{°C}} \cdot 35{,}001\text{ mm} \cdot (-45\text{ °C}) = -0{,}0189\text{ mm}$$

$$d_2 = d_1 + \Delta d = 35{,}001\text{ mm} - 0{,}0189\text{ mm} = 34{,}9821\text{ mm} \approx \mathbf{34{,}982\text{ mm}}$$

b) Zulässiges Mindestmaß für 35h6 : 35,00 mm – 0,016 mm = 34,984 mm
34,984 mm – 34,982 mm = 0,002 mm = **2 µm**

201/10. **Toranlage**

$\Delta l = \pm 2\text{ mm}$

$$\Delta t = \frac{\Delta l}{\alpha_l \cdot l_1} = \frac{\pm 2\text{ mm}}{0{,}000\,012\,\frac{1}{\text{°C}} \cdot 4\,000\text{ mm}} = \pm 41{,}67\text{ °C}$$

$t_{max} = t_1 + \Delta t = (20 + 41{,}67)\text{ °C} = \mathbf{61{,}67\text{ °C}}$
$t_{min} = t_1 - \Delta t = (20 - 41{,}67)\text{ °C} = \mathbf{-21{,}67\text{ °C}}$

5.1.4 Wärmemenge

Wärmemenge beim Erwärmen und Abkühlen

203/1. **Wasser**

$\Delta t = t_2 - t_1 = 95\text{ °C} - 12\text{ °C} = 83\text{ °C}$

$$Q = c \cdot m \cdot \Delta t = 4{,}18\,\frac{\text{kJ}}{\text{kg} \cdot \text{°C}} \cdot 60\text{ kg} \cdot 83\text{ °C} = \mathbf{20\,816\text{ kJ}}$$

203/2. **Heizung**

$\Delta t = t_2 - t_1 = 20\text{ °C} - 5\text{ °C} = 15\text{ °C}$

$$m = \varrho \cdot V = 1{,}29\,\frac{\text{kg}}{\text{m}^3} \cdot 1\,000\text{ m}^3 = 1\,290\text{ kg}$$

$$Q = c \cdot m \cdot \Delta t = 1\,\frac{\text{kJ}}{\text{kg} \cdot \text{°C}} \cdot 1\,290\text{ kg} \cdot 15\text{ °C} = \mathbf{19\,350\text{ kJ}}$$

203/3. **Härten**

$$m_{Ö} = \varrho \cdot V = 0{,}91\,\frac{\text{kg}}{\text{dm}^3} \cdot 800\text{ dm}^3 = \mathbf{728\text{ kg}}$$

Nach dem Temperaturausgleich ist die vom Stahl abgegebene Wärmemenge Q_{ab} gleich der vom Öl aufgenommenen Wärmemenge Q_{auf}. Die Mischungstemperatur ist t_M.

$$Q_{ab} = Q_{auf}$$

$$c_s \cdot m_s \cdot (t_s - t_M) = c_{Ö} \cdot m_{Ö} \cdot (t_M - t_{Ö})$$

$$t_M = \frac{c_s \cdot m_s \cdot t_s + c_{Ö} \cdot m_{Ö} \cdot t_{Ö}}{c_s \cdot m_s + c_{Ö} \cdot m_{Ö}} = \frac{0{,}49\,\frac{\text{kJ}}{\text{kg} \cdot \text{°C}} \cdot 18\text{ kg} \cdot 780\text{ °C} + 1{,}8\,\frac{\text{kJ}}{\text{kg} \cdot \text{°C}} \cdot 728\text{ kg} \cdot 20\text{ °C}}{0{,}49\,\frac{\text{kJ}}{\text{kg} \cdot \text{°C}} \cdot 18\text{ kg} + 1{,}8\,\frac{\text{kJ}}{\text{kg} \cdot \text{°C}} \cdot 728\text{ kg}} =$$

$$= 25{,}081\text{ °C} \approx \mathbf{25\text{ °C}}$$

203/4. Spritzgießwerkzeug

a) 1 Teil: $Q = c \cdot m \cdot \Delta t = 1{,}3 \dfrac{\text{kJ}}{\text{kg} \cdot °\text{C}} \cdot 0{,}06\ \text{kg} \cdot 140\ °\text{C} = 10{,}92\ \text{kJ}$

200 Teile/Stunde: $Q_h = \dfrac{200}{\text{h}} \cdot 10{,}92\ \text{kJ} = \mathbf{2\,184\ \dfrac{kJ}{h}}$

b) $Q_h = Q_w$ (vom Wasser abgeführte Wärmemenge)

$$Q_w = c \cdot m \cdot \Delta t;\ m = \frac{Q_w}{c \cdot \Delta t} = \frac{2\,184\ \dfrac{\text{kJ}}{\text{h}}}{4{,}18\ \dfrac{\text{kJ}}{\text{kg} \cdot °\text{C}} \cdot 5\ °\text{C}} = 104{,}5\ \frac{\text{kg}}{\text{h}} \left(\frac{\text{l}}{\text{h}}\right)$$

Volumenstrom: $V = 104{,}5\ \dfrac{\text{l}}{\text{h}} = 104{,}5\ \dfrac{\text{l}}{\text{h}} \cdot \dfrac{1\ \text{h}}{60\ \text{min}} = \mathbf{1{,}74\ \dfrac{l}{min}}$

Schmelzwärme

203/5. Aluminium

$Q = q \cdot m = 356\ \dfrac{\text{kJ}}{\text{kg}} \cdot 1\,000\ \text{kg} = 356\,000\ \text{kJ} = \mathbf{356\ MJ}$

203/6. Kupferschrott

Wärmemenge Q_1 bis zur Erwärmung auf Schmelztemperatur:

$Q_1 = c \cdot m \cdot \Delta t = 0{,}39\ \dfrac{\text{kJ}}{\text{kg} \cdot °\text{C}} \cdot 3\,000\ \text{kg} \cdot (1\,083 - 20)\ °\text{C} = 1\,243\,710\ \text{kJ} = \mathbf{1\,243{,}71\ MJ}$

Schmelzwärme Q_2:

$Q_2 = q \cdot m = 213\ \dfrac{\text{kJ}}{\text{kg}} \cdot 3\,000\ \text{kg} = 639\,000\ \text{kJ}$

$Q = Q_1 + Q_2 = (1\,243\,710 + 639\,000)\ \text{kJ} = 1\,882\,710\ \text{kJ} = \mathbf{1\,883\ MJ}$

5.2 Werkstoffprüfung

5.2.1 Zugversuch

206/1. Strebe

a) $S_o = \dfrac{\pi}{4} \cdot d_o^2 = \dfrac{\pi}{4} \cdot (8\ \text{mm})^2 = \mathbf{50{,}27\ mm^2}$

b) $R_m = \dfrac{F_m}{S_o} = \dfrac{15\,000\ \text{N}}{50{,}27\ \text{mm}^2} = \mathbf{298{,}4\ \dfrac{N}{mm^2}}$

c) $R_e = \dfrac{F_e}{S_o} = \dfrac{9\,500\ \text{N}}{50{,}27\ \text{mm}^2} = \mathbf{189\ \dfrac{N}{mm^2}}$

d) $A = \dfrac{L_u - L_o}{L_o} \cdot 100\ \% = \dfrac{\Delta L}{L_o} \cdot 100\ \% = \dfrac{7{,}85\ \text{mm}}{40\ \text{mm}} \cdot 100\ \% = \mathbf{19{,}6\ \%}$

206/2. Dehnschraube

a)

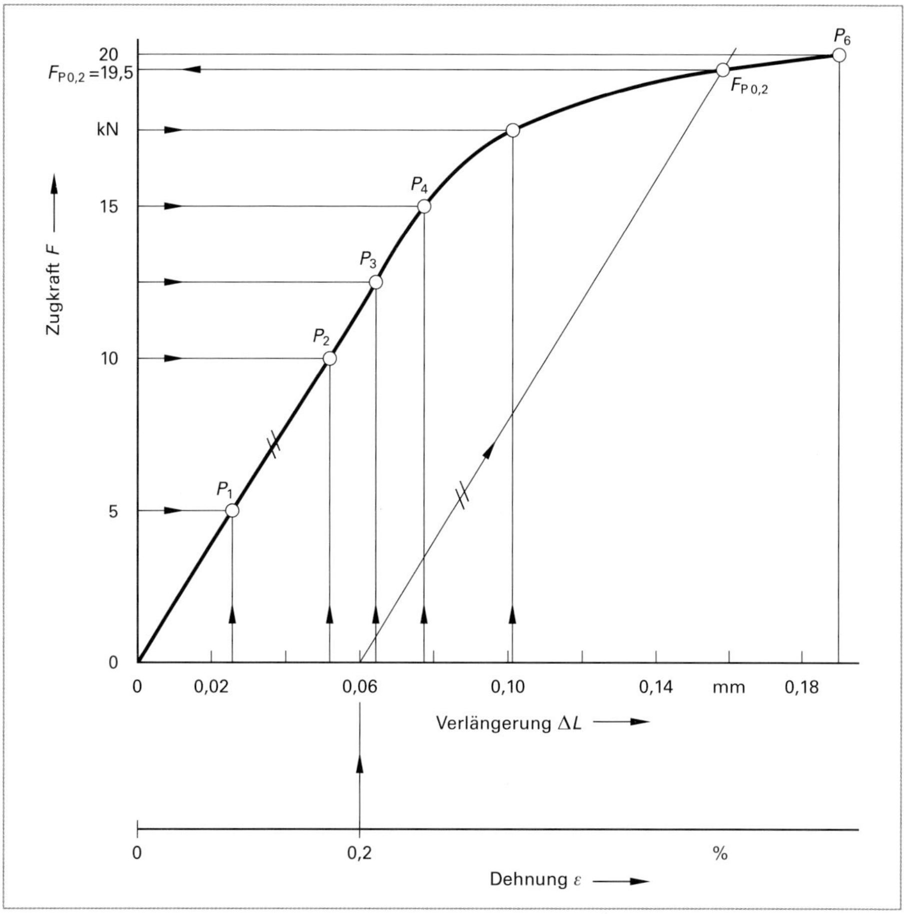

Bild 206/2: Kraft-Verlängerungs-Diagramm der Dehnschraube

b) $\Delta L_{po,2} = \frac{\varepsilon \cdot L_o}{100\,\%} = \frac{0{,}2\,\% \cdot 30\text{ mm}}{100\,\%} = \mathbf{0{,}06\text{ mm}}$

c) $F_{po,2}$ = **19,5 kN** (Bild 206/2)

d) $R_{po,2} = \frac{F_{p0,2}}{S_o}$;

$$S_o = \pi \cdot \frac{d_2}{4} = \pi \cdot \frac{(6\text{ mm})^2}{4} = 28{,}27\text{ mm}^2$$

$$R_{po,2} = \frac{19\,500\text{ N}}{28{,}27\text{ mm}^2} = \mathbf{689{,}78\ \frac{N}{mm^2}}$$

5.2.2 Elastizitätsmodul und Hookesches Gesetz

208/1. **Gummipuffer**

a) $\varepsilon = \frac{\Delta L}{L_o} = \frac{1{,}2\ \text{mm}}{28\ \text{mm}} = \mathbf{0{,}043}$

b) $\sigma = \frac{F}{S} = \frac{F \cdot 4}{\pi \cdot d^2} = \frac{850\ \text{N} \cdot 4}{\pi \cdot 30^2\ \text{mm}^2} = \mathbf{1{,}203\ \frac{N}{mm^2}}$

c) $E = \frac{\sigma}{\varepsilon} = \frac{1{,}203\ \frac{\text{N}}{\text{mm}^2}}{0{,}043} = 27{,}97\ \frac{\text{N}}{\text{mm}^2} \approx \mathbf{28\ \frac{N}{mm^2}}$

208/2. **Hubseil**

a) $S = 86 \cdot \frac{\pi \cdot d^2}{4} = 86 \cdot \frac{\pi \cdot 1{,}2^2\ \text{mm}^2}{4} = \mathbf{97{,}3\ mm^2}$

b) $\sigma = \frac{F}{S} = \frac{30\,000\ \text{N}}{97{,}3\ \text{mm}^2} = \mathbf{308{,}3\ \frac{N}{mm^2}}$

c) $\Delta L = \frac{F \cdot L_o}{S \cdot E} = \sigma \cdot \frac{L_o}{E} = \frac{308{,}3\ \frac{\text{N}}{\text{mm}^2} \cdot 24\,000\ \text{mm}}{210\,000\ \frac{\text{N}}{\text{mm}^2}} = \mathbf{35{,}23\ mm}$

209/3. **Federmontage**

$F = R \cdot S = 6\ \frac{\text{N}}{\text{mm}} \cdot 20\ \text{mm} = \mathbf{120\ N}$

209/4. **Dehnungsmessung**

a) $\varepsilon = \frac{\Delta L}{L_o} = \frac{0{,}060\ \text{mm}}{100\ \text{mm}} = \mathbf{0{,}0006}$

b) $\sigma = E \cdot \varepsilon = 210\,000\ \frac{\text{N}}{\text{mm}^2} \cdot 0{,}0006 = \mathbf{126\ \frac{N}{mm^2}}$

c) $\Delta L = \frac{F \cdot L_o}{S \cdot E} = \sigma \cdot \frac{L_o}{E} = 126\ \frac{\text{N}}{\text{mm}^2} \cdot \frac{9\,200\ \text{mm}}{210\,000\ \frac{\text{N}}{\text{mm}^2}} = \mathbf{5{,}52\ mm}$

209/5. **Tiefziehen**

a) $S_1 = \frac{F_N}{n \cdot R} = \frac{400\ \text{N}}{8 \cdot 17{,}7\ \frac{\text{N}}{\text{mm}}} = \mathbf{2{,}82\ mm}$

b) $\Delta F = R \cdot \Delta s = 17{,}7\ \frac{\text{N}}{\text{mm}} \cdot 14\ \text{mm} = \mathbf{247{,}8\ N}$

c) $F_{N1} = n \cdot \Delta F + F_N = 8 \cdot 247{,}8\ \text{N} + 400\ \text{N} = \mathbf{2\,382{,}4\ N}$

209/6. **Pendelstange**

a) $\sigma = E \cdot \varepsilon = 210\,000\ \frac{\text{N}}{\text{mm}^2} \cdot 0{,}0012 = \mathbf{252\ \frac{N}{mm^2}}$

b) $F = \sigma \cdot S;\ S = \frac{\pi}{4}(D^2 - d^2) = \frac{\pi}{4}(30^2 - 22^2)\ \text{mm}^2 = 326{,}73\ \text{mm}^2$

$F = 252\ \frac{\text{N}}{\text{mm}^2} \cdot 326{,}73\ \text{mm}^2 = 82\,336\ \text{N} = \mathbf{82{,}3\ kN}$

c) $\Delta L = \frac{F \cdot L_o}{S \cdot E} = \sigma \cdot \frac{L_o}{E} = 252\ \frac{\text{N}}{\text{mm}^2} \cdot \frac{1\,800\ \text{mm}}{210\,000\ \frac{\text{N}}{\text{mm}^2}} = \mathbf{2{,}16\ mm}$

d) Kräftezerlegung nach Bild 209/6.
$F_s = F \cdot \cos\alpha = 82{,}3\ \text{kN} \cdot \cos 45° = \mathbf{58{,}2\ kN}$

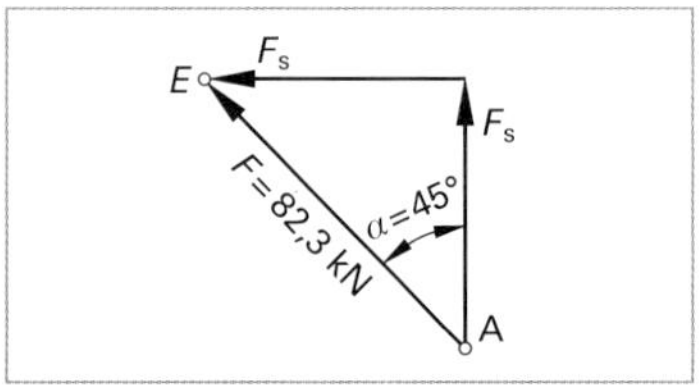

Bild 209/6: Kräftezerlegung

209/7. Flachriementrieb

a) $\Delta L = 2 \cdot \Delta L_a = 2 \cdot 35\ \text{mm} = \mathbf{70\ mm}$

b) $L_o = 2 \cdot \frac{\pi \cdot d}{2} + 2 \cdot a = \pi \cdot d + 2 \cdot a = \pi \cdot 580\ \text{mm} + 2 \cdot 1\,800\ \text{mm} = \mathbf{5\,422{,}12\ mm}$

$$\varepsilon = \frac{\Delta L}{L_o} = \frac{70\ \text{mm}}{5\,422{,}12\ \text{mm}} = \mathbf{0{,}013}$$

c) $\sigma = E \cdot \varepsilon = 80\ \frac{\text{N}}{\text{mm}^2} \cdot 0{,}013 = \mathbf{1{,}04\ \frac{N}{mm^2}}$

d) $F = \sigma \cdot S = 1{,}04\ \frac{\text{N}}{\text{mm}^2} \cdot 100\ \text{mm} \cdot 5\ \text{mm} = \mathbf{520\ N}$

209/8. Federprüfung

b) $F = R \cdot s;\ R = \frac{F}{s} = \frac{120\ \text{N}}{8\ \text{mm}} = \mathbf{15\ \frac{N}{mm}}$

c) Federkraft F aus Schaubild: $F \approx$ **110 N**

Berechnung:

$F = R \cdot s = 15\ \frac{\text{N}}{\text{mm}} \cdot 7{,}4\ \text{mm} = \mathbf{111\ N}$

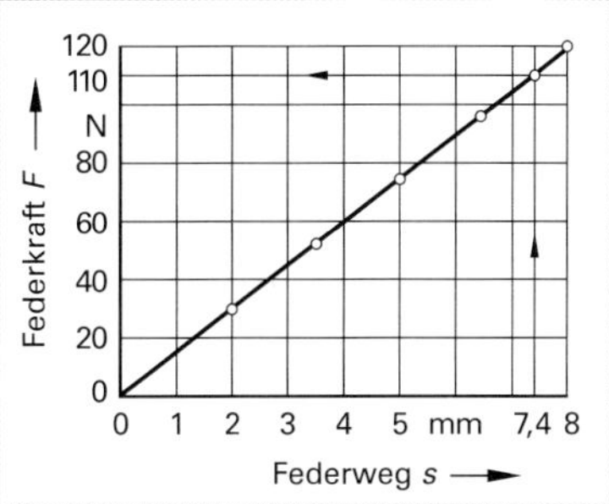

Bild 209/8: Federprüfung

5.3 Festigkeitsberechnungen

5.3.1 Beanspruchung auf Zug

211/1. Zugstab

$$\sigma_{z\,zul} = \frac{R_e}{\nu} = \frac{310\ \frac{\text{N}}{\text{mm}^2}}{1{,}5} = \mathbf{207\ \frac{N}{mm^2}}$$

211/2. Strebe

$$F = S \cdot \sigma_z = 180\ \text{mm}^2 \cdot 168\ \frac{\text{N}}{\text{mm}^2} = \mathbf{30\,240\ N}$$

211/3. Hebelstange

$$\nu = \frac{R_e}{\sigma_{z\,zul}} = \frac{340\ \frac{\text{N}}{\text{mm}^2}}{190\ \frac{\text{N}}{\text{mm}^2}} = \mathbf{1{,}79}$$

211/4. Zugstange

$$R_e = \nu \cdot \sigma_{z\,zul} = 1{,}3 \cdot 168\ \frac{\text{N}}{\text{mm}^2} = \mathbf{218\ \frac{N}{mm^2}}$$

211/5. Drahtseil

a) $S = \frac{\pi \cdot d^2}{4} \cdot 19 \cdot 6 = \frac{\pi\,(0{,}4\ \text{mm})^2}{4} \cdot 19 \cdot 6 = 14{,}3\ \text{mm}^2$

$$\sigma_z = \frac{F}{S} = \frac{3\,000\ \text{N}}{14{,}3\ \text{mm}^2} = \mathbf{209{,}8\ \frac{N}{mm^2}}$$

b) $\nu = \frac{F_B}{F} = \frac{22\,000\ \text{N}}{3\,000\ \text{N}} = \mathbf{7{,}3}$

211/6. **Rundstahlkette**

$$S = \frac{F}{\sigma_z} = \frac{10\,000\ \text{N}}{64\ \frac{\text{N}}{\text{mm}^2}} = 156{,}25\ \text{mm}^2$$

$$S = 2 \cdot \frac{\pi \cdot d^2}{4}; \quad d = \sqrt{\frac{4 \cdot S}{2 \cdot \pi}} = \sqrt{\frac{2 \cdot 156{,}25\ \text{mm}^2}{\pi}} = \mathbf{10\ mm}$$

211/7. **Schlüsselweite**

$$S = \frac{F}{\sigma_{z\,zul}} = \frac{38\,000\ \text{N}}{76\ \frac{\text{N}}{\text{mm}^2}} = 500\ \text{mm}^2$$

$$S = 0{,}866 \cdot s^2; \quad s = \sqrt{\frac{S}{0{,}866}} = \sqrt{\frac{500\ \text{mm}^2}{0{,}866}} = \mathbf{24\ mm}$$

5.3.2 Beanspruchung auf Druck

212/1. **Schubstange**

$$S = \frac{\pi}{4}(D^2 - d^2) = \frac{\pi}{4}(60^2 - 54^2)\ \text{mm}^2 = 537\ \text{mm}^2$$

$$\sigma_d = \frac{F}{S} = \frac{56\,000\ \text{N}}{537\ \text{mm}^2} = \mathbf{104\ \frac{N}{mm^2}}$$

$$\nu = \frac{\sigma_{dF}}{\sigma_d} = \frac{210\ \frac{\text{N}}{\text{mm}^2}}{104\ \frac{\text{N}}{\text{mm}^2}} = \mathbf{2}$$

212/2. **Spindelpresse**

a) $\sigma_{d\,zul} = \frac{\sigma_{dF}}{\nu} = \frac{295\ \frac{\text{N}}{\text{mm}^2}}{2{,}5} = \mathbf{118\ \frac{N}{mm^2}}$

b) $S = \frac{\pi \cdot d^2}{4} = \frac{\pi\,(25\ \text{mm})^2}{4} = 491\ \text{mm}^2$

$$F_{max} = S \cdot \sigma_{d\,zul} = 491\ \text{mm}^2 \cdot 118\ \frac{\text{N}}{\text{mm}^2} = 57\,938\ \text{N} \approx \mathbf{58\ kN}$$

212/3. **Dehnschraube**

a) $S = \frac{\pi \cdot \text{d}^2}{4} = \frac{\pi \cdot (9\ \text{mm})^2}{4} = 63{,}6\ \text{mm}^2$

$$F = \sigma_z \cdot S = 550\ \frac{\text{N}}{\text{mm}^2} \cdot 63{,}3\ \text{mm}^2 = 34\,980\ \text{N} \approx \mathbf{35\ kN}$$

b) $S_R = \frac{\pi}{4}(D^2 - d^2) = \frac{\pi}{4}(25^2 - 13^2)\ \text{mm}^2 = 358\ \text{mm}^2$

$$\sigma_d = \frac{F}{S_R} = \frac{35\,000\ \text{N}}{358\ \text{mm}^2} = \mathbf{97{,}8\ \frac{N}{mm^2}}$$

212/4. **Gummi-Metall-Puffer**

a) $S = \frac{\pi \cdot d^2}{4} = \frac{\pi \cdot (100 \text{ mm})^2}{4} = 7\,854 \text{ mm}^2$

$$\sigma_d = \frac{F_G}{4 \cdot S} = \frac{30\,000 \text{ N}}{4 \cdot 7\,854 \text{ mm}^2} = \mathbf{0{,}95 \frac{N}{mm^2}}$$

b) $\nu = \frac{\sigma_{d\,max}}{\sigma_d} = \frac{3 \frac{\text{N}}{\text{mm}^2}}{0{,}95 \frac{\text{N}}{\text{mm}^2}} = \mathbf{3{,}2}$

5.3.3 Beanspruchung auf Flächenpressung

213/1. **Schneidstempel**

$A = 32 \text{ mm} \cdot 20 \text{ mm} = 640 \text{ mm}^2$

$$p = \frac{F}{A} = \frac{80\,000 \text{ N}}{640 \text{ mm}^2} = \mathbf{125 \frac{N}{mm^2}}$$

213/2. **Schneidkraft**

$A = \frac{\pi \cdot d^2}{4} = \frac{\pi \cdot (5 \text{ mm})^2}{4} = 19{,}6 \text{ mm}^2$

$F = p \cdot A = 200 \frac{\text{N}}{\text{mm}^2} \cdot 19{,}6 \text{ mm}^2 = \mathbf{3\,920\ N}$

213/3. **Nietverbindung**

$A = l \cdot d = 5 \text{ mm} \cdot 11 \text{ mm} = 55 \text{ mm}^2$ (in Kraftrichtung projizierte Querschnittsfläche eines Nietes)

$$p = \frac{F}{4 \cdot A} = \frac{1\,000 \text{ N}}{4 \cdot 55 \text{ mm}^2} = \mathbf{4{,}55 \frac{N}{mm^2}}$$

213/4. **Bolzenverbindung**

$A = \frac{F}{p_{zul}} = \frac{14\,000 \text{ N}}{105 \frac{\text{N}}{\text{mm}^2}} = 133 \text{ mm}^2$ $d = \frac{A}{l} = \frac{133 \text{ mm}^2}{10 \text{ mm}} = \mathbf{13{,}3\ mm}$

213/5. **Passfeder**

$F = \frac{M}{\frac{d}{2}} = \frac{200\,000 \text{ N} \cdot \text{mm}}{\frac{40 \text{ mm}}{2}} = 10\,000 \text{ N}$

$A = (50 - 2 \cdot 6) \text{ mm} \cdot 3 \text{ mm} = 114 \text{ mm}^2$

$$p = \frac{F}{A} = \frac{10\,000 \text{ N}}{114 \text{ mm}^2} = \mathbf{87{,}7 \frac{N}{mm^2}}$$

213/6. **Gleitlager**

$A = \frac{F}{p} = \frac{20\,000 \text{ N}}{10 \frac{\text{N}}{\text{mm}^2}} = 2\,000 \text{ mm}^2$

$A = d \cdot l = d \cdot 0{,}6 \cdot d = 0{,}6 \cdot d^2; \quad d = \sqrt{\frac{A}{0{,}6}} = \sqrt{\frac{2\,000 \text{ mm}^2}{0{,}6}} \approx \mathbf{58\ mm}$

$l = 0{,}6 \cdot d = 0{,}6 \cdot 58 \text{ mm} = \mathbf{35\ mm}$

5.3.4 Beanspruchung auf Abscherung, Schneiden von Werkstoffen

Abscherung

215/1. **Seilrolle**

$$\tau_a = \frac{F}{S} = \frac{4 \cdot F}{2 \cdot \pi \cdot d^2} = \frac{4 \cdot 25\,000\ \text{N}}{2 \cdot \pi \cdot (20\ \text{mm})^2} = \mathbf{40\ \frac{N}{mm^2}}$$

215/2. **Scherstift**

$$F = \frac{2 \cdot M}{D} = \frac{2 \cdot 200\,000\ \text{N} \cdot \text{mm}}{20\ \text{mm}} = 20\,000\ \text{N}$$

$$\tau_{aB\,max} \approx 0{,}8 \cdot R_{m\,max} = 0{,}8 \cdot 610\ \frac{\text{N}}{\text{mm}^2} = 488\ \frac{\text{N}}{\text{mm}^2}$$

$$S = \frac{F}{\tau_{aB\,max}} = \frac{20\,000\ \text{N}}{488\ \frac{\text{N}}{\text{mm}^2}} = 40{,}98\ \text{mm}^2$$

$$S = 2 \cdot \frac{\pi \cdot d^2}{4};\quad d = \sqrt{\frac{2 \cdot S}{\pi}} = \sqrt{\frac{2 \cdot 40{,}98\ \text{mm}^2}{\pi}} = 5{,}1\ \text{mm} \approx \mathbf{5\ mm}$$

215/3. **Passschraube**

a) $$\tau_{a\,zul} = \frac{\tau_{aB}}{\nu} = \frac{640\ \frac{\text{N}}{\text{mm}^2}}{1{,}6} = 400\ \frac{\text{N}}{\text{mm}^2}$$

$$\tau_{a\,zul} = \frac{F_{zul}}{S};\quad F_{zul} = \tau_{a\,zul} \cdot S = 400\ \frac{\text{N}}{\text{mm}^2} \cdot \frac{\pi \cdot (21\ \text{mm})^2}{4} =$$

$$= 138\,544\ \text{N} \approx \mathbf{139\ kN}$$

b) Die höchste Flächenpressung tritt im abgewinkelten Stab auf.

$$p = \frac{F}{S} = \frac{130\,000\ \text{N}}{21\ \text{mm} \cdot 20\ \text{mm}} = \mathbf{310\ \frac{N}{mm^2}}$$

Schneiden von Werkstoffen

215/4. **Lochstempel**

a) $$F \cdot S \cdot \tau_{aB\,max} = \pi \cdot d_1 \cdot s \cdot \tau_{aB\,max} = \pi \cdot 1{,}5\ \text{mm} \cdot 0{,}8\ \text{mm} \cdot 320\ \frac{\text{N}}{\text{mm}^2} = \mathbf{1\,206\ N}$$

b) $$p = \frac{F}{A} = \frac{F}{\frac{\pi \cdot d_2^2}{4}} = \frac{1\,206\ \text{N}}{\frac{\pi \cdot (4\ \text{mm})^2}{4}} = \mathbf{96\ \frac{N}{mm^2}}$$

215/5. **Sicherungsscheibe**

$$\tau_{aB\,max} = 0{,}8 \cdot R_{m\,max} = 0{,}8 \cdot 510\ \frac{\text{N}}{\text{mm}^2} = 408\ \frac{\text{N}}{\text{mm}^2}$$

a) Vorlochen:

$$F = S \cdot \tau_{aB\,max} = \pi \cdot d \cdot s \cdot \tau_{aB\,max} = \pi \cdot 22\ \text{mm} \cdot 1\ \text{mm} \cdot 408\ \frac{\text{N}}{\text{mm}^2} = 28\,199\ \text{N} \approx \mathbf{28\ kN}$$

b) Ausschneiden:

$$S = n \cdot l \cdot s = n \cdot SW \cdot (\tan 30°) \cdot s = 6 \cdot 46\ \text{mm} \cdot 0{,}5774 \cdot 1\ \text{mm} = 159\ \text{mm}^2$$

$$F = S \cdot \tau_{aB\,max} = 159\ \text{mm}^2 \cdot 408\ \frac{\text{N}}{\text{mm}^2} = 64\,872\ \text{N} \approx \mathbf{65\ kN}$$

215/6. **Halteblech**

$$\tau_{AB\,max} \approx 0{,}8 \cdot R_{m\,max} = 0{,}8 \cdot 200\,\frac{N}{mm^2} = 160\,\frac{N}{mm^2}$$

a) Lochen:

$$F = S \cdot \tau_{aB\,max}$$

$$= (2 \cdot \pi \cdot 7\,mm + 2 \cdot 4\,mm + 24\,mm + 2 \cdot \sqrt{(12\,mm)^2 + (4\,mm)^2}) \cdot 0{,}8\,mm \cdot 160\,\frac{N}{mm^2} = \mathbf{12\,964\,N}$$

b) Ausschneiden:

$$F = S \cdot \tau_{aB\,max} = (3 \cdot 20\,mm + 30\,mm + \pi \cdot 5\,mm) \cdot 0{,}8\,mm \cdot 160\,\frac{N}{mm^2} = \mathbf{13\,531\,N}$$

5.3.5 Beanspruchung auf Biegung

217/1. **Widerstandsmoment**

$$W = \frac{M_b}{\sigma_b} = \frac{527\,000\,N \cdot cm}{6\,800\,\frac{N}{cm^2}} = \mathbf{77{,}5\,cm^3}$$

217/2. **Träger**

$$W = \frac{b \cdot h^2}{6} = \frac{20\,mm \cdot (50\,mm)^2}{6} = 8\,333\,mm^3$$

$$M_b = \frac{F \cdot l}{4} = \frac{3\,200\,N \cdot 1\,200\,mm}{4} = 960\,000\,N \cdot mm$$

$$\sigma_b = \frac{M_b}{W} = \frac{960\,000\,N \cdot mm}{8\,333\,mm^3} = \mathbf{115{,}2\,\frac{N}{mm^2}}$$

217/3. **I-Profil**

a) $$F = \frac{M_b}{l} = \frac{W \cdot \sigma_{bzul}}{l} = \frac{1\,380\,cm^3 \cdot 8\,200\,\frac{N}{cm^2}}{130\,cm} = \mathbf{87\,046\,N}$$

b) $$F = \frac{W \cdot \sigma_{b\,zul}}{l} = \frac{471\,cm^3 \cdot 8\,200\,\frac{N}{cm^2}}{130\,cm} = \mathbf{29\,709\,N}$$

217/4. **T-Profil**

$$W = \frac{M_b}{\sigma_{b\,zul}} = \frac{F \cdot l}{\sigma_{b\,zul}} = \frac{5\,000\,N \cdot 620\,mm}{165\,\frac{N}{mm^2}} = 18\,788\,mm^3 \approx 18{,}8\,cm^3$$

Ein T-Profil **EN 10055-T100** mit W = 24,6 cm^3 kann verwendet werden.

217/5. **Achse**

$$W = \frac{M_b}{\sigma_{b\,zul}} = \frac{F \cdot l}{4 \cdot \sigma_{b\,zul}} = \frac{3\,800\,N \cdot 1\,420\,mm}{4 \cdot 76\,\frac{N}{mm^2}} = 17\,750\,mm^3$$

$$W = \frac{\pi \cdot d^3}{32};\; d = \sqrt[3]{\frac{32 \cdot W}{\pi}} = \sqrt[3]{\frac{32 \cdot 17\,750\,mm^3}{\pi}} = \mathbf{56{,}5\,mm}$$

6 Automatisierungstechnik

6.1 Pneumatik und Hydraulik

6.1.1 Druck und Kolbenkraft

Druck

220/1. Druckeinheiten

Umwandlung in	a	b	c
p_{abs}	2,5 bar	0,2 bar	2,5 bar
p_e	7,2 bar	3 bar	12 bar
p_e	– 0,6 bar	– 0,88 bar	– 0,47 bar

220/2. Positiver Überdruck

$p_{abs} = p_e + p_{amb} = 1{,}25 \text{ bar} + 1 \text{ bar} = 2{,}25 \text{ bar} = \mathbf{225\,000\ Pa}$

220/3. Negativer Überdruck

$p_{abs} = p_e + p_{amb} = -0{,}45 \text{ bar} + 1 \text{ bar} = \mathbf{0{,}55\ bar}$

220/4. Sauerstoffflasche

a) Druckunterschied = 130 bar – 2,5 bar = **127,5 bar**

b) 127,5 bar = $127{,}5 \cdot 10^5$ Pa = **12 750 000 Pa**

c) Druckunterschied = 130 bar – 115 bar = 15 bar

Sauerstoffverbrauch = $15 \text{ bar} \cdot 50 \dfrac{\text{l}}{\text{bar}} = \mathbf{750\ l}$

220/8. Bremskraftverstärker

a) $p_e = p_{abs} - p_{amb}$
$= 0{,}65 \text{ bar} - 1 \text{ bar}$
$= \mathbf{-0{,}35\ bar}$

b) $F_v = p_e \cdot A = 0{,}35 \text{ bar} \cdot \dfrac{10 \text{ N}}{\text{cm}^2 \cdot \text{bar}} \cdot 615 \text{ cm}^2 = \mathbf{2\,152{,}5\ N}$

Kolbenkraft

220/6. Pneumatikzylinder

a) $F = p_e \cdot A \cdot \eta = p_e \cdot \dfrac{\pi \cdot D^2}{4} \cdot \eta = 60 \dfrac{\text{N}}{\text{cm}^2} \cdot \dfrac{\pi \cdot (7 \text{ cm})^2}{4} \cdot 0{,}85 = \mathbf{1\,963\ N}$

b) $F = p_e \cdot A \cdot \eta = p_e \cdot \dfrac{\pi \cdot D^2}{4} \cdot \eta = 90 \dfrac{\text{N}}{\text{cm}^2} \cdot \dfrac{\pi \cdot (5 \text{ cm})^2}{4} \cdot 0{,}85 = \mathbf{1\,502\ N}$

c) $F = p_e \cdot A \cdot \eta = p_e \cdot \dfrac{\pi \cdot D^2}{4} \cdot \eta = 40 \dfrac{\text{N}}{\text{cm}^2} \cdot \dfrac{\pi \cdot (2{,}5 \text{ cm})^2}{4} \cdot 0{,}85 = \mathbf{167\ N}$

223/7. Hydraulikzylinder

F_1 = wirksame Kolbenkraft, wenn Kolbenseite mit Drucköl beaufschlagt wird
F_2 = wirksame Kolbenkraft, wenn Kolbenstangenseite mit Drucköl beaufschlagt wird

a) $F_1 = p_e \dfrac{\pi \cdot D^2}{4} \cdot \eta = 400 \dfrac{\text{N}}{\text{cm}^2} \cdot \dfrac{\pi \cdot (10 \text{ cm})^2}{4} \cdot 0{,}9 = \mathbf{28\,274\ N \approx 28{,}3\ kN}$

$F_2 = p_e \dfrac{\pi \cdot (D^2 - d^2)}{4} \cdot \eta = 400 \dfrac{\text{N}}{\text{cm}^2} \cdot \dfrac{\pi \cdot (10^2 - 6^2) \text{ cm}^2}{4} \cdot 0{,}9 = \mathbf{18\,096\ N \approx 18{,}1\ kN}$

b) $F_1 = p_e \frac{\pi \cdot D^2}{4} \cdot \eta = 600 \frac{N}{cm^2} \cdot \frac{\pi \cdot (16\ cm)^2}{4} \cdot 0{,}9 = \mathbf{108\,573\ N \approx 108{,}6\ kN}$

$F_2 = p_e \frac{\pi \cdot (D^2 - d^2)}{4} \cdot \eta = 600 \frac{N}{cm^2} \cdot \frac{\pi \cdot (16^2 - 12^2)\ cm^2}{4} \cdot 0{,}9 = \mathbf{47\,501\ N \approx 47{,}5\ kN}$

c) $F_1 = p_e \frac{\pi \cdot D^2}{4} \cdot \eta = 1\,000 \frac{N}{cm^2} \cdot \frac{\pi \cdot (5\ cm)^2}{4} \cdot 0{,}9 = \mathbf{17\,671\ N \approx 17{,}7\ kN}$

$F_2 = p_e \frac{\pi \cdot (D^2 - d^2)}{4} \cdot \eta = 1\,000 \frac{N}{cm^2} \cdot \frac{\pi \cdot (5^2 - 3^2)\ cm^2}{4} \cdot 0{,}9 = \mathbf{11\,310\ N \approx 11{,}3\ kN}$

220/8. Pneumatikzylinder

$F_1 = p_e \cdot A \cdot \eta = 55 \frac{N}{cm^2} \cdot \frac{\pi \cdot (4\ cm)^2}{4} \cdot 0{,}8 = \mathbf{552{,}9\ N}$

$F_2 = p_e \cdot A \cdot \eta = 55 \frac{N}{cm^2} \cdot \frac{\pi}{4} (4^2\ cm^2 - 1{,}5^2\ cm^2) \cdot 0{,}8 = \mathbf{475{,}2\ N}$

221/9. Hydraulikzylinder

$A = \frac{F}{p_e \cdot \eta} = \frac{42\,500\ N}{400 \frac{N}{cm^2} \cdot 0{,}9} = 118{,}06\ cm^2$

$d = \sqrt{\frac{4 \cdot A}{\pi}} = \sqrt{\frac{4 \cdot 118{,}06\ cm^2}{\pi}} = 12{,}26\ cm \approx 123\ mm$

Nächster Normzylinderdurchmesser $\boldsymbol{d}$ **= 125 mm**

221/10. Kaltkreissäge

$F_1 = p_e \cdot A \cdot \eta = 400 \frac{N}{cm^2} \cdot \frac{\pi}{4} \cdot (18\ cm)^2 \cdot 0{,}85 = 86\,519{,}5\ N$

$F_1 \cdot l_1 = F_2 \cdot l_2;\quad F_2 = \frac{F_1 \cdot l_1}{l_2} = \frac{86\,519{,}5\ N \cdot 165\ mm}{95\ mm} = \mathbf{150\,270{,}7\ N \approx 150\ kN}$

221/11. Druckbegrenzung

$p_e = \frac{F}{A \cdot \eta} = \frac{1\,200\ N}{\frac{\pi \cdot (6\ cm)^2}{4} \cdot 0{,}83} = 51{,}1 \frac{N}{cm^2} \approx \mathbf{5{,}1\ bar}$

221/12. Pneumatische Spannvorrichtung

a) $F_1 = p_e \cdot A \cdot \eta = 70 \frac{N}{cm^2} \cdot \frac{\pi}{4} \cdot (3{,}5\ cm)^2 \cdot 0{,}88 = \mathbf{592{,}7\ N}$

b) $F_2 \cdot l_2 = F_1 \cdot l_1;\quad F_1 = \frac{F_1 \cdot l_1}{l_2} = \frac{592{,}7\ N \cdot 96\ mm}{75\ mm} = \mathbf{758{,}7\ N}$

221/13. Dieselmotor

$F = p_e \cdot A \cdot \eta = 850 \frac{N}{cm^2} \cdot \frac{\pi \cdot 7{,}5^2\ cm^2}{4} \cdot 0{,}85 = 31\,919\ N \approx \mathbf{31{,}9\ kN}$

221/14. Druckübersetzer

a) $F_1 = p_{e1} \cdot A_1 \cdot \eta_P = 60 \frac{N}{cm^2} \cdot \frac{\pi}{4} \cdot (21\ cm)^2 \cdot 0{,}8 = \mathbf{16\,625\ N}$

b) Die zur Bildung des hydraulischen Drucks p_{e2} wirksame Kraft beträgt
$F_1' = F_1 \cdot \eta_H = 16\,625\ N \cdot 0{,}9 = \mathbf{14\,963\ N}$

$p_{e2} = \frac{F_1'}{A_2} = \frac{14\,963\ N}{7^2\ cm^2 \cdot \frac{\pi}{4}} = \mathbf{388{,}8 \frac{N}{cm^2}}$ (≈ **38,9 bar**)

c) $F_2 = p_{e2} \cdot A_3 \cdot \eta_H = 388{,}8 \frac{N}{cm^2} \cdot \frac{\pi}{4} \cdot (18\ cm)^2 \cdot 0{,}9 = \mathbf{89\,044\ N}$

d) $i = \frac{p_{e1}}{p_{e2}} = \frac{6\text{ bar}}{38{,}9\text{ bar}} = \mathbf{1 : 6{,}48}$

221/15. Zweibacken-Druckluftfutter

a) Wirksame Kolbenfläche $A = \frac{\pi}{4} \cdot (25^2\text{ cm}^2 - 4^2\text{ cm}^2) = 478{,}3\text{ cm}^2$

$$F_1 = p_e \cdot A \cdot \eta = 60\,\frac{\text{N}}{\text{cm}^2} \cdot 478{,}3\text{ cm}^2 \cdot 0{,}75 = \mathbf{21\,523{,}5\text{ N}}$$

b) $\frac{F_1}{2} \cdot l_1 = F_2 \cdot l_2;\quad F_2 = \frac{F_1 \cdot l_1}{2 \cdot l_2} = \frac{21\,523{,}5\text{ N} \cdot 70\text{ mm}}{2 \cdot 24\text{ mm}} = \mathbf{31\,388{,}4\text{ N}}$

6.1.2 Prinzip der hydraulischen Presse

223/1. Hydraulische Bremsanlage

a) $p_e = \frac{F_1}{A_1} = \frac{2\,000\text{ N} \cdot 4}{\pi \cdot (2{,}54\text{ cm})^2} = \mathbf{394{,}7\,\frac{N}{cm^2}}$ **(≈ 39,5 bar)**

b) $F_2 = p_e \cdot A_2 = 394{,}7\,\frac{\text{N}}{\text{cm}^2} \cdot \frac{\pi \cdot (3{,}6\text{ cm})^2}{4} = \mathbf{4\,017{,}6\text{ N} \approx 4\,018\text{ N}}$

oder: $\frac{F_1}{F_2} = \frac{d_1^2}{d_2^2};\quad F_2 = \frac{F_1 \cdot d_2^2}{d_1^2} = \frac{2\,000\text{ N} \cdot (36\text{ mm})^2}{(25{,}4\text{ mm})^2} = \mathbf{4\,017{,}6\text{ N} \approx 4\,018\text{ N}}$

223/2. Doppelkolbenzylinder

$$F_1 = p_e \cdot A_1 = 400\,\frac{\text{N}}{\text{cm}^2} \cdot \frac{\pi}{4} \cdot (5\text{ cm})^2 = 400\,\frac{\text{N}}{\text{cm}^2} \cdot 19{,}635\text{ cm}^2 = \mathbf{7\,854\text{ N}}$$

$$F_2 = p_e \cdot A_2 = 400\,\frac{\text{N}}{\text{cm}^2} \cdot \frac{\pi}{4} \cdot (10\text{ cm})^2 = 400\,\frac{\text{N}}{\text{cm}^2} \cdot 78{,}54\text{ cm}^2 = \mathbf{31\,416\text{ N}}$$

223/3. Hydraulische Handhebelpresse

a) $F_1 \cdot l_1 = F \cdot l;\ F_1 = \frac{F \cdot l}{l_1} = \frac{100\text{ N} \cdot 600\text{ mm}}{100\text{ mm}} = 600\text{ N}$

$$F_2 = \frac{F_1 \cdot A_2}{A_1} = \frac{600\text{ N} \cdot 125\text{ cm}^2}{25\text{ cm}^2} = \mathbf{3\,000\text{ N} = 3\text{ kN}}$$

b) $\frac{s_1}{s_2} = \frac{A_2}{A_1};\ s_1 = \frac{A_2 \cdot s_2}{A_1} = \frac{125\text{ cm}^2 \cdot 52\text{ mm}}{25\text{ cm}^2} = \mathbf{260\text{ mm}}$

Anzahl der Hübe $= \frac{260\text{ mm}}{50\text{ mm}} = \mathbf{5{,}2}$

223/4. Hydraulische Wälzlagerpresse

a) $F_1 \cdot l_1 = F_2 \cdot l_2;\quad F_2 = \frac{F_1 \cdot l_1}{l_2} = \frac{120\text{ N} \cdot 270\text{ mm}}{35\text{ mm}} = \mathbf{925{,}7\text{ N}}$

b) $\frac{F_2}{F_3} = \frac{A_2}{A_3};\quad F_3 = \frac{F_2 \cdot A_3}{A_2} \cdot \eta = \frac{925{,}7\text{ N} \cdot \frac{\pi}{4} \cdot (90^2\text{ mm}^2 - 70^2\text{ mm}^2)}{\frac{\pi}{4} \cdot (6\text{ mm})^2} \cdot 0{,}85 = \mathbf{69\,942\text{ N}}$

c) $\frac{s_2}{s_3} = \frac{A_3}{A_2};\quad s_2 = \frac{s_3 \cdot A_3}{A_2} = \frac{20\text{ mm} \cdot \frac{\pi}{4} \cdot (90^2\text{ mm}^2 - 70^2\text{ mm}^2)}{\frac{\pi}{4} \cdot (6\text{ mm})^2} = 1\,777{,}8\text{ mm}$

Anzahl der Hübe $= \frac{1\,777{,}8\text{ mm}}{34\text{ mm}} = \mathbf{52{,}3}$

223/5. Hydraulische Spannvorrichtung

a) $F_1 \cdot \pi \cdot d = F_2 \cdot P;\; F_2 = \frac{F_1 \cdot \pi \cdot d}{P} = \frac{160\ \text{N} \cdot \pi \cdot 500\ \text{mm}}{2\ \text{mm}} = \frac{160\ \text{N} \cdot 1\,570{,}8\ \text{mm}}{2\ \text{mm}} = 125\,663{,}7\ \text{N}$

Tatsächlich wirksame Spindelkraft = 125 663,7 N · 0,6 = **75 398 N**

b) $p_e = \frac{F_2}{A_2} = \frac{75\,398\ \text{N}}{\frac{\pi}{4} \cdot (2{,}2\ \text{cm})^2} = 19\,834{,}7\ \frac{\text{N}}{\text{cm}^2}$

$F_3 = p_e \cdot A_3 \cdot \eta = 19\,834{,}7\ \frac{\text{N}}{\text{cm}^2} \cdot \frac{\pi}{4} \cdot (1{,}8\ \text{cm})^2 \cdot 0{,}85 = 42\,902{,}2\ \text{N} \approx \mathbf{42{,}9\ kN}$

c) $\frac{F_1}{F_3} = \frac{160\ \text{N}}{42\,902{,}2\ \text{N}} \approx \mathbf{\frac{1}{268}}$

d) $\frac{s_2}{s_3} = \frac{4 \cdot A_3}{A_2};\quad A_2 = \frac{\pi}{4} \cdot 2{,}2^2\ \text{cm}^2 = 3{,}80\ \text{cm}^2;\quad A_3 = \frac{\pi}{4} \cdot 1{,}8^2\ \text{cm}^2 = 2{,}54\ \text{cm}^2$

$s_3 = \frac{A_2 \cdot s_2}{4 \cdot A_3} = \frac{3{,}80\ \text{cm}^2 \cdot 2\ \text{mm}}{4 \cdot 2{,}54\ \text{cm}^2} = \mathbf{0{,}748\ mm}$

6.1.3 Kolben- und Durchflussgeschwindigkeiten

225/1. Kolbengeschwindigkeiten

a) $v = \frac{Q}{A} = \frac{40\,000\ \text{cm}^3}{\text{min} \cdot \frac{\pi}{4} \cdot (5\ \text{cm})^2} = 2\,037\ \frac{\text{cm}}{\text{min}} \cdot \frac{1\ \text{m}}{100\ \text{cm}} \approx \mathbf{20\ \frac{m}{min}}$

b) $v = \frac{Q}{A} = \frac{20\ \text{dm}^3}{\text{min} \cdot \frac{\pi}{4} \cdot (1\ \text{dm})^2} = 25{,}5\ \frac{\text{dm}}{\text{min}} \cdot \frac{1\ \text{m}}{10\ \text{dm}} \approx \mathbf{2{,}6\ \frac{m}{min}}$

c) $v = \frac{Q}{A} = \frac{15\,000\ \text{cm}^3}{\text{min} \cdot \frac{\pi}{4} \cdot (2{,}5\ \text{cm})^2} = 3\,056\ \frac{\text{cm}}{\text{min}} \cdot \frac{1\ \text{m}}{100\ \text{cm}} \approx \mathbf{31\ \frac{m}{min}}$

225/2. Durchflussgeschwindigkeiten

a) $v = \frac{Q}{A} = \frac{25\,000\ \text{cm}^3}{\text{min} \cdot \frac{\pi}{4} \cdot (2{,}2\ \text{cm})^2} = 6\,576{,}7\ \frac{\text{cm}}{\text{min}} \cdot \frac{1\ \text{min}}{60\ \text{s}} \cdot \frac{1\ \text{m}}{100\ \text{cm}} \approx \mathbf{1{,}1\ \frac{m}{s}}$

b) $v = \frac{Q}{A} = \frac{25\,000\ \text{cm}^3}{\text{min} \cdot \frac{\pi}{4} \cdot (5{,}5\ \text{cm})^2} = 1\,052{,}3\ \frac{\text{cm}}{\text{min}} \cdot \frac{1\ \text{min}}{60\ \text{s}} \cdot \frac{1\ \text{m}}{100\ \text{cm}} \approx \mathbf{0{,}18\ \frac{m}{s}}$

c) $v = \frac{Q}{A} = \frac{40\,000\ \text{cm}^3}{\text{min} \cdot \frac{\pi}{4} \cdot (7\ \text{cm})^2} = 1\,039{,}4\ \frac{\text{cm}}{\text{min}} \cdot \frac{1\ \text{min}}{60\ \text{s}} \cdot \frac{1\ \text{m}}{100\ \text{cm}} \approx \mathbf{0{,}17\ \frac{m}{s}}$

225/3. Vorschubzylinder

a) $v = \frac{Q}{A} = \frac{10\,000\ \frac{\text{cm}^3}{\text{min}}}{\frac{\pi}{4} \cdot (5\ \text{cm})^2} = 509{,}3\ \frac{\text{cm}}{\text{min}} \cdot \frac{1\ \text{m}}{100\ \text{cm}} \approx \mathbf{5\ \frac{m}{min}}$

b) $v = \frac{Q}{A} = \frac{10\,000\ \frac{\text{cm}^3}{\text{min}}}{\frac{\pi}{4} \cdot (5^2\ \text{cm}^2 - 2{,}5^2\ \text{cm}^2)} = 679{,}1\ \frac{\text{cm}}{\text{min}} \cdot \frac{1\ \text{m}}{100\ \text{cm}} \approx \mathbf{6{,}8\ \frac{m}{min}}$

6

c) $v = \frac{s}{t}; \quad t = \frac{s}{v} = \frac{2{,}1\ \text{m}}{5\ \frac{\text{m}}{\text{min}}} = 0{,}42\ \text{min} = 0{,}42\ \text{min} \cdot 60\ \frac{\text{s}}{\text{min}} = \mathbf{25{,}2\ s}$

d) $t = \frac{s}{v} = \frac{2{,}1}{6{,}8\ \frac{\text{m}}{\text{min}}} = 0{,}309\ \text{min} = 0{,}309\ \text{min} \cdot 60\ \frac{\text{s}}{\text{min}} = \mathbf{18{,}54\ s}$

225/4. **Vorschubzylinder**

$$Q = v \cdot A = 10\ \frac{\text{cm}}{\text{min}} \cdot \frac{\pi}{4} \cdot (8\ \text{cm})^2 = 502{,}7\ \frac{\text{cm}^3}{\text{min}} \cdot \frac{1\ \text{dm}^3}{1\,000\ \text{cm}^3} \approx 0{,}5\ \frac{\text{dm}^3}{\text{min}} = \mathbf{0{,}5\ \frac{l}{min}}$$

225/5. **Hydraulikzylinder**

a) $A = \frac{Q}{v} = \frac{32\,000\ \frac{\text{cm}^3}{\text{min}}}{500\ \frac{\text{cm}}{\text{min}}} = 64\ \text{cm}^2; \qquad d = \sqrt{\frac{4 \cdot A}{\pi}} = \sqrt{\frac{4 \cdot 6\,400\ \text{mm}^2}{\pi}} \approx \mathbf{90\ mm}$

b) $v = \frac{s}{t}; \quad t = \frac{s}{v} = \frac{32{,}5\ \text{cm}}{500\ \frac{\text{cm}}{\text{min}}} = 0{,}065\ \text{min} = 0{,}065\ \text{min} \cdot 60\ \frac{\text{s}}{\text{min}} = \mathbf{3{,}9\ s}$

225/6. **Vorschubsystem**

a) $v = \frac{Q_1}{A} = \frac{5\,000\ \frac{\text{cm}^3}{\text{min}}}{\frac{\pi}{4} \cdot (10\ \text{cm})^2} = 63{,}7\ \frac{\text{cm}}{\text{min}} \cdot \frac{10\ \text{mm}}{1\ \text{cm}} \cdot \frac{1\ \text{min}}{60\ \text{s}} = \mathbf{10{,}6\ \frac{mm}{s}}$

b) $v = \frac{Q_1 + Q_2}{A} = \frac{5\,000\ \frac{\text{cm}^3}{\text{min}} + 20\,000\ \frac{\text{cm}^3}{\text{min}}}{\frac{\pi}{4} \cdot (10\ \text{cm})^2} = 318{,}3\ \frac{\text{cm}}{\text{min}} \cdot \frac{10\ \text{mm}}{1\ \text{cm}} \cdot \frac{1\ \text{min}}{60\ \text{s}} = \mathbf{53\ \frac{mm}{s}}$

c) $v = \frac{Q_1 + Q_2}{A} = \frac{25\,000\ \frac{\text{cm}^3}{\text{min}}}{\frac{\pi}{4} \cdot (10^2\ \text{cm}^2 - 7^2\ \text{cm}^2)} = 624{,}1\ \frac{\text{cm}}{\text{min}} \cdot \frac{10\ \text{mm}}{1\ \text{cm}} \cdot \frac{1\ \text{min}}{60\ \text{s}} = \mathbf{104\ \frac{mm}{s}}$

d) Zeit für Eilgangweg: $t_1 = \frac{s}{v} = \frac{130\ \text{mm}}{53\ \frac{\text{mm}}{\text{s}}} = 2{,}5\ \text{s}$

Zeit für Vorschubweg: $t_2 = \frac{s}{v} = \frac{62\ \text{mm}}{10{,}6\ \frac{\text{mm}}{\text{s}}} = 5{,}8\ \text{s}$

Zeit für Rückweg: $t_3 = \frac{s}{v} = \frac{192\ \text{mm}}{104\ \frac{\text{mm}}{\text{s}}} = 1{,}8\ \text{s}$

Zeit für Arbeitstakt: $t_1 + t_2 + t_3 = \mathbf{10{,}1\ s}$

225/7. **Hydraulikrohrleitung**

a) $v = \frac{Q}{A} = \frac{250\,000\ \frac{\text{cm}^3}{\text{min}}}{\frac{\pi}{4} \cdot (5\ \text{cm})^2} = 12\,732{,}4\ \frac{\text{cm}}{\text{min}} \cdot \frac{1\ \text{m}}{100\ \text{cm}} \cdot \frac{1\ \text{min}}{60\ \text{s}} = \mathbf{2{,}1\ \frac{m}{s}}$

b) $v = \frac{Q}{A} = \frac{250\,000\ \frac{\text{cm}^3}{\text{min}}}{\frac{\pi}{4} \cdot (10\ \text{cm})^2} = 3\,183{,}1\ \frac{\text{cm}}{\text{min}} \cdot \frac{1\ \text{m}}{100\ \text{cm}} \cdot \frac{1\ \text{min}}{60\ \text{s}} = \mathbf{0{,}53\ \frac{m}{s}}$

c) $A = \frac{Q}{v} = \frac{250\,000\,\frac{\text{cm}^3}{\text{min}}}{300 \cdot 60\,\frac{\text{cm}}{\text{min}}} = 13{,}89\ \text{cm}^2;\ d = \sqrt{\frac{4 \cdot A}{\pi}} = \sqrt{\frac{4 \cdot 13{,}89\ \text{cm}^2}{\pi}} = 4{,}2\ \text{cm} \cdot \frac{10\ \text{mm}}{1\ \text{cm}} = \mathbf{42\ mm}$

gewählt d = 50 mm

6.1.4 Leistungsberechnung in der Hydraulik

227/1. Leistung

a) $P = \frac{Q \cdot p_e}{600} = \frac{35 \cdot 16}{600}\ \text{kW} = \mathbf{0{,}93\ kW}$

b) $P = \frac{Q \cdot p_e}{600} = \frac{86 \cdot 250}{600}\ \text{kW} = \mathbf{35{,}8\ kW}$

c) $P = \frac{Q \cdot p_e}{600} = \frac{36 \cdot 20}{600}\ \text{kW} = \mathbf{1{,}2\ kW}$

227/2. Hydromotor

$P_1 = \frac{Q \cdot p_e}{600} = \frac{72 \cdot 23}{600}\ \text{kW} = 2{,}76\ \text{kW}$

$P_2 = \eta \cdot P_1 = 0{,}78 \cdot 2{,}76\ \text{kW} = \mathbf{2{,}15\ kW}$

227/3. Schaufelbagger

a) $F_G = g \cdot \varrho \cdot V = 9{,}81\,\frac{\text{m}}{\text{s}^2} \cdot 2\,\frac{\text{kg}}{\text{dm}^3} \cdot 400\ \text{dm}^3 = 7\,848\ \text{N}$

$P_2 = \frac{F_G \cdot s}{t} = \frac{7\,848\ \text{N} \cdot 2{,}75\ \text{m}}{10\ \text{s}} = 2\,158\,\frac{\text{N} \cdot \text{m}}{\text{s}} = 2\,158\ \text{W}$

$P_1 = \frac{P_2}{\eta} = \frac{2{,}158\ \text{kW}}{0{,}85} \approx \mathbf{2{,}5\ kW}$

b) $p_e = \frac{600 \cdot P}{Q} = \frac{600 \cdot 2{,}5}{14}\ \text{bar} \approx \mathbf{107\ bar}$

227/4. Hydraulikeinheit

a) $P_{M1} = 0{,}6\ \text{kW};\quad P_{M2} = \eta_M \cdot P_{M1} = 0{,}85 \cdot 0{,}6\ \text{kW} = P_{P1}$

$P_{P2} = \eta_P \cdot P_{P1} = 0{,}8 \cdot 0{,}85 \cdot 0{,}6\ \text{kW} = \mathbf{0{,}408\ kW}$

b) $Q = \frac{600 \cdot P_{P2}}{p_e} = \frac{600 \cdot 0{,}408}{60}\,\frac{\text{l}}{\text{min}} = \mathbf{4{,}08\,\frac{l}{min}}$

227/5. Kolbenpumpe

$P_{P1} = \frac{P_{P2}}{\eta_p} = \frac{Q \cdot p_e}{600 \cdot \eta_p} = \frac{25 \cdot 200}{600 \cdot 0{,}65}\ \text{kW} = \mathbf{12{,}82\ kW} = P_{M2}$

$P_{M1} = \frac{P_{M2}}{\eta_M} = \frac{12{,}82\ \text{kW}}{0{,}85} \approx 15{,}1\ \text{kW}$

Jährliche Energiekosten = $15{,}1\ \text{kW} \cdot 1\,500\ \text{h} \cdot 0{,}13\,\frac{€}{\text{kW} \cdot \text{h}} = \mathbf{2.944{,}50\ €}$

227/6. Zahnradpumpe

a) Fördervolumen einer Zahnlücke $\quad V_1 \approx \frac{p}{2} \cdot 2 \cdot m \cdot b$

Fördervolumen von „z" Zahnlücken bei einer Umdrehung beider Räder $\quad V_z \approx \frac{p}{2} \cdot 2 \cdot m \cdot b \cdot 2 \cdot z$

Fördervolumen bei „n" Umdrehungen = Volumenstrom $\quad Q \approx \frac{p}{2} \cdot 2 \cdot m \cdot b \cdot 2 \cdot z \cdot n = p \cdot m \cdot b \cdot 2 \cdot z \cdot n$

6

Für $p = \pi \cdot m$ ergibt sich

$$Q \approx \pi \cdot m \cdot m \cdot b \cdot 2 \cdot z \cdot n = \pi \cdot 2\ \text{mm} \cdot 2\ \text{mm} \cdot 16\ \text{mm} \cdot 2 \cdot 10 \cdot 1\,500\ \frac{1}{\text{min}}$$

$$= 6\,031\,858\ \frac{\text{mm}^3}{\text{min}} \cdot \frac{1\ \text{l}}{1\,000\,000\ \text{mm}^3} \approx \mathbf{6\ \frac{l}{min}}$$

b) $P_2 = \frac{Q \cdot p_e}{600} = \frac{6 \cdot 32}{600}\ \text{kW} = 0{,}32\ \text{kW}; \quad P_1 = \frac{P_2}{\eta} = \frac{0{,}32\ \text{kW}}{0{,}73} = \mathbf{0{,}44\ kW}$

227/7. Axialkolbenpumpe

a) $P_2 = \frac{Q \cdot p_e}{600} = \frac{136 \cdot 45}{600}\ \text{kW} = 10{,}2\ \text{kW}; \quad P_1 = \frac{P_2}{\eta} = \frac{10{,}2\ \text{kW}}{0{,}75} = \mathbf{13{,}6\ kW}$

b) $Q = A \cdot d_L \cdot n \cdot z \cdot \sin \alpha$

$$= \frac{\pi \cdot (1{,}6\ \text{cm})^2}{4} \cdot 12\ \text{cm} \cdot 1\,500\ \frac{1}{\text{min}} \cdot 9 \cdot \sin 30° = 162\,860\ \frac{\text{cm}^3}{\text{min}} \cdot \frac{1\ \text{l}}{1\,000\ \text{cm}^3} \approx \mathbf{163\ \frac{l}{min}}$$

6.1.5 Luftverbrauch in der Pneumatik

229/1. Luftverbrauch

a) $Q = A \cdot s \cdot n \cdot \frac{p_e + p_{amb}}{p_{amb}} = \frac{\pi \cdot (3{,}5\ \text{cm})^2}{4} \cdot 1{,}5\ \text{cm} \cdot 30\ \frac{1}{\text{min}} \cdot \frac{4\ \text{bar} + 1\ \text{bar}}{1\ \text{bar}}$

$$= 2\,164{,}8\ \frac{\text{cm}^3}{\text{min}} \cdot \frac{1\ \text{l}}{1\,000\ \text{cm}^3} \approx \mathbf{2{,}16\ \frac{l}{min}}$$

Lösung mit Tabelle bzw. Diagramm:

$$Q = q \cdot s \cdot n = 0{,}047\ \frac{\text{l}}{\text{cm}} \cdot 1{,}5\ \text{cm} \cdot 30\ \frac{1}{\text{min}} = \mathbf{2{,}115\ \frac{l}{min}}$$

b) $Q = \frac{\pi \cdot (7\ \text{cm})^2}{4} \cdot 9\ \text{cm} \cdot 15\ \frac{1}{\text{min}} \cdot \frac{4\ \text{bar} + 1\ \text{bar}}{1\ \text{bar}} = 25\,977\ \frac{\text{cm}^3}{\text{min}} \cdot \frac{1\ \text{l}}{1\,000\ \text{cm}^3} \approx \mathbf{26\ \frac{l}{min}}$

$$\left(\text{mit Tabelle: } Q = 0{,}19\ \frac{\text{l}}{\text{cm}} \cdot 9\ \text{cm} \cdot 15\ \frac{1}{\text{min}} = \mathbf{25{,}65\ \frac{l}{min}}\right)$$

c) $Q = \frac{\pi \cdot (10\ \text{cm})^2}{4} \cdot 8{,}5\ \text{cm} \cdot 12\ \frac{1}{\text{min}} \cdot \frac{8\ \text{bar} + 1\ \text{bar}}{1\ \text{bar}} = 72\,099{,}6\ \frac{\text{cm}^3}{\text{min}} \cdot \frac{1\ \text{l}}{1\,000\ \text{cm}^3} \approx \mathbf{72{,}1\ \frac{l}{min}}$

$$\left(\text{mit Tabelle: } Q = 0{,}69\ \frac{\text{l}}{\text{cm}} \cdot 8{,}5\ \text{cm} \cdot 12\ \frac{1}{\text{min}} \approx \mathbf{70{,}4\ \frac{l}{min}}\right)$$

229/2. Leckstelle in Pneumatikanlage

$$\text{Jährliche Kosten} = 0{,}01\ \frac{\text{m}^3}{\text{min}} \cdot 365 \cdot 24 \cdot 60\ \text{min} \cdot 0{,}04\ \frac{€}{\text{m}^3} \approx \mathbf{210{,}24\ €}$$

229/3. Pneumatischer Drehantrieb

a) $Q = 2 \cdot A \cdot s \cdot n \cdot \frac{p_e + p_{amb}}{p_{amb}} = 2 \cdot \frac{\pi \cdot (7\ \text{cm})^2}{4} \cdot 2{,}5\ \text{cm} \cdot 35\ \frac{1}{\text{min}} \cdot \frac{4\ \text{bar} + 1\ \text{bar}}{1\ \text{bar}}$

$$= 33\,673{,}9\ \frac{\text{cm}^3}{\text{min}} \cdot \frac{1\ \text{l}}{1\,000\ \text{cm}^3} \approx 33{,}7\ \frac{\text{l}}{\text{min}}$$

$$\left(\text{mit Tabelle: } Q = 2 \cdot 0{,}19\ \frac{\text{l}}{\text{cm}} \cdot 2{,}5\ \text{cm} \cdot 35\ \frac{1}{\text{min}} = 33{,}25\ \frac{\text{l}}{\text{min}}\right)$$

Luftverbrauch pro Tag bei 90 % Nutzungsgrad

$$Q = 33{,}7\ \frac{\text{l}}{\text{min}} \cdot 8\ \text{h} \cdot \frac{60\ \text{min}}{\text{h}} \cdot 0{,}9 = 14\,558{,}4\ \text{l} \cdot \frac{1\ \text{m}^3}{1\,000\ \text{l}} \approx \mathbf{14{,}6\ m^3}$$ (mit Tabelle: $\mathbf{Q = 14{,}3\ m^3}$)

b) $F = p \cdot A \cdot \eta = 40\ \frac{\text{N}}{\text{cm}^2} \cdot \frac{\pi \cdot (7\ \text{cm})^2}{4} \cdot 0{,}9 = \mathbf{1\,385{,}4\ N}$

c) $d = m \cdot z = 2{,}5\ \text{mm} \cdot 36 = 90\ \text{mm}$

$$M = F \cdot \frac{d}{2} = 1\,385{,}4\ \text{N} \cdot \frac{0{,}090}{2}\ \text{m} = \mathbf{62{,}3\ N \cdot m}$$

d) $\frac{\alpha°}{360°} = \frac{s}{\pi \cdot d};\ \alpha = \frac{360° \cdot s}{\pi \cdot d} = \frac{360° \cdot 25\ \text{mm}}{\pi \cdot 90\ \text{mm}} = \mathbf{31{,}83°}\ (31°\ 49'\ 52'')$

229/4. **Pneumatische Hubeinrichtung**

Zylinder 1A1:

$$Q = 2 \cdot A \cdot s \cdot n \cdot \frac{p_e + p_{amb}}{p_{amb}}$$

$$= 2 \cdot \frac{\pi \cdot (2{,}5\ \text{cm})^2}{4} \cdot 10\ \text{cm} \cdot 350 \cdot \frac{(4{,}5 + 1)\ \text{bar}}{1\ \text{bar}}$$

$$= 188\,986\ \text{cm}^3 \cdot \frac{1\ \text{l}}{1\,000\ \text{cm}^3} \approx 189\ \text{l}$$

Zylinder 2A1:

$$Q = 2 \cdot A \cdot s \cdot n \cdot \frac{p_e + p_{amb}}{p_{amb}}$$

$$= 2 \cdot \frac{\pi \cdot (5\ \text{cm})^2}{4} \cdot 85\ \text{cm} \cdot 350 \cdot \frac{(4{,}5 + 1)\ \text{bar}}{1\ \text{bar}}$$

$$= 6\,425\,539\ \text{cm}^3 \cdot \frac{1\ \text{l}}{1\,000\ \text{cm}^3} \approx 6\,426\ \text{l}$$

Zylinder 3A1:

$$Q = 2 \cdot A \cdot s \cdot n \cdot \frac{p_e + p_{amb}}{p_{amb}}$$

$$= 2 \cdot \frac{\pi \cdot (3{,}5\ \text{cm})^2}{4} \cdot 52\ \text{cm} \cdot 350 \cdot \frac{(4{,}5 + 1)\ \text{bar}}{1\ \text{bar}}$$

$$= 1\,926\,150\ \text{cm}^3 \cdot \frac{1\ \text{l}}{1\,000\ \text{cm}^3} \approx 1\,926\ \text{l}$$

Gesamter Luftverbrauch für 350 Zyklen = 189 l + 6 426 l + 1 926 l = **8 541 l**

6

6.2– 6.2.3 Logische Verknüpfungen

233/1. **Hubeinrichtung**

Funktionstabelle

E3	E2	E1	A
0	0	0	0
0	0	1	0
0	1	0	0
0	1	1	0
1	0	0	0
1	0	1	0
1	1	0	0
1	1	1	1

Funktionsgleichung:
$A = E1 \wedge E2 \wedge E3$

Funktionsplan

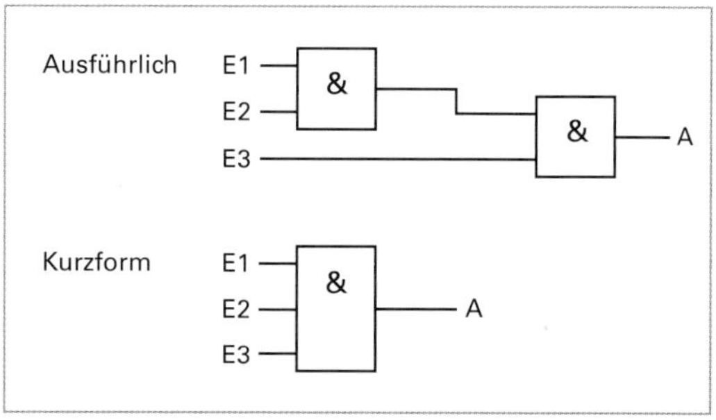

Bild 233/1: Hubeinrichtung

233/2. **Tafelschere**

Funktionstabelle

E3	E2	E1	A
0	0	0	0
0	0	1	0
0	1	0	0
0	1	1	0
1	0	0	0
1	0	1	0
1	1	0	0
1	1	1	1

Funktionsgleichung:
$A = E1 \wedge E2 \wedge E3$

Funktionsplan

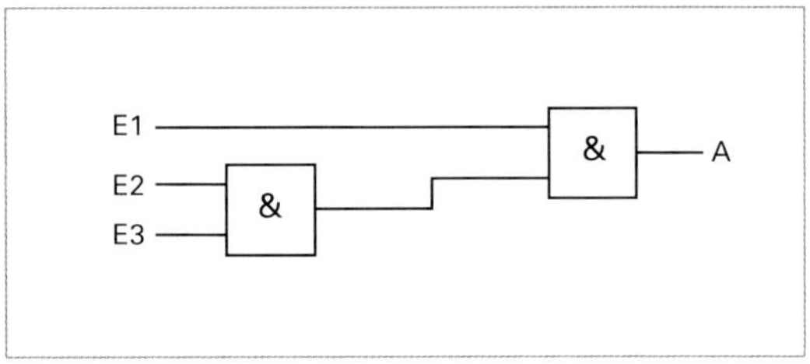

Bild 233/2: Tafelschere

233/3. **Turbine**

Funktionstabelle

E3	E2	E1	A1, A2
0	0	0	0
0	0	1	1
0	1	0	1
0	1	1	1
1	0	0	1
1	0	1	1
1	1	0	1
1	1	1	1

Funktionsgleichung:
$A1 = E1 \vee E2 \vee E3 = A2$

Funktionsplan

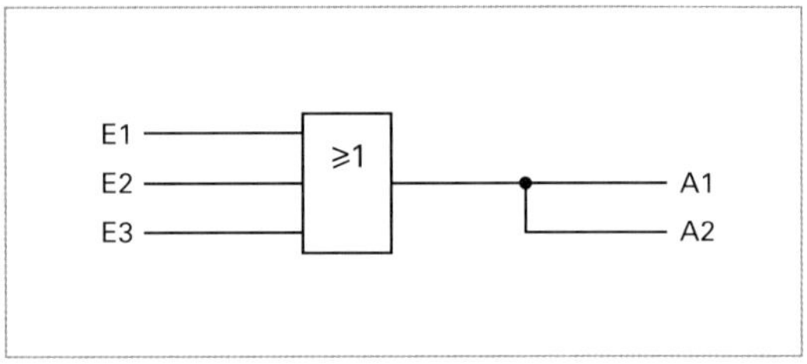

Bild 233/3: Turbine

233/4. **Sortierweiche**

Funktionstabelle

E3	E2	E1	A1	A2
0	0	0	0	0
0	0	1	0	0
0	1	0	1	0
0	1	1	0	0
1	0	0	0	0
1	0	1	0	0
1	1	0	0	0
1	1	1	0	1

Funktionsgleichungen:
$A1 = \overline{E1} \wedge E2 \wedge \overline{E3}$
$A2 = E1 \wedge E2 \wedge E3$

Funktionsplan

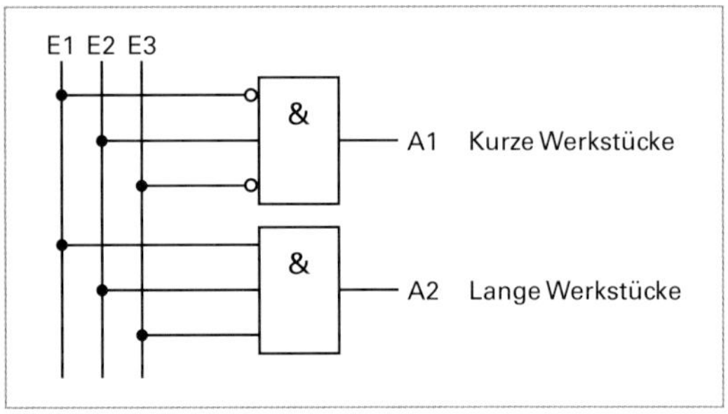

Bild 233/4: Sortierweiche

233/5. **Vorschubantrieb**

Funktionstabelle

Einrichten	Bohren	Start	Motor	Kühlung	Schutzgitter	Vorschub
E1	E2	E3	E4	E5	E6	A
Betriebsart „Einrichten"						
1	0	1	0	0	0	1
Betriebsart „Bohren"						
0	1	1	1	1	1	1

Funktionsgleichung:

$A = (E1 \wedge \overline{E2} \wedge E3 \wedge \overline{E4} \wedge \overline{E5} \wedge \overline{E6})$

$\vee$

$(\overline{E1} \wedge E2 \wedge E3 \wedge E4 \wedge E5 \wedge E6)$

Funktionsplan

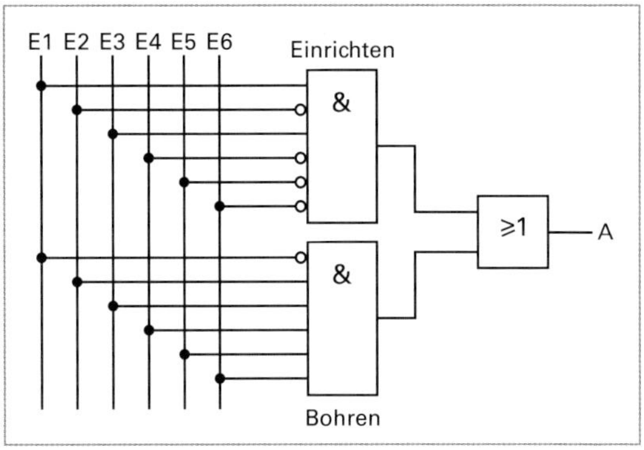

Bild 233/5: Vorschubantrieb

233/6. **Schließanlage**

Funktionstabelle

E1	E2	E3	E4	E5	A
1	0	0	0	1	1
1	0	0	1	0	1
1	0	1	0	0	1
0	1	0	0	1	1
0	1	0	1	0	1
0	1	1	0	0	1

Funktionsgleichung:

$A = (E1 \wedge \overline{E2} \wedge \overline{E3} \wedge \overline{E4} \wedge E5) \vee$
$(E1 \wedge \overline{E2} \wedge \overline{E3} \wedge E4 \wedge \overline{E5}) \vee$
$(E1 \wedge \overline{E2} \wedge E3 \wedge \overline{E4} \wedge \overline{E5}) \vee$
$(\overline{E1} \wedge E2 \wedge \overline{E3} \wedge \overline{E4} \wedge E5) \vee$
$(\overline{E1} \wedge E2 \wedge \overline{E3} \wedge E4 \wedge \overline{E5}) \vee$
$(\overline{E1} \wedge E2 \wedge E3 \wedge \overline{E4} \wedge \overline{E5})$

Funktionsplan

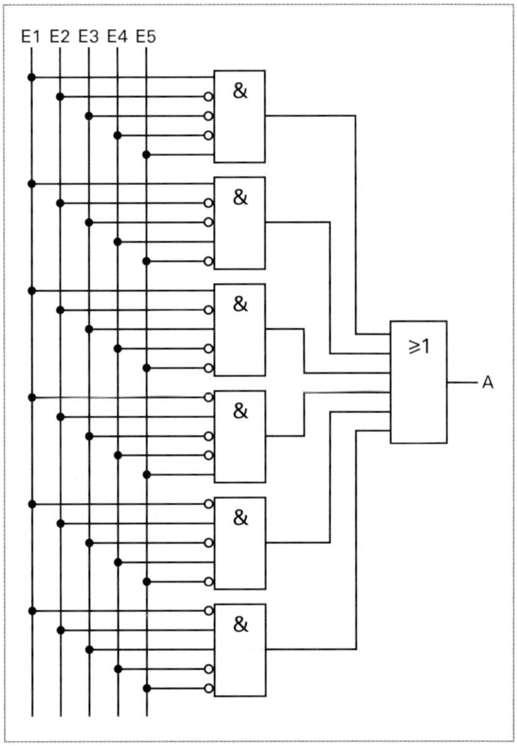

Bild 233/6: Schließanlage

6.2.4 Selbsthalteschaltungen

236/1. **Schwenkantrieb**
Pneumatikplan
Position 0° ≙ 1S1
Position 180° ≙ 1S2

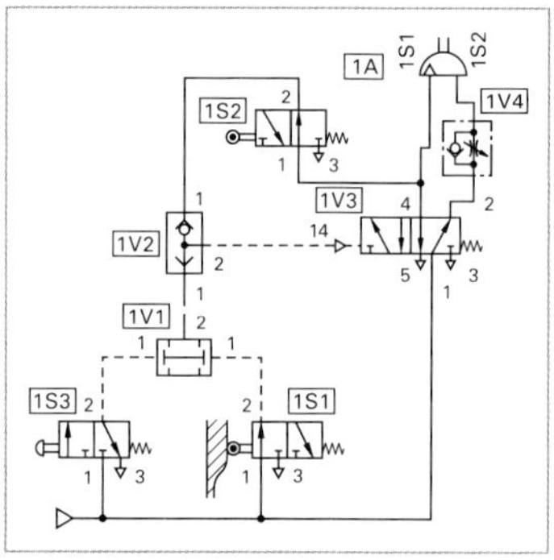

Bild 236/1: Schwenkantrieb

236/2. **Sinterofen**
Pneumatikplan Stromlaufplan

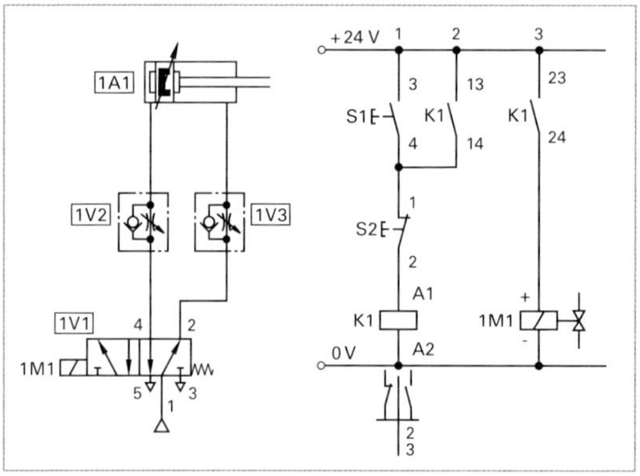

Funktionsplan

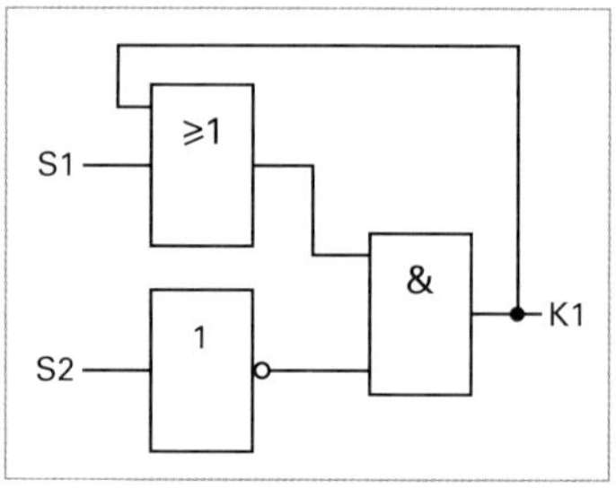

Funktionsgleichung:
$K1 = (S1 \vee K1) \wedge \overline{S2}$

236/3. **Pneumatische Steuerung**
Funktionsplan

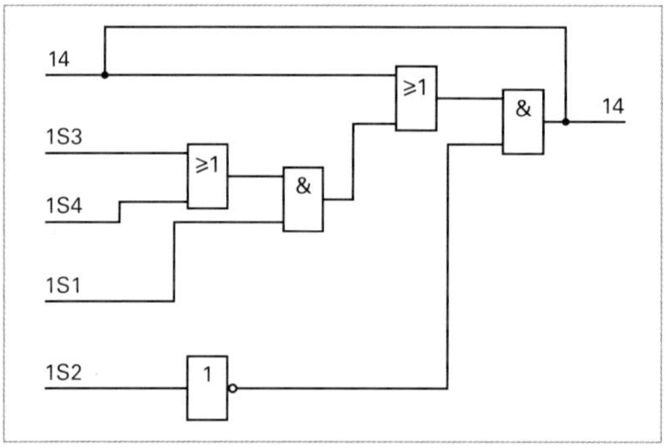

Pneumatikplan

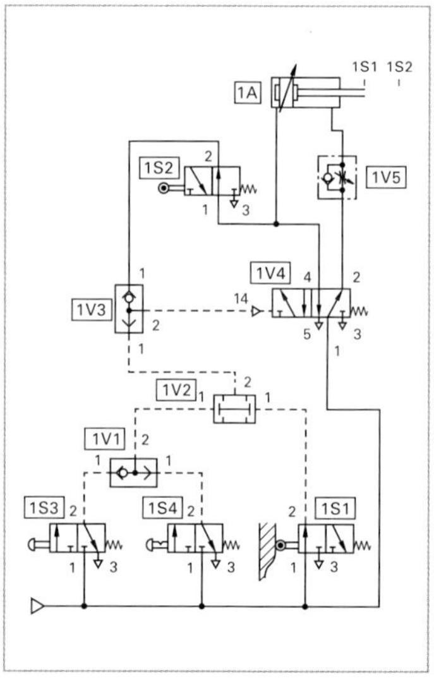

236/4. Gitterabsperrung

Funktionsgleichung: $K1 = (((S1 \vee S2) \wedge 1S1) \vee K1) \wedge (\overline{S3} \wedge \overline{S4})))$

Funktionsplan

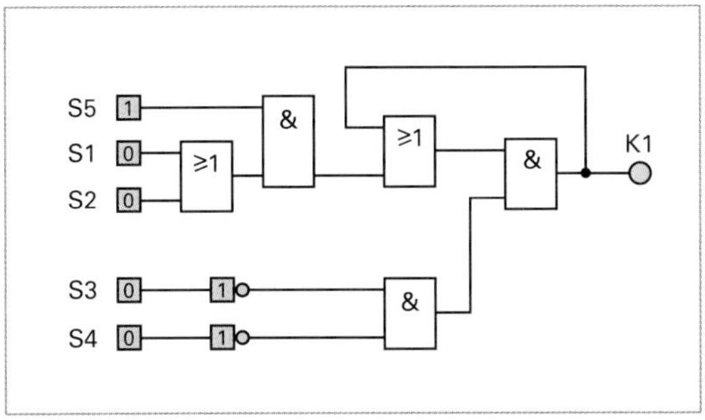

Pneumatikplan

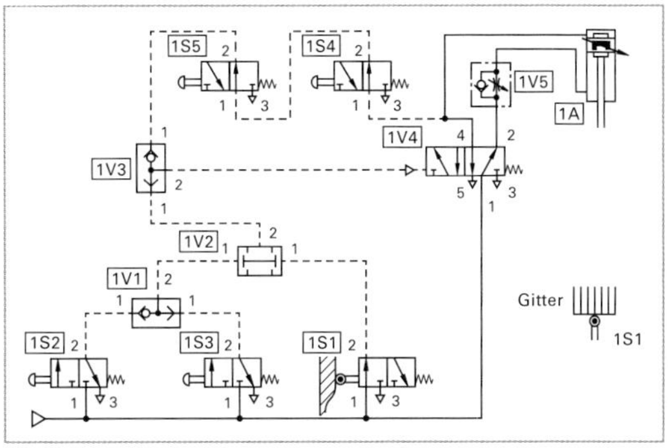

Pneumatikplan

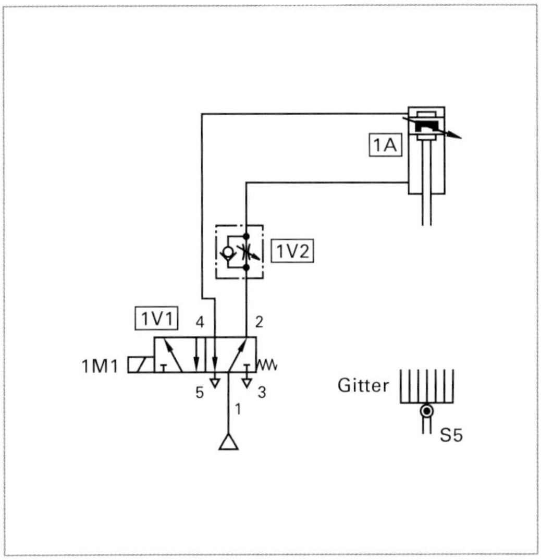

Stromlaufplan

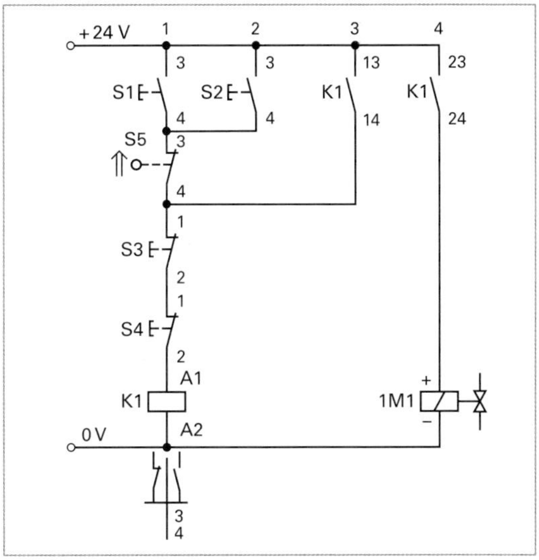

236/5. Steuerung eines Drehstrommotors

a) Die Selbsthaltung ist dominierend löschend. Über S2 wird die Selbsthaltung gesetzt. Q1 zieht an; der Hilfsschließer bringt die Schaltung in Selbsthaltung. Gleichzeitig werden im Hauptstromkreis die Schützkontakte der drei Phasen L1, L2 und L3 geschlossen. Mit S1 wird die Selbsthaltung gelöscht. Schütz Q1 fällt ab, die drei Phasen werden unterbrochen.

b) Funktionsplan

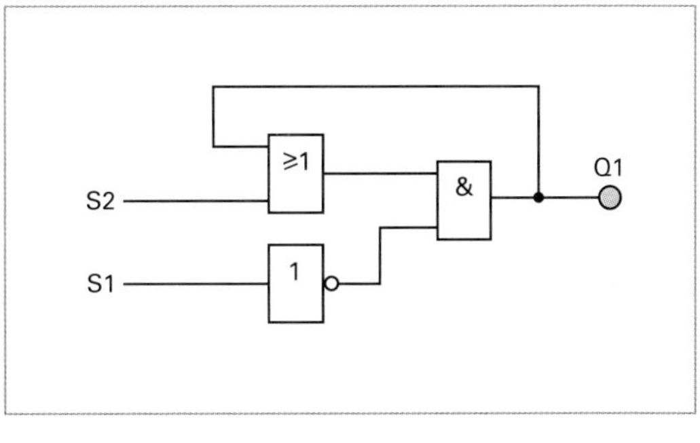

7 Elektrotechnik

7.1 Ohmsches Gesetz

237/1. Spannung

$U = I \cdot R = 4{,}2\ \text{A} \cdot 12\ \Omega = \mathbf{50{,}4\ V}$

237/2. Strom

$I = \dfrac{U}{R} = \dfrac{12\ \text{V}}{4\ \Omega} = \mathbf{3\ A}$

237/3. Widerstand

a) $R = \dfrac{U}{I} = \dfrac{230\ \text{V}}{6{,}4\ \text{A}} = \mathbf{35{,}94\ \Omega}$

b) Bei gleich bleibender Spannung **verdoppelt sich der Strom**

237/4. Spannungs-Strom-Schaubild

a) Bei $U_1 = 20$ V abgelesen $I_1 =$ **0,8 A**
bei $U_2 = 30$ V abgelesen $I_2 =$ **1,2 A**
bei $U_3 = 40$ V abgelesen $I_3 =$ **1,6 A**
bei $U_4 = 70$ V abgelesen $I_4 =$ **2,8 A**
bei $U_5 = 85$ V abgelesen $I_5 =$ **3,4 A**

b) $R = \dfrac{U_1}{I_1} = \dfrac{U_2}{I_2} = \ldots = \dfrac{U_n}{I_n} = \mathbf{25\ \Omega}$

c)

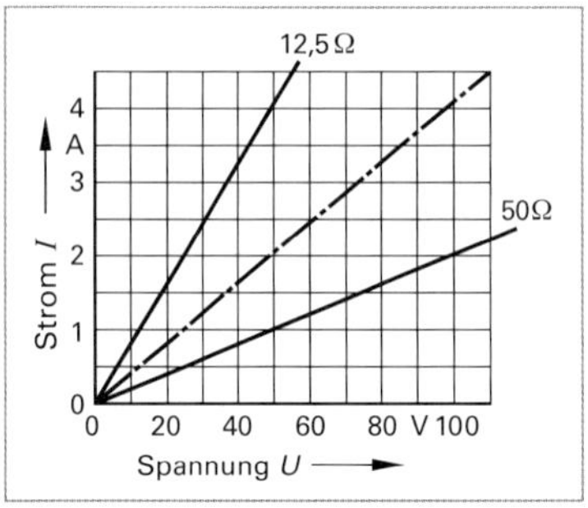

Bild 237/4: Spannungs-Strom-Schaubild

7.2 Leiterwiderstand

238/1. Widerstand

$$R = \frac{\varrho \cdot l}{A} = \frac{0{,}0178\,\frac{\Omega \cdot \text{mm}^2}{\text{m}} \cdot 44\ \text{m}}{1\ \text{mm}^2} = \mathbf{0{,}783\ \Omega}$$

238/2. Freileitung

a) $\gamma = \dfrac{1}{\varrho} = \dfrac{1}{0{,}028\,\frac{\Omega \cdot \text{mm}^2}{\text{m}}} = \mathbf{35{,}71\ \dfrac{m}{\Omega \cdot mm^2}}$

b) $R = \frac{\varrho \cdot l}{A} = \frac{0{,}028\ \frac{\Omega \cdot \text{mm}^2}{\text{m}} \cdot 25\,000\ \text{m}}{95\ \text{mm}^2} = \mathbf{7{,}37\ \Omega}$

238/3. **Schaubild**

a) Bei $l_1 = 5$ m abgelesen $R_1 = \mathbf{3\ \Omega}$
bei $l_2 = 4{,}5$ m abgelesen $R_2 = \mathbf{2{,}7\ \Omega}$
bei $l_3 = 2{,}8$ m abgelesen $R_3 = \mathbf{1{,}7\ \Omega}$
bei $l_4 = 1{,}6$ m abgelesen $R_4 = \mathbf{1\ \Omega}$

b) $R = \frac{\varrho \cdot l}{A}$; $A = \frac{\varrho \cdot l}{R_1} = \frac{1{,}37\ \frac{\Omega \cdot \text{mm}^2}{\text{m}} \cdot 5\ \text{m}}{3\ \Omega} = \mathbf{2{,}28\ mm^2}$

7.3 Temperaturabhängige Widerstände

239/1. **Widerstandsänderung**

$\Delta R = R_{20} \cdot \alpha \cdot \Delta t = 220\ \Omega \cdot 0{,}0039\ \frac{1}{\text{K}} \cdot 28\ \text{K} = \mathbf{24{,}024\ \Omega}$

mit $\Delta t = t_2 - t_1 = 48\ °\text{C} - 20\ °\text{C} = 28\ °\text{C} \Rightarrow \Delta t = 28\ \text{K}$

239/2. **Temperaturkoeffizient α**

$\Delta R = R_{20} \cdot \alpha \cdot \Delta t;$

$\alpha = \frac{\Delta R}{R_{20} \cdot \Delta t} = \frac{7{,}75\ \Omega}{107{,}79\ \Omega \cdot 20\ \text{K}} = \mathbf{0{,}0036\ \frac{1}{K}}$

mit $\Delta t = t_2 - t_1 = 40\ °\text{C} - 20\ °\text{C} = 20\ °\text{C} \Rightarrow \Delta t = 20\ \text{K}$

$\Delta R = R_{40} - R_{20} = 115{,}54\ \Omega - 107{,}79\ \Omega = 7{,}75\ \Omega$

239/3. **Widerstandserhöhung**

$\Delta R = R_{20} \cdot \alpha \cdot \Delta t;$

$\Delta t = \frac{\Delta R}{R_{20} \cdot \alpha} = \frac{3\ \Omega}{30\ \Omega \cdot 0{,}0039\ \frac{1}{\text{K}}} = 25{,}64\ \text{K}$

$t = t_{20} + \Delta t = 20\ °\text{C} + 25{,}64\ °\text{C} = \mathbf{45{,}64\ °C}$

mit $\Delta R = 0{,}1 \cdot 30\ \Omega = 3\ \Omega$

239/4. **Kennlinien Kaltleiter**

Aus Bild 1
Widerstandswert bei 120 °C; $R_{120} = \mathbf{15\ \Omega}$
Widerstandsänderung:
$\Delta R = R_{140} - R_{130} = 2\,000\ \Omega - 80\ \Omega = \mathbf{1\,920\ \Omega}$

239/5. **Kennlinien Heißleiter**

Aus Bild 2
Temperatur bei einem Widerstand von 60 kΩ:
$R_{20} = 10$ kΩ: $t(60\ \text{k}\Omega) = \mathbf{-\,18\ °C}$
$R_{20} = 40$ kΩ: $t(60\ \text{k}\Omega) = \mathbf{10\ °C}$

Widerstand bei einer Temperatur von 60 °C:
$R_{20} = 10$ kΩ. $R_{60} = \mathbf{2\,000\ \Omega}$
$R_{20} = 40$ kΩ: $R_{60} = \mathbf{7\,000\ \Omega}$

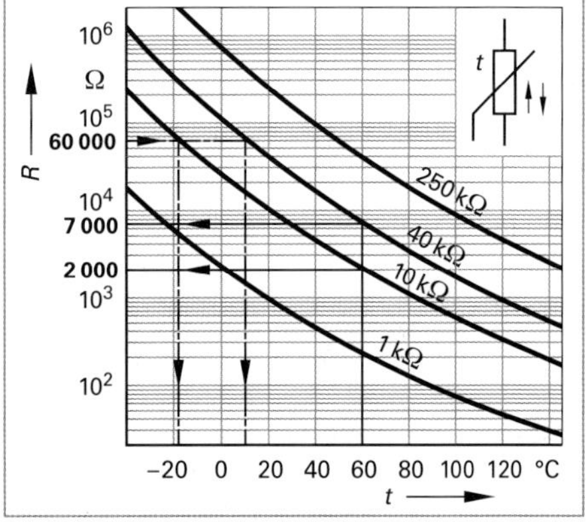

Bild 239/5: Kennlinien Heißleiter

7.4 Schaltung von Widerständen

7.4.1 Reihenschaltung von Widerständen

240/1. Reihenschaltung

$R = R_1 + R_2 = 100\ \Omega + 150\ \Omega = 250\ \Omega;\quad I = \frac{U}{R} = \frac{230\ \text{V}}{250\ \Omega} = \mathbf{0{,}922\ A}$

240/2. Gesamtwiderstand

$R = R_1 + R_2 + R_3;$

$R_3 = R - (R_1 + R_2) = 1\,300\ \Omega - (1\,000\ \Omega + 200\ \Omega) = 1\,300\ \Omega - 1\,200\ \Omega = \mathbf{100\ \Omega}$

240/3. Drei Widerstände

a) $I = I_2 = \frac{U_2}{R_2} = \frac{75\ \text{V}}{150\ \Omega} = \mathbf{0{,}5\ A}$

b) $U_1 = I \cdot R_1 = 0{,}5\ \text{A} \cdot 50\ \Omega = \mathbf{25\ V}$

$U_3 = I \cdot R_3 = 0{,}5\ \text{A} \cdot 250\ \Omega = \mathbf{125\ V}$

c) $U = U_1 + U_2 + U_3 = 25\ \text{V} + 75\ \text{V} + 125\ \text{V} = \mathbf{225\ V}$

d) $R = R_1 + R_2 + R_3 = 50\ \Omega + 150\ \Omega + 250\ \Omega = \mathbf{450\ \Omega}$

oder

$R = \frac{U}{I} = \frac{225\ \text{V}}{0{,}5\ \text{A}} = \mathbf{450}\ \Omega$

240/4. Relaisschaltung

a) Berechnung der Spannung U_H im Selbsthaltezustand

Widerstand Relais R_R: $R_R = \frac{U}{I_{Ein}} = \frac{24\ \text{V}}{60\ \text{mA}} = \frac{24\ \text{V}}{60 \cdot 10^{-3}\ \text{A}} = 400\ \Omega$

$U_H = R_R \cdot I_H = 400\ \Omega \cdot 45\ \text{mA} = 400\ \Omega \cdot 45 \cdot 10^{-3}\ \text{A} = \mathbf{18\ V}$

b) Am Vorwiderstand R_v liegt die Spannung $U_v = 24\ \text{V} - 18\ \text{V} = 6\ \text{V}$ an

$R_v = \frac{U_v}{I_H} = \frac{6\ \text{V}}{45\ \text{mA}} = \frac{6\ \text{V}}{45 \cdot 10^{-3}\ \text{A}} = \mathbf{133{,}33\ \Omega}$

7.4.2 Parallelschaltung und gemischte Schaltung von Widerständen

243/1. Zwei Widerstände

$R = \frac{R_1 \cdot R_2}{R_1 + R_2} = \frac{30\ \Omega \cdot 30\ \Omega}{30\ \Omega + 30\ \Omega} = \frac{900\ \Omega^2}{60\ \Omega} = \mathbf{15}\ \Omega$

oder $\frac{1}{R} = \frac{1}{R_1} + \frac{1}{R_2} = \frac{1}{30\ \Omega} + \frac{1}{30\ \Omega} = \frac{2}{30\ \Omega} = \frac{1}{15\ \Omega};\quad R = \mathbf{15\ \Omega}$

243/2. Gesamtwiderstand

$R = \frac{R_1 \cdot R_2}{R_1 + R_2};$

$$
\begin{aligned}
R \cdot (R_1 + R_2) &= R_1 \cdot R_2 \\
R \cdot R_1 + R \cdot R_2 &= R_1 \cdot R_2 \\
R_1 \cdot R_2 - R \cdot R_2 &= R \cdot R_1 \\
R_2 \cdot (R_1 - R) &= R \cdot R_1
\end{aligned}
$$

$R_2 = \frac{R \cdot R_1}{R_1 - R} = \frac{5\ \text{k}\Omega \cdot 7\ \text{k}\Omega}{7\ \text{k}\Omega - 5\ \text{k}\Omega} = \frac{35\ \text{k}\Omega^2}{2\ \text{k}\Omega} = \mathbf{17{,}5\ k\Omega}$

oder $\frac{1}{R} = \frac{1}{R_1} + \frac{1}{R_2}$; $\frac{1}{R_2} = \frac{1}{R} - \frac{1}{R_1} = \frac{1}{5\ \text{k}\Omega} - \frac{1}{7\ \text{k}\Omega} = \frac{7-5}{35\ \text{k}\Omega} = \frac{2}{35\ \text{k}\Omega}$;

$R_2 = \frac{35\ \text{k}\Omega}{2} = \mathbf{17{,}5\ k\Omega}$

243/3. **Parallelschaltung**

a) $I_1 = \frac{U}{R_1} = \frac{100\ \text{V}}{80\ \Omega} = \mathbf{1{,}25\ A}$; $I_2 = \frac{U}{R_2} = \frac{100\ \text{V}}{200\ \Omega} = \mathbf{0{,}5\ A}$

$I_3 = I - (I_1 + I_2) = 2\ \text{A} - (1{,}25\ \text{A} + 0{,}5\ \text{A}) = 2\ \text{A} - 1{,}75\ \text{A} = \mathbf{0{,}25\ A}$

b) Bei einer Parallelschaltung liegt an jedem Widerstand die gleiche Spannung an. Deshalb fließt durch den kleinsten Widerstand der größte Strom.

c) $R_3 = \frac{U}{I_3} = \frac{100\ \text{V}}{0{,}25\ \text{A}} = \mathbf{400\ \Omega}$

243/4. **Heizwiderstände**

a) $I_1 = \frac{I}{4} = \frac{13\ \text{A}}{4} = 3{,}25\ \text{A}$; $R_1 = \frac{U_1}{I_1} = \frac{230\ \text{V}}{3{,}25\ \text{A}} = \mathbf{70{,}8\ \Omega}$

b) Stufe 1: zwei Widerstände parallel: $R = \frac{R_1}{n} = \frac{70{,}8\ \Omega}{2} = \mathbf{35{,}4\ \Omega}$

Stufe 2: drei Widerstände parallel: $R = \frac{R_1}{n} = \frac{70{,}8\ \Omega}{3} = \mathbf{23{,}6\ \Omega}$

Stufe 3: vier Widerstände parallel: $R = \frac{R_1}{n} = \frac{70{,}8\ \Omega}{4} = \mathbf{17{,}7\ \Omega}$

c) Stufe 1: $I = I_1 \cdot n = 3{,}25\ \text{A} \cdot 2 = \mathbf{6{,}5\ A}$
Stufe 2: $I = I_1 \cdot n = 3{,}25\ \text{A} \cdot 3 = \mathbf{9{,}75\ A}$
Stufe 3: $I = I_1 \cdot n = 3{,}25\ \text{A} \cdot 4 = \mathbf{13\ A}$

243/5. **Hydraulikventil**

a) Bei Parallelschaltung liegt an allen Spulen die gleiche Spannung $U = 24$ V an.

b) $I_1 = I_2 = I_3 = I_4 = I_5$; $I_1 = \frac{U}{R_1} = \frac{24\ \text{V}}{48\ \Omega} = 0{,}5\ \text{A}$

$I = I_1 + I_2 + I_3 + I_4 + I_5 = 5 \cdot 0{,}5\ \text{A} = \mathbf{2{,}5\ A}$

c) Die Kontrolllampe ist **parallel** zur Spule zu schalten.
Würde sie in Reihe mit der Spule geschaltet, so würde bei einem Defekt der Lampe an der Spule keine Spannung anliegen, bei nicht defekter Lampe würden sich die 24 V Spannung entsprechend den Widerständen von Spule und Lampe aufteilen.

Bei Parallelschaltung von Spule und Lampe gilt:

$R_{SL} = \frac{R_S \cdot R_L}{R_S + R_L} = \frac{48\ \Omega \cdot 8\ \Omega}{48\ \Omega + 8\ \Omega} = \frac{384\ \Omega^2}{56\ \Omega} = 6{,}86\ \Omega$

$I = \frac{U}{R_{SL}} = \frac{24\ \text{V}}{6{,}86\ \Omega} = 3{,}5\ \text{A}$

Würde zu jeder Spule eine Kontrolllampe geschaltet, so würde ein Gesamtstrom von $I = 5 \cdot 3{,}5\ \text{A} = 17{,}5\ \text{A}$ fließen. Dies könnte zu einer Überlastung des Stromzweiges führen; es müsste deshalb in Reihe zur Lampe ein Vorwiderstand geschaltet werden.

Gemischte Schaltung von Widerständen

243/6. **Gemischte Schaltung**

a) $R = R_1 + R_{23} = R_1 + \frac{R_2 \cdot R_3}{R_2 + R_3} = 70\ \Omega + \frac{100\ \Omega \cdot 25\ \Omega}{100\ \Omega + 25\ \Omega} = 70\ \Omega + 20\ \Omega = \mathbf{90\ \Omega}$

b) $U_2 = U_3 = R_3 \cdot I_3 = 25\ \Omega \cdot 2\ \text{A} = 50\ \text{V}$

$$I_2 = \frac{U_2}{R_2} = \frac{50\ \text{V}}{100\ \Omega} = \mathbf{0{,}5\ A}$$

$I_1 = I_2 + I_3 = 0{,}5\ \text{A} + 2\ \text{A} = \mathbf{2{,}5\ A}$

c) $U_1 = I_1 \cdot R_1 = 2{,}5\ \text{A} \cdot 70\ \Omega = \mathbf{175\ V}$; $U_2 = \mathbf{50\ V}$ siehe b)

$U = U_1 + U_2 = 175\ \text{V} + 50\ \text{V} = \mathbf{225\ V}$

243/7. **Netzwerk**

●

a) $R_{Ges} = R_{12345} = \frac{U}{I} = \frac{12\ \text{V}}{0{,}6\ \text{A}} = 20\ \Omega$

$R_1 = R_2 = R_3 = R_4 = R_5 = R$

$R_{23} = R_2 + R_3 = R + R = 2 \cdot R$

$$R_{234} = \frac{R_{23} \cdot R_4}{R_{23} + R_4} = \frac{2R \cdot R}{2R + R} = \frac{2}{3} R$$

$$R_{1234} = R_{234} + R_1 = \frac{2}{3} R + R = \frac{5}{3} R$$

$$R_{12345} = \frac{R_{1234} \cdot R_5}{R_{1234} + R_5} = \frac{\frac{5}{3} R \cdot R}{\frac{5}{3} R + R} = \frac{5}{8} R; \quad \frac{5}{8} R = 20\ \Omega; \quad R = \mathbf{32\ \Omega}$$

b) R_5 liegt parallel zum Zweig mit den Widerständen $R_{1234} \Rightarrow U_5 = \mathbf{12\ V}$

$$I_5 = \frac{U_5}{R_5} = \frac{12\ \text{V}}{32\ \Omega} = 0{,}375\ \text{A};$$

Strom durch R_1: $I_1 = 0{,}6\ \text{A} - 0{,}375\ \text{A} = 0{,}225\ \text{A}$

$U_1 = R_1 \cdot I_1 = 32\ \Omega \cdot 0{,}225\ \text{A} = \mathbf{7{,}2\ V}$

Spannung an R_4: $U_4 = 12\ \text{V} - 7{,}2\ \text{V} = 4{,}8\ \text{V}$

$\Rightarrow$ Spannung U_{23} an $R_{23} = U_4 = 4{,}8\ \text{V}$

Spannung an R_3:

Spannung U_2 an R_2 = Spannung U_3 an R_3; $U_3 = \frac{1}{2} \cdot U_4$

$$U_3 = \frac{1}{2} \cdot 4{,}8\ \text{V} = \mathbf{2{,}4\ V}$$

243/8. **Relaisschaltung**

●

a) Taster geöffnet: $U_{rel} = R_{rel} \cdot I = 3\ \text{k}\Omega \cdot 8\ \text{mA} = 3\,000\ \Omega \cdot 8 \cdot 10^{-3}\ \text{A} = 24\ \text{V}$

$U_1 = U - U_{rel} = 48\ \text{V} - 24\ \text{V} = 24\ \text{V}$

$$R_1 = \frac{U_1}{I_1} = \frac{U_1}{I} = \frac{24\ \text{V}}{8\ \text{mA}} = \frac{24\ \text{V}}{8 \cdot 10^{-3}\ \text{A}} = 3\,000\ \Omega = \mathbf{3\ k\Omega}$$

Taster schlossen: $U_{rel} = 24\ \text{V} - 8\ \text{V} = 16\ \text{V}$

$$I_1 = \frac{U_{rel}}{R_{rel}} = \frac{16\ \text{V}}{3\ \text{k}\Omega} = \frac{16\ \text{V}}{3 \cdot 10^3\ \Omega} = 5{,}33 \cdot 10^{-3}\ \text{A} = 5{,}33\ \text{mA}$$

$$I = \frac{U - U_{rel}}{R_1} = \frac{48\ \text{V} - 16\ \text{V}}{3\ \text{k}\Omega} = \frac{32\ \text{V}}{3\ \text{k}\Omega} = \frac{32\ \text{V}}{3 \cdot 10^3\ \Omega} = 10{,}66\ \text{mA}$$

$I_2 = I - I_1 = 10{,}66\ \text{mA} - 5{,}33\ \text{mA} = 5{,}33\ \text{mA}$

$$R_2 = \frac{U_{rel}}{I_2} = \frac{16\ \text{V}}{5{,}33\ \text{mA}} = \frac{16\ \text{V}}{5{,}33 \cdot 10^{-3}\ \text{A}} = 3 \cdot 10^3\ \Omega = \mathbf{3\ k\Omega}$$

b) $I_{rel} = \frac{U_{rel}}{R_{rel}} = \frac{16\ \text{V}}{3\ \text{k}\Omega} = \frac{16\ \text{V}}{3 \cdot 10^3\ \Omega} = 5{,}3 \cdot 10^{-3}\ \text{A} = \mathbf{5{,}3\ mA}$

7.5 Elektrische Leistung bei Gleichspannung

245/1. **Fahrradfrontbeleuchtung**

$P = U \cdot I = 6\ \text{V} \cdot 0{,}57\ \text{A} = \mathbf{3{,}42\ W}$

245/2. **Halogenlampe**

a) $I = \dfrac{U}{R};\ R = \dfrac{U}{I} = \dfrac{12\ \text{V}}{6{,}25\ \text{A}} = \mathbf{1{,}92\ \Omega}$

b) $P = U \cdot I = 12\ \text{V} \cdot 6{,}25\ \text{A} = \mathbf{75\ W}$

245/3. **Leistungsberechnung**

$P = I^2 \cdot R = (0{,}3\ \text{A})^2 \cdot 400\ \Omega = \mathbf{360\ W}$

245/4. **Widerstand**

a) $P = \dfrac{U^2}{R};\ R = \dfrac{U^2}{P} = \dfrac{(230\ \text{V})^2}{60\ \text{W}} = \mathbf{881{,}7\ \Omega}$

b) $P_2 = \eta \cdot P_1 = 0{,}18 \cdot 60\ \text{W} = \mathbf{10{,}8\ W}$

245/5. **Leistungsschild**

$P_1 = U \cdot I = 230\ \text{V} \cdot 75\ \text{A} = 17\,250\ \text{W} = \mathbf{17{,}25\ kW}$

$\eta = \dfrac{P_2}{P_1} = \dfrac{14{,}85\ \text{kW}}{17{,}25\ \text{kW}} = \mathbf{0{,}86}\ (= 86\ \%)$

245/6. **Magnetventil**

a) $P = U \cdot I;\ I = \dfrac{P}{U} = \dfrac{12\ \text{W}}{24\ \text{V}} = 0{,}5\ \text{A} = \mathbf{500\ mA}$

b) $I_L = I_S = I_{Ges} = \dfrac{U}{R_{Ges}} = \dfrac{U}{R_L + R_S}$

$R_L = \dfrac{U^2}{P} = \dfrac{(24\ \text{V})^2}{2\ \text{W}} = \mathbf{288\ \Omega}$

$R_S = \dfrac{U^2}{P} = \dfrac{(24\ \text{V})^2}{12\ \text{W}} = \mathbf{48\ \Omega}$

$R_{Ges} = R_L + R_S = 288\ \Omega + 48\ \Omega = \mathbf{336\ \Omega}$

$I_L = I_S = \dfrac{24\ \text{V}}{336\ \Omega} = 0{,}0714\ \text{A} = \mathbf{71{,}4\ mA}$

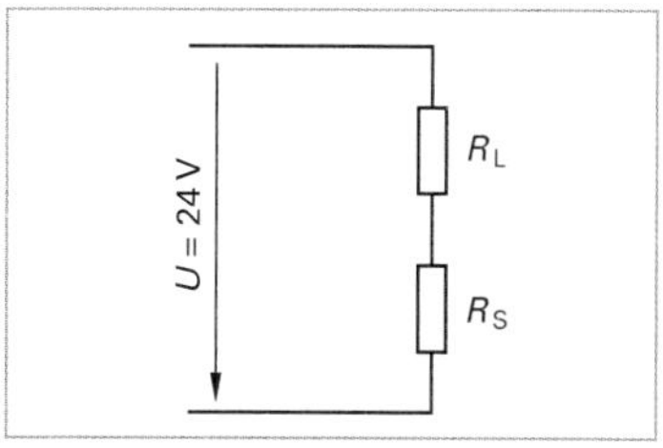

Bild 245/6: Magnetventil, Reihenschaltung

Anmerkung: Aufgrund des geringen Stromflusses könnte die magnetische Kraft nicht mehr ausreichen, um das Magnetventil zu schalten. Deshalb darf die Lampe nicht in Reihe zur Spule geschaltet sein, sondern sie ist parallel zur Spule zu schalten.

245/7. **Starter**

a) $P_{zu} = U \cdot I = 10\ \text{V} \cdot 222\ \text{A} = 2\,220\ \text{W} = \mathbf{2{,}22\ kW}$

b) $\eta = \dfrac{P_{ab}}{P_{zu}} = \dfrac{1{,}12\ \text{kW}}{2{,}22\ \text{kW}} = \mathbf{0{,}504}\ (= 50{,}4\ \%)$

245/8. • **Gemischte Schaltung**

a) Parallelschaltung $\Rightarrow U = U_1 = U_2 = U_{34}$

$I_4 = I_3 = 3\ \text{mA}$

$U = U_{34} = I_4 \cdot (R_3 + R_4) = 3 \cdot 10^{-3}\ \text{A} \cdot (3\,000\ \Omega + 4\,000\ \Omega) =$

$= 3 \cdot 10^{-3}\ \text{A} \cdot (7\,000\ \Omega) = \mathbf{21\ V}$

7

b) $P = \frac{U^2}{R}$;

$$\frac{1}{R} = \frac{1}{R_1} + \frac{1}{R_2} + \frac{1}{R_{34}}$$

$$= \frac{1}{1\,000\ \Omega} + \frac{1}{2\,000\ \Omega} + \frac{1}{7\,000\ \Omega}$$

$$= \frac{23}{14\,000\ \Omega};$$

$$R = \frac{14\,000\ \Omega}{23} = 608{,}7\ \Omega$$

$$P = \frac{(21\ \text{V})^2}{608{,}7\ \Omega} = \mathbf{0{,}7245\ W}$$

245/9. **Leistungshyperbel**

● **a)** Die höchstzulässige Spannung beträgt $U = \mathbf{47\ V}$
Der höchstzulässige Strom beträgt $I = \mathbf{21{,}5\ mA}$

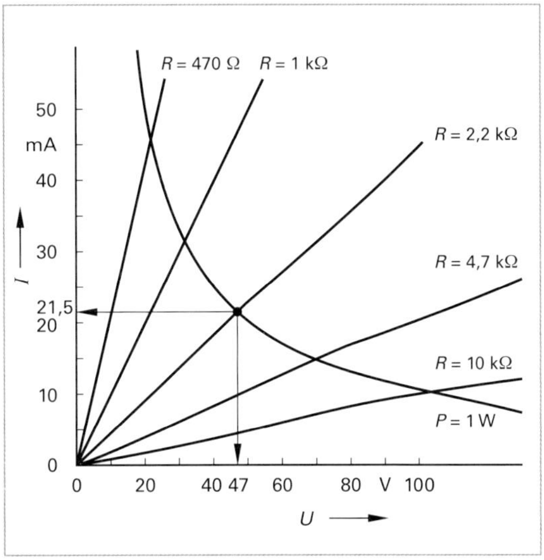

Bild 245/9a: Leistungshyperbel für 1-Watt-Widerstände

b) Rechnerische Ermittlung der Daten mit $P = \frac{U^2}{R} = I^2 \cdot R$

1 kΩ: $U = \sqrt{P \cdot R} = \sqrt{0{,}5\ \text{W} \cdot 1\,000\ \Omega} = \mathbf{22{,}36\ V}$

$I = \sqrt{\frac{P}{R}} = \sqrt{\frac{0{,}5\ \text{W}}{1\,000\ \Omega}} = 0{,}0223\ \text{A} = \mathbf{22{,}3\ mA}$

5 kΩ: $U = \sqrt{P \cdot R} = \sqrt{0{,}5\ \text{W} \cdot 5\,000\ \Omega} = \mathbf{50\ V}$

$I = \sqrt{\frac{P}{R}} = \sqrt{\frac{0{,}5\ \text{W}}{5\,000\ \Omega}} = 0{,}01\ \text{A} = \mathbf{10\ mA}$

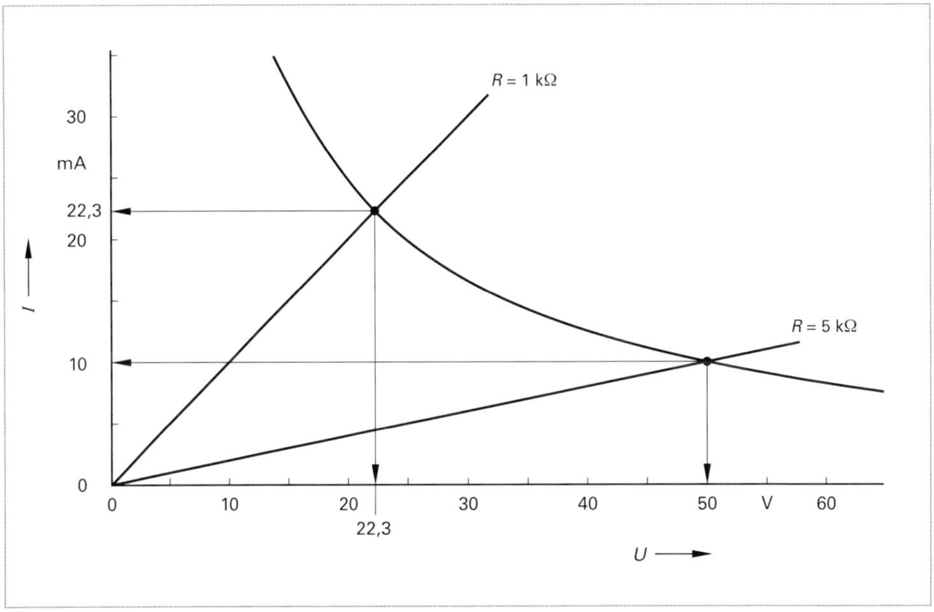

Bild 245/9b: Leistungshyperbel für 0,5-Watt-Widerstände

7.6 Wechselspannung und Wechselstrom

247/1. **Frequenz der DB**

a) $T = \frac{1}{f} = \frac{1}{16\frac{2}{3}\frac{1}{s}} = 0{,}06\ s = \mathbf{60\ ms}$

b) $\omega = 2 \cdot \pi \cdot f = 2 \cdot \pi \cdot 16\frac{2}{3}\frac{1}{s} = \mathbf{104{,}72\ s^{-1}}$

247/2. **Periodendauer**

a) $f = \frac{1}{T} = \frac{1}{50 \cdot 10^{-3}} = 20\frac{1}{s} = \mathbf{20\ Hz}$

b) $\omega = 2 \cdot \pi \cdot f = 2 \cdot \pi \cdot 20\frac{1}{s} = \mathbf{125{,}66\ s^{-1}}$

247/3. **Kreisfrequenz**

$\omega = 2 \cdot \pi \cdot f = 2 \cdot \pi \cdot 100\frac{1}{s} = \mathbf{628{,}32\ s^{-1}}$

247/4. **Oszillogramm**

a) Aus Bild 2 ergeben sich für eine Periode 4 Skt. Nach dem Maßstab gilt

$T = 4\ Skt \cdot 50\frac{ms}{Skt} = \mathbf{200\ ms}$

b) $f = \frac{1}{T} = \frac{1}{20 \cdot 10^{-3}\ s} = 5\ s^{-1} = \mathbf{5\ Hz}$

c) $\omega = 2 \cdot \pi \cdot f = 2 \cdot \pi \cdot 5\frac{1}{s} = \mathbf{31{,}41\ s^{-1}}$

247/5. **Autoradio**

a) $\omega_A = 2 \cdot \pi \cdot f_A = 2 \cdot \pi \cdot 87{,}5 \cdot 10^6\frac{1}{s} = \mathbf{549{,}78 \cdot 10^6\ s^{-1}}$

$\omega_E = 2 \cdot \pi \cdot f_E = 2 \cdot \pi \cdot 108 \cdot 10^6\frac{1}{s} = \mathbf{678{,}58 \cdot 10^6\ s^{-1}}$

b) $T_A = \frac{1}{f_A} = \frac{1}{87{,}5 \cdot 10^6\frac{1}{s}} = 0{,}01142 \cdot 10^{-6}\ s = \mathbf{11{,}42 \cdot 10^{-9}\ s}$

$T_E = \frac{1}{f_E} = \frac{1}{108 \cdot 10^6\frac{1}{s}} = 0{,}009259 \cdot 10^{-6}\ s = \mathbf{9{,}26 \cdot 10^{-9}\ s}$

248/6. **Momentanwert der Stromstärke**

Aus Bild 1: $I_{max} = 1{,}8\ A$; $T = 40\ ms$

$i = I_{max} \cdot \sin(\omega \cdot t) = I_{max} \cdot \sin\left(\frac{2 \cdot \pi}{T} \cdot t\right) = 1{,}8\ A \cdot \sin\left(\frac{2 \cdot \pi}{40\ ms} \cdot 17\ ms\right) =$

$= 1{,}8\ A \cdot 0{,}454 = 0{,}817\ A = \mathbf{817\ mA}$ (Rechner auf RAD)

248/7. **Sinusförmige Wechselspannung**

$u = U_{max} \cdot \sin(2 \cdot \pi \cdot f) = 325\ V \cdot \sin\left(2 \cdot \pi \cdot 50\frac{1}{s} \cdot t\right)$

a) (Rechner auf RAD)

Zeitpunkt	t_1	t_2	t_3	t_4	t_5
u in Volt	**100,4**	**262,9**	**325**	**262,9**	**0**
Zeitpunkt	t_6	t_7	t_8	t_9	t_{10}
u in Volt	**–100,4**	**–269,2**	**–325**	**–269,2**	**0**

b)

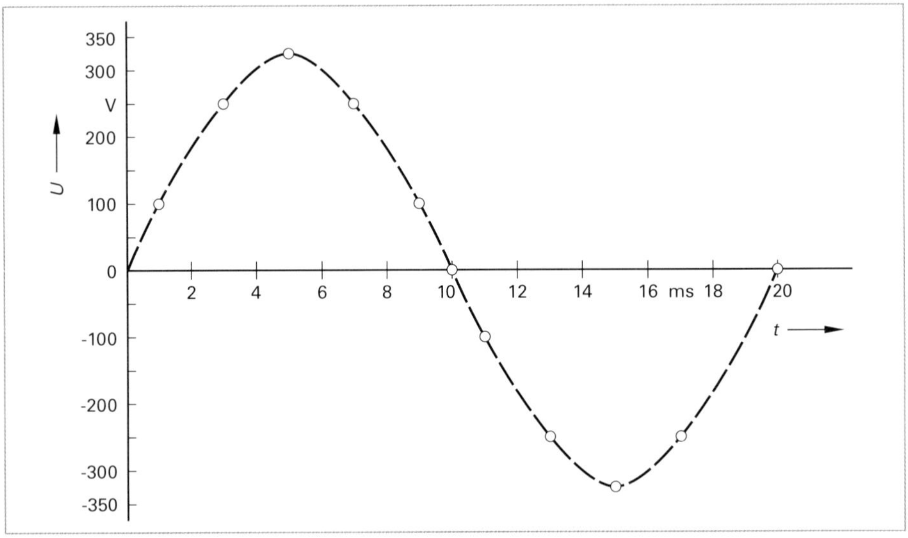

Bild 248/7: Wechselspannung

248/8. **Momentanwert der Spannung** (Rechner auf RAD eingestellt)

$$u = U_{max} \cdot \sin(2 \cdot \pi \cdot f \cdot t); \quad \frac{u}{U_{max}} = \sin(2 \cdot \pi \cdot f \cdot t);$$

$$\arcsin \frac{u}{U_{max}} = 2 \cdot \pi \cdot f \cdot t; \quad t = \frac{\arcsin \frac{u}{U_{max}}}{2 \cdot \pi \cdot f} = \frac{\arcsin \frac{110\ \text{V}}{155{,}5\ \text{V}}}{2 \cdot \pi \cdot 60\,\frac{1}{\text{s}}} =$$

$$= \frac{0{,}7857}{2 \cdot \pi \cdot 60\,\frac{1}{\text{s}}} = 2{,}08 \cdot 10^{-3}\ \text{s} = \mathbf{2\ ms}\ \text{(Rechner auf RAD)}$$

Der Momentanwert u = 110 V tritt immer 2 ms nach dem Nulldurchgang ein. Nach Überschreiten der Maximalspannung ergibt sich ein weiterer Momentanwert von 110 V. Dieser liegt 2 ms vor dem nächsten Nulldurchgang (am Ende der positiven Halbwelle).

Berechnung des zweiten Zeitpunktes

$$\text{Periodendauer } T = \frac{1}{f} = \frac{1}{60\,\frac{1}{\text{s}}} = \frac{1\,000\,\frac{\text{ms}}{\text{s}}}{60\,\frac{1}{\text{s}}} = 16{,}6\ \text{ms} = 16\,\frac{2}{3}\ \text{ms}$$

$$\text{Nulldurchgang bei } \frac{T}{2} = 16\,\frac{2}{3}\ \text{ms} : 2 = 8\,\frac{1}{3}\ \text{ms}$$

$$\text{2 ms vor Nulldurchgang: } \frac{T}{2} - 2\ \text{ms} = 8\,\frac{1}{3}\ \text{ms}$$

$$-2\ \text{ms} = 6\,\frac{1}{3}\ \text{ms} = \mathbf{6{,}3\ ms}$$

Anmerkung: Bei vielen Rechnern wird der arcsin als $\sin^{-1}$ angegeben.

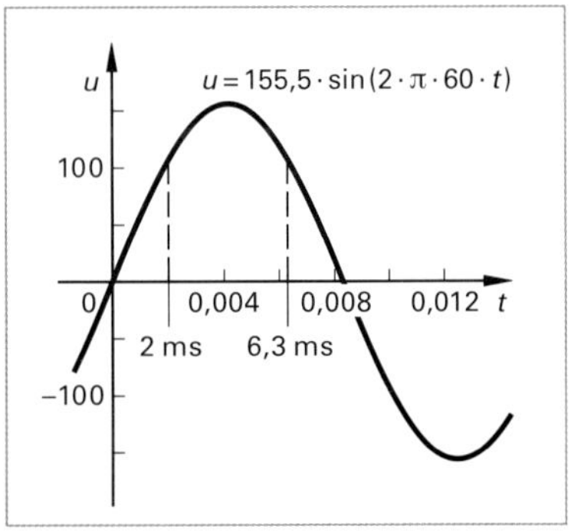

Bild 248/8

248/9. Effektivwerte

$U_{max} = \sqrt{2} \cdot U_{eff}$;

a) $U_{max} = \sqrt{2} \cdot 0{,}6\ \text{V} = \mathbf{0{,}848\ V}$

b) $U_{max} = \sqrt{2} \cdot 110\ \text{V} = \mathbf{155{,}56\ V}$

c) $U_{max} = \sqrt{2} \cdot 10\,000\ \text{V} = \mathbf{14\,142{,}13\ V}$

$I_{max} = \sqrt{2} \cdot I_{eff}$

a) $I_{max} = \sqrt{2} \cdot 2\ \text{A} = \mathbf{2{,}83\ A}$

b) $I_{max} = \sqrt{2} \cdot 3 \cdot 10^{-3}\ \text{A} = 4{,}24 \cdot 10^{-3}\ \text{A} = \mathbf{4{,}24\ mA}$

c) $I_{max} = \sqrt{2} \cdot 100 \cdot 10^{-6}\ \text{A} = \mathbf{1{,}414 \cdot 10^{-4}\ A = 0{,}1414\ mA}$

248/10. Maximalwert

$$U_{max} = \sqrt{2}\ U_{eff};\ U_{eff} = \frac{U_{max}}{\sqrt{2}} = \frac{34\ \text{V}}{\sqrt{2}} = \mathbf{24\ V}$$

$$I_{max} = \sqrt{2} \cdot I_{eff};\ I_{eff} = \frac{I_{max}}{\sqrt{2}} = \frac{0{,}6\ \text{A}}{\sqrt{2}} = \mathbf{0{,}424\ A}$$

248/11. Sinusförmige Wechselspannung (Rechner auf RAD eingestellt)

a) $$i = I_{max} \cdot \sin(2 \cdot \pi \cdot f \cdot t);\ I_{max} = \frac{i}{\sin(2 \cdot \pi \cdot f \cdot t)} = \frac{20\ \text{A}}{\sin\left(2 \cdot \pi \cdot 50 \frac{1}{\text{s}} \cdot 2 \cdot 10^{-3}\ \text{s}\right)} = \frac{20\ \text{A}}{0{,}5877} = \mathbf{34\ A}$$

b) $$I_{max} = \sqrt{2} \cdot I_{eff};\ I_{eff} = \frac{I_{max}}{\sqrt{2}} = \frac{34\ \text{A}}{\sqrt{2}} = \mathbf{24\ A}$$

c) $$i = I_{max} \cdot \sin(2 \cdot \pi \cdot f \cdot t) = 34\ \text{A} \cdot \sin\left(2 \cdot \pi \cdot 50 \frac{1}{\text{s}} \cdot 3 \cdot 10^{-3}\ \text{s}\right) = \mathbf{27{,}5\ A}$$

d) $$i = I_{max} \cdot \sin(2 \cdot \pi \cdot f \cdot t);\ \frac{i}{I_{max}} = \sin(2 \cdot \pi \cdot f \cdot t);\ \arcsin \frac{i}{I_{max}} = 2 \cdot \pi \cdot f \cdot t;$$

$$t = \frac{\arcsin \frac{i}{I_{max}}}{2 \cdot \pi \cdot f} = \frac{\arcsin \frac{10\ \text{A}}{34\ \text{A}}}{2 \cdot \pi \cdot 50 \frac{1}{\text{s}}} = \mathbf{0{,}95\ ms}$$

248/12. Zündtrafo

$U_{Prüf} = 2{,}5 \cdot 10\ \text{kV} = 25\ \text{kV}$;

$U_{max} = \sqrt{2} \cdot U_{Prüf} = \sqrt{2} \cdot 25\ \text{kV} = \mathbf{35{,}35\ kV}$

248/13. Oszillogramm

Aus Bild 2

a) $U_{max} = 3\ \text{Skt};\ U_{max} = \mathbf{30\ V}$

b) $$U_{max} = \sqrt{2} \cdot U_{eff};\ U_{eff} = \frac{U_{max}}{\sqrt{2}} = \frac{30\ \text{V}}{\sqrt{2}} = \mathbf{21{,}2\ V}$$

c) $$T = 4\ \text{Skt} \cdot 5 \frac{\text{ms}}{\text{Skt}} = 20\ \text{ms} = 20 \cdot 10^{-3}\ \text{s}$$

$$f = \frac{1}{T} = \frac{1}{20 \cdot 10^{-3}\ \text{s}} = 50 \frac{1}{\text{s}} = \mathbf{50\ Hz}$$

7

248/14. **Wechselstrom** (Rechner auf RAD eingestellt)

•

$I_{max} = 150$ mA; $U_{eff} = 230$ V; $f = 50$ Hz

a) $i = I_{max} \cdot \sin(2 \cdot \pi \cdot f \cdot t) = 150 \text{ mA} \cdot \sin(2 \cdot \pi \cdot 50 \frac{1}{\text{s}} \cdot 5 \cdot 10^{-3} \text{ s}) = 150 \text{ mA} \cdot 1 = \mathbf{150 \text{ mA} = I_{max}}$

b) $U_{max} = \sqrt{2} \cdot U_{eff} = \sqrt{2} \cdot 230 \text{ V} = \mathbf{325{,}27 \text{ V}}$

c) $U_{max} = \sqrt{2} \cdot 230 \text{ V} = 325{,}27 \text{ V}$; $u = U_{max} \cdot \sin(2 \cdot \pi \cdot f \cdot t)$;

$$\frac{u}{U_{max}} = \sin(2 \cdot \pi \cdot f \cdot t); \quad t = \frac{\arcsin \frac{u}{U_{max}}}{2 \cdot \pi \cdot f};$$

$$t_{100} = \frac{\arcsin \frac{100 \text{ V}}{325{,}27 \text{ V}}}{2 \cdot \pi \cdot 50 \frac{1}{\text{s}}} = 9{,}95 \cdot 10^{-4} \text{ s} = \mathbf{0{,}995 \text{ ms}}$$

$$t_{230} = \frac{\arcsin \frac{230 \text{ V}}{325{,}27 \text{ V}}}{2 \cdot \pi \cdot 50 \frac{1}{\text{s}}} = 2{,}5 \cdot 10^{-3} \text{ s} = \mathbf{2{,}5 \text{ ms}} \text{ (Rechner auf RAD)}$$

d) $I_{max} = \sqrt{2} \cdot I_{eff}$; $I_{eff} = \frac{I_{max}}{\sqrt{2}} = \frac{150 \text{ mA}}{\sqrt{2}} = \mathbf{106 \text{ mA}}$

e) $I_{eff} = \frac{U_{eff}}{R}$; $R = \frac{U_{eff}}{I_{eff}} = \frac{230 \text{ V}}{106 \cdot 10^{-3} \text{A}} = 2\,169{,}8\ \Omega = \mathbf{2{,}17\ k\Omega}$

7.7 Elektrische Leistung bei Wechselstrom und Drehstrom

Elektrische Leistung bei Wechselstrom

250/1. **Verbraucher**

$$P = U \cdot I \cdot \cos\varphi; \quad I = \frac{P}{U \cdot \cos\varphi} = \frac{60 \text{ W}}{230 \text{ V} \cdot 0{,}7} = \mathbf{0{,}37 \text{ A}}$$

250/2. **Leistungsschild Wechselstrommotor**

a) $P_1 = U \cdot I \cdot \cos\varphi = 230 \text{ V} \cdot 1{,}4 \text{ A} \cdot 0{,}98 = \mathbf{315{,}56 \text{ W}} \approx \mathbf{0{,}316 \text{ kW}}$

b) $\eta = \frac{P_2}{P_1} = \frac{0{,}24 \text{ kW}}{0{,}316 \text{ kW}} = \mathbf{0{,}759}$

250/3. **Wechselstrommotor**

$$P = U \cdot I \cdot \cos\varphi; \quad \cos\varphi = \frac{P}{U \cdot I} = \frac{950 \text{ W}}{230 \text{ V} \cdot 6{,}8 \text{ A}} = \mathbf{0{,}607}$$

250/4. **Wechselstromnetz**

a) $P_1 = U \cdot I \cdot \cos\varphi = 230 \text{ V} \cdot 14 \text{ A} \cdot 0{,}8 = \mathbf{2\,576 \text{ W}}$

b) $P_2 = P_1 \cdot \eta = 2\,576 \text{ W} \cdot 0{,}9 = \mathbf{2\,318{,}4 \text{ W}} \approx \mathbf{2{,}32 \text{ kW}}$

250/5. **Schweißumformer**

•

P_M = Leistung des Motors; P_G = Leistung des Generators

$P_{M2} = P_{M1} \cdot \eta_M = 7\,500 \text{ W} \cdot 0{,}85 = 6\,375 \text{ W}$

$P_{M2} = P_{G1} = 6{,}375 \text{ kW}$

$P_{G2} = P_{M2} \cdot \eta_G = 6\,375 \text{ W} \cdot 0{,}9 = 5\,737{,}5 \text{ W}$

$$U_G = \frac{P_{G2}}{I} = \frac{5\,737{,}5 \text{ W}}{350 \text{ A}} = \mathbf{16{,}39 \text{ V}}$$

Elektrische Leistung bei Drehstrom

250/6. **Leistungsschild Drehstrommotor**

$P = \sqrt{3} \cdot U \cdot I \cdot \cos\varphi = \sqrt{3} \cdot 400\ \text{V} \cdot 30{,}5\ \text{A} \cdot 0{,}85 = \mathbf{17\,940{,}1\ W \approx 18\ kW}$

250/7. **Fräsmaschinenmotor**

a) $P_1 = \frac{P_2}{\eta} = \frac{5\,500\ \text{W}}{0{,}81} = \mathbf{6\,790{,}1\ W \approx 6{,}79\ kW}$

b) $P_1 = \sqrt{3} \cdot U \cdot I \cdot \cos\varphi;\ I = \frac{P_1}{\sqrt{3} \cdot U \cdot \cos\varphi} = \frac{6\,790\ \text{W}}{\sqrt{3} \cdot 400\ \text{V} \cdot 0{,}83} = \mathbf{11{,}82\ A}$

250/8. **Vierleiter-Drehstromnetz**

a) $P = \sqrt{3} \cdot U \cdot I\ \cos\varphi = \sqrt{3} \cdot 400\ \text{V} \cdot 1{,}2\ \text{A} \cdot 0{,}86 = \mathbf{714{,}14\ W}$

b) $\eta = \frac{P_2}{P_1} = \frac{550\ \text{W}}{714{,}14\ \text{W}} = \mathbf{0{,}77}$

250/9. **Schweißaggregat**

$P_1 = \frac{P_2}{\eta} = \frac{18\,000\ \text{W}}{0{,}9} = 20\,000\ \text{W}$

$P_1 = \sqrt{3} \cdot U \cdot I \cdot \cos\varphi;\ I = \frac{P_1}{\sqrt{3} \cdot U \cdot \cos\varphi} = \frac{20\,000\ \text{W}}{\sqrt{3} \cdot 400\ \text{V} \cdot 0{,}8} = \mathbf{36{,}12\ A}$

250/10. **Aufzug**
•

a) $P_{M2} = \frac{F \cdot s}{t \cdot \eta_A} = \frac{3\,000\ \text{N} \cdot 18\ \text{m}}{20\ \text{s} \cdot 0{,}69} = \mathbf{3\,913\ W = 3{,}913\ kW}$

b) $P_{M2} = P_{M1} \cdot \eta;\ P_{M2} = \sqrt{3} \cdot U \cdot I \cdot \cos\varphi \cdot \eta_M;$

$I = \frac{P_{M2}}{\sqrt{3} \cdot U \cdot \cos\varphi \cdot \eta_M} = \frac{3\,913\ \text{W}}{\sqrt{3} \cdot 400\ \text{V} \cdot 0{,}9 \cdot 0{,}85} = \mathbf{7{,}391\ A \approx 7{,}4\ A}$

7.8 Elektrische Arbeit und Energiekosten

251/1. **Elektromotor**

$W = P \cdot t = 3\,500\ \text{W} \cdot 8{,}5\ \text{h} = \mathbf{29\,750\ W \cdot h = 29{,}75\ kW \cdot h}$

251/2. **Glühlampe**

$W = P \cdot t;\ t = \frac{W}{P} = \frac{1\,000\ \text{W} \cdot \text{h}}{60\ \text{W}} = \mathbf{16{,}67\ h = 16\ h\ 40\ min\ 12\ s}$

251/3. **Stand-by**

$W = P \cdot t = 3\ \text{W} \cdot 365 \cdot 15\ \text{h} = 16\,425\ \text{W} \cdot \text{h} = 16{,}425\ \text{kW} \cdot \text{h}$

$K = W \cdot K_P = 16{,}425\ \text{kW} \cdot \text{h} \cdot 0{,}20\ \frac{€}{\text{kW} \cdot \text{h}} = \mathbf{3{,}285 \approx 3{,}29\ €}$

251/4. **Leistungsschild**

$W = U \cdot I \cdot \cos\varphi = 230\ \text{V} \cdot 18\ \text{A} \cdot 0{,}85 = 3\,519\ \text{W} \approx 3{,}52\ \text{kW}$

$W = P \cdot t = 3{,}52\ \text{kW} \cdot 6{,}5\ \text{h} = 22{,}88\ \text{kW} \cdot \text{h}$

$K = W \cdot K_P = 22{,}88\ \text{kW} \cdot \text{h} \cdot 0{,}20\ \frac{€}{\text{kW} \cdot \text{h}} = \mathbf{4{,}576 \approx 4{,}58\ €}$

251/5. **Drehstrommotor**

$P = \sqrt{3} \cdot U \cdot I \cdot \cos\varphi = \sqrt{3} \cdot 400\ \text{V} \cdot 15{,}8\ \text{A} \cdot 0{,}81 = 8\,856{,}2\ \text{W} \approx 8{,}86\ \text{kW}$

$W = P \cdot t = 8{,}86\ \text{kW} \cdot 8{,}33\ \text{h} = 73{,}80\ \text{kW} \cdot \text{h}$

$K = W \cdot K_P = 73{,}8\ \text{kW} \cdot \text{h} \cdot 0{,}20\ \frac{€}{\text{kW} \cdot \text{h}} = \mathbf{14{,}76\ €}$

7

251/6. **Leistungsschild**

•

a) Erforderliche Wärmemenge $Q = c \cdot m \cdot \Delta t$

$Q = W_2 \qquad Q = 4{,}18\,\frac{\text{kJ}}{\text{kg}\cdot{}^\circ\text{C}} \cdot 5\text{ kg} \cdot 86\,{}^\circ\text{C} = 1\,797{,}4\text{ kJ}$

$1\text{ J} = 1\text{ W}\cdot\text{s}; \quad W_2 = 1\,797{,}4\text{ kJ} = 1\,797{,}4 \cdot 10^3\text{ W}\cdot\text{s} = 1{,}797 \cdot 10^6\text{ W}\cdot\text{s} \approx 1{,}8 \cdot 10^6\text{ W}\cdot\text{s}$

$W_1 = \frac{W_2}{\eta} = \frac{1{,}8\cdot 10^6\text{ W}\cdot\text{s}}{0{,}8} \approx 2{,}25 \cdot 10^6\text{ W}\cdot\text{s} \cdot \frac{1\text{ kW}}{1\,000\text{ W}} \cdot \frac{1\text{ h}}{3\,600\text{ s}} = \mathbf{0{,}625\ kW\cdot h}$

b) $W_1 = P_1 \cdot t; \quad t = \frac{W_1}{P_1} = \frac{2{,}25\cdot 10^6\text{ W}\cdot\text{s}}{2{,}0\cdot 10^3\text{ W}} = 1{,}125 \cdot 10^3\text{ s} = \frac{1\,125\text{ s}}{60\,\frac{\text{s}}{\text{min}}} = \mathbf{18{,}75\ min}$

c) $P_1 = \frac{U^2}{R}; \quad R = \frac{U^2}{P_1} = \frac{(230\text{ V})^2}{2\,000\text{ W}} = \frac{52\,900\text{ V}^2}{2\,000\text{ W}} = 26{,}45\,\frac{\text{V}^2}{\text{V}\cdot\text{A}} = 26{,}45\,\frac{\text{V}}{\text{A}} = \mathbf{26{,}45\ \Omega}$

$R = \frac{\varrho \cdot l}{A}; \quad l = \frac{R \cdot A}{\varrho} = \frac{26{,}45\,\Omega \cdot 0{,}503\text{ mm}^2}{1{,}4\,\frac{\Omega\cdot\text{mm}^2}{\text{m}}} = \mathbf{9{,}5\ m}$

7.9 Transformator

252/1. **Schutztransformator**

$\frac{U_1}{U_2} = \frac{N_1}{N_2}; \quad N_1 = \frac{U_1 \cdot N_2}{U_2} = \frac{230\text{ V}\cdot 913}{42\text{ V}} = \mathbf{5\,000}$

252/2. **Leerlaufspannung**

$\frac{U_1}{U_2} = \frac{N_1}{N_2}; \quad U_2 = \frac{U_1 \cdot N_2}{N_1} = \frac{230\text{ V}\cdot 70}{160} = \mathbf{100{,}62\ V}$

252/3. **Schweißtransformator**

a) $ü = \frac{U_1}{U_2} = \frac{230\text{ V}}{58\text{ V}} = \mathbf{3{,}965 \approx 4}$

b) $ü = \frac{N_1}{N_2}; \quad N_1 = ü \cdot N_2 = 4 \cdot 70 = \mathbf{280}$

252/4. **Klingeltransformator**

a) $\frac{U_1}{U_2} = \frac{I_2}{I_1}; \quad I_1 = \frac{I_2 \cdot U_2}{U_1} = \frac{2{,}5\text{ A}\cdot 12\text{ V}}{230\text{ V}} = \mathbf{0{,}13\ A}$

b) für 10 V: $I_2 = \frac{I_1 \cdot U_1}{U_2} = \frac{0{,}13\text{ A}\cdot 230\text{ V}}{10\text{ V}} = \mathbf{2{,}99\ A}$

$ü = \frac{U_1}{U_2} = \frac{230\text{ V}}{10\text{ V}} = \mathbf{23}$

für 8 V: $I_2 = \frac{I_1 \cdot U_1}{U_2} = \frac{0{,}13\text{ A}\cdot 230\text{ V}}{8\text{ V}} = \mathbf{3{,}74\ A}$

$ü = \frac{U_1}{U_2} = \frac{230\text{ V}}{8\text{ V}} = \mathbf{28{,}75}$

8 Aufgaben zur Wiederholung und Vertiefung

8.1 Lehrsatz des Pythagoras, Winkelfunktionen

254/1. **Platte**

a) $x = \sqrt{34^2 - 18^2}$ mm – 6,4 mm = **22,44 mm**

b) $x = \sqrt{34^2 - 18^2}$ mm – 6,6 mm = **22,24 mm**

c) $\cos\alpha = \frac{18\text{ mm}}{34\text{ mm}} = 0{,}5294$; $\alpha = \mathbf{58{,}03°}$

254/2. **Flansch**

$y = 30\text{ mm} + \frac{58}{2}\text{ mm} \cdot \sin 45° = (30 + 20{,}51)\text{ mm} = \mathbf{50{,}51\ mm}$

$x = 30\text{ mm} - \frac{58}{2}\text{ mm} \cdot \sin 45° = (30 - 20{,}51)\text{ mm} = \mathbf{9{,}49\ mm}$

$a = \frac{58}{2}\text{ mm} - \left(\frac{36{,}2}{2} + \frac{8}{2}\right)\text{ mm} = 29\text{ mm} - 22{,}1\text{ mm} = \mathbf{6{,}9\ mm}$

254/3. **Konsole**

a) $\cos\alpha = \frac{l_1}{l_2}$; $l_2 = \frac{l_1}{\cos\alpha} = \frac{2\,500\text{ mm}}{\cos 40°} = \mathbf{3\,264\ mm}$

b) $l_3 = \sqrt{l_2^2 - l_1^2} = \sqrt{3\,264^2 - 2\,500^2}\text{ mm} = \mathbf{2\,098\ mm}$

c) $F_G = m \cdot g = 10\,000\text{ kg} \cdot 9{,}81\,\frac{\text{m}}{\text{s}^2} = 98\,100\text{ N}$

Zugstab: $\tan\alpha = \frac{F_G}{F_1}$; $F_1 = \frac{F_G}{\tan\alpha} = \frac{98\,100\text{ N}}{\tan 40°}$
$= \mathbf{116\,911\ N}$

Druckstab: $\sin\alpha = \frac{F_G}{F_2}$; $F_2 = \frac{F_G}{\sin\alpha} = \frac{98\,100\text{ N}}{\sin 40°} = \mathbf{152\,617\ N}$

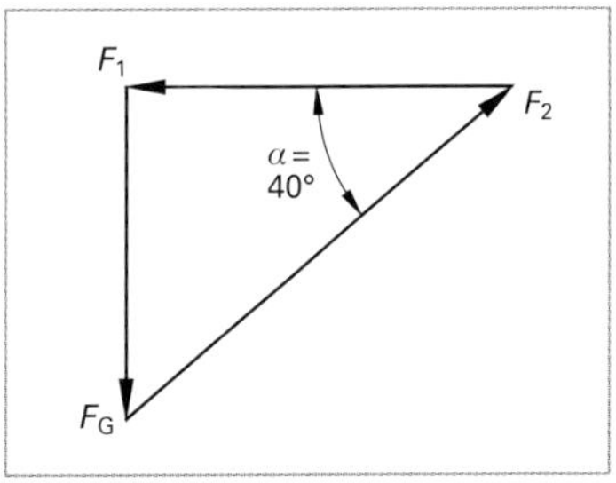

Bild 254/3: Konsole

254/4. **Schwalbenschwanzführung**

a) $b = 25\text{ mm} + 2 \cdot \frac{18\text{ mm}}{\tan 60°} = \mathbf{45{,}78\ mm}$

b) $x = 45{,}78\text{ mm} - 2 \cdot \left(5\text{ mm} + \frac{5\text{ mm}}{\tan 30°}\right) = 45{,}78\text{ mm} - 27{,}32\text{ mm} = \mathbf{18{,}46\ mm}$

254/5. **Prisma**

$x^2 = R^2 + R^2 = 2 \cdot R^2$

$x = R \cdot \sqrt{2} = 18\text{ mm} \cdot \sqrt{2} = 25{,}456\text{ mm}$

$y = \frac{x}{2} = \frac{25{,}456\text{ mm}}{2} = 12{,}728\text{ mm}$

$y' = (43 - 18 + 12{,}728)\text{ mm} = 37{,}728\text{ mm}$

$x' = y' = 37{,}728\text{ mm}$

$x_1 = 60\text{ mm} - \left(\frac{x}{2} + x'\right)$

$= 60\text{ mm} - \left(\frac{25{,}456}{2} + 37{,}728\right)\text{ mm}$

$= \mathbf{9{,}544\ mm}$

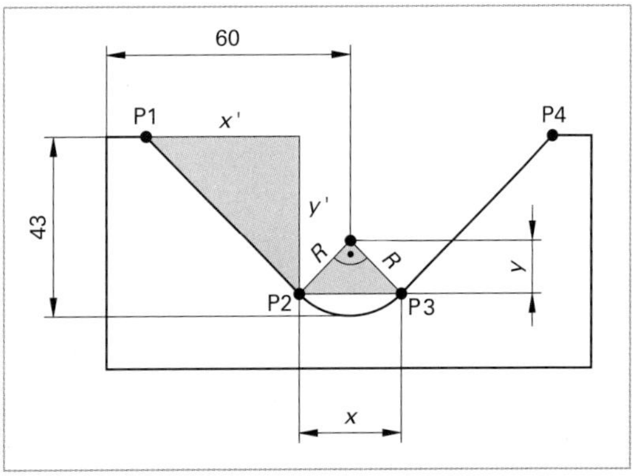

Bild 254/5: Prisma

$x_2 = 60\text{ mm} - 12{,}728\text{ mm} = \mathbf{47{,}272\text{ mm}}$
$x_3 = 60\text{ mm} + 12{,}728\text{ mm} = \mathbf{72{,}728\text{ mm}}$

$$x_4 = 60\text{ mm} + \frac{25{,}456}{2}\text{ mm} + 37{,}728\text{ mm} = \mathbf{110{,}456\text{ mm}}$$

$y_1 = 62\text{ mm}$
$y_2 = (62 - 37{,}728)\text{ mm} = \mathbf{24{,}272\text{ mm}}$
$y_3 = y_2 = \mathbf{24{,}272\text{ mm}}$
$y_4 = y_1 = \mathbf{62\text{ mm}}$

8.2 Längen, Flächen, Volumen, Masse und Gewichtskraft

255/1. Aufteilen eines Flachstabes

$$\Delta l = L - (l_1 + l_2 + l_3 + l_4 + l_5 + l_6) - 6 \cdot b$$
$$= 3\,000\text{ mm} - (25 + 90 + 137 + 1\,210 + 685 + 792)\text{ mm} - 6 \cdot 2{,}5\text{ mm}$$
$$= 3\,000\text{ mm} - 2\,939\text{ mm} - 15\text{ mm} = \mathbf{46\text{ mm}}$$

255/2. Masse von Normprofilen, Blechen und Rohren

a) $m' = 5{,}41\text{ kg/m}$; $m = m' \cdot l = 5{,}41\text{ kg/m} \cdot 40\text{ m} = \mathbf{216{,}4\text{ kg}}$

b) $m'' = 35{,}4\text{ kg/m}^2$; $m = m'' \cdot A = 35{,}4\text{ kg/m}^2 \cdot 125\text{ m}^2 = \mathbf{4\,425\text{ kg}}$

c) $m' = 3{,}393\text{ kg/m}$; $m = m' \cdot l = 3{,}393\text{ kg/m} \cdot 85\text{ m} = \mathbf{288{,}4\text{ kg}}$

255/3. Haken

a) $$l_1 = \frac{\pi \cdot d_{m1} \cdot \alpha_1}{360°} = \frac{\pi \cdot 19\text{ mm} \cdot 300°}{360°} = 49{,}74\text{ mm};\quad l_2 = 40{,}00\text{ mm}$$

$$l_3 = \frac{\pi \cdot d_{m3} \cdot \alpha_3}{360°} = \frac{\pi \cdot 13\text{ mm} \cdot 270°}{360°} = 30{,}63\text{ mm}$$

$$L = l_1 + l_2 + l_3 = (49{,}74 + 40{,}00 + 30{,}63)\text{ mm} = 120{,}37\text{ mm} \approx \mathbf{120\text{ mm}}$$

b) $$V = A \cdot l = \frac{\pi \cdot d^2}{4} \cdot l = \frac{\pi \cdot (0{,}3\text{ cm})^2}{4} \cdot 12\text{ cm} = 0{,}848\text{ cm}^3$$

$$m = n \cdot V \cdot \varrho = 2\,500 \cdot 0{,}848\text{ cm}^3 \cdot 7{,}85\text{ g/cm}^3 = 16\,642\text{ g} \approx \mathbf{16{,}6\text{ kg}}$$

255/4. Rohrhalter

a) $$L = l_1 + l_2 + l_3 + l_4 + l_5$$

$$= 18{,}38\text{ mm} + \frac{2\pi \cdot 13{,}5\text{ mm} \cdot 64{,}62°}{360°} + \frac{\pi \cdot 43\text{ mm} \cdot 299{,}77°}{360°} + \frac{2\pi \cdot 13{,}5\text{ mm} \cdot 55{,}15°}{360°}$$
$$+ (50\text{ mm} - 28{,}72\text{ mm})$$
$$= 18{,}38\text{ mm} + 15{,}23\text{ mm} + 112{,}49\text{ mm} + 12{,}99\text{ mm} + 21{,}28\text{ mm} = 180{,}37\text{ mm} \approx \mathbf{180\text{ mm}}$$

b) $$m = V \cdot \varrho = A \cdot L \cdot \varrho = 3\text{ cm} \cdot 0{,}3\text{ cm} \cdot 18\text{ cm} \cdot 2{,}7\text{ g/cm}^3 = \mathbf{43{,}74\text{ g}}$$

255/5. Blechteil

a) $$A = 2 \cdot \left(\frac{l_1 + l_2}{2} \cdot b - \frac{\pi \cdot d^2}{4}\right) = 2 \cdot \left(\frac{8 + 6}{2} \cdot 12 - \frac{\pi \cdot 3^2}{4}\right)\text{cm}^2 = \mathbf{154\text{ cm}^2}$$

b) $$m = A \cdot s \cdot \varrho \cdot i = 154\text{ cm}^2 \cdot 0{,}0005\text{ cm} \cdot 8{,}9\,\frac{\text{g}}{\text{cm}^3} \cdot 1\,650 = \mathbf{1\,131\text{ g}}$$

255/6. Abschreckbehälter

a) $$V = l \cdot b \cdot h = 2{,}0\text{ m} \cdot 1{,}2\text{ m} \cdot 0{,}7\text{ m} = \mathbf{1{,}68\text{ m}^3}$$

b) $$h_1 = \frac{V_p}{l \cdot b} = \frac{1{,}450\text{ m}^3}{2{,}0\text{ m} \cdot 1{,}2\text{ m}} = 0{,}604\text{ m}$$

$$\Delta h = h - h_1 = 0{,}7\text{ m} - 0{,}604\text{ m} = 0{,}096\text{ m} = \mathbf{96\text{ mm}}$$

c) $$m = V \cdot \varrho = 1{,}450\text{ m}^3 \cdot 0{,}85\,\frac{\text{t}}{\text{m}^3} = 1{,}233\text{ t} = \mathbf{1\,233\text{ kg}}$$

255/7. Blasenspeicher

a) Halbkugeln:

$$V_1 = \frac{\pi \cdot d^3}{6} = \frac{\pi \cdot (2{,}80\ \text{dm})^3}{6} = 11{,}494\ \text{dm}^3$$

Zylinder:

$$V_2 = \frac{\pi \cdot d^2}{4} \cdot h = \frac{\pi \cdot (2{,}80\ \text{dm})^2}{4} \cdot 4\ \text{dm} = 24{,}630\ \text{dm}^3$$

$$V = V_1 + V_2 = 11{,}494\ \text{dm}^3 + 24{,}630\ \text{dm}^3 = 36{,}124\ \text{dm}^3 \approx \mathbf{36\ l}$$

b) 2 Halbkugeln:

$$A_1 = \pi \cdot d_m^2 = \pi \cdot (2{,}85\ \text{dm})^2 = 25{,}518\ \text{dm}^2$$

Zylinder:

$$A_2 = \pi \cdot d_m \cdot h = \pi \cdot 2{,}85\ \text{dm} \cdot 4\ \text{dm} = 35{,}814\ \text{dm}^2$$

$$A = A_1 + A_2 = 25{,}518\ \text{dm}^2 + 35{,}814\ \text{dm}^2 = 61{,}332\ \text{dm}^2$$

$$V = A \cdot s = 61{,}332\ \text{dm}^2 \cdot 0{,}05\ \text{dm} = 3{,}0666\ \text{dm}^3$$

$$m = V \cdot \varrho = 3{,}0666\ \text{dm}^3 \cdot 7{,}85\ \text{kg/dm}^3 = 24{,}073\ \text{kg} \approx 24\ \text{kg}$$

$$F_G = m \cdot g = 24{,}073\ \text{kg} \cdot 9{,}81\ \frac{\text{m}}{\text{s}^2} \approx \mathbf{236\ N}$$

8.3 Dreh- und Längsbewegungen, Getriebe

256/1. Umfangsgeschwindigkeit

a) $v_c = \pi \cdot d \cdot n = \pi \cdot 0{,}25\ \text{m} \cdot \frac{2\,800}{60}\ \frac{1}{\text{s}} = \mathbf{36{,}7\ \frac{m}{s}}$

$v_{c\,zul}$ wird überschritten.

b) $$d = \frac{v_c}{\pi \cdot n} = \frac{25\ \frac{\text{m}}{\text{s}} \cdot 60\ \frac{\text{s}}{\text{min}}}{\pi \cdot 2\,800\ \frac{1}{\text{min}}} \approx 0{,}17\ \text{m} = \mathbf{170\ mm}$$

256/2. Zeigerantrieb

a) $d_a = m \cdot (z + 2) = 1{,}5\ \text{mm} \cdot (20 + 2) = \mathbf{33\ mm}$

b) $h = 2{,}25 \cdot m = 2{,}25 \cdot 1{,}5\ \text{mm} \approx \mathbf{3{,}38\ mm}$

c) $n_1 \cdot z_1 = n_2 \cdot n_2;\ z_1 = \frac{n_2 \cdot z_2}{n_1} = \frac{360° \cdot 20}{60°} =$ **120 Zähne** (am gedachten ganzen Umfang)

z_1 = 120 Zähne ist die an der Verzahnungsmaschine einzustellende Zähnezahl.

d) $a = m \cdot \frac{z_1 + z_2}{2} = 1{,}5\ \text{mm} \cdot \frac{120 + 20}{2} = \mathbf{105\ mm}$

256/3. Riementrieb

a) $$n_2 = \frac{v_c}{\pi \cdot d} = \frac{35\ \frac{\text{m}}{\text{s}}}{\pi \cdot 0{,}13\ \text{m}} = 85{,}7\ \frac{1}{\text{s}} = \mathbf{5\,142\ \frac{1}{min}}$$

b) $$d_2 = \frac{n_1}{n_2} \cdot d_1 = \frac{2\,800\ \frac{1}{\text{min}}}{5\,142\ \frac{1}{\text{min}}} \cdot 120\ \text{mm} = \mathbf{65{,}3\ mm}$$

c) $$i = \frac{n_1}{n_2} = \frac{2\,800\ \frac{1}{\text{min}}}{5\,142\ \frac{1}{\text{min}}} = \mathbf{0{,}545}$$

8

256/4. **Schneckentrieb**

a) $n_2 = \frac{n_1 \cdot z_1}{z_2} = \frac{1\,500\,\frac{1}{\text{min}} \cdot 2}{60} = \mathbf{50\,\frac{1}{min}}$

b) $i = \frac{n_1}{n_2} = \frac{1\,500\,\frac{1}{\text{min}}}{50\,\frac{1}{\text{min}}} = \mathbf{30}$

c) $d = m \cdot z_2 = 2{,}5\text{ mm} \cdot 60 = \mathbf{150\ mm}$

$d_a = d + 2 \cdot m = (150 + 2 \cdot 2{,}5)\text{ mm} = \mathbf{155\ mm}$

256/5. **Gewindespindelantrieb**

a) $n_2 = \frac{s}{P} = \frac{180\text{ mm}}{6\text{ mm}} =$ **30 Umdrehungen**

b) $n_2 = n_1 \cdot \frac{z_1}{z_2} = 500\,\frac{1}{\text{min}} \cdot \frac{24}{32} = 375\,\frac{1}{\text{min}}$

$v_f = n_2 \cdot P = 375\,\frac{1}{\text{min}} \cdot 6\text{ mm} = \mathbf{2\,250\,\frac{mm}{min}}$

256/6. **Kranantrieb**

a) $n_4 = \frac{v}{\pi \cdot d} = \frac{150\,\frac{\text{m}}{\text{min}}}{\pi \cdot 0{,}63\text{ m}} = \mathbf{76\,\frac{1}{min}}$

b) $\frac{n_1}{n_4} = \frac{z_2 \cdot z_4}{z_1 \cdot z_3};\quad z_3 = \frac{n_4}{n_1} \cdot \frac{z_2 \cdot z_4}{z_1} = \frac{76\,\frac{1}{\text{min}}}{1\,420\,\frac{1}{\text{min}}} \cdot \frac{71 \cdot 72}{17} = \mathbf{16}$

c) $i = \frac{n_1}{n_4} = \frac{1\,420\,\frac{1}{\text{min}}}{76\,\frac{1}{\text{min}}} = \frac{18{,}7}{1} = \mathbf{18{,}7}$

$i_1 = \frac{z_2}{z_1} = \frac{71}{17} = \frac{4{,}18}{1} = \mathbf{4{,}18}\,;\quad i_2 = \frac{z_4}{z_3} = \frac{72}{16} = \frac{4{,}50}{1} = \mathbf{4{,}50}$

8.4 Kräfte, Arbeit und Leistung

257/1. **Kräfte beim Zerspanen**

a) $F_r = \sqrt{F_c^2 + F_f^2} = \sqrt{(1\,600\text{ N})^2 + (550\text{ N})^2} = \mathbf{1\,692\ N}$

b) $\tan\alpha = \frac{F_c}{F_f} = \frac{1\,600\text{ N}}{550\text{ N}} = 2{,}9091;\quad \alpha = \mathbf{71°}$

257/2. Tragkette

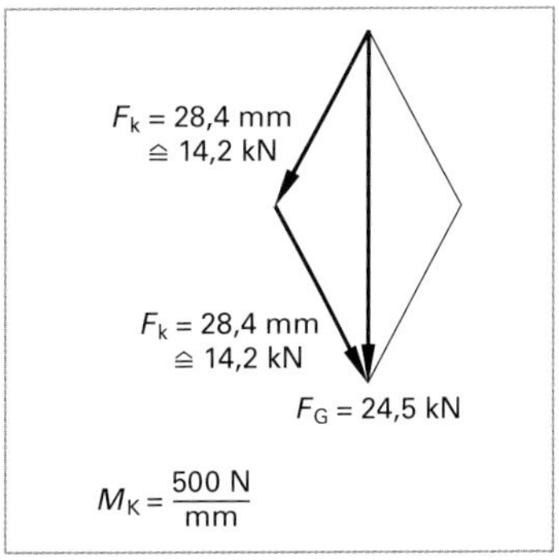

Bild 257/2: Tragkette

a) $F_G = m \cdot g = 2\,500\ kg \cdot 9{,}81\ m/s^2 = 24\,529\ N = \mathbf{24{,}529\ kN}$

$F_S = F_G = \mathbf{24{,}529\ kN}$

b) $\cos 30° = \frac{F_G}{2 \cdot F_k}$

$$F_k = \frac{F_G}{2 \cdot \cos 30°} = \frac{24{,}529\ kN}{2 \cdot 0{,}8660} = \mathbf{14{,}2\ kN}$$

257/3. Spannpratze

a) Nach Tabelle 1 Seite 168 ist für die Vorspannkraft F_v = 39 900 N ein Anziehdrehmoment M_A = 80 N · m bei einem Gewinde M12 erforderlich.

b) $M_A = F \cdot l;\ F = \frac{M_A}{l} = \frac{80\,000\ N \cdot mm}{300\ mm} = \mathbf{267\ N}$

c) Drehpunkt linke Spannstelle: $F_2 = \frac{F \cdot l}{l_2} = \frac{40\,000\ N \cdot 35\ mm}{(35 + 45)\ mm} = \mathbf{17\,500\ N}$

$F_1 = F - F_2 = 40\,000\ N - 17\,500\ N = \mathbf{22\,500\ N}$

257/4. Gabelstapler

a) Gewichtskraft des Gabelstaplers $F_G = m \cdot g = 1\,700\ kg \cdot 9{,}81\ m/s^2 = 16\,677\ N = 16{,}677\ kN \approx 16{,}7\ kN$

$F \cdot l = F_G \cdot l_1$

$$F = \frac{F_G \cdot l_1}{l} = \frac{16{,}7\ kN \cdot 2\,100\ mm}{1\,200\ mm} = \mathbf{29{,}23\ kN}$$

b) Gewichtskraft der Last von 2 t: $F' = m \cdot g = 2\,000\ kg \cdot 9{,}81\ m/s^2 = 19\,620\ N \approx 19{,}6\ kN$

Drehpunkt Vorderachse: $\Sigma M_l = \Sigma M_r;\quad F' \cdot l + F_H \cdot l_2 = F_G \cdot l_1$

Kraft auf Hinterachse: $F_H = \frac{F_G \cdot l_1 - F' \cdot l}{l_2} = \frac{16{,}7\ kN \cdot 2\,100\ mm - 19{,}6\ kN \cdot 1\,200\ mm}{3\,500\ mm} = \mathbf{3{,}3\ kN}$

Kraft auf Vorderachse: $F_v = F' + F_G - F_H = 19{,}6\ kN + 16{,}7\ kN - 3{,}3\ kN = \mathbf{33\ kN}$

257/5. Seilwinde

a) Weg je Minute $s = v \cdot t = 0{,}2\ \frac{m}{s} \cdot 60\ s = 12\ m$

$$n = \frac{s}{\pi \cdot d} = \frac{12\ \frac{m}{min}}{\pi \cdot 0{,}315\ m} = 12{,}1\ \frac{1}{min}$$ an der Seiltrommel

$$n_K = n \cdot i = 12{,}1\ \frac{1}{min} \cdot \frac{40}{12} \approx \mathbf{40\ \frac{1}{min}}$$ an der Kurbel

b) Gewichtskraft der Last von 120 kg: $F_G = m \cdot g = 120\ kg \cdot 9{,}81\ m/s^2 = 1\,177\ N$

Hubarbeit an der Last: $W_2 = F_G \cdot h = 1\,177\ N \cdot 8{,}5\ m = \mathbf{10\,005\ N \cdot m}$

c) Hubarbeit an der Kurbel: $W_1 = \frac{W_2}{\eta} = \frac{10\,005\ N \cdot m}{0{,}65} = \mathbf{15\,392\ N \cdot m}$

d) Zeit für 8,5 m Hubhöhe: $t = \frac{s}{v} = \frac{8{,}5\ m}{0{,}2\ \frac{m}{s}} = 42{,}5\ s$

$$P = \frac{W_1}{t} = \frac{15\,392\ N \cdot m}{42{,}5\ s} = 362\ \frac{N \cdot m}{s} = \mathbf{362\ W}$$

8

257/6. **Schraubenverbindung**

a) Nach Tabelle 1 der Seite 177 ergibt das Drehmoment $M_A \approx 23$ N · m an einem Gewinde M8 eine Vorspannkraft $F_v \approx$ **17 200 N.**

b) Vorspannkräfte aller Schrauben zusammen: $F = n \cdot F_v = 10 \cdot 17\,200\text{ N} \approx 170\,000\text{ N}$
Druckkraft im Zylinder $F = A \cdot p_e$

$$\text{Innendruck } p_e = \frac{F}{A} = \frac{170\,000\text{ N}}{\frac{\pi \cdot 12{,}5^2}{4}\text{ cm}^2} = 1\,385\,\frac{\text{N}}{\text{cm}^2} = 1\,385\,\frac{\text{N}}{\text{cm}^2} \cdot \frac{1\text{ bar}}{10\text{ N/cm}^2} \approx \mathbf{139\text{ bar}}$$

8.5 Kräfte, Flächenpressung, Kennwerte

258/1. **Gleitlager**

a) Die Buchse ISO-4379 Form F aus CuSn8P wird mit den Längen $b_1 = 10$ mm, $b_1 = 15$ mm und $b_1 = 20$ mm geliefert:
ISO-4379 – F15 x 17 x 10 – CuSn8P
ISO-4379 – F15 x 17 x 15 – CuSn8P
ISO-4379 – F15 x 17 x 20 – CuSn8P

b) Für die Flächenpressung gilt:

$$p = \frac{F}{A} = \frac{2\,400\text{ N}}{17\text{ mm} \cdot (20\text{–}1)\text{mm}} = \frac{2\,400\text{ N}}{17\text{ mm} \cdot 19\text{ mm}} = \mathbf{7{,}43\,\frac{N}{mm^2}}$$

$p < p_{zul} = 10\,\frac{\text{N}}{\text{mm}^2}$: Die Lagerlänge ist ausreichend.

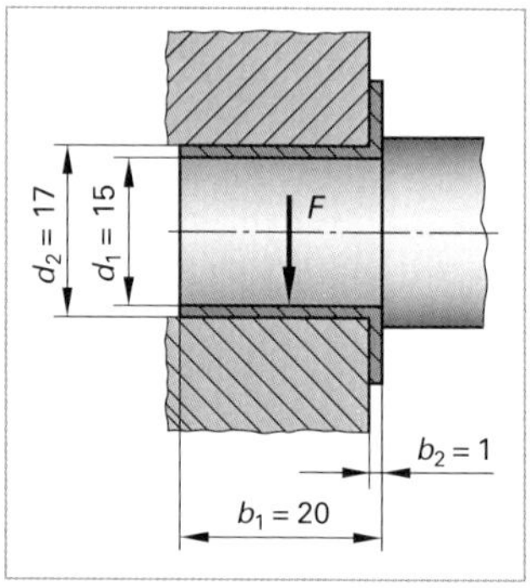

Bild 258/1

258/2. **Kniehebel**

$$\text{a) } F_{Kolben} = p_e \cdot A \cdot \eta = p_e \cdot \frac{\pi \cdot d^2}{4} \cdot \eta = 60\,\frac{\text{N}}{\text{cm}^2} \cdot \frac{\pi \cdot (8\text{ cm})^2}{4} \cdot 0{,}89 = 2\,684{,}2\text{ N}$$

b) Lageplan

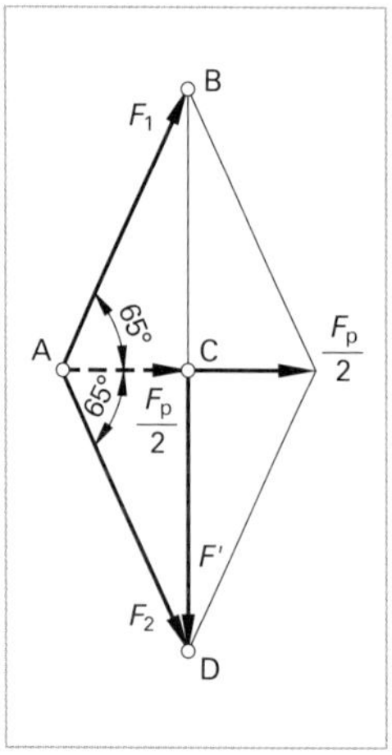

Bild 258/2

$$\Delta\text{ ABC} \rightarrow \cos 65° = \frac{\frac{F_p}{2}}{F_1} \rightarrow F_1 = \frac{F_p}{2 \cdot \cos 65°} = \frac{2\,684{,}2\text{ N}}{2 \cdot \cos 65°} = 3\,175{,}7\text{ N}$$

$$F_2 = F_1$$

$$\Delta\text{ ACD} \rightarrow \sin 65° = \frac{F'}{F_2} \rightarrow F' = F_2 \cdot \sin 65° = 3\,175{,}7\text{ N} \cdot \sin 65° = 2\,878{,}2\text{ N}$$

$$F_G = m \cdot g = 5\text{ kg} \cdot 9{,}81\,\frac{\text{N}}{\text{kg}} = 49{,}05\text{ N}$$

$$F_S = F_G + F' = (49{,}05 + 2\,878{,}2)\text{ N} = \mathbf{2\,927{,}25\text{ N}}$$

c) **p_1 auf Klebefläche zwischen W_1 und W_2**

$$p_1 = \frac{F_s}{A} \qquad D = 300\ \text{mm} \qquad d = 290\ \text{mm}$$

$$A = \frac{\pi}{4}(D^2 - d^2) = \frac{\pi}{4}(300^2 - 290^2)\ \text{mm}^2 = \mathbf{4\,633{,}8\ mm^2}$$

$$p_1 = \frac{2\,927{,}25\ \text{N}}{4\,633{,}8\ \text{mm}^2}$$

$$\mathbf{p_1 = 0{,}63\ \frac{N}{mm^2}}$$

p_2 zwischen Stempel und W_2

$$p_2 = \frac{F_s}{A}; \qquad A = \frac{\pi}{4}D^2 = \frac{\pi}{4}300^2\ \text{mm}^2 = 70\,685{,}8\ \text{mm}^2$$

$$= \frac{2\,927{,}25\ \text{N}}{70\,685{,}8\ \text{mm}^2}$$

$$\mathbf{p_2 = 0{,}041\ \frac{N}{mm^2}}$$

258/3. Aufpressung

a) $L_0 = 16$ mm; aus dem Diagramm folgt, für $s = 0{,}3$ mm liegt eine Federkraft $\boldsymbol{F = 40}$ **N** vor.

b) $p = \frac{F}{A}$;

Das Messingrohr mit $D = 3$ mm und der Wandstärke 0,6 mm hat einen Innendurchmesser $d = 1{,}8$ mm.

$$A = \frac{\pi \cdot (D^2 - d^2)}{4} = \frac{\pi \cdot ((3\ \text{mm})^2 - (1{,}8\ \text{mm})^2)}{4} = 4{,}5\ \text{mm}^2$$

$$p = \frac{40\ \text{N}}{4{,}5\ \text{mm}^2} = \mathbf{8{,}9\ \frac{N}{mm^2}}$$

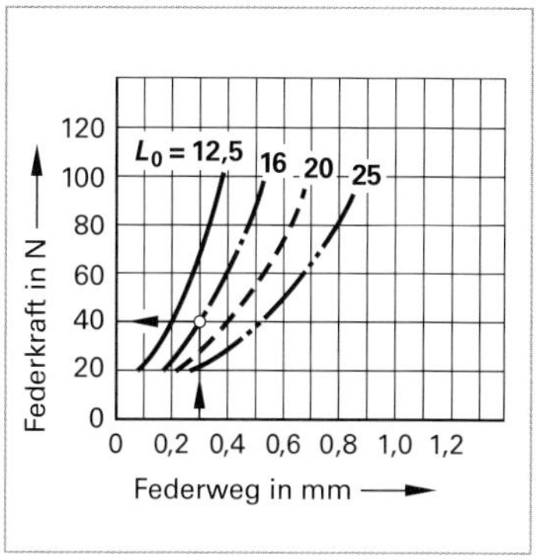

Bild 258/3

258/4. Spannungs-Dehnungs-Diagramm

a) Werkstoff: E295 → $R_m = 470 \ldots 610$ N/mm²; $R_e = 295$ N/mm²; bei 10 mm Dicke; $A = 20\,\%$

b) Beim Zugversuch wird die genormte Zugprobe biegungsfrei und gleichmäßig gedehnt, bis der Bruch eintritt. Die Änderung der Zugkraft und die zugehörige Verlängerung werden gemessen. Teilt man alle Kraftwerte durch den Anfangsquerschnitt A_0 und alle Längenänderungen durch die Messlänge l_o, dann erhält man das Spannungs-Dehnungs-Diagramm (Bild 258/4).

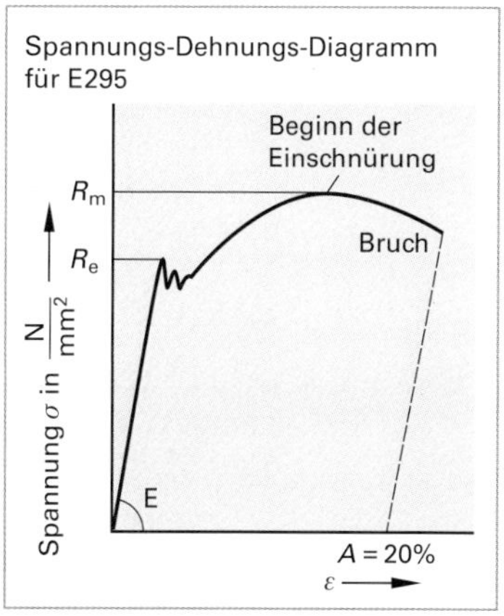

Bild 258/4

8.6 Kräfte an Bauteilen

259/1. Deckenschwenkkran

a) Kräftegleichgewicht: Bei der momentanen Darstellung werden die Schrauben bei B auf Zug und die Schrauben bei A auf Druck beansprucht.

$\Rightarrow$ (I) $F_B = F_A + F_1 + F_2 + F_3 = F_A + 4\text{ kN} + 3\text{ kN} + 12\text{ kN} = F_A + 19\text{ kN}$

Momentengleichgewicht: Drehpunkt in A

Momentengleichung: $\Sigma M_r = \Sigma M_l$

$$F_B \cdot l_1 = F_1 \cdot \frac{l_1}{2} + F_2 \cdot (\frac{l_1}{2} + l_2) + F_3 \cdot (\frac{l_1}{2} + l_3)$$

$$F_B = \frac{F_1 \frac{l_1}{2} + F_2 \cdot (\frac{l_1}{2} + l_2) + F_3 \cdot (\frac{l_1}{2} + l_3)}{l_1}$$

$$= \frac{4\text{ kN} \cdot \frac{600}{2}\text{ mm} + 3\text{ kN} \cdot (\frac{600}{2} + 1\,000)\text{ mm} + 12\text{ kN} \cdot (\frac{600}{2} + 2\,500)\text{ mm}}{600\text{ mm}}$$

$$= \frac{4\text{ kN} \cdot 300\text{ mm} + 3\text{ kN} \cdot 1\,300\text{ mm} + 12\text{ kN} \cdot 2\,800}{600\text{ mm}}$$

$$= \frac{1\,200\text{ kN} \cdot \text{mm} + 3\,900\text{ kN} \cdot \text{mm} + 33\,600\text{ kN} \cdot \text{mm}}{600\text{ mm}} = \frac{38\,700\text{ kN} \cdot \text{mm}}{600\text{ mm}} = 64{,}5\text{ kN}$$

$F_B = 64{,}5$ kN: $F_B = F_A + 19$ kN; $64{,}5\text{ kN} = F_A + 19$ kN; $F_A = 64{,}5\text{ kN} - 19\text{ kN} = 45{,}5$ kN.

Die Belastung verteilt sich auf jeweils zwei Schrauben, damit ergibt sich:
F'_A = **22,75 kN (Druck)**; F'_B = **32,25 kN (Zug)**

b) M16 $\Rightarrow$ S = 157 mm²; $\sigma_{Zs} = \frac{F_{max}}{A_S} = \frac{32\,250\text{ N}}{157\text{ mm}^2} = 205{,}41\ \frac{\text{N}}{\text{mm}^2}$;

Festigkeitsklasse **8.8** $\Rightarrow R_e = 640\ \frac{\text{N}}{\text{mm}^2}$

$$\sigma_{Zmax} = \frac{R_e}{\nu} = \frac{640\ \frac{\text{N}}{\text{mm}^2}}{2{,}5} = 256\ \frac{\text{N}}{\text{mm}^2}$$

Spannungsnachweis: $\sigma_{Zmax} > \sigma_{Zs} \Rightarrow$ Schrauben genügen den Anforderungen.

c) Schrauben: Je nach Stellung der Laufkatze werden die Schrauben auf Zug oder Druck beansprucht.
Stellung in Bild 1: Schrauben bei A: Druckbeanspruchung
Schrauben bei B: Zugbeanspruchung.
Verursacher sind die Kräfte F_1, F_2 und F_3.

Säule: Zugbeanspruchung wegen F_1, F_2 und F_3.
Biegebeanspruchung wegen der Kräfte F_2 und F_3.

Ausleger: Zugbeanspruchung wegen F_2 und F_3.
Biegebeanspruchung wegen der Kraft F_3.

Laufkatze: Zugbeanspruchung wegen F_3.

d) $M_b = F_2 \cdot l_2 + F_3 \cdot l_3 = 3\text{ kN} \cdot 1\text{ m} + 12\text{ kN} \cdot 2{,}5\text{ m} = \mathbf{33\ kN \cdot m}$

$$\sigma_b = \frac{M_{bmax}}{W};\ W = \frac{\pi \cdot (D^4 - d^4)}{32 \cdot D} = \frac{\pi \cdot (200^4 - 180^4)\text{ mm}^4}{32 \cdot 200\text{ mm}} = 270\,098{,}43\text{ mm}^3$$

$$\sigma_b = \frac{33\,000\,000\text{ N} \cdot \text{mm}}{270\,098{,}43\text{ mm}^3} = 122{,}18\ \frac{\text{N}}{\text{mm}^2}$$

Werkstoff S275 JR: $R_e = 275\ \frac{\text{N}}{\text{mm}^2}$ (Berechnung gegen plastische Verformung)

$$\nu = \frac{R_e}{\sigma_b} = \frac{275\,\frac{\text{N}}{\text{mm}^2}}{122{,}18\,\frac{\text{N}}{\text{mm}^2}} = \mathbf{2{,}25}$$

259/2. Kräfte an einer Greifbacke

a) $F_{ax} = p_e \cdot A \cdot \eta = p_e \cdot \frac{\pi \cdot d^2}{4} \cdot \eta = 60\,\frac{\text{N}}{\text{cm}^2} \cdot \frac{\pi \cdot (4\text{ cm})^2}{4} \cdot 0{,}8 = \mathbf{603{,}2\ N}$

b) $\sin 20° = \frac{\frac{F_{ax}}{2}}{F_N}$; $F_N = \frac{F_{max}}{2 \cdot \sin 20°} = \frac{603{,}2\text{ N}}{2 \cdot \sin 20°} = \mathbf{881{,}8\ N}$

c) Die Kraft F_N wird kleiner, da sin α im Nenner ist und der Sinuswert mit steigendem Winkel α größer wird.

d) Spezifischer Luftverbrauch q aus Bild 1 Seite 229

$q = 0{,}09\,\frac{l}{\text{cm}}$;

$Q = q \cdot s \cdot n = 0{,}09\,\frac{l}{\text{cm}} \cdot 1{,}6\text{ cm} \cdot \frac{4}{\text{min}} \cdot \frac{60\text{ min}}{\text{h}} = \mathbf{34{,}6\,\frac{l}{h}}$

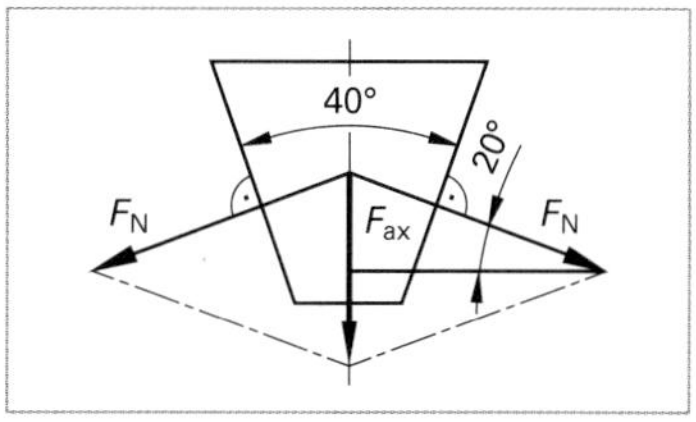

Bild 259/2

8.7 Maßtoleranzen, Passungen und Teilen

260/1. Allgemeintoleranzen

Allgemeintoleranzen nach Tabelle:

10 ± 0,1; 62 ± 0,15; 14 ± 0,1

x_{max} = (10,1 + 62,15 − 13,9) mm = **58,35 mm**

x_{min} = (9,9 + 61,85 − 14,1) mm = **57,65 mm**

260/2. ISO-Toleranzen

Aus ISO-Toleranztabellen:

Toleranzklasse	5	6	7	8	9
Toleranz in µm	13	19	30	46	74

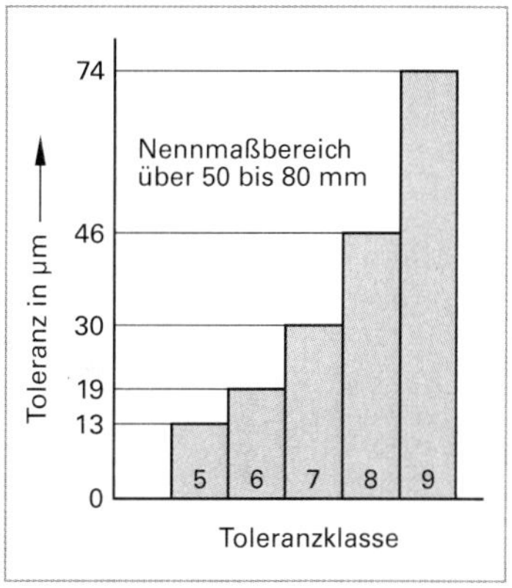

Bild 260/2: Passungen

260/3. Wellenlagerung

x_{max} = 18,2 mm − 11,75 mm = **6,45 mm**

x_{min} = 17,8 mm − 12,00 mm = **5,80 mm**

260/4. Spritzgießwerkzeug

a) 20H7/h6: 20 +0,021/ 0 20 0/−0,013

Höchstspiel: $P_{SH} = G_{oB} - G_{uW}$ = 20,021 mm −19,987 mm = **0,034 mm**

Mindestspiel: $P_{SM} = G_{uB} = G_{oW}$ = 20,000 mm − 20,000 mm = **0 mm**

b) 14H7/f7: 14 0/+0,018 14 −0,016/−0,034

Höchstspiel: $P_{SH} = G_{oB} - G_{uW}$ = 14,018 mm − 13,966 mm = **0,052 mm**

Mindestspiel: $P_{SM} = G_{uB} = G_{oW}$ = 14,000 mm − 13,984 mm = **0,016 mm**

c) 20H7/r6: 20 0/+0,021 20 +0,041/+0,028

Höchstübermaß: $P_{üH} = G_{uB} - G_{oW}$ = 20,000 mm − 20,041 mm = **− 0,041 mm**

Mindestübermaß: $P_{üM} = G_{oB} - G_{uW}$ = 20,021 mm − 20,028 mm = **− 0,007 mm**

260/5. Einstellknopf

a) $n_K = \frac{i}{T} = \frac{40}{100} = \frac{2}{5} = \mathbf{\frac{8\ LA}{20\ LK}}$

b) Weitere Möglichkeiten: $n_K = \mathbf{\frac{6\ LA}{15\ LK}} = \mathbf{\frac{12\ LA}{30\ LK}}$

8.8 Qualitätsmanagement 1

261/1. Maschinenfähigkeit

a) $k = \sqrt{n} = \sqrt{50} = 7{,}07 \approx 7$

$$w = \frac{R}{k} = \frac{x_{max} - x_{min}}{k} = \frac{-20\ \mu m - (-38\ \mu m)}{7} = 2{,}6\ \mu m \approx \mathbf{3\ \mu m}$$

Klasse Nr.	Messwert		Strichliste	n_j
	≥	<		
1	– 38	– 35	|||	3
2	– 35	– 32	~~||||~~ ||||	9
3	– 32	– 29	~~||||~~ ~~||||~~ ||||	14
4	– 29	– 26	~~||||~~ ~~||||~~ |||	13
5	– 26	– 23	~~||||~~ ||	7
6	– 23	– 20	|||	3
7	– 20	– 17	|	1
			Σ =	50

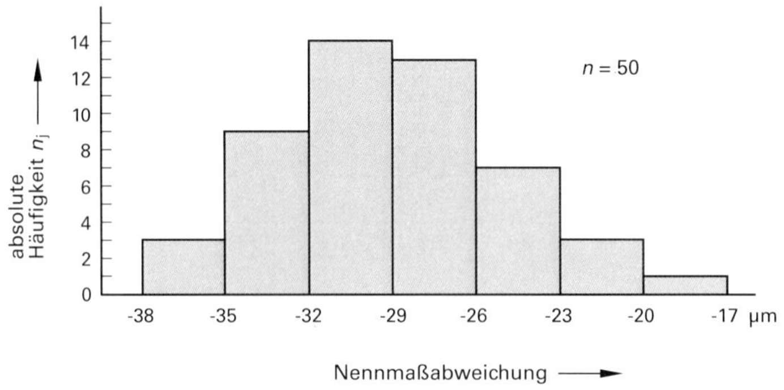

Bild 261/1: Histogramm

b) Das Histogramm lässt auf eine Normalverteilung schließen, da es die Form einer Glockenkurve hat.

c) ø 11h9 → $T = es - ei = 0\ \mu m - (-43\ \mu m) = 43\ \mu m$ (*es* und *ei* aus Tabellenbuch)

$$c_m = \frac{T}{6 \cdot s} = \frac{43\ \mu m}{6 \cdot 4{,}2\ \mu m} = \mathbf{1{,}71}$$

Ermittlung von Δkrit:

$OGW - \bar{x} = 11\ mm - 10{,}970\ mm = 0{,}030\ mm$

$\bar{x} - UGW = 10{,}970\ mm - 10{,}957\ mm = 0{,}013\ mm$

→ Δkrit = 0,013 mm = 13 µm (der kleinere Wert der beiden Differenzen)

$$c_{mk} = \frac{\Delta krit}{3 \cdot s} = \frac{13\ \mu m}{3 \cdot 4{,}2\ \mu m} = \mathbf{1{,}03}$$

d) Die Normalverteilung lässt darauf schließen, dass nur zufällige Einflüsse wirken. Die Maschinenfähigkeit ist nicht nachgewiesen, da $c_{mk} = 1{,}03 < 1{,}67$ ist. Um die geforderten Kennwerte zu erfüllen, muss die Streuung reduziert werden.

261/2. Prozessfähigkeit

a + b)

Stichprobe Nr.	$\bar{x}_i$	s_i	R_i
1	30,0038	0,00750	0,020
2	30,0092	0,00383	0,009
3	30,0062	0,00576	0,011
4	30,0022	0,00536	0,015
5	30,0062	0,00814	0,019
6	30,0072	0,00893	0,023
7	29,9972	0,00517	0,013
8	30,0082	0,02057	0,054
9	30,0028	0,01038	0,029
10	29,9982	0,00753	0,017

c) $\varnothing$ 30 + 0,06/–0,03 $\rightarrow T = es - ei$ = 0,06 mm – (– 0,03 mm) = 0,09 mm = **90 µm**

$$\hat{\mu} = \bar{x} = \frac{1}{n}\,\Sigma x_i = \frac{1}{50}\,(30{,}004 + 30{,}012 + \ldots + 29{,}992) = 30{,}0041 \text{ mm}$$

$$\hat{\sigma} = \sqrt{\frac{\Sigma\,(x_i - \bar{x})^2}{n-1}} = \sqrt{\frac{(30{,}004 - 30{,}0041)^2 + \ldots + (29{,}992 - 30{,}0041)^2}{(50-1)}} = 0{,}0094 \text{ mm} = \mathbf{9{,}4\ \mu m}$$

Hinweis: Die „Schätzer" $\hat{\mu}$ und $\hat{\sigma}$ werden direkt aus den Messwerten $x_1 \ldots x_{50}$ berechnet.

$$c_p = \frac{T}{6 \cdot \hat{\sigma}} = \frac{90\ \mu\text{m}}{6 \cdot 9{,}4\ \mu\text{m}} = \mathbf{1{,}60}$$

Ermittlung von Δkrit:
OGW – $\hat{\mu}$ = 30,06 mm – 30,0041 mm ≈ 0,056 mm
$\hat{\mu}$ – UGW = 30,0041 mm – 29,97 mm ≈ 0,034 mm
→ Δkrit = 0,034 mm = 34 µm (der kleinere Wert der beiden Differenzen)

$$c_{pk} = \frac{\Delta\text{krit}}{3 \cdot \hat{\sigma}} = \frac{34\ \mu\text{m}}{3 \cdot 9{,}4\ \mu\text{m}} = \mathbf{1{,}21}$$

d) Die Prozessfähigkeit ist nicht nachgewiesen, da c_{pk} = 1,21 < 1,33 ist. Soll eine Fähigkeit erreicht werden, muss der Fertigungsprozess zentriert werden.

261/3. Qualitätsregelkarte

a) Sieben aufeinander folgende Prüfergebnisse (10.30–14.00 Uhr) zeigen eine steigende Tendenz. Es handelt sich somit um einen Trend.
Maßnahmen: Der Prozess ist zu unterbrechen, um die Verschiebung des Prozessmittelwertes zu untersuchen.

b) Ein Prüfergebnis (13.00 Uhr) liegt unterhalb von UEG.
Maßnahmen: Den Prozess nicht unterbrechen. Feststellen, wodurch diese Prozessverbesserung zustande gekommen ist.

c) Der Prozessverlauf der Mittelwerte $\bar{x}$ lässt auf systematische Einflüsse während des Fertigungsprozesses schließen. Er kann somit nicht als statistisch beherrscht betrachtet werden.

8.9 Qualitätsmanagement 2

262/1. Gleitlagerbuchsen

a)

Klasse	Klassenbreite ≥ <	Strichliste	Einzelhäufigkeit abs.	Einzelhäufigkeit rel.	Summenhäufigkeit abs.	Summenhäufigkeit rel.
1	12,029 – 12,031	||	2	8 %	2	8 %
2	12,031 – 12,033	||||	4	16 %	6	24 %
3	12,033 – 12,035	~~||||~~ ~~||||~~	10	40 %	16	64 %
4	12,035 – 12,037	~~||||~~ |	6	24 %	22	88 %
5	12,037 – 12,039	|||	3	12 %	25	100 %

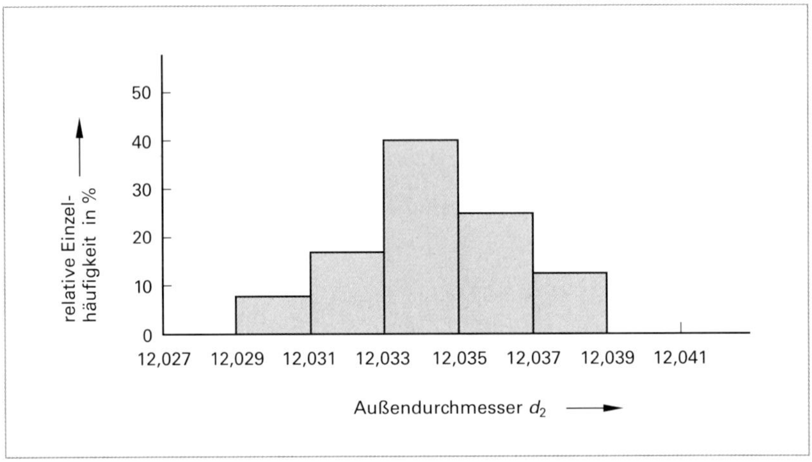

Bild 262/1b

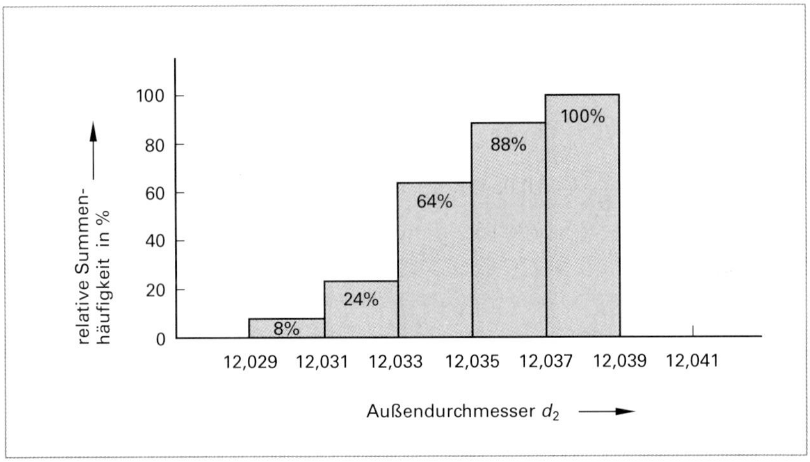

Bild 262/1b

262/2. Stahlblech

Taschenrechner-Lösung:
Mittelwert $\bar{x} = 2{,}973$ mm
Standardabweichung s = 0,068 mm

262/3. Getriebewelle

a)

Klasse	Klassenbreite ≥ <	Strichliste	Einzelhäufigkeit abs.	Einzelhäufigkeit rel.	Summenhäufigkeit abs.	Summenhäufigkeit rel.
1	0,002 – 0,005	|||	3	6 %	3	6 %
2	0,005 – 0,008	~~||||~~	5	10 %	8	16 %
3	0,008 – 0,011	~~||||~~ ||||	9	18 %	17	34 %
4	0,011 – 0,014	~~||||~~ ~~||||~~ |||	13	26 %	30	60 %
5	0,014 – 0,017	~~||||~~ ~~||||~~	10	20 %	40	80 %
6	0,017 – 0,020	~~||||~~ ||	7	14 %	47	94 %
7	0,020 – 0,022	|||	3	6 %	50	100 %

b) Taschenrechner-Lösung:
Standardabweichung s = 0,005 mm
Mittelwert $\bar{x} = 32{,}072$ mm

262/4. Wahrscheinlichkeitsnetz

Grafische Ermittlung (Bild 262/5):
Mittelwert: $\bar{x} = 8{,}0115$ mm
Standardabweichung: $s = 0{,}0013$ mm

262/5. Maschinenfähigkeit

Maschinenfähigkeitsbetrachtung:
a) nein: $c_m = 1{,}33 < 1{,}67$; $c_{mk} = 1{,}33 < 1{,}67$
b) nein: $c_m = 1{,}5 < 1{,}67$; $c_{mk} = 1 < 1{,}67$
c) ja: $c_m = 2 > 1{,}67$; $c_{mk} = 2 > 1{,}67$
d) nein: $c_m = 1{,}17 < 1{,}67$; $c_{mk} = 0{,}67 < 1{,}67$

263/6. Passfedernut

a) Passmaß 30 + 0,2 mm: $x_{max} = 30{,}18$ mm; $x_{min} = 30{,}01$ mm

$$R = x_{max} - x_{min}$$
$$R = 30{,}18\text{ mm} - 30{,}01\text{ mm}$$
$$R = 0{,}17\text{ mm}$$

Klassenanzahl: $K = \sqrt{n} = \sqrt{25} = 5$, benötigt werden sechs Klassen.

$$w = \frac{R}{K} = \frac{0{,}17\text{ mm}}{5} = 0{,}034\text{ mm} \approx 0{,}03\text{ mm}$$

Die Klassenweite wurde abgerundet.

Klasse	Klassenbreite ≥ <	Strichliste	Einzelhäufigkeit abs.	Einzelhäufigkeit rel.	Summenhäufigkeit abs.	Summenhäufigkeit rel.
1	30,01 – 30,04			1	4 %	1	4 %
2	30,04 – 30,07	|||	3	12 %	4	16 %
3	30,07 – 30,10	~~||||~~		6	24 %	10	40 %
4	30,10 – 30,13	~~||||~~ ~~||||~~		11	44 %	21	84 %
5	30,13 – 30,16	|||	3	12 %	24	96 %
6	30,16 – 30,19			1	4 %	25	100 %

8

263/6. Passfedernut (Fortsetzung)

b)

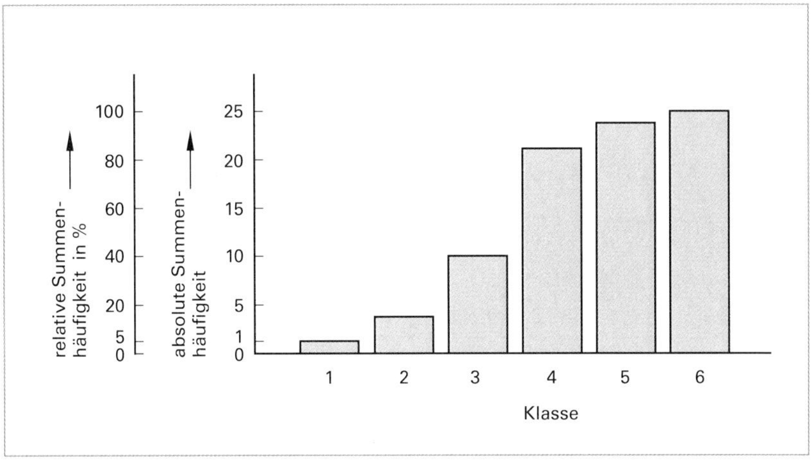

Bild 263/6b

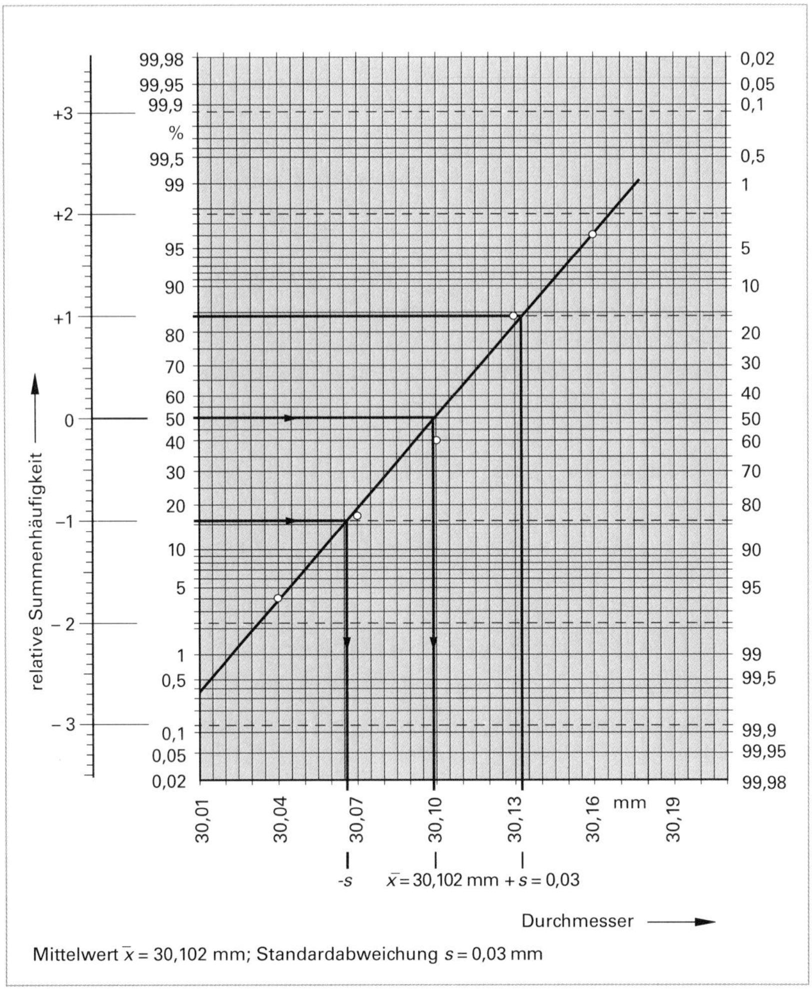

Bild 263/6c

263/7. **Wellendurchmesser**

a) Passmaß ∅ 30 K8: ei = **0 mm**; IT = 33 μm
es = ei + IT = 0 mm + 0,033 mm
es = **33 μm**

b) **Tabelle 2: Strichliste Wellendurchmesser** ∅ 30 k8

<table>
<tr><th>Klasse</th><th>Klassenbreite in μm ≥ … <</th><th>Strichliste</th><th>absolute Häufigkeit</th><th>relative Häufigkeit</th></tr>
<tr><td>1</td><td>0 bis –4</td><td>||</td><td>2</td><td>4 %</td></tr>
<tr><td>2</td><td>–4 bis –8</td><td>𝍸</td><td>5</td><td>10 %</td></tr>
<tr><td>3</td><td>–8 bis –12</td><td>𝍸 𝍸 ||</td><td>12</td><td>24 %</td></tr>
<tr><td>4</td><td>–12 bis –16</td><td>𝍸 𝍸 𝍸 |||</td><td>18</td><td>36 %</td></tr>
<tr><td>5</td><td>–16 bis –20</td><td>𝍸 ||||</td><td>9</td><td>18 %</td></tr>
<tr><td>6</td><td>–20 bis –24</td><td>|||</td><td>3</td><td>6 %</td></tr>
<tr><td>7</td><td>–24 bis –28</td><td>|</td><td>1</td><td>2 %</td></tr>
</table>

c)

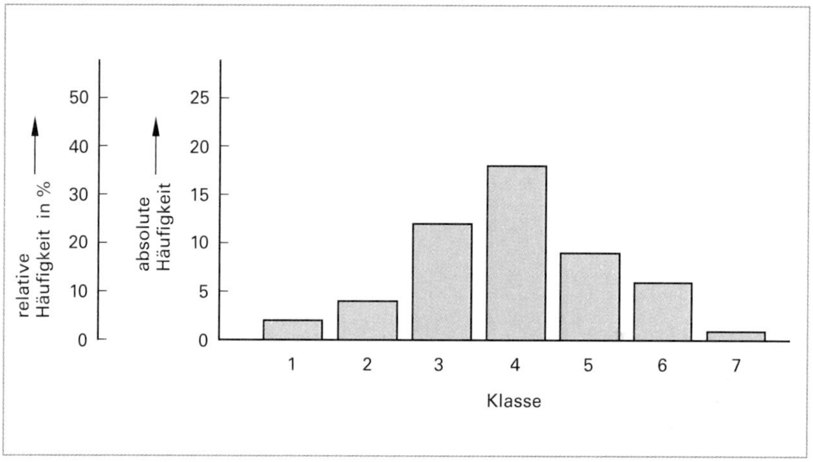

Bild 263/7c

d) Lösung für Mittelwert und Standardabweichung grafisch mit einem Wahrscheinlichkeitsnetz (kann der dem Rechenbuch beiliegenden CD entnommen werden).
$\bar{x}$ = 30,0126; s = 0,006

263/7. **Wellendurchmesser** (Fortsetzung)

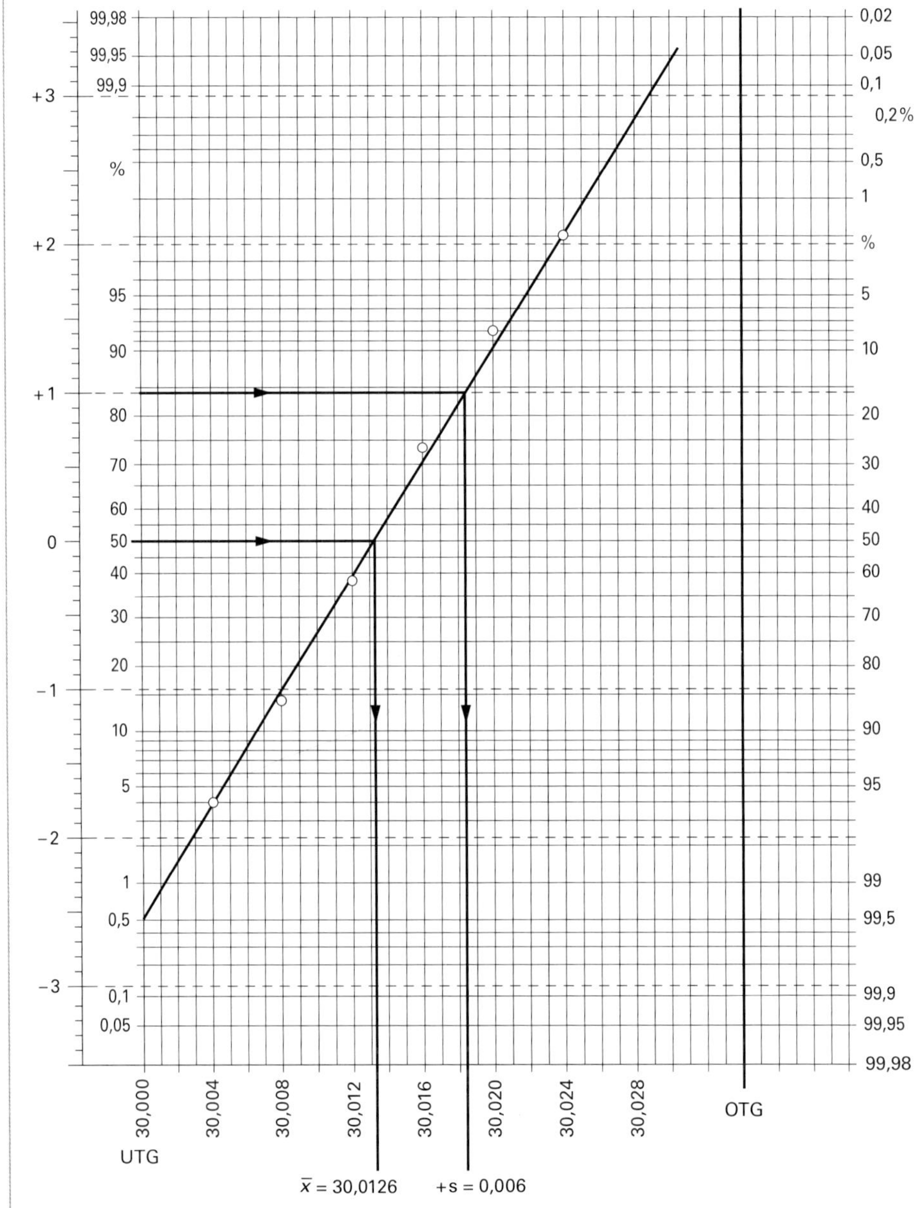

Bild 263/7d

263/8. **Pareto-Analyse**

a) **Tabelle 3: Paretanalyse**

Fehler	Fehlerursache	Häufigkeit		Summenhäufigkeit %
		abs.	rel. %	
F1	Getriebeöl im Lager	8	9,09	9,09
F2	Bruch der Gehäusedeckelschraube	2	2,27	11,36
F3	Lagerschaden	6	6,82	18,18
F4	Ölaustritt	29	32,95	51,13
F5	Zahnbruch am Zahnrad	3	3,41	54,54
F6	Wellendichtring eingerissen	22	25,00	79,54
F7	Laufgeräusche	4	4,55	84,09
F8	Fehlende Verschlussschraube	14	15,91	100,00

b) Fehler nach Häufigkeit sortiert:
F4, F6, F8, F1, F3, F7, F5, F2

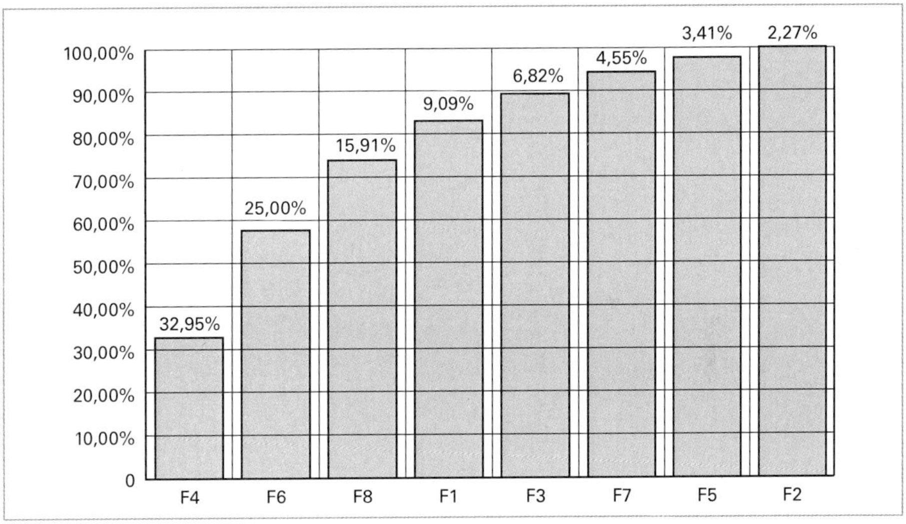

Bild 263/8b

c) 80/20-Regel: Um 80 % aller Fehler zu beseitigen, müssen 20 % der Fehlerursachen ausgeschaltet werden.

263/9. **AQL-Annahmeprüfung**
Lesen Sie die Werte aus dem Tabellenbuch heraus.

Aufgabe	Losgröße/AQL	Stichprobenzahl	Fehlerzahl
a	100/1,0	13	0
b	900/0,4	125	1
c	15/1,0	100 %-Prüf.	0
d	300/1,5	50	2

z. B.: Losgröße 200; AQL-Wert 1,5
Lösung: 32 1 ← zulässige fehlerhafte Bauteile: 1
↑
Stichprobenumfang: 32

8.10 Spanende Fertigung 1 (Bohren, Senken, Reiben)

264/1. **Flansch**

a) $L = l + l_s + l_a + l_u = 28\ \text{mm} + 0{,}3 \cdot 22\ \text{mm} + 5\ \text{mm} = \mathbf{40\ mm}$

b) $n = \dfrac{v_c}{\pi \cdot d} = \dfrac{25\ \frac{\text{m}}{\text{min}}}{\pi \cdot 0{,}022\ \text{m}} = 362\ \dfrac{1}{\text{min}}$; nach Bild 2 $n = \mathbf{355\ \dfrac{1}{min}}$

c) $t_h = \dfrac{L \cdot i}{n \cdot f} = \dfrac{40\ \text{mm} \cdot 15}{362\ \frac{1}{\text{min}} \cdot 0{,}2\ \text{mm}} = \mathbf{8{,}29\ min}$

d) $N = \dfrac{T}{t_h} = \dfrac{20\ \text{min}}{8{,}29\ \text{min/Stck}} = 2{,}4$ Stck; N = **2 Stück**

264/2. **Getriebedeckel**

a) $A = \dfrac{d \cdot f}{4} = \dfrac{11\ \text{mm} \cdot 0{,}18\ \text{mm}}{4} \approx \mathbf{0{,}50\ mm^2}$

b) $h = \dfrac{f}{2} \cdot \sin \dfrac{\sigma}{2} = \dfrac{0{,}18\ \text{mm}}{2} \cdot \sin \dfrac{118°}{2} = \mathbf{0{,}08\ mm}$

$k_c = 3\,555\ \dfrac{\text{N}}{\text{mm}^2}$ (aus Tabelle für $h = 0{,}08$ mm)

c) $Q = A \cdot v_c = 0{,}50\ \text{mm}^2 \cdot 35\ \dfrac{\text{m}}{\text{min}} = 0{,}005\ \text{cm}^2 \cdot 3\,500\ \dfrac{\text{cm}}{\text{min}}$

$Q = \mathbf{17{,}5\ \dfrac{cm^3}{min}}$

d) $F_c = 1{,}2 \cdot A \cdot k_c \cdot C;\ C = 1{,}1$ (Tabellenwert)

$F_c = 1{,}2 \cdot 0{,}50\ \text{mm}^2 \cdot 3\,555\ \dfrac{\text{N}}{\text{mm}^2} \cdot 1{,}1 = 2\,346{,}3\ \text{N}$

$P_c = \dfrac{z \cdot F_c \cdot v_c}{2} = \dfrac{2 \cdot 2\,346{,}3\ \text{N} \cdot 35\ \text{m}}{60\ \text{s} \cdot 2} = 1\,368{,}7\ \dfrac{\text{N} \cdot \text{m}}{\text{s}}$

$P_c = 1{,}37\ \text{kW}$

$P_1 = \dfrac{P_c}{2} = \dfrac{1{,}37\ \text{kW}}{0{,}80} = \mathbf{1{,}71\ kW}$

264/3. **Antriebsleistung**

$A = \dfrac{d \cdot f}{4} = \dfrac{25\ \text{mm} \cdot 0{,}32\ \text{mm}}{4} = 2\ \text{mm}^2$

$h = \dfrac{f}{2} \cdot \sin \dfrac{\sigma}{2} = \dfrac{0{,}32\ \text{mm}}{2} \cdot \sin \dfrac{140°}{2} = 0{,}15\ \text{mm}$

$k_c = 3\,195\ \dfrac{\text{N}}{\text{mm}^2}$ (aus Tabelle)

$F_c = 1{,}2 \cdot A \cdot k_c \cdot C;\ C = 1{,}1$ (aus Tabelle)

$F_c = 1{,}2 \cdot 2\ \text{mm}^2 \cdot 3\,195\ \dfrac{\text{N}}{\text{mm}^2} \cdot 1{,}1 = 8\,434{,}8\ \text{N}$

$P_c = z \cdot F_c \cdot \dfrac{v_c}{2} = 2 \cdot 8\,434{,}8\ \text{N} \cdot \dfrac{80\ \text{m}}{2\ \text{min}} \cdot \dfrac{1\ \text{min}}{60\ \text{s}} = 11\,246{,}4\ \dfrac{\text{Nm}}{\text{s}} = 11{,}25\ \text{kW}$

$P_1 = \dfrac{P_c}{\eta} = \dfrac{11{,}25\ \text{kW}}{0{,}9} = \mathbf{12{,}5\ kW}$

Da die erforderliche Antriebsleistung $P_1 = 12{,}5$ kW kleiner als die maximale Antriebsleistung $P = 15$ kW ist, reicht die Antriebsleistung der Maschine aus.

264/4. **Deckel**

a) $n = \frac{v_c}{\pi \cdot d} = \frac{10 \frac{m}{min}}{\pi \cdot 0{,}020 \text{ m}} = \mathbf{159 \frac{1}{min}}$

b) $t_h = \frac{L \cdot i}{n \cdot f}$

$L = l + l_s + l_a + l_u = 25 \text{ mm} + 4 \text{ mm} + 3 \text{ mm} + 3{,}5 \text{ mm} = 35{,}5 \text{ mm}$

$t_h = \frac{35{,}5 \text{ mm} \cdot 1}{159 \frac{1}{min} \cdot 0{,}20 \text{ mm}} = \mathbf{1{,}12 \text{ min}}$

264/5. **Deckel**

a) Der Senkdurchmesser d_1 für die Schraube M10 beträgt 18 mm.

$n = \frac{v_c}{\pi \cdot d} = \frac{15 \frac{m}{min}}{\pi \cdot 0{,}018 \text{ m}} = \mathbf{265 \frac{1}{min}}$

b) $t_h = \frac{L \cdot i}{n \cdot f}$; L = 6,4 mm

$L = l + l_a = 6{,}4 \text{ mm} + 1 \text{ mm} = 7{,}4 \text{ mm}$

$t_h = \frac{7{,}4 \text{ mm} \cdot 8}{265 \frac{1}{min} \cdot 0{,}10 \text{ mm}} = \mathbf{2{,}2 \text{ min}}$

8.11 Spanende Fertigung 2 (Drehen, Fräsen, Schleifen)

265/1. **Welle**

Drehen einer Welle

Vergleich der angegebenen Schnittwerte mit einem Tabellenbuch:

Drehen von unlegiertem Baustahl mit Hartmetall-Wendeschneidplatten bei mittleren Bearbeitungsbedingungen: $v_c = 150 \ldots 200$ m/min, $f = 0{,}1 \ldots 0{,}5$ mm, gewählt für $l_a = l_u = 1$ mm

a) $n = \frac{v_c}{\pi \cdot d} = \frac{200 \text{ m/min}}{\pi \cdot 0{,}125 \text{ m}} = \mathbf{509 \frac{1}{min}}$

b) $n = \mathbf{355 \frac{1}{min}}$

c) $L = l + l_a + l_u = (750 + 1 + 1) \text{ mm} = 752 \text{ mm}$

$t_h = \frac{L \cdot i}{n \cdot f} = \frac{752 \text{ mm} \cdot 2}{355/\text{min} \cdot 0{,}5 \text{ mm}} = \mathbf{8{,}47 \text{ min}}$

d) $R_{th} = \frac{f^2}{8 \cdot r} = \frac{(0{,}5 \text{ mm})^2}{8 \cdot 0{,}8 \text{ mm}} = 0{,}039 \text{ mm} = \mathbf{39\ \mu m}$

265/2. **Antriebswelle**

a) $a_p = \frac{d - d_1}{2} = \frac{60 \text{ mm} - 50 \text{ mm}}{2} = \mathbf{5 \text{ mm}}$

b) $h = f \cdot \sin \varkappa = 0{,}35 \text{ mm} \cdot \sin 60° = 0{,}30 \text{ mm}$

$k_c = \mathbf{3\,735 \frac{N}{mm^2}}$ (aus Tabelle)

c) $A = a_p \cdot f = 5 \text{ mm} \cdot 0{,}35 \text{ mm} = 1{,}75 \text{ mm}^2$

$F_c = A \cdot k_c = 1{,}75 \text{ mm}^2 \cdot 3\,735 \frac{N}{mm^2} = 6\,536{,}3 \text{ N}$

$F_c = \mathbf{6{,}5 \text{ kN}}$

8

d) $P_c = F_c \cdot v_c = 6\,536{,}3\ \text{N} \cdot 150\ \frac{\text{m}}{\text{min}} \cdot \frac{1\ \text{min}}{60\ \text{s}}$

$P_c = 16\,340{,}7\ \text{W} = 16{,}3\ \text{kW}$

$P_1 = \frac{P_c}{\eta} = \frac{16{,}3\ \text{kW}}{0{,}85} = \mathbf{19{,}2\ kW}$

265/3. **Ritzel**

a) $h = f \cdot \sin \varkappa = 0{,}24\ \text{mm} \cdot \sin 60° = 0{,}21\ \text{mm}$

$k_c = 4\,150\ \frac{\text{N}}{\text{mm}^2}$

$A = a_p \cdot f = 4\ \text{mm} \cdot 0{,}24\ \text{mm} = 0{,}96\ \text{mm}^2$

$F_c = A \cdot k_c \cdot C;\ C = 1{,}0$

$F_c = 0{,}96\ \text{mm}^2 \cdot 4\,150\ \frac{\text{N}}{\text{mm}^2} \cdot 1{,}0 = \mathbf{3\,984\ N}$

b) $R_{th} = \frac{f^2}{8 \cdot r} = \frac{(0{,}24\ \text{mm})^2}{8 \cdot 0{,}8\ \text{mm}} = 0{,}009\ \text{mm} = \mathbf{9\ \mu m}$

265/4. **Flanschlager**

a) nach Tabelle 2: $v_c = 200\ \frac{\text{m}}{\text{min}}$

$d = 100\ \text{mm}$

$f_z = 0{,}1\ \text{mm}$

$n = \frac{v_c}{\pi \cdot d} = \frac{200\ \frac{\text{m}}{\text{min}}}{\pi \cdot 0{,}1\ \text{m}} = 636{,}6\ \frac{1}{\text{min}} = \mathbf{637\ \frac{1}{min}}$

$v_f = n \cdot f_z \cdot z = 637\ \frac{1}{\text{min}} \cdot 0{,}1\ \text{mm} \cdot 8 = \mathbf{509{,}6\ \frac{mm}{min}}$

b) Frästiefe = 62 mm – 26 mm – 1 mm = 35 mm

nach Tabelle 2: $a_{p_{max}} = 8\ \text{mm}$

$i = \frac{\text{Frästiefe}}{a_p} = \frac{35\ \text{mm}}{8\ \text{mm}}$ 4,3 Schnitte = **5 Schnitte**

c) $L = l + 0{,}5 \cdot d + l_a + l_u = 50\ \text{mm} + 0{,}5 \cdot 100\ \text{mm} + 1\ \text{mm} + 1\ \text{mm}$

$L = 102\ \text{mm}$

$t_h = \frac{L \cdot i}{v_f} = \frac{102\ \text{mm} \cdot 5}{509{,}6\ \frac{\text{mm}}{\text{min}}} = \mathbf{1\ min}$

266/5. **Platte**

a) $l_s = \frac{1}{2} \cdot \sqrt{d^2 - b^2} = \frac{1}{2} \cdot \sqrt{(250\ \text{mm})^2 - (160\ \text{mm})^2} = 96\ \text{mm}$

$L = l + \frac{d}{2} - l_s + l_a + l_u$

$= (750 + 125 - 96 + 10 + 10)\ \text{mm}$

$= \mathbf{799\ mm}$

b) $n = \frac{v_c}{\pi \cdot d} = \frac{160\ \frac{\text{m}}{\text{min}}}{\pi \cdot 0{,}25\ \text{m}} = \mathbf{204\ \frac{1}{min}}$

c) $v_f = n \cdot f = 204\ \frac{1}{\text{min}} \cdot 2{,}8\ \text{mm} = \mathbf{571\ \frac{1}{min}}$

d) $t_h = \frac{L \cdot i}{v_f} = \frac{799\ \text{mm} \cdot 1}{571\ \frac{\text{mm}}{\text{min}}} = \mathbf{1{,}40\ min}$

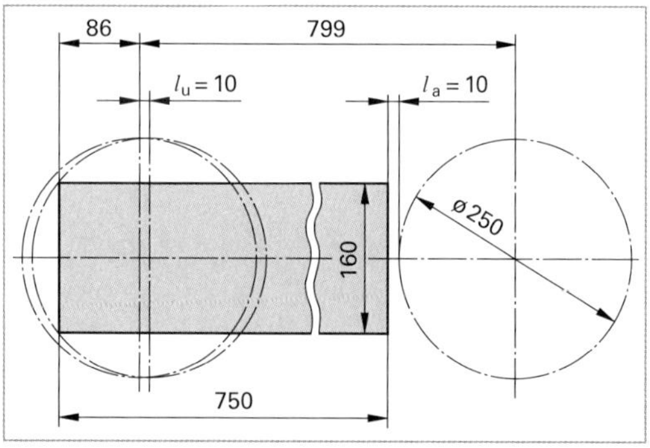

Bild 266/5: Berechnung des Fräsweges

266/6. **Führung**

a) $n = \frac{v_c}{\pi \cdot d} = \frac{125 \frac{m}{min}}{\pi \cdot 0{,}08\ m} = \mathbf{497 \frac{1}{min}}$

b) $v_f = n \cdot z \cdot f_z = 497 \frac{1}{min} \cdot 8 \cdot 0{,}1\ mm = \mathbf{398 \frac{mm}{min}}$

c) Vorschubweg beim Schlichten:

$L = l + d + l_a + l_u = (190 + 80 + 2 \cdot 5)\ mm = 280\ mm$

$t_h = \frac{L \cdot i}{v_f} = \frac{280\ mm \cdot 1}{398 \frac{mm}{min}} = 0{,}704\ min = \mathbf{0{,}7\ min}$

266/7. **Führungsleiste**

a) $L = l + 2 \cdot l_a = 160\ mm + 2 \cdot 25\ mm = \mathbf{210\ mm}$

b) $B = b - \frac{2 \cdot b_s}{3} = 40\ mm - \frac{2 \cdot 32\ mm}{3} = 18{,}67\ mm \approx \mathbf{18\ mm}$

c) $n_H = \frac{v_f}{L} = \frac{16 \frac{m}{min}}{0{,}210\ m} = 76{,}19 \frac{1}{min} \approx \mathbf{76 \frac{1}{min}}$

d) $i = \frac{t}{a} = \frac{0{,}4\ mm}{0{,}07\ mm} = 5{,}71 \approx \mathbf{6}$

e) $t_h = \frac{i}{n_H} \cdot \left(\frac{B}{f} + 1\right) = \frac{6}{76 \frac{1}{min}} \cdot \left(\frac{18\ mm}{6\ mm} + 1\right) = \mathbf{0{,}32\ min}$

266/8. **Grundplatte**

a) $L = l + 2 \cdot l_a = 680\ mm + 2 \cdot 40\ mm = \mathbf{760\ mm}$

b) $n_H = \frac{v_f}{L} = \frac{18 \frac{m}{min}}{0{,}760\ m} = \mathbf{24 \frac{1}{min}}$

c) $i = \frac{t}{a}$; t = Fertigmaß – 21,6 mm

$\text{Fertigmaß} = \frac{\text{Höchstmaß} + \text{Mindestmaß}}{2}$

$\text{Höchstmaß} = \text{Nennmaß} + \text{oberes Grenzabmaß} = 22{,}000\ mm + (-0{,}018\ mm) = 21{,}982\ mm$

$\text{Mindestmaß} = \text{Nennmaß} + \text{unteres Grenzabmaß} = 22{,}000\ mm + (-0{,}031\ mm) = 21{,}969\ mm$

$\text{Fertigmaß} = \frac{21{,}982\ mm + 21{,}969\ mm}{2} = 21{,}976\ mm$

$t = 21{,}976\ mm - 21{,}6\ mm = 0{,}376\ mm$

$i = \frac{t}{a} + 8 = \frac{0{,}376\ mm}{0{,}03\ mm} + 8 = 12{,}5 + 8 = 20{,}5 \approx \mathbf{21}$

d) $t_h = \frac{B \cdot i}{n_H \cdot f}$; $\frac{B}{f} = 1$, da kein Quervorschub erfolgt!

$t_h = \frac{i}{n_H} = \frac{21}{24 \frac{1}{min}} = \mathbf{0{,}88\ min}$

8.12 CNC-Technik

267/1. **Frästeil I (Bild 1)**

P1:

$\tan 28° = \frac{d}{30\text{ mm}}$; $d = 30\text{ mm} \cdot \tan 28°$

$d = \mathbf{15{,}95\ mm}$

$a^2 + b^2 = c^2$; $b^2 = c^2 - a^2$

$b^2 = (20\text{ mm})^2 - (16\text{ mm})^2$

$b = \sqrt{144\text{ mm}^2}$

$b = \mathbf{12\ mm}$

P11: $\cos 27{,}5° = \frac{x_{P11}}{35\text{ mm}}$; $x_{P11} = 35\text{ mm} \cdot \cos 27{,}5°$

$x_{P11} = \mathbf{31{,}045\ mm}\ (x_{P12})$

$\sin 27{,}5° = \frac{y_{P11}}{35\text{ mm}}$; $y_{P11} = 35\text{ mm} \cdot \cos 27{,}5°$

$y_{P11} = \mathbf{16{,}161\ mm}\ (y_{P12})$

Punkte	X-Achse	Y-Achse
P 1	20,95	5
P 2	5	35
P 3	5	52,5
P 4	17,5	65
P 5	75	65
P 6	95	45
P 7	95	18
P 8	82,5	5,5
P 9	62	11
P10	32,679	5
P11	81,05	18,84
P12	81,05	51,16

267/2. **Frästeil II (Bild 2)**

•

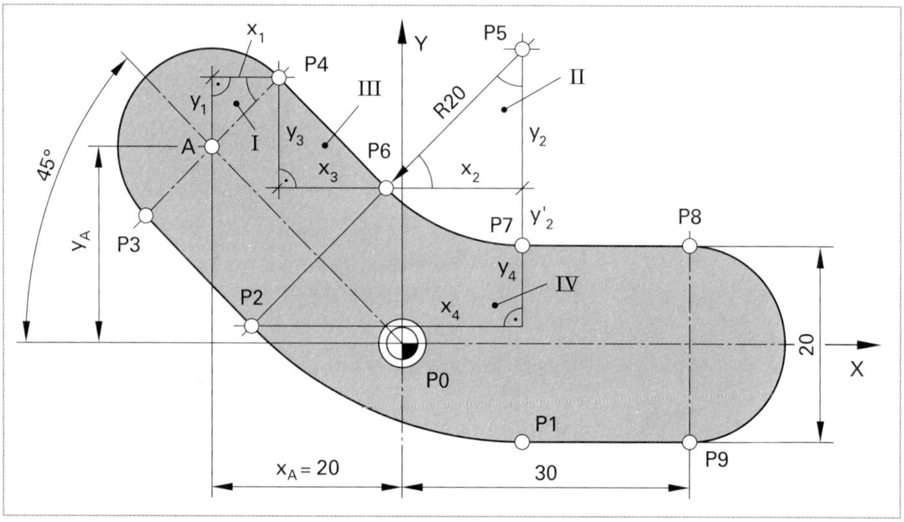

Bild 267/2

Dreieck I; Hilfspunkt A

$x_A = -20$ mm; $y_A = 20$ mm (gleichschenkliges Dreieck)

P4: $\cos 45° = x_1/10$ mm; $\rightarrow x_1 = \cos 45° \cdot 10$ mm $= 7{,}071$ mm

$x_{P4} = x_A - x_1 = 20$ mm $- 7{,}071$ mm $=$ **$-12{,}929$ mm**

$\sin 45° = y_1/10$ mm; $\rightarrow y_1 = \sin 45° \cdot 10$ mm $= 7{,}071$ mm

$y_{P4} = y_A + y_1 = (20 + 7{,}071)$ mm $=$ **27,701 mm**

P3: $x_{P3} = x_A + x_1 = (-20 - 7{,}071)$ mm $=$ **$-27{,}071$ mm**

$y_{P3} = y_A - y_1 = (20 - 7{,}071)$ mm $=$ **12,929 mm**

Dreiecke II und III: P6

$\cos 45° = y_2/20$ mm; $\rightarrow y_2 = \cos 45° \cdot 20$ mm $= 14{,}142$ mm

$y_2' = 20 - y_2 = (20 - 14{,}142)$ mm $= 5{,}858$ mm

$y_{P6} = 10$ mm $+ y_2' = (10 + 5{,}858)$ mm $=$ **15,858 mm**

$y_3 = y_{P4} - y_{P6} = (27{,}071 - 15{,}858)$ mm $= 11{,}213$ mm

$\tan 45° = x_3/y_3 \rightarrow x_3 = y_3 \cdot \tan 45° = 11{,}213$ mm $\cdot \tan 45° = 11{,}213$ mm

$x_{P6} = x_{P4} + x_3 = (-12{,}929 + 11{,}213)$ mm $=$ **$-1{,}716$ mm**

P5: $x_2 = y_2 = 14{,}142$ mm (gleichschenkliges Dreieck)

$x_{P5} = x_{P6} + x_2 = (-1{,}716 + 14{,}142)$ mm $=$ **12,426 mm**

$y_{P5} = y_{P6} + y_2 = (15{,}858 + 14{,}142)$ mm $=$ **30 mm**

P7: $x_{P7} = x_{P5} =$ **12,426 mm**

$y_{P7} = y_{P0} + 10$ mm $=$ **10 mm**

P1: $x_{P1} = x_{P7} =$ **12,426 mm**

$y_{P1} = y_{P0} - 10$ mm $=$ **-10 mm**

Dreieck IV: P2

$\sin 45° = y_4/40$ mm; $\rightarrow y_4 = 40$ mm $\cdot \sin 45° = 28{,}284$ mm

$y_{P2} = y_{P5} - y_4 = (30 - 28{,}284)$ mm $=$ **1,716 mm**

$\cos 45° = x_4/40$ mm; $\rightarrow x_4 = 40$ mm $\cdot \cos 45° = 28{,}284$ mm

$x_{P2} = x_4 - x_{P5} = (28{,}284 - 12{,}426)$ mm $=$ **15,858 mm**

P8: $x_{P8} =$ **30 mm**; $y_{P8} =$ **10 mm**

P9: $x_{P9} =$ **30 mm**; $y_{P9} =$ **-10 mm**

Punkt	Koordinaten	
	x-Achse	y-Achse
P1	12,426	– 10
P2	– 15,858	1,716
P3	– 27,071	+ 12,929
P4	– 12,929	27,071
P5	12,426	30
P6	– 1,716	15,858
P7	12,426	10
P8	30	10
P9	30	– 10

267/3. **Drehteil I (Bild 3)**

P2: Skizze:

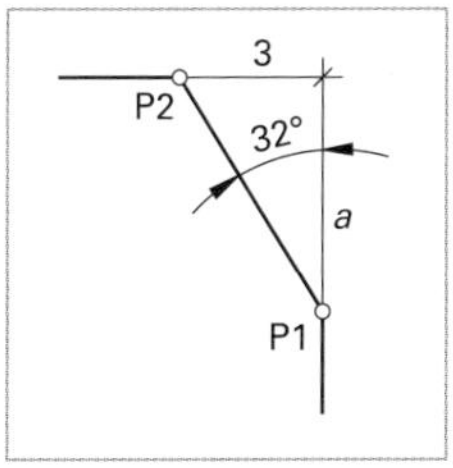

$$\tan 32° = \frac{3 \text{ mm}}{a}$$

$$a = \frac{3 \text{ mm}}{\tan 32°}$$

$$a = \mathbf{4{,}8\ mm}$$

P4: Skizze: $\frac{(49-20)\text{ mm}}{2} = 14{,}5\text{ mm}$

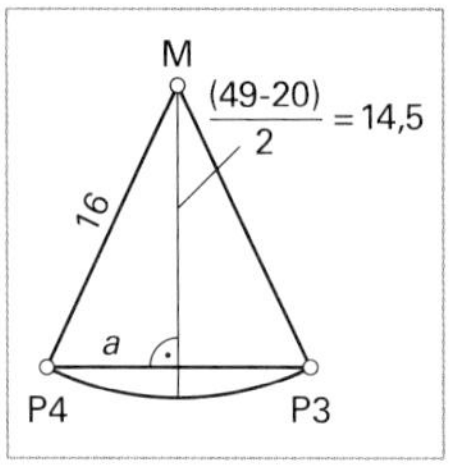

$a^2 + b^2 = c^2$

$a^2 = c^2 - b^2$

$a^2 = (16\text{ mm})^2 - (14{,}5\text{ mm})^2$

$a^2 = \sqrt{45{,}75\text{ mm}^2}$

$a = \mathbf{6{,}76\text{ mm}}$

Punkte	x-Achse	z-Achse
P 1	10,4	0
P 2	20	– 3
P 3	20	– 7,24
P 4	20	– 20,76
P 5	20	– 26
P 6	27	– 26
P 7	28	– 26,5
P 8	28	– 43,5
P 9	30,5	– 46
P10	45	– 46
P11	48	– 47,5

$x_{P1} = (20 - 2 \cdot 4{,}8)\text{ mm}$
$= \mathbf{10{,}4\text{ mm}}$

$z_{P3} = -(14 - 6{,}76)\text{ mm}$
$= \mathbf{-7{,}24\text{ mm}}$

$x_{P4} = -(14 + 6{,}76)\text{ mm}$
$= \mathbf{-20{,}76\text{ mm}}$

267/4. **Drehteil II (Bild 4)**

P2: $\tan 10° = \frac{2\text{ mm}}{z_{P2}}$;

$z_{P2} = \frac{2\text{ mm}}{\tan 10°}$

$z_{P2} = \mathbf{11{,}34\text{ mm}}$

Punkte	x-Achse	z-Achse
P1	26	0
P2	30	– 11,34
P3	30	– 35
P4	36	– 53
P5	40	– 55
P6	40	– 70

8.13 Schneiden und Umformen

268/1. **Formblech**

a) $l_1 = 10\text{ mm}$; $l_2 = 2 \cdot 12\text{ mm} = 24\text{ mm}$; $l_3 = (25 - 20 - 2 \cdot 4)\text{ mm} = 7\text{ mm}$

$l_4 = \pi \cdot 4\text{ mm} = 12{,}57\text{ mm}$; $l_5 = (35 - 4)\text{ mm} = 31\text{ mm}$

$l_6 = \sqrt{25^2 + 12{,}5^2}\text{ mm} = 27{,}95\text{ mm}$; $l_7 = \pi \cdot \frac{12{,}5}{2}\text{ mm} = 19{,}63\text{ mm}$

$l_8 = (60 - 4 - 12{,}5)\text{ mm} = 43{,}5\text{ mm}$

$L = l_1 + l_2 + \ldots + l_8 = (10 + 24 + 7 + 12{,}57 + 31 + 27{,}95 + 19{,}63 + 43{,}5)\text{ mm}$

$= 175{,}65\text{ mm} \approx \mathbf{176\text{ mm}}$

b) Aus Tabellen: $R_{m\,max} = 410\text{ N/mm}^2$;

$\tau_{aB\,max} = 0{,}8 \cdot R_{m\,max} = 0{,}8 \cdot 410 \frac{\text{N}}{\text{mm}^2} - 328 \frac{\text{N}}{\text{mm}^2}$

$F = S \cdot \tau_{aB\,max} = L \cdot s \cdot \tau_{aB\,max} = 176\text{ mm} \cdot 3\text{ mm} \cdot 328 \frac{\text{N}}{\text{mm}^2} = \mathbf{173\,184\text{ N}}$

c) $W = \frac{2}{3} \cdot F \cdot s = \frac{2}{3} \cdot 173\,184\text{ N} \cdot 0{,}003\text{ m} \approx \mathbf{346\text{ N} \cdot \text{m}}$

268/2. Deckblech

a) Vorlochen: $l_1 = \pi \cdot d_1 = \pi \cdot 30\ \text{mm} = \mathbf{94{,}2\ mm}$

Ausschneiden: $l_2 = (100 + 60 + 2 \cdot \sqrt{2} \cdot 20 + 0{,}75 \cdot \pi \cdot 80)\ \text{mm} = \mathbf{405\ mm}$

b) $S_1 = l_1 \cdot s = 94{,}2\ \text{mm} \cdot 2\ \text{mm} = \mathbf{188{,}4\ mm^2}$

$S_2 = l_2 \cdot s = 405\ \text{mm} \cdot 2\ \text{mm} = \mathbf{810\ mm^2}$

c) $R_{\text{m max}} = 510\ \text{N/mm}^2$ (aus Tabellenbuch)

$\tau_{\text{aB max}} \approx 0{,}8 \cdot R_{\text{m max}} = 0{,}8 \cdot 510\ \text{N/mm}^2 = \mathbf{408\ N/mm^2}$

d) $F = (S_1 + S_2) \cdot \tau_{\text{aB max}} = (188{,}4 + 810)\ \text{mm}^2 \cdot 408\ \text{N/mm}^2 = 407\,347\ \text{N} \approx \mathbf{407\ kN}$

268/3. Lasergeschnittene Blechteile

a) Schneidkantenlänge eines Blechteiles:

$l_1 = \frac{\pi \cdot d}{2} = \pi \cdot 120\ \text{mm} = 377\ \text{mm} \quad l_2 = 4 \cdot l = 4 \cdot 120\ \text{mm} = 480\ \text{mm}$

Gesamtschneidlänge aller Teile:

$L = 4 \cdot (l_1 + l_2) = 4 \cdot (377 + 480)\ \text{mm} = \mathbf{3\,428\ mm}$

b) $t_h = \frac{L}{v_f} = \frac{3{,}428\ \text{m}}{4\ \text{m/min}} = \mathbf{0{,}86\ min}$

c) $V = V' \cdot t_h = \frac{1\,600\ \text{l}}{1\ \text{h}} \cdot \frac{1\ \text{h}}{60\ \text{min}} \cdot 0{,}86\ \text{min} = \mathbf{23\ l}$

268/4. Biegeteil

a) Ausgleichswerte (aus Tabellenbuch): $v_1 = 4{,}8 \quad v_2 = 7{,}4$

$L = a + b + c - v_1 - v_2 = (36 + 25 + 14)\ \text{mm} - 4{,}8\ \text{mm} - 7{,}4\ \text{mm} = \mathbf{62{,}8\ mm}$

b) Rückfederungsfaktor (aus Tabellenbüchern)

für $r_2 = 2{,}5$ mm und $\frac{r_2}{s} = \frac{2{,}5\ \text{mm}}{2{,}5\ \text{mm}} = 1 \Rightarrow k_{r1} = 0{,}92$

Radius am Biegestempel

$r_1 = k_r \cdot (r_2 + 0{,}5 \cdot s) - 0{,}5 \cdot s = 0{,}92 \cdot (2{,}5 + 0{,}5 \cdot 2{,}5)\ \text{mm} - 0{,}5 \cdot 2{,}5\ \text{mm} = \mathbf{2{,}2\ mm}$

Rückfederungsfaktor (aus Tabellenbüchern)

für $r_2 = 10$ mm und $\frac{r_2}{s} = \frac{10\ \text{mm}}{2{,}5\ \text{mm}} = 4 \Rightarrow k_{r1} = 0{,}84$

Radius am Biegestempel

$r_1 = k_r \cdot (r_2 + 0{,}5 \cdot s) - 0{,}5 \cdot s = 0{,}84 \cdot (10 + 0{,}5 \cdot 2{,}5)\ \text{mm} - 0{,}5 \cdot 2{,}5\ \text{mm} = \mathbf{8{,}2\ mm}$

c) Biegewinkel beim Werkzeug: $\alpha_1 = \frac{\alpha_2}{k_r}$

Für $r_2 = 2{,}5$ mm: $\alpha_1 = \frac{90°}{0{,}92} = \mathbf{97{,}8°}$

Für $r_2 = 10$ mm: $\alpha_1 = \frac{90°}{0{,}84} = \mathbf{107{,}8°}$

268/5. Tiefziehen eines Napfes

a) $D = \sqrt{d^2 + 4 \cdot d \cdot h} = \sqrt{85^2 + 4 \cdot 85 \cdot 70}\ \text{mm} = \mathbf{176\ mm}$

b) Maximale Ziehverhältnisse nach Tabellen: $\beta_1 = 1{,}8$; $\beta_2 = 1{,}2$

$d_1 = \frac{D}{\beta_1} = \frac{176\ \text{mm}}{1{,}8} = \mathbf{98\ mm}$

$d_2 = \frac{d_1}{\beta_2} = \frac{98\ \text{mm}}{1{,}2} = \mathbf{82\ mm}$

Der Napf kann in 2 Zügen hergestellt werden.

8

8.14 Fügen: Schraub-, Passfeder-, Stift- und Lötverbindungen

269/1. **Scheibenkupplung**

a) Anziehdrehmoment und Vorspannkraft bei Schaftschrauben

Ablesung: $F_v \approx$ **17 kN**

Gewinde	Festigkeits-klasse	A_s in mm^2	Schaftschrauben					
			Vorspannkraft F_v in kN			Anziehdrehmoment M_A in N · m		
			Gesamtreibungszahl μ					
			0,08	0,12	0,14	0,08	0,12	0,14
M8	8.8	36,6	18,6	17,2	16,5	17,9	23,1	25,3
	10.9		27,1	25,2	24,2	26,2	34,0	37,2
	12.9		31,9	29,5	28,3	30,7	39,6	43,6
M8 x 1	8.8	39,2	20,3	18,8	18,1	18,8	24,8	27,3
	10.9		29,7	27,7	26,6	27,7	36,4	40,1
	12.9		34,8	32,4	31,1	32,4	42,6	47,1
M10	8.8	58,0	29,5	27,3	26,2	36,0	46,0	51,0
	10.9		43,3	40,2	38,5	53,0	68,0	75,0
	12.9		50,7	47,0	45,0	61,0	80,0	88,0
M10 x 1,25	8.8	61,2	31,5	29,4	28,3	37,0	49,0	54,0
	10.9		46,5	43,2	41,5	55,0	72,0	80,0
	12.9		54,4	50,6	48,6	64,0	84,0	93,0

b) Spannungsquerschnitt des Gewindes M8 aus Tabellen: $S = 36{,}6\ mm^2$

$$\sigma_z = \frac{F}{S} = \frac{17\,000\ N}{36{,}6\ mm^2} = \mathbf{464\ \frac{N}{mm^2}}$$

Zum Vergleich: Streckgrenze bei der Festigkeitsklasse 8.8: $R_e = 640\ \frac{N}{mm^2}$

c) Reibkraft zwischen den Kupplungshälften und dem Zentrierring:

$F_R = n \cdot F_N \cdot \mu = 6 \cdot 17\,000\ N \cdot 0{,}25 = 25\,500\ N$

Übertragbares Drehmoment:

$$M = F_R \cdot \frac{d}{2} = 25\,500\ N \cdot \frac{60}{2}\ mm = 765\,000\ N \cdot mm = 765\ N \cdot m$$

Zulässiges Drehmoment:

$$M_{zul} = \frac{M}{\nu} = \frac{765\ N \cdot m}{2} \approx \mathbf{383\ N \cdot m}$$

d) Beanspruchte Fläche: $A = \frac{\pi \cdot (d_w^2 - d^2)}{4} = \frac{\pi \cdot (11{,}6^2 - 8{,}4^2)\ mm^2}{4} = 50{,}3\ mm^2$

Flächenpressung: $p = \frac{F}{A} = \frac{17\,000\ N}{50{,}3\ mm^2} = \mathbf{338\ \frac{N}{mm^2}}$

269/2. Passfeder-Verbindung

a) Aus Tabellen:

$b = \mathbf{14\ mm}$ $h = \mathbf{9\ mm}$ $t_1 = \mathbf{5{,}5\ mm}$

$t_2' = 9\ \text{mm} - 5{,}5\ \text{mm} = \mathbf{3{,}5\ mm}$

b) $$F_u = \frac{M}{\frac{d_z}{2}} = \frac{600 \cdot 10^3\ \text{N} \cdot \text{mm}}{\frac{80}{2}\ \text{mm}} = \mathbf{15\,000\ N}$$

c) $$F_p = \frac{M}{a} = \frac{600 \cdot 10^3\ \text{N} \cdot \text{mm}}{26{,}75\ \text{mm}} = \mathbf{22\,430\ N}$$

d) Durch Flächenpressung beanspruchte Fläche:

$A = l' \cdot t_2' = 46\ \text{mm} \cdot 3{,}5\ \text{mm}$
$= 161\ \text{mm}^2$

$$p = \frac{F_p}{A} = \frac{22\,430\ \text{N}}{161\ \text{mm}^2} = \mathbf{139\ \frac{N}{mm^2}}$$

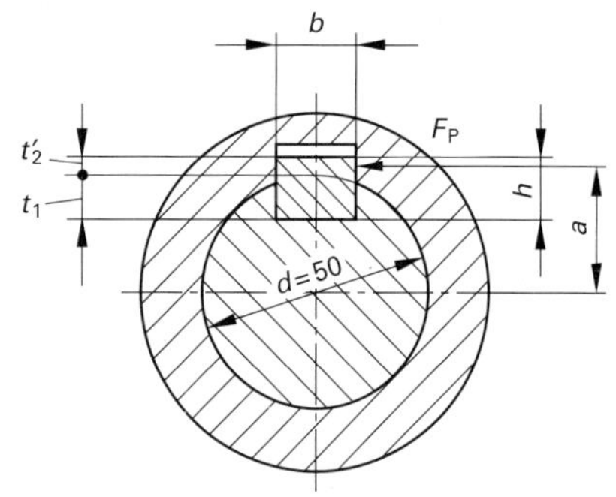

$$a = 25\ \text{mm} + \frac{3{,}5}{2}\ \text{mm} = 26{,}75\ \text{mm}$$

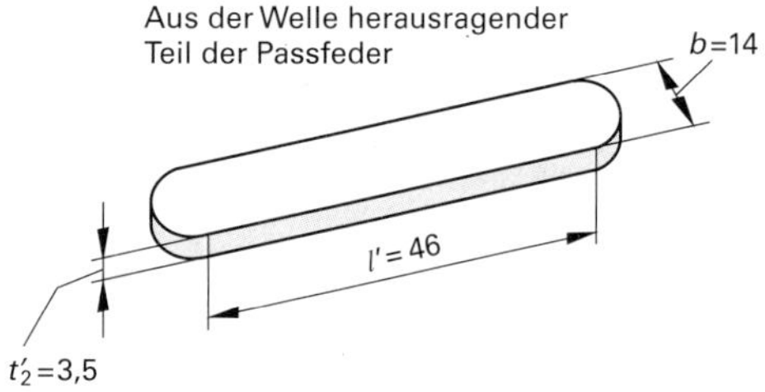

Bild 269/2: Passfeder-Verbindung

269/3. Stiftverbindung

a) Drehmoment $M = F \cdot l$
$= 120\ \text{N} \cdot 60\ \text{mm}$
$= 7\,200\ \text{N} \cdot \text{mm}$

oder $M = 2 \cdot F_s \cdot \frac{d}{2} = F_s \cdot d$

Scherkraft $$F_s = \frac{M}{d} = \frac{7\,200\ \text{N} \cdot \text{mm}}{12\ \text{mm}} = \mathbf{600\ N}$$

b) Abscherspannung $$\tau_s = \frac{F_s}{S} = \frac{F_s}{\frac{\pi \cdot d_1^2}{4}} = \frac{600\ \text{N}}{\frac{\pi \cdot (4\ \text{mm})^2}{4}} = \mathbf{48\ \frac{N}{mm^2}}$$

Der Stiftdurchmesser ist ausreichend groß, da $\tau_s < \tau_{s\,zul}$.

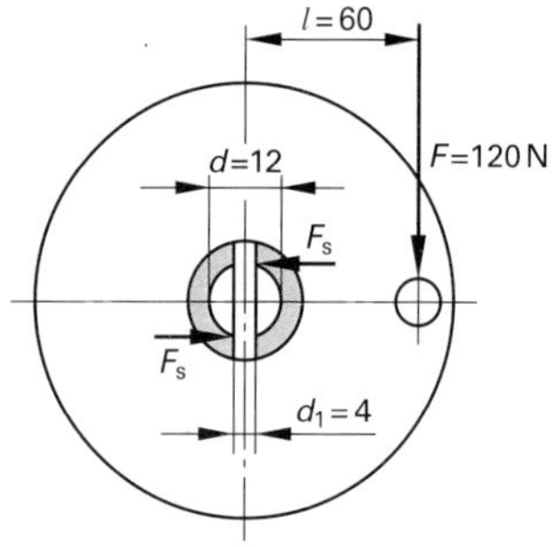

Bild 269/3: Stiftverbindung

269/4. Lötverbindung

a) Fläche der Lötnaht: $A = l \cdot b = 15\ \text{mm} \cdot 10\ \text{mm}$
$= 150\ \text{mm}^2$

Scherspannung: $$\tau_a = \frac{F}{A} = \frac{5\,000\ \text{N}}{150\ \text{mm}^2} = \mathbf{33\ \frac{N}{mm^2}}$$

b) Die Kraft F entsteht nur, wenn gleichzeitig eine gleich große Gegenkraft F' entstehen kann. Bei der Lötverbindung kann diese Gegenkraft F' durch Einspannen eines Blechendes oder durch eine freie Kraft aufgebracht werden. Die verbindende Lötnaht wird deshalb nur durch 5 000 N beansprucht.

8

8.15 Wärmeausdehnung und Wärmemenge

270/1. Pressverbindung

a) $\Delta l = \alpha_1 \cdot l_1 \cdot \Delta t = 0{,}000012\ 1/°C \cdot 80\ mm \cdot 70\ °C = \mathbf{0{,}067\ mm}$

b) $\Delta t = \frac{\Delta l}{\alpha_1 \cdot l_1} = \frac{0{,}1\ mm}{0{,}000012\ 1/°C \cdot 80\ mm} = 104\ °C$

$t_2 = t_1 + \Delta t = 20\ °C + 104\ °C = \mathbf{124\ °C}$

270/2. Spritzgießen

a) $Q = c \cdot m \cdot \Delta t = 1{,}3\ \frac{kJ}{kg \cdot K} \cdot 40\ kg \cdot (230 - 50)\ K = \mathbf{9\ 360\ kJ}$

b) $c = 4{,}18\ \frac{kJ}{kg \cdot K}$ (aus Tabellenbuch)

$\Delta t = \frac{Q}{c \cdot m} = \frac{9\ 360\ kJ}{4{,}18\ \frac{kJ}{kg \cdot K} \cdot 100\ kg} = 22{,}4\ K = \mathbf{22{,}4\ °C}$

c) $\Delta l_1 = \alpha \cdot l \cdot \Delta t = 0{,}00008/K \cdot 40\ mm \cdot (50 - 20)\ K = \mathbf{0{,}10\ mm}$

$\Delta l_2 = 0{,}00008/K \cdot 45\ mm \cdot 30\ K = \mathbf{0{,}11\ mm}$

$\Delta l_3 = 0{,}00008/K \cdot 30\ mm \cdot 30\ K = \mathbf{0{,}07\ mm}$

270/3. Wärmebehandlung

a) $c = 0{,}49\ \frac{kJ}{kg \cdot K}$ (aus Tabellenbuch)

$Q_1 = c \cdot m \cdot \Delta t = 0{,}49\ \frac{kJ}{kg \cdot K} \cdot 6\ 000\ kg \cdot (950 - 20)\ K = 2\ 734\ 200\ kJ \approx \mathbf{2\ 734\ MJ}$

$Q_2 = 0{,}49\ \frac{kJ}{kg \cdot K} \cdot 3\ 800\ kg \cdot (940 - 20)\ K = 1\ 713\ 040\ kJ \approx \mathbf{1\ 713\ MJ}$

$Q_3 = 0{,}49\ \frac{kJ}{kg \cdot K} \cdot 3\ 800\ kg \cdot (180 - 20)\ K = 297\ 920\ kJ \approx \mathbf{298\ MJ}$

b) $Q = Q_1 + Q_2 + Q_3 = (2\ 734 + 1\ 713 + 298)\ MJ = \mathbf{4\ 745\ MJ}$

c) Das Volumen V des benötigten Erdgases ist umso größer, je größer die erforderliche Wärmemenge Q ist und je kleiner der Heizwert H_u des Erdgases und der Wirkungsgrad η des Kessels sind.

$V = \frac{Q}{H_u \cdot \eta} = \frac{4\ 745\ MJ}{35\ \frac{MJ}{m^3} \cdot 0{,}90} = \mathbf{150{,}6\ m^3}$

270/4. Messabweichungen

a) Maßverkörperung und Werkstück sind aus Stahl und dehnen sich von der Bezugstemperatur 20 °C bis zur gemeinsamen Messtemperatur 24 °C um den gleichen Betrag aus. Die Messabweichung ist deshalb f = **0 mm.**

b) Maßverkörperung: $\Delta l_M = \alpha_M \cdot l_0 \cdot \Delta t = 0{,}000012\ 1/°C \cdot 100\ mm \cdot +4\ °C = +0{,}0048\ mm$
$= 4{,}8\ \mu m$

Werkstück: $\Delta l_W = \alpha_W \cdot l_0 \cdot \Delta t = 0{,}000024\ 1/°C \cdot 100\ mm \cdot +4\ °C = +0{,}0096\ mm$
$= 9{,}6\ \mu m$

Messabweichung: $f = \Delta l_W - \Delta l_M = 9{,}6\ \mu m - 4{,}8\ \mu m = \mathbf{4{,}8\ \mu m}$

c) Maßverkörperung: $\Delta l_M = \alpha_M \cdot l_0 \cdot \Delta t = 0{,}000012\ 1/°C \cdot 100\ mm \cdot -2\ °C = -0{,}0024\ mm = -2{,}4\ \mu m$

Werkstück: $\Delta l_W = \alpha_W \cdot l_0 \cdot \Delta t = 0{,}000024\ 1/°C \cdot 100\ mm \cdot +4\ °C = +0{,}0096\ mm = 9{,}6\ \mu m$

Messabweichung: $f = \Delta l_W - \Delta l_M = 9{,}6\ \mu m - (-2{,}4)\ \mu m = \mathbf{12\ \mu m}$

8.16 Pneumatik und Hydraulik

271/1. **Auswerfzylinder**

a) $F = p_e \cdot A \cdot \eta = 60\ \frac{N}{cm^2} \cdot \frac{\pi \cdot (7\ cm)^2}{4} \cdot 0{,}85 = \mathbf{1\ 963\ N}$

b) $Q = A \cdot s \cdot n \cdot \frac{p_e + p_{amb}}{p_{amb}} = \frac{\pi \cdot (7\ cm)^2}{4} \cdot 5\ cm \cdot 45\ \frac{1}{min} \cdot \frac{6\ bar + 1\ bar}{1\ bar} = 60\ 613\ \frac{cm^3}{min} \approx \mathbf{61\ \frac{l}{min}}$

c) $i = \frac{Q_v}{Q} = \frac{9\ 000\ \frac{l}{min}}{61\ \frac{l}{min}} = \mathbf{148}$

271/2. **Spannzylinder**

$$F_2 = \frac{F_1 \cdot l_1}{l_2} = \frac{20\ kN \cdot 85\ mm}{400\ mm} = 4{,}25\ kN$$

$$p_e = \frac{F}{A \cdot \eta} = \frac{4\ 250\ N}{\frac{\pi \cdot (10\ cm)^2}{4} \cdot 0{,}80} = 67{,}7\ \frac{N}{cm^2} = 67{,}7\ \frac{N}{cm^2} \cdot \frac{1\ bar}{10\ N/cm^2} = \mathbf{6{,}77\ bar \approx 7\ bar}$$

271/3. **Druck-Kraft-Diagramm**

a) aus dem Diagramm ca. 57 mm; gewählt werden 63 mm (Standardzylinder in Auswahlsreihe)

b) $p_e = 80\ bar = 80\ \frac{N}{cm^2}$

$F = p_e \cdot A \qquad A = \frac{F}{p_e} = \frac{2\ 000\ N \cdot cm^2}{80\ N} = 25\ cm^2$

$A = \frac{d^2 \cdot \pi}{4}; \qquad d = \sqrt{\frac{4 \cdot A}{\pi}} = \sqrt{\frac{4 \cdot 25\ cm^2}{\pi}} = 5{,}64\ cm = 56{,}4\ mm$

271/4. **Pneumatische Türsteuerung**

$F = p_e \cdot A \cdot \eta \qquad A = \frac{\pi}{4} \cdot (D^2 - d^2) = \frac{\pi}{4} \cdot (2{,}5^2\ cm^2 - 1^2\ cm^2) = 4{,}123\ cm^2$

$F = m \cdot g = 14{,}9\ kg \cdot 9{,}81\ \frac{m}{s^2} = 146{,}169\ N$

$$p_e = \frac{F}{A \cdot \eta} = \frac{146{,}169\ N}{4{,}123\ cm^2 \cdot 0{,}72} = 49{,}24\ \frac{N}{cm^2} = 4{,}9\ bar$$

Der Druck von 5 bar reicht gerade aus.

8

271/5. Lastabsenkung

a) $F_G = m \cdot g = 800\ \text{kg} \cdot 9{,}81\ \frac{\text{m}}{s^2} = 7\,848\ \text{N};\ A_R = \frac{\pi}{4}(D^2 - d^2) = \frac{\pi}{4}(12{,}5^2\ \text{cm}^2 - 9^2\ \text{cm}^2) = 59{,}10\ \text{cm}^2$

$$p_{ez} = \frac{F}{A_R} = \frac{7\,848\ \text{N}}{59{,}10\ \text{cm}^2} = 132{,}79\ \frac{\text{N}}{\text{cm}^2} = 13{,}3\ \text{bar}$$

b) $F_D = p_{el} \cdot A = 800\ \frac{\text{N}}{\text{cm}^2} \cdot \frac{12{,}5\ \text{cm}^2 \cdot \pi}{4} = 98\,174{,}77\ \text{N}$

$$p_{e2} = \frac{F_D + F_G}{A_R} = \frac{98\,174{,}77\ \text{N} + 7\,848\ \text{N}}{59{,}10\ \text{cm}^2} = 1\,793{,}955\ \frac{\text{N}}{\text{cm}^2} = 179{,}4\ \text{bar}$$

c) Der Druck am Steueranschluss X muss auf eine große Kolbenfläche des Entsperrkolbens wirken, damit entsperrt werden kann.

272/6. Vorschubzylinder

a) $Q = A \cdot v = \frac{\pi \cdot (14\ \text{cm})^2}{4} \cdot 820\ \frac{\text{cm}}{\text{min}} = 126\,229\ \frac{\text{cm}^3}{\text{min}} \approx \mathbf{126\ \frac{l}{min}}$

b) $F = p_e \cdot A \cdot \eta;\ p_e = \frac{F}{A \cdot \eta} = \frac{250\,000\ \text{N}}{\frac{\pi \cdot (14\ \text{cm})^2}{4} \cdot 0{,}86} = 1\,888\ \text{N/cm}^2 = 1\,888\ \text{N/cm}^2 \cdot \frac{1\ \text{bar}}{10\ \text{N/cm}^2} = \mathbf{189\ bar}$

c) $t_1 = \frac{s}{v_1} = \frac{50\ \text{cm}}{\frac{820\ \text{cm}}{60\ \text{s}}} = \mathbf{3{,}66\ s}$

$$v_2 = \frac{Q}{A_2} = \frac{126\,229\ \text{cm}^3/\text{min}}{\frac{\pi\,(14^2 - 10^2)\ \text{cm}^2}{4}} = 1\,674\ \text{cm/min} \approx 16{,}7\ \text{m/min}$$

$$t_2 = \frac{s}{v_2} = \frac{50\ \text{cm}}{\frac{1\,674\ \text{cm}}{60\ \text{s}}} = \mathbf{1{,}79\ s}$$

d) Von der Pumpe an den Zylinder abgegebene Leistung:

$$P_2 = \frac{F \cdot v}{\eta_{Zyl}} = \frac{250\,000\ \text{N}}{0{,}86} \cdot \frac{8{,}2\ \text{m}}{60\ \text{s}} = 39\,729\ \frac{\text{N} \cdot \text{m}}{s} = \mathbf{39{,}729\ kW}$$

Vom Motor der Pumpe zugeführte Leistung:

$$P_1 = \frac{P_2}{\eta_{Pumpe}} = \frac{39{,}729\ \text{kW}}{0{,}83} = \mathbf{47{,}866\ kW}$$

272/7. Radialkolbenpumpe

a) $Q = \frac{\pi \cdot d^2}{4} \cdot z \cdot s \cdot n = \frac{\pi \cdot (1{,}2\ \text{cm})^2}{4} \cdot 8 \cdot 2{,}2\ \text{cm} \cdot 1\,380\ \frac{1}{\text{min}} = 27\,469\ \frac{\text{cm}^3}{\text{min}} \approx \mathbf{27{,}5\ l/min}$

b) $P = \frac{Q \cdot p_e}{600} = \frac{27{,}5 \cdot 500}{600}\ \text{kW} = \mathbf{22{,}9\ kW}$

c) $A = \frac{Q}{v} = \frac{\frac{27\,500}{60}\ \frac{\text{cm}^3}{s}}{1{,}6 \cdot 100\ \frac{\text{cm}}{s}} = 2{,}86\ \text{cm}^2;\quad d = \sqrt{\frac{4 \cdot A}{\pi}} = \sqrt{\frac{4 \cdot 2{,}86\ \text{cm}^2}{\pi}} = 1{,}91\ \text{cm} \approx \mathbf{19\ mm}$

272/8. **Kennzeichnung eines Zahnradmotors**

a) Aus Diagramm: Bei einem Schluckvolumen von 16 cm^3/U und einer Drehzahl von 1 800 min^{-1} hat der Hydromotor einen Schluckstrom von etwa 29 l/min.

Gerechnet: $Q = V \cdot n = 16\ cm^3 \cdot 1800\ min^{-1} = 28\,800\ \frac{cm^3}{min} = 28{,}8\ \frac{l}{min}$

b) Aus Diagramm: Die Abtriebsleistung beträgt 7,5 kW.

Gerechnet: $P = \frac{Q \cdot p}{600} = \frac{28{,}8 \cdot 150}{600}\ kW = 7{,}2\ kW$

c) $P = \pi \cdot 2 \cdot n \cdot M \quad M = \frac{P}{\pi \cdot 2 \cdot n} = \frac{7\,500\ N \cdot m \cdot 60\ s}{2 \cdot \pi \cdot 1800\ s} = 39{,}79\ N \cdot m$

oder $P = \frac{M \cdot n}{9\,550} \quad M = \frac{P \cdot 9\,550}{n} = \frac{7{,}5 \cdot 9\,550}{1800} = 39{,}79\ N \cdot m$

272/9. **Hydraulische Presse**

a) $F = p_e \cdot A \cdot \eta;\ A = \frac{F}{p_e \cdot \eta} = \frac{250\,000\ N}{2\,000\ \frac{N}{cm^2} \cdot 0{,}90} = 138{,}9\ cm^2$

$A = \frac{\pi \cdot d^2}{4};\quad d = \sqrt{\frac{4 \cdot A}{\pi}} = \sqrt{\frac{4 \cdot 138{,}9\ cm^2}{\pi}} = \mathbf{13{,}30\ cm = 133\ mm}$

b) $d =$ **140 mm**

c) $Q = A \cdot v = \frac{\pi \cdot d^2}{4} \cdot v = \frac{\pi \cdot (14\ cm)^2}{4} \cdot 250\ \frac{cm}{min} = 38\,485\ \frac{cm^3}{min} \approx \mathbf{38{,}5\ \frac{l}{min}}$

d) $v = \frac{Q}{A_1} = \frac{38\,485\ cm^3/min}{\frac{\pi}{4} \cdot (14^2 - 7^2)\ cm^2} = 333{,}3\ cm/min \approx \mathbf{3{,}33\ m/min}$

e) Vernachlässigt man die Reibung, wird der Kolben durch die Druckkräfte von beiden Seiten im Gleichgewicht gehalten.

$p_1 \cdot A_1 = p_2 \cdot A_2;\quad p_2 = \frac{p_1 \cdot A_1}{A_2} = \frac{200\ bar \cdot \frac{\pi}{4} \cdot (14\ cm)^2}{\frac{\pi}{4} \cdot (14^2 - 7^2)\ cm^2} \approx \mathbf{267\ bar}$

8.17 Elektrotechnik: Grundlagen

273/1. **Heizlüfter**

$U = 230\ V;\ R = 50\ \Omega$

$I = \frac{U}{R} = \frac{230\ V}{50\ \Omega} = \mathbf{4{,}6\ A}$

273/2. **Relais**

a) $U = 6\ V;\ I = 50\ mA = 0{,}05$

$R = \frac{U}{I} = \frac{6\ V}{0{,}05\ A} = \mathbf{120\ \Omega}$

b) $U = 24\ V;\ R = 120\ \Omega$

$I = \frac{U}{R} = \frac{24\ V}{120\ \Omega} = 0{,}2\ A = \mathbf{200\ mA}$

8

273/3. Vorwiderstand

a) Es handelt sich um eine Reihenschaltung.

b) Die Gesetzmäßigkeiten dieser Schaltung sind
– beim Strom: $I = I_{Rv} = I_L$
– bei der Spannung: $U = U_{Rv} + U_L$

c) $I = I_{Rv} = I_L = 20$ mA;

$U = U_{Rv} + U_L = 12\text{ V} \Rightarrow U_{Rv} = U - U_L = 12\text{ V} - 4\text{ V} = 8\text{ V}$

$$R_V = \frac{U_{Rv}}{I_{Rv}} = \frac{8\text{ V}}{20 \cdot 10^{-3}\text{ A}} = \mathbf{400\ \Omega}$$

273/4. Strom-Spannungs-Diagramm

a) R_1: $I = \mathbf{8\ A}$; R_2: $I = \mathbf{2\ A}$; R_3: $I = \mathbf{0{,}5\ A}$;

b) $R_1 = \frac{U_1}{I_1} = \frac{2\text{ V}}{8\text{ A}} = \mathbf{0{,}25\ \Omega}$; $R_2 = \frac{U_2}{I_2} = \frac{2\text{ V}}{2\text{ A}} = \mathbf{1\ \Omega}$; $R_3 = \frac{U_3}{I_3} = \frac{2\text{ V}}{0{,}5\text{ A}} = \mathbf{4\ \Omega}$

273/5. Transformator

a) $\ddot{u} = \frac{U_1}{U_2} = \frac{230\text{ V}}{24\text{ V}} = \mathbf{9{,}58}$

b) $\frac{U_1}{U_2} = \frac{I_2}{I_1}$; $I_1 = \frac{I_2 \cdot U_2}{U_1} = \frac{1\text{ A} \cdot 24\text{ V}}{230\text{ V}} = \mathbf{0{,}1\ A}$

273/6. Wechselstrommotor

a) $P = U \cdot I \cdot \cos\varphi = 230\text{ V} \cdot 1{,}3\text{ A} \cdot 0{,}86 = \mathbf{257{,}14\ W}$

8.18 Elektrotechnik: Leistung und Wirkungsgrad

274/1. Wirkleistung

a) Bei einem Motor ist die abgegebene Leistung (Bemessungsleistung) die an seiner Welle verfügbare mechanische Leistung. Der Motor hat hierbei seine Nenndrehzahl (Bemessungsdrehzahl). Diese Leistung und diese Drehzahl werden auf dem Typenschild angegeben.
Bemessungsleistung: $P = \mathbf{5{,}5\ kW}$
Bemessungsdrehzahl: $n = \mathbf{1\,484\ min^{-1}}$

b) $P = \sqrt{3} \cdot U \cdot I \cdot \cos\varphi = \sqrt{3} \cdot 400\text{ V} \cdot 9{,}9\text{ A} \cdot 0{,}86 = 5\,898{,}7\text{ W} = \mathbf{5{,}9\ kW}$

274/2. Stromaufnahme

a) $\eta = \frac{P_2}{P_1}$; $P_1 = \frac{P_2}{\eta}$; $P_1 = \sqrt{3} \cdot U \cdot I \cdot \cos\varphi$

$$\sqrt{3} \cdot U \cdot I \cdot \cos\varphi = \frac{P_2}{\eta} \Rightarrow I = \frac{P_2}{\eta \cdot \sqrt{3} \cdot U \cdot \cos\varphi} = \frac{18\,000\text{ W}}{0{,}86 \cdot \sqrt{3} \cdot 400\text{ V} \cdot 0{,}9} = \mathbf{33{,}57\ A}$$

b) 1. Ein Bimetallstreifen unterbricht den Stromkreis, wenn die Temperatur zu hoch wird.
2. Ein Elektomagnet zieht bei zu hohem Stromdurchfluss an und unterbricht dadurch den Stromkreis.

274/3. Motortypenschild

a) $P_1 = \sqrt{3} \cdot U \cdot I \cdot \cos\varphi = \sqrt{3} \cdot 400\text{ V} \cdot 3{,}2\text{ A} \cdot 0{,}86 = 1\,906{,}6\text{ W} = \mathbf{1{,}91\ kW}$

b) $\eta = \frac{P_2}{P_1} = \frac{1{,}85}{1{,}91} = \mathbf{0{,}97}$

c) $P_2 = M \cdot 2 \cdot \pi \cdot n \Rightarrow M = \dfrac{P_2}{2 \cdot \pi \cdot n} = \dfrac{1850\,\dfrac{\text{N} \cdot \text{m}}{s}}{2 \cdot \pi \cdot \dfrac{1455}{60\ \text{s}^{-1}}} = \mathbf{12{,}14\ N \cdot m}$

oder mit Zahlenwertgleichung: $P = \dfrac{M \cdot n}{9550} \Rightarrow M = \dfrac{P \cdot 9550}{n} = \dfrac{1{,}85 \cdot 9550}{1455} = \mathbf{12{,}14\ N \cdot m}$

d) Der Motorvollschutz gewährleistet, dass die Wicklungstemperatur des Motors direkt durch Temperaturfühler überwacht und ggf. abgeschaltet wird. Dadurch wird er gegen zu hohe Temperaturen geschützt.

274/4. **Typenschild**

a) $\eta = \dfrac{P_2}{P_1};\ P_1 = \dfrac{P_2}{\eta} = \dfrac{4\ \text{kW}}{0{,}8} = \mathbf{5\ kW}$

b) $P_1 = \sqrt{3} \cdot U \cdot I \cdot \cos\varphi \Rightarrow I = \dfrac{P_1}{\sqrt{3} \cdot U \cdot \cos\varphi} = \dfrac{5000\ \text{W}}{\sqrt{3} \cdot 400\ \text{V} \cdot 0{,}73} = \mathbf{9{,}89\ A}$

c) $P_2 = M \cdot 2 \cdot \pi \cdot n \Rightarrow M = \dfrac{P_2}{2 \cdot \pi \cdot n} = \dfrac{4000\,\dfrac{\text{N} \cdot \text{m}}{s}}{2 \cdot \pi \cdot \dfrac{1450}{60\ \text{s}^{-1}}} = \mathbf{26{,}34\ N \cdot m}$

oder mit Zahlenwertgleichung: $P = \dfrac{M \cdot n}{9550} \Rightarrow M = \dfrac{P \cdot 9550}{n} = \dfrac{4{,}0 \cdot 9550}{1450} = \mathbf{26{,}34\ N \cdot m}$

274/5. **Stromaggregat**

a) Thermische Energie wird in elektrische Energie gewandelt.

b) $\eta = \eta_1 \cdot \eta_2 \cdot \eta_3 = 0{,}36 \cdot 0{,}69 \cdot 0{,}82 = \mathbf{0{,}20}$

8.19 Elektrische Antriebe und Steuerungen

275/1. **Drehstrom-Asynchronmotor**

a) $P = \sqrt{3} \cdot U \cdot I \cdot \cos\varphi = \sqrt{3} \cdot 400\ \text{V} \cdot 4{,}83\ \text{A} \cdot 0{,}82 = 2\,744\ \text{W} \approx \mathbf{2{,}74\ kW}$

b) $\eta = \dfrac{P_2}{P_1} = \dfrac{2{,}2\ \text{kW}}{2{,}744\ \text{kW}} = \mathbf{0{,}80}$

c) $P = 2 \cdot \pi \cdot n \cdot M;\quad M = \dfrac{P}{2 \cdot \pi \cdot n} = \dfrac{2\,200\,\dfrac{\text{N} \cdot \text{m}}{\text{s}}}{2 \cdot \pi \cdot \dfrac{2\,820}{60}\,\dfrac{1}{\text{s}}} = \mathbf{7{,}45\ N \cdot m}$

275/2. **Schleifscheibenantrieb**

a) $P_{Mot} = \dfrac{P}{\eta} = \dfrac{2\ \text{kW}}{0{,}95} = \mathbf{2{,}105\ kW} = P_2$

b) $P_1 = \dfrac{P_2}{\eta} = \dfrac{2{,}105\ \text{kW}}{0{,}90} = 2{,}339\ \text{kW}$

$P_1 = \sqrt{3} \cdot U \cdot I \cdot \cos\varphi;\quad I = \dfrac{P_1}{\sqrt{3} \cdot U \cdot \cos\varphi} = \dfrac{2\,339\ \text{W}}{\sqrt{3} \cdot 400\ \text{V} \cdot 0{,}80} = \mathbf{4{,}22\ A}$

8

275/3. Heizlüfter

$U_2 = U - U_1 = 230\text{ V} - 125\text{ V} = 105\text{ V}$

$$I = \frac{U_1}{R_1} = \frac{125\text{ V}}{1\,200\ \Omega} = 0{,}104\text{ A}$$

$$R_2 = \frac{U_2}{I} = \frac{105\text{ V}}{0{,}104\text{ A}} = \mathbf{1\,010}\ \Omega$$

275/4. Elektrohydraulische Steuerung

a) K1: $R = \frac{U}{I} = \frac{24\text{ V}}{0{,}2\text{ A}} = 120\ \Omega$

Y1, Y_2: $R = \frac{U}{I} = \frac{24\text{ V}}{0{,}5\text{ A}} = \mathbf{48}\ \Omega$

b) Der Gesamtwiderstand ergibt sich aus den parallelen Widerständen der Spulen von K1, Y1 und Y2. Der Vorwiderstand R_v bleibt unberücksichtigt.

$$\frac{1}{R} = \frac{1}{R_1} + \frac{1}{R_2} + \frac{1}{R_3}$$

$$= \frac{1}{120\ \Omega} + \frac{1}{48\ \Omega} + \frac{1}{48\ \Omega} = \frac{1}{20\ \Omega}; \quad R = \mathbf{20}\ \Omega$$

c) R_1 und R_v sind in Reihe geschaltet. Die Stromstärke darf dabei nur $I_1' = 100$ mA betragen. Somit gilt:

$$R = R_1 + R_v = \frac{U}{I_1'} = \frac{24\text{ V}}{0{,}1\text{ A}} = 240\ \Omega$$

$$R_v = R - R_1 = 240\ \Omega - 120\ \Omega = \mathbf{120}\ \Omega$$

8.20 Kostenrechnung

Die Aufgaben eignen sich zur Lösung mit einem Tabellenkalkulationsprogramm, z. B. Excel.

276/1. Vertreterprovision

Herstellkosten		450,00 €
Verw.- u. Vertr.-Gemeinkosten 15 % v. 450,00		67,50 €
Selbstkosten		**517,50 €**
Gewinnzuschlag 10 %		51,75 €
Rohpreis	**93 %**	**569,25 €**
Vertreterprovision 7 % (i.H.)	7 %	42,85 €
Verkaufspreis	100 %	**612,10 €**

276/2. Lagerbüchse

Materialeinzelkosten	5,88 €
Materialgemeinkosten = 6 % von 5,88 €	0,35 €
Fertigungslöhne	11,86 €
Fertigungsgemeinkosten = 310 % v. 11,86 €	36,77 €
Herstellkosten	**54,86 €**
Verwaltungs- und Vertriebs-GK 14 % v. 54,86 €	7,68 €
Selbstkosten	**62,54 €**
Gewinnzuschlag 10 % v. 62,54 €	6,25 €
Verkaufspreis	**68,79 €**

276/3. Fertigungskosten

Maschinenkosten = 85,00 €/h · 12 Stunden	1.020,00 €
Fertigungslohn = 25,00 €/h · 10 Stunden	250,00 €
Restgemeinkosten = 130 % von 250,00 €	325,00 €
Fertigungskosten	**1.595,00 €**

276/4. Stanzwerkzeug

a) Datum:

Beschaffungswert in €:	210.000,00	Fläche in m²:	20,00
Nutzungsdauer in Jahren:	10,00	Flächenkosten in €/m² Monat:	12,00
Zins in %:	8,00	Instandhaltung/Monat:	200,00
Leistung in kW:	20,00	Maschinenlaufzeit (100 %)	1 400,00
Stromkosten in €/kWh:	0,25		

	Kostenarten	Berechnung	K_f €/Jahr	K_v €/h
1	Kalkulatorische Abschreibung	K_{AfA} = BW/N = 210.000,00 €/10 Jahre	21.000,00	
2	Kalkulatorische Zinsen	K_Z = 0,5 BW · Z/100 % = 0,5 · 210.000,00 € · 8 %/100 %	8.400,00	
3	Instandhaltungskosten	K_I = 200,00 €/Monat · 12 Monate	2.400,00	
4	Energiekosten	K_E = Leistung · Stromkosten = 20 kW · 0,25 €/kWh		5,00
5	Raumkosten	K_R = Fläche · Kosten/(m² · M) · 12 M/a = 20 m² · 12,00 €/(m² · M) · 12 M/a	2.880,00	
		Summe der Maschinenkosten	**34.680,00**	**5,00**

Maschinenstundensatz = $K_f/T_L + K_v$ = 34.680,00 €/1.400 h/J + 5,00 €/h = 29,77 €/a
$K_{MH} \approx$ **30,00 €/a**

b)

Materialeinzelkosten	1.000,00 €
Materialgemeinkosten = 10 % v. 1 000,00 €	100,00 €
KM-Drehen 35,00 €/h · 8 h	280,00 €
KM-Fräsen 55,00 €/h · 10 h	550,00 €
KM-CNC 30,00 €/h · 12 h	360,00 €
Fertigungslohn 25,00 €/h · 20 h	500,00 €
Restgemeinkosten = 180 % v. 500,00 €	900,00 €
Herstellkosten	**3.690,00 €**
Verwaltungs- und Vertriebs-GK 10 % v. HK	369,00 €
Selbstkosten	**4.059,00 €**

276/5. Kleinbehälter

a), **b)**

	alt	neu
Absatzmenge in Stück	2 000 000,00	2 000 000,00
E = Erlös/Stück	3,00	2,10
K_v = variable Kosten/Stück	1,80	1,80
DB = E – K_v = (3,00 – 1,80) €/Stck bzw. (2,10 – 1,80) €/Stck	1,20	0,30
Σ DB = DB · Menge = 1,20 €/Stück · 2 Mio Stck	2.400.000,00	600.000,00
K_f = fixe Kosten	480.000,00	480.000,00
Gewinn = Σ DB – K_f = 2.000.000,00 € – 480.000,00 €	**1.920.000,00**	**120.000,00**

c)

Gs = Gewinnschwelle = K_f/DB = 480.000,00 €/1,20 €/Stck	400.000,00	1.600.000,00

d) ΔG = entgangener Gewinn = 1.920.000,00 € – 120.000,00 € = 180.000,00 €
zusätzliche Stückzahl = ΔG/DB = 1.800.000,00 €/0,30 €/Stück **6 000 000 Stück**

276/6. Kostenvergleich

a)

Gesamtkosten			
Menge	Anlage I	Anlage II	Anlage III
1000	58.000,00 €	78.000,00 €	96.500,00 €
2000	66.000,00 €	81.000,00 €	98.000,00 €
3000	74.000,00 €	84.000,00 €	99.500,00 €
4000	82.000,00 €	87.000,00 €	101.000,00 €
5000	90.000,00 €	90.000,00 €	102.500,00 €
6000	98.000,00 €	93.000,00 €	104.000,00 €
7000	106.000,00 €	96.000,00 €	105.500,00 €
8000	114.000,00 €	99.000,00 €	107.000,00 €
9000	122.000,00 €	102.000,00 €	108.500,00 €
10000	***130.000,00 €***	***105.000,00 €***	***110.000,00 €***
11000	138.000,00 €	108.000,00 €	111.500,00 €
12000	146.000,00 €	111.000,00 €	113.000,00 €
13000	154.000,00 €	114.000,00 €	114.500,00 €
14000	162.000,00 €	117.000,00 €	116.000,00 €
15000	170.000,00 €	120.000,00 €	117.500,00 €

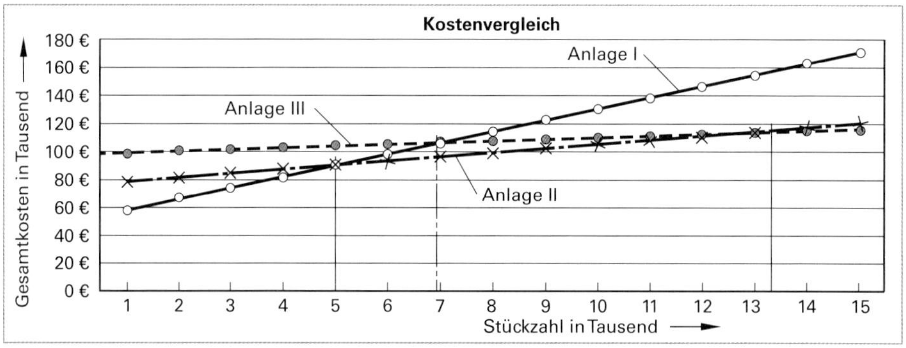

Bild 276/6

b) Grenzstückzahl 1: Anlage I – Anlage II = (75.000,00 € – 50.000,00 €)/(8,00 – 3,00) €/Stück
= 5000 Stück

Grenzstückzahl 2: Anlage I – Anlage III = (95.000,00 € – 50.000,00 €)/(8,00 – 1,50) €/Stück
= 6924 Stück

Grenzstückzahl 3: Anlage II – Anlage III = (95.000,00 € – 75.000,00 €)/(3,00 – 1,50) €/Stück
= 13334 Stück

Bei 10000 Stück fällt die Entscheidung auf Anlage II mit den geringsten Kosten! (vgl. Tabelle)

9 Projektaufgaben

9.1 Vorschubantrieb einer CNC-Fräsmaschine

278/1. Gewindespindel-Antrieb

a) $n_{2\,min} = \frac{v_{f\,min}}{P} = \frac{1\text{ mm/min}}{5\text{ mm}} = \mathbf{0{,}20\ \frac{1}{min}}$

$n_{2\,max} = \frac{v_{f\,max}}{P} = \frac{2\,000\text{ mm/min}}{5\text{ mm}} = \mathbf{400\ \frac{1}{min}}$

b) $n_{2E} = \frac{v_E}{P} = \frac{5\,000\text{ mm/min}}{5\text{ mm}} = \mathbf{1\,000\ \frac{1}{min}}$

c) Lagerung der Kugelgewindespindel und Aufnahme der radialen Kräfte, die durch den Zahnriemenantrieb entstehen, sowie der axialen Kräfte durch die Bewegung des Tisches im Eilgang und vor allem beim Fräsen.

d) Das Rillenkugellager (Pos. 17) ist das Loslager der Gewindespindel (Pos. 10) und muss bei Temperaturänderungen in der Bohrung des Lagerbocks (Pos. 18) beweglich sein.

e) Die beiden Lagerungen der Gewindespindel sind vollständig abgedichtet und lebensdauergeschmiert.

278/2. Zahnriemen-Antrieb

a) $i = \frac{z_2}{z_1} = \frac{36}{25} = \mathbf{1{,}44}$

b) $i = \frac{n_1}{n_2}; \quad n_1 = n_2 \cdot i$

$n_{1\,min} = 0{,}2\ \frac{1}{min} \cdot 1{,}44 = \mathbf{0{,}29\ \frac{1}{min}}$

$n_{1\,max} = 400\ \frac{1}{min} \cdot 1{,}44 = \mathbf{576\ \frac{1}{min}}$

$n_{1E} = 1\,000\ \frac{1}{min} \cdot 1{,}44 = \mathbf{1\,440\ \frac{1}{min}}$

c) $v = \pi \cdot d \cdot n = \pi \cdot 0{,}04\text{ m} \cdot 1\,440\ \frac{1}{min} = 181\ \frac{m}{min} \cdot \frac{1\text{ min}}{60\text{ s}} = 3{,}02\ \frac{m}{s} \approx \mathbf{3\ \frac{m}{s}}$

d) Mit Flach- und Keilriemen sind keine ganz genauen Übersetzungsverhältnisse möglich. Dadurch wird das Anfahren genauer Schlittenpositionen schwierig. Zahnriemenantriebe jedoch besitzen ein genaues, gleich bleibendes Übersetzungsverhältnis und haben auch unter Belastung keinen Schlupf.

278/3. Sicherheitskupplung

a) $F_R = \mu \cdot F_N = 0{,}25 \cdot 2\,500\text{ N} = \mathbf{625\ N}$

b) $M = 2 \cdot F_R \cdot \frac{d_R}{2} = 2 \cdot 625\text{ N} \cdot \frac{0{,}055}{2}\text{ m} = \mathbf{34{,}4\ N \cdot m}$

c) Durch Öl oder Fett an den Reibflächen sinkt der Reibwert. Da die Reibkraft und das Reibmoment direkt vom Reibwert abhängen, werden auch diese geringer.

d) Beim Durchdrehen der Riemenscheibe gegenüber den Reibscheiben und der Nabe wird die Gefahr des Fressens dadurch vermindert, dass die Riemenscheibe eine wesentlich geringere Härte hat als die angrenzenden Bauteile.

e) Alle gewählten Werkstoffe können mit der Universalhärteprüfung, der Härteprüfung nach Vickers oder Rockwell geprüft werden. Für die Nabe und die Riemenscheibe wäre auch eine Prüfung nach Brinell möglich.

279/4. **Bearbeitung des Lagerflansches**

a)
- Analyse des Fertigungsauftrages anhand der Zeichnung, der Stückzahlen und des Termins
- Arbeitsplanung: Notwendige Bearbeitungen, Wahl der Maschine, Spannplan, Werkzeugplan
- Erstellung des NC-Programms
- Überprüfung des Programms, teilweise durch Simulation
- Erprobung und Optimierung der Fertigung
- Dokumentation und Speicherung des Programms

b) Für die Bearbeitung auf einer Senkrechtfräsmaschine sind zwei Aufspannungen erforderlich:
1. Aufspannung: Bearbeitung der Flächen ① und ②

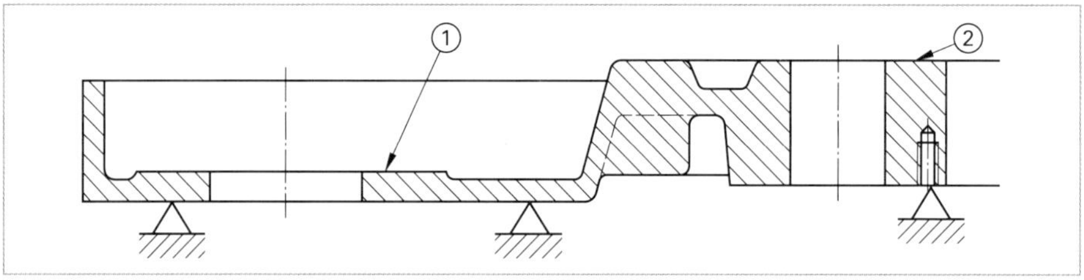

Bild 279/4a: Bearbeitung des Lagerflansches, 1. Aufspannung

2. Aufspannung auf der Fläche ①, Abstützung an der Fläche ②: Bearbeitung aller anderen Flächen und Bohrungen.

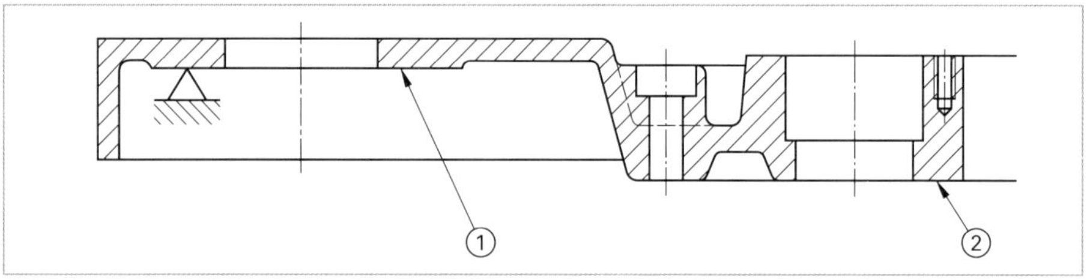

Bild 279/4b: Bearbeitung des Lagerflansches, 2. Aufspannung

c) Bei der Komplettbearbeitung in einer Aufspannung werden die durch Umspannen der Werkstücke möglichen Lageabweichungen vermieden. Allerdings müssen z. B. für die 5-Seiten-Bearbeitung die Maschinen mit einer waagrechten und senkrechten Spindel sowie mit einem Rundtisch zum Schwenken des Werkstückes ausgestattet sein.

d) NC-Programme bestehen aus einzelnen Sätzen. Diese enthalten (meist) die Satznummer, die Wegbedingungen, die Zielpunktkoordinaten und Schaltbefehle. In anderen Sätzen werden die technologischen Daten der Werkzeuge aufgerufen, Zyklen definiert oder Unterprogramme aufgerufen. Beispiele: Bild 279/4c und Bild 279/4d

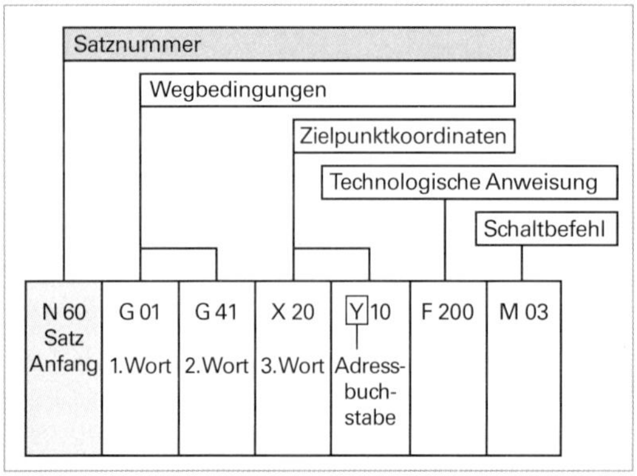

Bild 279/4c: Beispiel für den Aufbau von NC-Sätzen

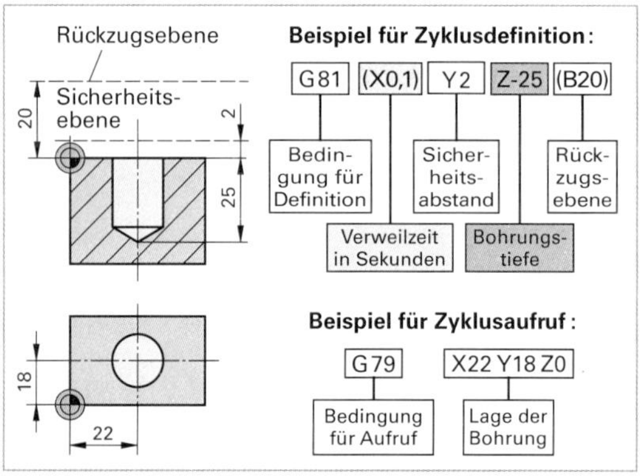

Bild 279/4d: Zyklusdefinitionen und Aufruf

9.2 Hubeinheit

281/1. Übersetzung, gleichförmige Bewegung

a) $i = \frac{n_1}{n_2} = \frac{n_M}{n_W}$; $n_W = \frac{n_M}{i} = \frac{750 \frac{1}{\text{min}}}{11{,}25} = \mathbf{66{,}67 \frac{1}{min}}$

b) $v = \pi \cdot d \cdot n = \pi \cdot 54{,}85 \text{ mm} \cdot 66{,}67 \frac{1}{\text{min}} = 11\,488{,}3 \frac{\text{mm}}{\text{min}}$

$= 11\,488{,}3 \frac{\text{mm}}{\text{min}} \cdot \frac{1 \text{ m}}{1\,000 \text{ mm}} \cdot \frac{1 \text{ min}}{60 \text{ s}} = \mathbf{0{,}19 \frac{m}{s}}$

281/2. Beschleunigte Bewegung

a) $t_1 = \frac{v}{a} = \frac{0{,}19 \frac{\text{m}}{\text{s}}}{0{,}9 \frac{\text{m}}{\text{s}^2}} = \mathbf{0{,}21\ s}$

b) $t_3 = \frac{v}{a} = \frac{0{,}19 \frac{\text{m}}{\text{s}}}{1{,}2 \frac{\text{m}}{\text{s}^2}} = \mathbf{0{,}16\ s}$

c) $s_1 = \frac{v^2}{2 \cdot a} = \frac{\left(0{,}19 \frac{\text{m}}{\text{s}}\right)^2}{2 \cdot 0{,}9 \frac{\text{m}}{\text{s}^2}} = 0{,}020 \text{ m} = \mathbf{20{,}0\ mm}$

d) $s_3 = \frac{v^2}{2 \cdot a} = \frac{\left(0{,}19 \frac{\text{m}}{\text{s}}\right)^2}{2 \cdot 1{,}2 \frac{\text{m}}{\text{s}^2}} = 0{,}015 \text{ m} = \mathbf{15{,}0\ mm}$

e) $s = s_1 + s_2 + s_3$; $s_2 = s - s_1 - s_3 = 750 \text{ mm} - 20 \text{ mm} - 15 \text{ mm} = \mathbf{715\ mm}$

$t_2 = \frac{s_2}{v} = \frac{0{,}715 \text{ m}}{0{,}19 \frac{\text{m}}{\text{s}}} = \mathbf{3{,}76\ s}$

f) $t = t_1 + t_2 + t_3 = 0{,}21 \text{ s} + 3{,}76 \text{ s} + 0{,}16 \text{ s} = \mathbf{4{,}13\ s}$

281/3. Lagerkräfte

Für den Drehpunkt B gilt:

$\Sigma M_l = \Sigma M_r$

$F_A \cdot l = F_k \cdot l_1$

$F_A = \frac{F_k \cdot l_1}{l} = \frac{450 \text{ N} \cdot 52 \text{ mm}}{105 \text{ mm}} = \mathbf{222{,}9\ N}$

$F_A + F_B = F_k$

$F_B = F_k - F_A = 450 \text{ N} - 222{,}9 \text{ N} = \mathbf{227{,}1\ N}$

281/4. Arbeit, Leistung

a) $W = F_k \cdot s = 450 \text{ N} \cdot 0{,}750 \text{ m} = \mathbf{337{,}5\ N \cdot m}$

b) $\eta = \eta_1 \cdot \eta_2 = 0{,}83 \cdot 0{,}8 = \mathbf{0{,}66}$

c) $P = \frac{F \cdot v}{\eta} = \frac{W}{t \cdot \eta} = \frac{337{,}5 \text{ N} \cdot \text{m}}{4{,}1 \text{ s} \cdot 0{,}66} = 124{,}7 \frac{\text{N} \cdot \text{m}}{\text{s}} = \mathbf{124{,}7\ W}$

281/5. Gehäusepassungen

a) Festlager → Rillenkugellager (Pos. 12)
Loslager → Rillenkugellager (Pos. 9)

b) Die Lagerkraft F_A belastet den Lageraußenring als Punktlast (Tabelle 1 Seite 281 im Rechenbuch).

Rillenkugellager: Höchstmaß/Außenring
$G_{oW} = N + es = 62{,}000\ \text{mm} + 0{,}000\ \text{mm} = 62{,}000\ \text{mm}$

Gehäusebohrung: Mindestmaß bei Toleranzklasse H6
$G_{uB} = N + EI = 62{,}000\ \text{mm} + 0{,}000\ \text{mm} = 62{,}000\ \text{mm}$

Die Toleranzklassen F6, F7, G7, G8, H7 und H6 ergeben Spielpassungen.
Engste Spielpassung → **Toleranzklasse H6**

c) Die Lagerkraft F_B belastet den Lageraußenring als Punktlast (Tabelle 1 Seite 253 im Rechenbuch).

Rillenkugellager: Höchstmaß/Außenring
$G_{oW} = N + es = 80\ \text{mm} + 0{,}000\ \text{mm} = 80{,}000\ \text{mm}$

Die **Toleranzklassen J6** und **J7** ergeben leichte Übergangspassungen.

281/6. Montagetechnik

a) Das Loslager wird mit einer Spielpassung in das Kettengehäuse eingebaut. Wird die Antriebswelle als Baugruppe vormontiert und dann in das Kettengehäuse eingebaut, kann das Rillenkugellager ohne Montagekräfte auf den Außenring montiert werden.

b) Der Außendurchmesser D des Rillenkugellagers (Pos. 12) ist so gewählt, dass die vormontierte Antriebswelle mit dem Kettenrad (Pos. 7) durch den Sicherungsring (Pos. 11) geschoben werden kann.

c)

Montage-schritt	Benennung	Montage-schritt	Benennung
1	Antriebswelle – Pos. 5	8	Sicherungsring – Pos. 13
2	Passfeder – Pos. 6	9	Sicherungsring – Pos. 11
3	Kettenrad – Pos. 7	10	Baugruppe Antriebswelle einbauen
4	Hülse – Pos. 8	11	Lagerdeckel – Pos. 14
5	Rillenkugellager – Pos. 9	12	Zylinderschraube – Pos. 15
6	Sicherungsring – Pos. 10	13	
7	Rillenkugellager – Pos. 12	14	

282/7. Befestigungstechnik

a) Das Klemmstück ist in zwei Hälften geteilt, die seitlich in die Nut des Standrohres eingeführt werden können.

b) Zur Aufnahme der Klemmstück-Hälften muss lediglich eine Nut in das Standrohr eingestochen werden. Die Klemmverbindung erlaubt eine genaue Ausrichtung des Antriebes.

c)

Montage-schritt	Montagevorgang, Erläuterungen
1	Spannring (Pos. 2) auf das Standrohr schieben
2	Klemmstückhälften (Pos. 3) in die Nut des Standrohres einführen
3	Antrieb (Pos. 1) auf das Standrohr setzen
4	Antrieb (Pos. 2) und Spannring (Pos. 2) mit Zylinderschrauben (Pos. 4) verspannen.

282/8. Beanspruchungen/Stahlauswahl

a)

Beanspruchung	→ durch	→ Werkstoffeigenschaften
Biegung	→ Kettenzugkraft	→ hohe Biegefestigkeit → gute Zähigkeit
Abscherung	→ Kettenzugkraft	→ hohe Scherfestigkeit
Verschleiß	→ Rollreibung	→ gute Verschleißfestigkeit

b) Gewählter Stahl: 16MnCr5 → Einsatzstahl, Randschichthärtung
→ verschleißfeste Oberfläche, hohe Dauerfestigkeit, gute Kernfestigkeit mit hoher Zähigkeit

282/9. Zahnriementrieb

a) Von der Änderung sind die Rollenkette und das Kettenrad (Pos. 7) betroffen.

b) Vorteile: keine Schmierung, geräuscharmer Lauf, elastisches Verhalten bei Belastungswechsel
Nachteil: schnellerer Verschleiß, höhere Dehnung → ungenauere Bewegungsübertragung

282/10. Zeichnungsbemaßung

a) Gewählt: **Variante ②**
Begründung: die rechte Kante des Einstiches bestimmt die Lage des Sicherungsringes und damit das Axialspiel des Lagers.
Die Toleranz der Einstichbreite 1,85H13 hat keinen Einfluss auf das Spiel.

b) Das Mindestspiel P_{SM} = 0,1 mm tritt unter folgenden Bedingungen auf:
Höchstmaß-Lagerbreite b_o, Höchstmaß-Sicherungsringbreite s_o, Mindestmaß L_u.
$L_u = b_o + s_o + P_{SM}$ = 18,00 mm + 1,75 mm + 0,10 mm = 19,85 mm
$L_o = L_u + T_L$ = 19,85 mm + 0,10 mm = 19,95 mm

Nennmaß L = 20,00 mm, oberes Abmaß ES = – 0,05 mm; unteres Abmaß EI = – 0,015 mm

c) Das Höchstspiel P_{SH} tritt unter folgenden Bedingungen auf:
Höchstmaß L_o, Mindestmaß-Sicherungsringbreite s_u, Mindestmaß-Lagerbreite b_u;
$L_o = b_u + s_u + P_{SH}$; $P_{SH} = L_o - b_u - s_u$ = 19,95 mm – 17,9 mm – 1,62 mm = **0,43 mm**

282/11. Passfederverbindung

a) $M = F \cdot r = \dfrac{F_k \cdot d}{2} = \dfrac{450\ \text{N} \cdot 54{,}85\ \text{mm}}{2} = \mathbf{12\,341{,}3\ N \cdot mm}$

b) $M = F \cdot r;\quad F = \dfrac{M}{r} = \dfrac{12\,341{,}3\ \text{N} \cdot \text{mm}}{14\ \text{mm}} = \mathbf{881{,}5\ N}$

c) $p = \dfrac{F}{A};\quad A = l_1 \cdot h;$

$l_1 = l - b$ = 30 mm – 8 mm = 22 mm

$p = \dfrac{881{,}5\ \text{N}}{22\ \text{mm} \cdot 3\ \text{mm}} = \mathbf{13{,}4\ mm\ \dfrac{N}{mm^2}}$

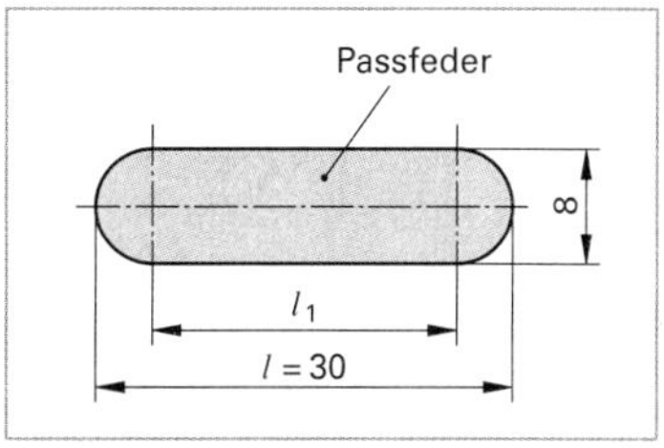

Bild 282/11: Passfeder

b) $\nu = \dfrac{p_{zul}}{p} = \dfrac{125\ \dfrac{\text{N}}{\text{mm}^2}}{13{,}4\ \dfrac{\text{N}}{\text{mm}^2}} = \mathbf{9{,}3}$

282/12. Hauptnutzungszeit

a) $d_g = \dfrac{v_c}{\pi \cdot n_g} = \dfrac{240\,000\ \dfrac{\text{mm}}{\text{min}}}{\pi \cdot 3\,000\ \dfrac{1}{\text{min}}} = 25{,}5\ \text{mm}\ (d_g < d_1)$

b) $L_1 = \dfrac{d - d_1}{2} + l_a + l_u = \dfrac{95\ \text{mm} - 70\ \text{mm}}{2} + 2\ \text{mm} = \mathbf{14{,}5\ mm}$

$L_2 = \dfrac{d - d_1}{2} + l_a + l_u = \dfrac{95\ \text{mm} - 60{,}5\ \text{mm}}{2} + 2\ \text{mm} = \mathbf{19{,}25\ mm}$

c) $t_h = t_{h1} + t_{h2}$

$$t_{h1} = \frac{\pi \cdot d_{m1} \cdot L_1 \cdot i_1}{v_c \cdot f}; \quad d_{m1} = \frac{d + d_1}{2} + l_a - l_u = \frac{(95 + 70)\ \text{mm}}{2} + (1 - 1)\ \text{mm} = 82{,}5\ \text{mm}$$

$$t_{h1} = \frac{\pi \cdot 82{,}5\ \text{mm} \cdot 14{,}5\ \text{mm} \cdot 1}{240\,000\ \frac{\text{mm}}{\text{min}} \cdot 0{,}2\ \text{mm}} = 0{,}078\ \text{min} = 4{,}7\ \text{s}$$

$$t_{h2} = \frac{\pi \cdot d_{m2} \cdot L_2 \cdot i_2}{v_c \cdot f}; \quad d_{m2} = \frac{d + d_1}{2} + l_a - l_u = \frac{(95 + 60{,}5)\ \text{mm}}{2} + (1 - 1)\ \text{mm} = 77{,}75\ \text{mm}$$

$$t_{h2} = \frac{\pi \cdot 77{,}75\ \text{mm} \cdot 19{,}25\ \text{mm} \cdot 1}{240\,000\ \frac{\text{mm}}{\text{min}} \cdot 0{,}2\ \text{mm}} = 0{,}098\ \text{min} = 5{,}9\ \text{s}$$

$t_h = 4{,}7\ \text{s} + 5{,}9\ \text{s} = \mathbf{10{,}6\ s}$

9.3 Zahnradpumpe

284/1. **Längen**

Nutumfang U_N = O-Ring-Umfang U_O

$$U_N = 2 \cdot l_1 + 2 \cdot l_2 = 2 \cdot 36\ \text{mm} + 2 \cdot \frac{\pi \cdot 51{,}1\ \text{mm}}{2} = 72\ \text{mm} + 160{,}54\ \text{mm} = 232{,}54\ \text{mm}$$

$$U_O = \pi \cdot (d + 2 \cdot d_1); \quad (d + 2 \cdot d_1) = \frac{U_O}{\pi} = \frac{232{,}54\ \text{mm}}{\pi} = 74\ \text{mm}; \quad d_1 = 2\ \text{mm}$$

$d = 74\ \text{mm} - 2 \cdot 2\ \text{mm} = 70\ \text{mm}$

O-Ring 70 x 2

284/2. **Passungen**

a) Bohrung 24K6: $ES = +\,0{,}002$ mm, $EI = -\,0{,}011$ mm;
$T_B = ES - EI = +\,0{,}002\ \text{mm} - (-\,0{,}011\ \text{mm}) = \mathbf{0{,}013\ mm}$
Welle 24h6: $es = 0{,}000$ mm, $ei = -\,0{,}013$ mm
$T_W = es - ei = 0{,}000\ \text{mm} - (-\,0{,}013\ \text{mm}) = \mathbf{0{,}013\ mm}$

b) Höchstspiel $P_{SH} = ES - ei = +\,0{,}002\ \text{mm} - (-\,0{,}013\ \text{mm}) = \mathbf{0{,}015\ mm}$
Höchstübermaß $P_{ÜH} = EI - es = -\,0{,}011\ \text{mm} - (-\,0{,}000\ \text{mm}) = \mathbf{-\,0{,}011\ mm}$

284/3. **Zahnradmaße**

a) $d = m \cdot z = 1{,}5\ \text{mm} \cdot 24 = \mathbf{36\ mm}$

b) $d_a = d + 2 \cdot h_a = d + 2 \cdot m = 36\ \text{mm} + 2 \cdot 1{,}5\ \text{mm} = \mathbf{39\ mm}$

c) $h = h_a + h_f = m + (m + c) = 2 \cdot m + 0{,}25 \cdot m$
$= 2 \cdot 1{,}5\ \text{mm} + 0{,}25 \cdot 1{,}5\ \text{mm} = \mathbf{3{,}375\ mm}$

d) $$a = \frac{m\,(z_1 + z_2)}{2} = \frac{1{,}5\ \text{mm}\,(24 + 24)}{2} = \mathbf{36\ mm}$$

284/4. **Festigkeit**

a) $$F = p \cdot A; \quad A = \frac{\pi}{4} \cdot d^2 = \frac{\pi}{4} \cdot 24^2\ \text{mm}^2 = 452{,}4\ \text{mm}^2$$

$$F = 12\ \text{bar} \cdot \frac{10\ \text{N}}{\text{cm}^2 \cdot \text{bar}} \cdot 4{,}524\ \text{cm}^2 = \mathbf{542{,}9\ N}$$

b) Zusätzliche Kraft je Schraube $$F_1 = \frac{F}{3} = \frac{542{,}9\ \text{N}}{3} = 181\ \text{N}$$

$$\sigma_z = \frac{F_1}{A_s} = \frac{181\ \text{N}}{14{,}2\ \text{mm}^2} = \mathbf{12{,}7\ \frac{N}{mm^2}}$$

284/5. Konturpunkte

a) $D = d + 2 \cdot h_a = m \cdot z + 2 \cdot m = 1{,}5\ \text{mm} \cdot 24 + 2 \cdot 1{,}5\ \text{mm} = \mathbf{39\ mm}$
Grenzabmaße: $EI = 0$; $ES = +\,0{,}025$ mm

b) $a = \frac{m \cdot (z_1 + z_2)}{2} = \frac{1{,}5\ \text{mm} \cdot (24 + 24)}{2} = \mathbf{36\ mm}$

c) $y_1 = \sqrt{r^2 - x^2} = \sqrt{(19{,}5^2 - 14^2)\ \text{mm}^2} = 13{,}574$ mm

P_1 (14,000/13,574)

$x_2 = -\,14{,}000$ mm

$y_2 = a - y_1 = 36\ \text{mm} - 13{,}574\ \text{mm} = 22{,}426$ mm

P_2 (–14,000/22,426)

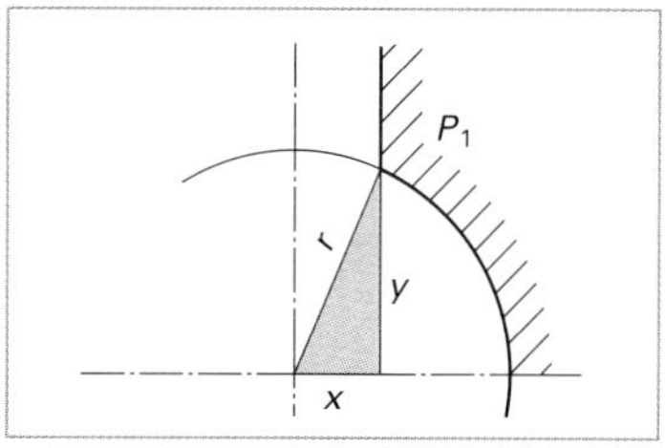

Bild 284/5: Konturpunkte

284/6. Kegeldrehen

a) $\tan\frac{\alpha}{2} = \frac{C}{2} = \frac{1}{2 \cdot 5} = 0{,}1$

$\frac{\alpha}{2} = 5{,}711°$; $\alpha = 2 \cdot \frac{\alpha}{2} = 2 \cdot 5{,}711° = \mathbf{11{,}422°}$

b) Neigungswinkel $\frac{\alpha}{2} = \mathbf{5{,}711°}$

c) $C = \frac{D-d}{L}$; $d = D - C \cdot L = 15\ \text{mm} - \frac{1}{5} \cdot 18\ \text{mm} = \mathbf{11{,}4\ mm}$

284/7. Hydraulik

a) $v = \frac{Q}{A} = \frac{600\ \frac{\text{cm}^3}{\text{min}}}{\frac{\pi}{4} \cdot 0{,}7^2\ \text{cm}^2} = 1\,559\ \frac{\text{cm}}{\text{min}} \cong \mathbf{15{,}6\ \frac{m}{min}}$

b) $P = Q \cdot p_e = 0{,}6\ \frac{\text{dm}^3}{\text{min}} \cdot 12\ \text{bar} \cdot \frac{10}{6}\ \frac{\text{N} \cdot \text{m} \cdot \text{min}}{\text{s} \cdot \text{dm}^3 \cdot \text{bar}} = \mathbf{12\ W}$

285/8. Warmumformung

a) Der Temperaturbereich liegt im Austenitgebiet des Stahles
→ homogenes Gefüge und kubisch-flächenzentriertes Gitter garantieren beste Umformbedingungen.

b) geringer Zerspanungsaufwand, höhere Festigkeiten, vor allem an den Übergangsdurchmessern, optimierter Werkstoffverbrauch

285/9. Stahlauswahl/Wärmebehandlung

a) Aufkohlen: Glühen der Teile in kohlenstoffabgebendem Medium bei 880 bis 980 °C.
Härten: Randhärtung → Schnelle Erwärmung auf 780 bis 820 °C, Abschrecken in Öl
Anlassen: bei 150 bis 200 °C

b) Zeichnungstext nach DIN 6773: einsatzgehärtet und angelassen
58 + 4 HRC $E_{hat} = 0{,}5 + 0{,}3$

c) Fertigungsverfahren nach DIN 4766-1: Schleifen

285/10. Zahnradpumpe

a) Auf der Saugseite füllen sich die Zahnlücken mit Öl, das durch die Drehbewegung auf die Druckseite transportiert wird.

b) Die Antriebswelle (Pos. 6) dreht sich in Blickrichtung auf die Zahnriemenscheibe (Pos. 14) gegen den Uhrzeigersinn.

c) CL68 → Schmieröl für Umlaufschmierung auf Mineralölbasis, mit erhöhten Anforderungen an Korrosions- und Alterungsbeständigkeit, ISO-Viskositätsklasse 68

285/11. Kegelverbindung

a) Kein Spiel zwischen Welle und Nabe, zentrischer Lauf (keine Unwucht), Übertragung hoher Drehmomente.

9

b) Aufnahme von Drehmomenten, wenn die Kraftübertragung am Kegelmantel durch Reibung gestört ist (Sicherheitsmaßnahme).

c) Kleinere Kegelwinkel $\alpha \rightarrow$ Größere Normalkräfte F_N und damit größere Reibungskräfte F_R $\rightarrow$ Übertragung größerer Drehmomente

285/12. Schraubenverbindung

a) siehe Bild 257/12.

b) Senkschraube ISO 10642 – M8 × 20 – 8.8

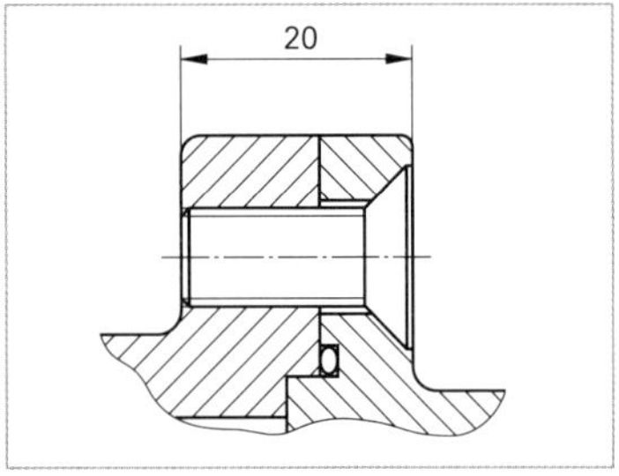

Bild 285/12: Schraubenverbindung

285/13. Dichtung

a) Die Toleranz der Flachdichtung $T = 0{,}1$ mm und die elastische Verformung der Dichtung bei der Montage beeinflussen das Spiel S_p.

b) Das Spiel S_p zwischen dem Pumpenritzel und der Lagerplatte wird größer
$\rightarrow$ höherer Leckölverlust, geringerer Wirkungsgrad.

9.4 Hydraulische Spannklaue

287/1. Hydrozylinder

a) $F = p_e \cdot A \cdot \eta = 2\,500 \frac{\text{N}}{\text{cm}^2} \cdot \frac{\pi \cdot (2{,}5\text{ cm})^2}{4} \cdot 0{,}88 = \mathbf{10\,799\text{ N}}$

b) $v = \frac{s}{t} = \frac{65\text{ mm}}{1{,}5\text{ s}} = 43{,}33 \frac{\text{mm}}{\text{s}} = \frac{43{,}33}{100} \cdot 60 \frac{\text{dm}}{\text{min}} = 26 \frac{\text{dm}}{\text{min}}$

$Q = v \cdot A = 26 \frac{\text{dm}}{\text{min}} \cdot \frac{\pi \cdot (0{,}25\text{ dm})^2}{4} = 1{,}276 \frac{\text{dm}^3}{\text{min}} \approx \mathbf{1{,}3 \frac{l}{min}}$

c) Innendurchmesser des Rohres $d = (8 - 2 \cdot 1)$ mm = 6 mm

$$v = \frac{Q}{A} = \frac{1\,300 \frac{\text{cm}^3}{\text{min}}}{\frac{\pi \cdot (0{,}6\text{ cm})^2}{4}} = 4\,598 \frac{\text{cm}}{\text{min}} = \frac{4\,598}{100 \cdot 60} \frac{\text{m}}{\text{s}} = 0{,}766 \frac{\text{m}}{\text{s}} \approx \mathbf{0{,}8 \frac{m}{s}}$$

d) Die wirksame Kolbenkraft muss durch die Reibkraft F_R aufgenommen werden. Die Reibkraft $F_R = 10\,799$ N wird durch die 4 Spannkräfte (Normalkräfte) der Schrauben erzeugt.

$$F_R = \mu \cdot F_N; \quad F_N = \frac{F_R}{\mu} = \frac{10\,799\text{ N}}{0{,}20} = \mathbf{53\,995\text{ N}}$$

Spannkraft einer Schraube: $F'_N = \frac{F_N}{4} = \frac{53\,995\text{ N}}{4} = 13\,499\text{ N} \approx \mathbf{13{,}5\text{ kN}}$

287/2. Spannhebel

a) $M_l = M_r$

$F_{sp} \cdot l_2 = F_k \cdot l_1$

$$F_{sp} = \frac{F_k \cdot l_1}{l_2} = \frac{10\,799\text{ N} \cdot 60\text{ mm}}{75\text{ mm}} = \mathbf{8\,639\text{ N}}$$

b) $F = F_k + F_{sp} = 10\,799\text{ N} + 8\,639\text{ N} = \mathbf{19\,438\text{ N}}$

c) $p = \frac{F}{A} = \frac{F}{d \cdot l} = \frac{19\,438\text{ N}}{10\text{ mm} \cdot 12\text{ mm}} = \mathbf{162 \frac{N}{mm^2}}$

d) $\tau_a = \frac{F}{S} = \frac{F}{2 \cdot \pi \cdot \frac{d^2}{4}} = \frac{19\,438\text{ N} \cdot 4}{2 \cdot \pi \cdot (10\text{ mm})^2} = \mathbf{124 \frac{N}{mm^2}}$

e) Der maßgebende Querschnitt ist an den Bohrungen:

$S = (25 - 10)\ \text{mm} \cdot 8\ \text{mm} = 120\ \text{mm}^2$

$\sigma_z = \dfrac{F}{2 \cdot S} = \dfrac{19\,438\ \text{N}}{2 \cdot 120\ \text{mm}^2} = \mathbf{81\ \dfrac{N}{mm^2}}$

287/3. **Gabel**

a) 12H8 = 12 + 0,027/0 12e8 = 12 – 0,032/–0,059

$G_{oB} = 12{,}027\ \text{mm}$ $G_{uB} = 12{,}000\ \text{mm}$ $G_{oW} = 11{,}968\ \text{mm}$ $G_{uW} = 11{,}941\ \text{mm}$

$P_{SH} = G_{oB} - G_{uW} = 12{,}027\ \text{mm} - 11{,}941\ \text{mm} = \mathbf{0{,}086\ mm}$

$P_{SM} = G_{uB} - G_{oW} = 12{,}000\ \text{mm} - 11{,}968\ \text{mm} = \mathbf{0{,}032\ mm}$

b) Auf Länge bearbeitete Gabel ohne weitere Bearbeitung:

$V_1 = A \cdot h = (22\ \text{mm})^2 \cdot 60\ \text{mm}$
$= 29\,040\ \text{mm}^3$

$V_2 = A \cdot h$
$= 12\ \text{mm} \cdot 22\ \text{mm} \cdot 40\ \text{mm}$
$= 10\,560\ \text{mm}^3$

$V_3 = A \cdot h = \dfrac{\pi \cdot d^2}{4} \cdot h$

$= \dfrac{\pi \cdot (10\ \text{mm})^2}{4} \cdot 10\ \text{mm}$

$= 785\ \text{mm}^3$

$V_4 = A \cdot h = (5\ \text{mm})^2 \cdot 10\ \text{mm}$
$= 250\ \text{mm}^3$

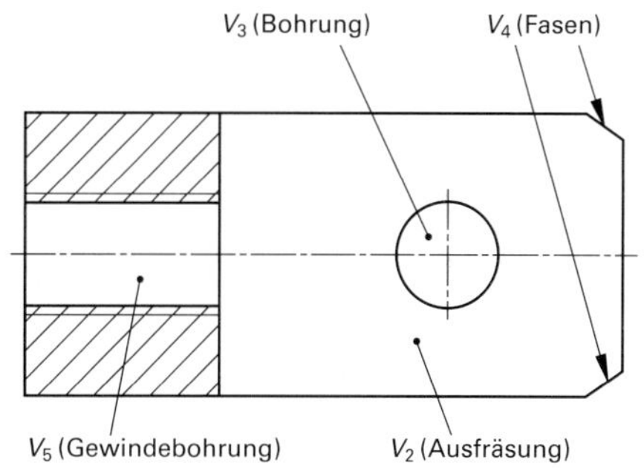

Bild 287/3: Gabel

$V_5 = A \cdot h = \dfrac{\pi \cdot d_2^2}{4} \cdot h$

$= \dfrac{\pi \cdot (9{,}03\ \text{mm})^2}{4} \cdot 20\ \text{mm} = 1\,281\ \text{mm}^3$

$V = V_1 - V_2 - V_3 - V_4 - V_5 = (29\,040 - 10\,560 - 785 - 250 - 1\,281)\ \text{mm}^3$
$= 16\,164\ \text{mm}^3 \approx \mathbf{16{,}2\ cm^3}$

$m = V \cdot \varrho = 16{,}2\ \text{cm}^3 \cdot 7{,}85\ \text{g/cm}^3 = \mathbf{127\ g}$

c) Volumen des Rohteiles: $V_R = A \cdot h = (22\ \text{mm})^2 \cdot 62\ \text{mm} = 30\,008\ \text{mm}^3$

Zerspantes Volumen beim Bearbeiten auf Länge:

$V_6 = (22\ \text{mm})^2 \cdot 2\ \text{mm} = 968\ \text{mm}^3$

Insgesamt zerspantes Volumen:

$\Delta V = V_2 + V_3 + V_4 + V_5 + V_6 = (10\,560 + 785 + 250 + 1\,281 + 968)\ \text{mm}^3$
$= 13\,844\ \text{mm}^3$

$\Delta V\% = \dfrac{\Delta V}{V_R} \cdot 100\ \% = \dfrac{13\,844\ \text{mm}^3}{30\,008\ \text{mm}^3} \cdot 100\ \% = \mathbf{46{,}1\ \%}$

287/4. **Geometrische Grundlagen**

• Die beiden Winkel können durch Aufzeichnen auf Papier mit genügender Genauigkeit oder auf einem CAD-System sehr genau ermittelt werden. Für die Berechnung benötigt man den Cosinus- und den Sinussatz, die in den meisten Stoffplänen nicht vorgesehen sind. Der Rechnungsgang soll trotzdem gezeigt werden.

Dreieck ACD:

$$c = \sqrt{a^2 + d^2} = \sqrt{(60\ \text{mm})^2 + (10\ \text{mm})^2} = 60{,}83\ \text{mm}$$

$$\tan \varepsilon = \frac{d}{a} = \frac{10\ \text{mm}}{60\ \text{mm}} = 0{,}1667; \quad \varepsilon = 9{,}46°$$

Dreieck ABC:

Nach dem Cosinussatz gilt:

$$a^2 = b^2 + c^2 - 2 \cdot b \cdot c \cdot \cos \gamma$$

$$\cos \gamma = \frac{b^2 + c^2 - a^2}{2 \cdot b \cdot c} = \frac{(55^2 + 60{,}83^2 - 60^2)\ \text{mm}^2}{2 \cdot 55 \cdot 60{,}83\ \text{mm}^2} = 0{,}4671$$

$$\gamma = 62{,}15°$$

Nach dem Sinussatz gilt:

$$\frac{\sin \delta}{\sin \gamma} = \frac{b}{a};$$

$$\sin \delta = \frac{b}{a} \cdot \sin \gamma = \frac{55\ \text{mm}}{60\ \text{mm}} \cdot \sin 62{,}15° = 0{,}8105$$

$$\delta = 54{,}14°$$

$$\alpha = 90° + \varepsilon - \gamma = 90° + 9{,}46° - 62{,}15° = \mathbf{37{,}31°}$$

$$\beta = \delta + \varepsilon = 54{,}14° + 9{,}46° = \mathbf{63{,}60°}$$

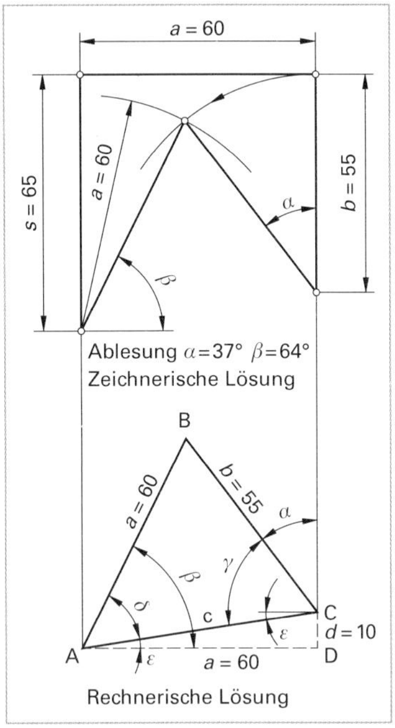

Bild 288/4: Geometrische Grundlagen

288/5. Hydraulikaggregat

a) Für das Ausfahren der Kolbenstange wird lediglich ein Volumen

$$V = \frac{\pi \cdot d^2}{4} \cdot s = \frac{\pi \cdot (2{,}5\ \text{cm})^2}{4} \cdot 6{,}5\ \text{cm} = 31{,}9\ \text{cm}^3$$

benötigt. Das nutzbare Ölvolumen des Hydraulikaggregates ist deshalb sehr viel größer, um auch größere oder mehrere Zylinder betreiben zu können, ohne dass der Ölspiegel im Ölbehälter zu stark schwankt.

b) Hydrauliköl (H) mit Zusätzen (L) zur Erhöhung der Korrosions- und Alterungsbeständigkeit und zusätzlichen Wirkstoffen (P), die den Verschleiß im Mischreibungsbereich vermindern. Die kinematische Zähigkeit beträgt 22 mm²/s (bei 40 °C).

c) Spannzylinder werden oft mit Drücken bis zu 500 bar betrieben. Diese hohen Drücke sind nicht mit Zahnradpumpen, sondern nur mit Kolbenpumpen erreichbar.

288/6. Hydraulikschaltplan

1 Ölbehälter	5 Manometer
2 Pumpe	6 Druckschalter
3 Elektromotor	7 Wegeventil
4 Druckbegrenzungsventil	8 Hand-Notbetätigung

288/7. Elektroschaltplan

a)

E1 Drehstrommotor	E4 Stellschalter mit 1 Öffner und 1 Schließer
E2 Transformator	E5 Schütz
E3 Sicherungen	E6 elektromagnetisch betätigtes Ventil

b) D1 Motor mit 0,75 kW Nennleistung, 1,9 A Nennstrom, 400 V Nennspannung, für 50 Hz Netzfrequenz

D2 Der Gleichrichter gibt 28 V Gleichspannung (DC) ab.

D3 Drehstromnetz (3) mit Schutzleiter (PE), 50 Hz Netzfrequenz, 400 V Nennspannung, abgesichert mit einer trägen Sicherung von höchstens 6 A

d) Der Druckschalter S0 unterbricht beim eingestellten Druck die Stromversorgung für das Schütz Q1. Das Schütz fällt ab und schaltet über die 3 sich öffnenden Kontakte Q1 den Motor ab.

9.5 Folgeschneidwerkzeug

290/1. **Streifenmaße**

Steglänge $l_e = 40$ mm

Randlänge $l_a = 20$ mm

Für $t = 1{,}5$ mm folgt aus Tabelle 1 S. 290:

Stegbreite = Randbreite $a_1 = a_2 = 1{,}4$ mm

$B = b + a_1 + a_2 + 1\text{ mm} = (40 + 1{,}4 + 1{,}4 + 1)\text{ mm} = \mathbf{43{,}8\ mm}$

$V = l + e = (20 + 1{,}4)\text{ mm} = \mathbf{21{,}4\ mm}$

290/2. **Schneidkraft**

a) **Vorlochen**

$$S = \pi \cdot d \cdot s + l \cdot s$$
$$= \pi \cdot 10\text{ mm} \cdot 1{,}5\text{ mm} + 2 \cdot (16 + 8)\text{ mm} \cdot 1{,}5\text{ mm}$$
$$= 119{,}1\text{ mm}^2$$

$$\tau_{aB\,max} = 0{,}8 \cdot R_{m\,max} = 0{,}8 \cdot 410\,\frac{\text{N}}{\text{mm}^2} = 328\,\frac{\text{N}}{\text{mm}^2}$$

$$F_v = S \cdot \tau_{aB\,max}$$
$$= 119{,}1\text{ mm}^2 \cdot 328\,\frac{\text{N}}{\text{mm}^2}$$
$$= \mathbf{39\,065\ N}$$

Ausschneiden:

$$F_A = S \cdot \tau_{aB\,max}$$

$$l = 2 \cdot (40 - 6 - 2{,}5)\text{ mm} + \frac{\pi \cdot 12\text{ mm}}{2} + 8\text{ mm} + \frac{\pi \cdot 5\text{ mm}}{2} + (20 - 8 - 2 \cdot 2{,}5)\text{ mm}$$
$$= 104{,}7\text{ mm}$$

$$S = l \cdot b = 104{,}7\text{ mm} \cdot 1{,}5\text{ mm}$$
$$= 157\text{ mm}^2$$

$$F_A = S \cdot \tau_{aB\,max} = 157\text{ mm}^2 \cdot 328\,\frac{\text{N}}{\text{mm}^2} = \mathbf{51\,496\ N}$$

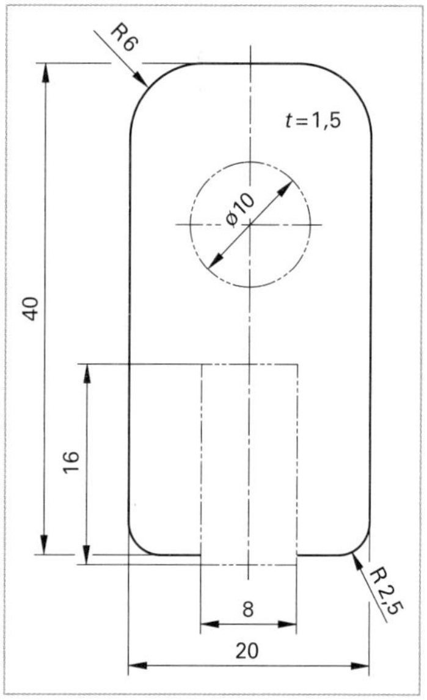

Bild 290/2: Schneidkraft

b) $F_g = (F_V + F_A) \cdot 1{,}2 = (39\,065 + 51\,496)\text{ N} \cdot 1{,}2$
$= \mathbf{108\,673\ N}$

c) $$W_D = \frac{F_n \cdot H}{15} = \frac{125\,000\text{ N} \cdot 0{,}012\text{ m}}{15} = \mathbf{100\ N{\cdot}m}$$

$$W = \frac{2}{3} \cdot F_g \cdot s = \frac{2}{3} \cdot 108\,673\text{ N} \cdot 0{,}0015\text{ m}$$
$$= \mathbf{108{,}7\ N{\cdot}m}$$

d)

$F_g \leq F_n$	$W \leq W_D$
108 673 N < 125 000 N	108,7 N·m > 100 N·m
1. Bedingung erfüllt	2. Bedingung nicht erfüllt

Die Presse kann somit für dieses Werkstück **nicht im Dauerhub** eingesetzt werden.

9

290/3. Streifenausnutzung

$$A_1 = (40 - 6 - 2{,}5)\ \text{mm} \cdot 20\ \text{mm} = 630\ \text{mm}^2$$

$$2 \cdot A_2 = 2 \cdot \frac{\pi \cdot 12^2\ \text{mm}^2}{4 \cdot 4} = 56{,}5\ \text{mm}^2$$

$$A_3 = (20 - 12)\ \text{mm} \cdot 6\ \text{mm} = 48{,}0\ \text{mm}^2$$

$$2 \cdot A_4 = 2 \cdot \frac{\pi \cdot 5^2\ \text{mm}^2}{4 \cdot 4} = 9{,}8\ \text{mm}^2$$

$$A_5 = (20 - 5)\ \text{mm} \cdot 2{,}5\ \text{mm} = 37{,}5\ \text{mm}^2$$

$$781{,}8\ \text{mm}^2$$

$$\eta = \frac{A \cdot R}{B \cdot V} = \frac{781{,}8\ \text{m}^2 \cdot 1}{43{,}8\ \text{mm} \cdot 21{,}4\ \text{mm}} = \mathbf{0{,}834} \mathrel{\hat{=}} \mathbf{83{,}4\ \%}$$

Anmerkung: Bohrung ø 10 und Ausschnitt 15 × 8 gehören zum Teil und werden nicht abgezogen. (*B* und *V* vgl. Aufgabe 290/1.)

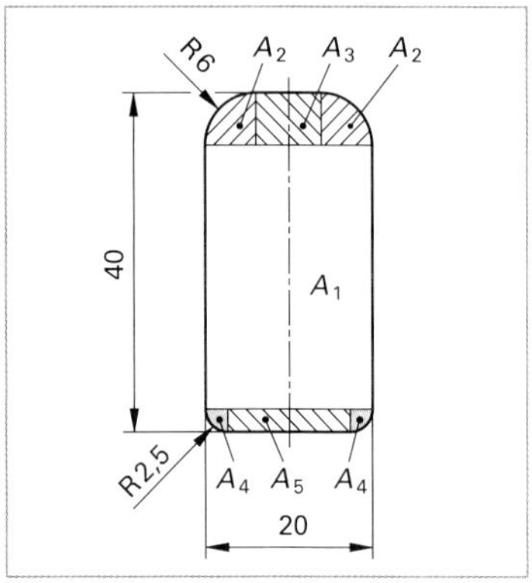

Bild 290/3: Streifenausnutzung

290/4. Schneidspalt

a) $\tau_{aB\,max} = 328\ \text{N/mm}^2$ (vgl. Lösung der Aufgabe **290/2.**); $s = 1{,}5$ mm; $u = 0{,}05$ mm

b) Der Schneidplattendurchbruch erhält die Sollmaße des Werkstücks:
$l = 40$ mm; $b = 20$ mm; $R6 = 6$ mm; $R2{,}5 = 2{,}5$ mm

Die Ausschneidstempel werden um das Spiel $2 \cdot u$ bzw. u kleiner.

$l_1 = l - 2 \cdot u = 40\ \text{mm} - 2 \cdot 0{,}05\ \text{mm} = \mathbf{39{,}9\ mm}$

$b_1 = b - 2 \cdot u = 20\ \text{mm} - 2 \cdot 0{,}05\ \text{mm} = \mathbf{19{,}9\ mm}$

$R6_1 = \text{R6} - u = 6\ \text{mm} - 0{,}05\ \text{mm} = \mathbf{5{,}95\ mm}$

$R2{,}5_1 = \text{R2,5} - u = 2{,}5\ \text{mm} - 0{,}05\ \text{mm} = \mathbf{2{,}45\ mm}$

Die Lochstempel (für die Bohrung ø 10 und die Aussparung 16 × 8) erhalten die Sollmaße des Werkstücks.
$d = 10$ mm; $l = 16$ mm; $b = 8$ mm

Die Schneidplattendurchbrüche werden um das Spiel $2 \cdot u$ größer.

$d_1 = d + 2 \cdot u = 10\ \text{mm} + 2 \cdot 0{,}05\ \text{mm} = \mathbf{10{,}1\ mm}$

$l_1 = l + 2 \cdot u = 16\ \text{mm} + 2 \cdot 0{,}05\ \text{mm} = \mathbf{16{,}1\ mm}$

$b_1 = b + 2 \cdot u = 8\ \text{mm} + 2 \cdot 0{,}05\ \text{mm} = \mathbf{8{,}1\ mm}$

290/5. Druckplatte

Runder Stempel:

$$F_s = S \cdot \tau_{aB\,max} = \pi \cdot 10\ \text{mm} \cdot 1{,}5\ \text{mm} \cdot 328\ \frac{\text{N}}{\text{mm}^2} = 15\,456{,}6\ \text{N}$$

$$A = \frac{\pi \cdot (12\ \text{mm})^2}{4} = 113{,}1\ \text{mm}^2$$

$$p = \frac{F_s}{\text{A}}$$

$$= \frac{15\,456{,}6\ \text{N}}{113{,}1\ \text{mm}^2}$$

$$= \mathbf{136{,}7\ \frac{N}{mm^2}} < 250\ \frac{\text{N}}{\text{mm}^2}$$

Eckiger Stempel:

$S = 2 \cdot (16 + 8)\ \text{mm}^2 = 48\ \text{mm}^2$

$F_s = S \cdot \tau_{aB\,max} = (48 \cdot 1{,}5)\ \text{mm}^2 \cdot 328\ \frac{\text{N}}{\text{mm}^2} = 23\,616\ \text{N}$

$A = l \cdot b = 10\ \text{mm} \cdot 18\ \text{mm} = 180\ \text{mm}^2$

$p = \frac{F_s}{A}$

$= \frac{23\,616\ \text{N}}{180\ \text{mm}^2}$

$= \mathbf{131{,}2\ \frac{N}{mm^2}} < 250\ \frac{\text{N}}{\text{mm}^2}$

Eine ungehärtete Druckplatte reicht aus, da die Flächenpressung jeweils unter 250 $\frac{\text{N}}{\text{mm}^2}$ liegt.

290/6. Masse der Schnittteile

a) Masse der Schnitteile ohne Berücksichtigung der gerundeten Ecken

$A = A_1 - A_2 - A_3$

$= 40 \cdot 20\ \text{mm}^2 - 15 \cdot 8\ \text{mm}^2 - \frac{\pi \cdot 10^2}{4}\ \text{mm}^2$

$= (800 - 120 - 78{,}54)\ \text{mm}^2 \approx 601{,}5\ \text{mm}^2$

$V = A \cdot h = 601{,}5\ \text{mm}^2 \cdot 1{,}5\ \text{mm} = 902{,}25\ \text{mm}^3$

$m = \varrho \cdot V = 7{,}85\ \frac{\text{g}}{\text{cm}^3} \cdot 0{,}90225\ \text{cm}^3 = 7{,}08\ \text{g}$

Masse für 10 000 Teile:
$m' = 7{,}08\ \text{g} \cdot 10\,000 = 70\,800\ \text{g} \approx$ **70,8 kg**

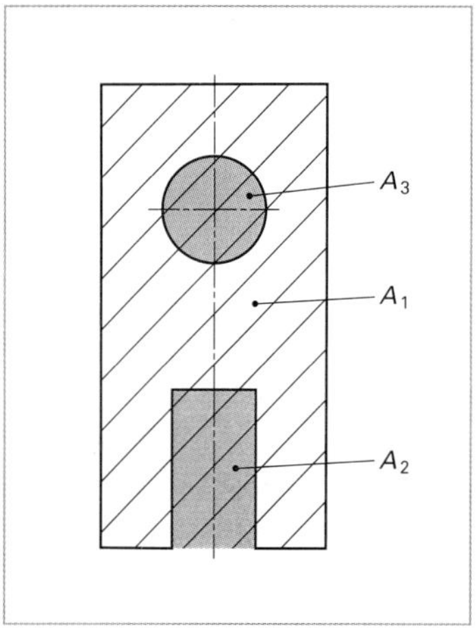

Bild 290/5a: Masse der Schnittteile

b) Masse der Schnittteile mit Berücksichtigung der gerundeten Ecken

$2 \cdot A_1 = \frac{2 \cdot \pi \cdot 12^2\ \text{mm}^2}{4 \cdot 4} = 56{,}5\ \text{mm}^2$

$A_2 = 8\ \text{mm} \cdot 6\ \text{mm} = 48{,}0\ \text{mm}^2$

$A_3 = 31{,}5\ \text{mm} \cdot 20\ \text{mm} = 630{,}0\ \text{mm}^2$

$2 \cdot A_4 = 2 \cdot \frac{\pi \cdot 5^2\ \text{mm}^2}{4 \cdot 4} = 9{,}8\ \text{mm}^2$

$2 \cdot A_5 = 2 \cdot 3{,}5\ \text{mm} \cdot 2{,}5\ \text{mm} = 17{,}5\ \text{mm}^2$

$A_6 = 8\ \text{mm} \cdot 12{,}5\ \text{mm} = 100{,}0\ \text{mm}^2$

$A_7 = \frac{\pi \cdot 10^2\ \text{mm}^2}{4} = 78{,}5\ \text{mm}^2$

$A = 2 \cdot A_1 + A_2 + A_3 + 2 \cdot A_4 + 2 \cdot A_5 - A_6 - A_7 = 583{,}3\ \text{mm}^2$

$V = A \cdot h = 583{,}3\ \text{mm}^2 \cdot 1{,}5\ \text{mm} = 874{,}95\ \text{mm}^3$

$m = \varrho \cdot V = 7{,}85\ \frac{\text{g}}{\text{cm}^3} \cdot 0{,}87495\ \text{cm}^3 = 6{,}8684\ \text{g}$

Masse für 10 000 Teile: $m' = 6{,}8684\ \text{g} \cdot 10\,000 = 68\,684\ \text{g}$
= **68,7 kg**

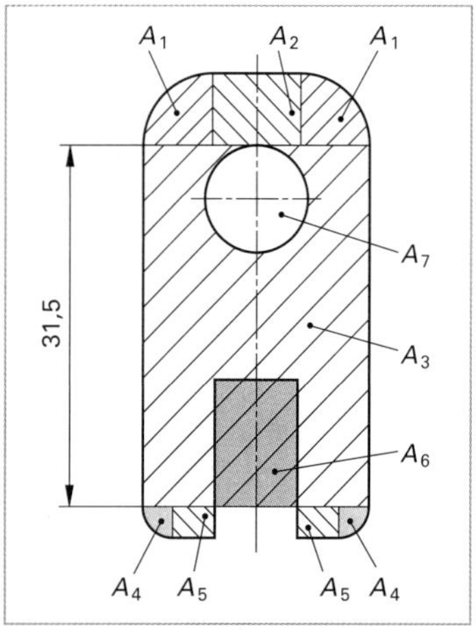

Bild 290/5b: Masse der Schnittteile

291/7. Werkzeugführung

a) Bei einem Schneidwerkzeug mit Plattenführung werden die einzelnen Stempel durch eine mit dem Werkzeug fest verbundene Führungsplatte geführt. Die Stempel können daher seitlich nicht ausweichen und die Schneidplatte beschädigen.

b) Die Führung erfolgt durch zwei gehärtete Säulen, die in ein Säulengestell eingebaut sind, das als Normteil fertig bezogen werden kann. Bei dieser Führungsart wird nicht der einzelne Stempel, sondern das ganze Oberteil des Werkzeugs geführt. Durch den großen Abstand der Führungssäulen ergibt sich eine wesentlich genauere Führung als bei der Plattenführung. Außerdem haben Schneidwerkzeuge mit Säulenführung eine längere Lebensdauer, da der Verschleiß durch die längeren Gleitflächen geringer ist als bei Schneidwerkzeugen mit Plattenführung.

291/8. Arbeitsverfahren

a) Bei diesem Folgeschneidwerkzeug wird der Schneidvorgang in zwei Stufen aufgeteilt. Dadurch ist es möglich, das Schnittteil mit großer Genauigkeit herzustellen. Eine Aufteilung in drei Stufen (Bohrung, Schlitz und Ausschneiden) hätte den Nachteil, dass das Werkzeug unnötig lang und teuer würde und die Lage der Bohrung zum Schlitz ungenauer wäre.

b) Beim Gesamtschneidwerkzeug wird gleichzeitig in einem Hub gelocht und ausgeschnitten. Die Lage der Innen- zur Außenform ist sehr genau. Das teurere Werkzeug lohnt sich allerdings nur bei großen Genauigkeitsanforderungen und bei hohen Stückzahlen.

291/9. Schneidplatte

a) Die ausgeschnittenen Schnittteile können leichter durch die Schneidplatte durchfallen, wenn der Durchbruch durch einen Freiwinkel entsprechend erweitert ist.

b) $\tan \alpha = \dfrac{\Delta u}{b}$

$\Delta u = b \cdot \tan \alpha = 0{,}2\ \text{mm} \cdot \tan 0{,}25° = 0{,}000\ 87\ \text{mm}$

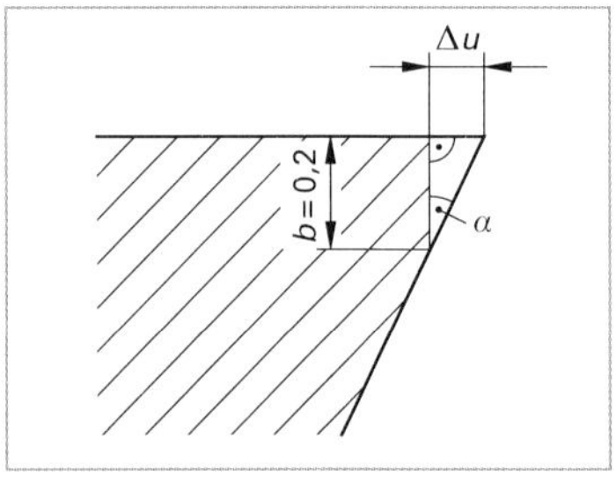

Bild 291/9: Schneidplatte

291/10. Schneidspalt

a) Die Größe des Schneidspaltes hängt von der Dicke und von der Festigkeit des zu schneidenden Werkstoffes sowie von der Größe des Freiwinkels ab. Der Schneidspalt kann Tabellen entnommen werden.

b) Bei zu großem Schneidspalt wird die Schnittfläche rau und brüchig, der Grat ist stark gezackt. Die Schnittteile werden ungenau. Die Werkzeugbeanspruchung ist geringer als bei zu kleinem Schneidspalt.

291/11. Lochstempel

a) Lochstempel werden meist mit einem kegeligen Kopf ausgeführt, damit die Flächenpressung nicht zu groß wird und die Abstreifkraft sicher aufgenommen wird.

b) $F = S \cdot \tau_{aBmax} = \pi \cdot d \cdot s \cdot 0{,}8 \cdot R_{mmax} = \pi \cdot 8\ \text{mm} \cdot 3\ \text{mm} \cdot 0{,}8 \cdot 510\ \dfrac{\text{N}}{\text{mm}^2} = 30\ 762{,}5\ \text{N}$

Abstreifkraft pro Stempel

$F_A = 0{,}2 \cdot 30\ 762{,}5\ \text{N} = \mathbf{6\ 152{,}5\ N}$

291/12. Normalien

Normalien sind Bauelemente oder Baugruppen, die in ihren Abmessungen vereinheitlicht sind und die in Serien gefertigt werden. Dadurch ergeben sich kostengünstigere Werkzeuge. Die Einzelteile (z. B. Lochstempel, Säulengestelle, Einspannzapfen) können komplett und kurzfristig bezogen werden. Dadurch wird der Konstruktions- und Fertigungsaufwand erheblich reduziert.

291/13. Werkstoffe

Nr.	Benennung	Gewählter Werkstoff	Erläuterung
1	Grundplatte	S235JR	Unlegierter Stahl (Stahlbau), Mindeststreckgrenze $R_e = 235$ N/mm², mit garantierter Kerbschlagzähigkeit
2	Schneidplatte	C105U	Unlegierter Werkzeugstahl mit 1,05 % Kohlenstoffgehalt (U = für Werkzeuge)
3	Führungsplatte	E295	Unlegierter Stahl (Maschinenbau), Mindeststreckgrenze $R_e = 295$ N/mm²
4	Stempelplatte	C45U	Unlegierter Werkzeugstahl (U = für Werkzeuge) mit 0,45 % Kohlenstoffgehalt
5	Druckplatte	90MnCrV8	Niedrig legierter Kaltarbeitsstahl mit 0,9 % Kohlenstoffgehalt, 2 % Mangan, Chrom- und Vanadiumgehalt nicht angegeben
6	Kopfplatte	E295	Vgl. Nummer 3
7	Zwischenlage	E295	Vgl. Nummer 3
8	Ausschneidstempel	X210CrW12	Hochlegierter Kaltarbeitsstahl mit 2,1 % Kohlenstoffgehalt, 12 % Chromgehalt, Wolframgehalt nicht angegeben.

291/14. Arbeitssicherheit

1. Das Werkzeug muss sowohl im Pressenstößel als auch auf dem Pressentisch sicher befestigt sein.
2. Das Werkzeug sollte möglichst durch ein Schutzgitter oder eine Schutzscheibe gesichert sein.
3. Der Abstand zwischen Unterkante Führungsplatte und Oberkante Schneidplatte muss kleiner als 8 mm sein.
4. Eine Nachschlagsicherung soll bewirken, dass beim Arbeiten mit Einzelhub unbeabsichtigte Stößelniedergänge vermieden werden.
5. Eine Zweihandeinrückung verhindert, dass die Hände im Gefahrenbereich sind, während der Stößel niedergeht.
6. Lichtschranken stoppen die Stößelbewegung, sobald der Lichtstrahl z. B. durch eine nachgreifende Hand unterbrochen wird.

9.6 Tiefziehwerkzeug

293/1. Tiefziehen

a) Tiefziehen ist das Umformen eines Blechzuschnittes unter Einwirkung von Zug und Druck. Beim Tiefziehen wird das Ziehteil, das vom Niederhalter arretiert wird, durch den Ziehstempel in den Ziehring gedrückt. In mehreren Ziehstufen wird das Werkstück vom Zuschnitt bis zum Fertigzug gefertigt.

b) Es kommt beim Tiefziehen zu Fließvorgängen, die durch Zug- und Druckbeanspruchungen ausgelöst werden.
Die Zugbeanspruchungen treten vom Mittelpunkt des Ziehteiles auf. Während des Einzuges in den Ziehring treten im Werkstoff radiale Reckungen auf. Die Beanspruchungsverhältnisse verändern sich beim Ziehvorgang ständig. Dabei treten am Ziehteil außer den radialen Spannungen auch tangentiale Beanspruchungen auf.

c)
- durch Drehen
- durch Schweißen
- durch Löten
- durch Kleben
- durch Bördeln

d) Neben dem Tiefziehen mit starren Werkzeugen gibt es das
- Tiefziehen mit elastischen Werkzeugen
- Tiefziehen mit Wirkmedien (Hydroformverfahren)

293/2. Zuschnittermittlung

a) $D = \sqrt{d_1^2 + 2 \cdot \pi \cdot (d_1 + r) \cdot r + 4 \cdot d_2 \cdot h}$

$D = \sqrt{(18\ \text{mm})^2 + \cdot 2 \cdot \pi \cdot (18\ \text{mm} + 3{,}6\ \text{mm}) \cdot 3{,}6\ \text{mm} + 4 \cdot 24\ \text{mm} \cdot (40\ \text{mm} - 3{,}6\ \text{mm})} = 65{,}63\ \text{mm}$

$D \approx$ **66 mm**

b) Nein; Verwendung von Tiefziehlack hat keinen Einfluss auf den Durchmesser des Zuschnitts.

293/3. Oberflächenbehandlung des Zuschnittwerkstoffes

a) – Verkupfern
– Verzinnen
– Lacküberzug
– Überzug mit Ziehfilm oder Ziehfett

b) Die Ziehfähigkeit (Umformgrad) des Bleches wird verbessert.

293/4. Ziehverhältnis

a) Das Ziehverhältnis hat Einfluss auf den Stempeldurchmesser beim jeweiligen Zug. Es gilt:

$\beta_1 = \frac{D}{d_1};\ d_1 = \frac{D}{\beta_1} = \frac{120\ \text{mm}}{2{,}0} = 60\ \text{mm};$ d. h., der Stempel muss mindestens 60 mm Durchmesser haben.

b) Das Ziehverhältnis gibt das maximale Verhältnis von Zuschnittdurchmesser und Stempeldurchmesser an. Ist der geforderte Durchmesser des Ziehteils kleiner als der maximal errechnete Stempeldurchmesser, so muss in mehreren Zügen gefertigt werden.

c) – Werkstofffestigkeit
– Materialdicke
– Radien
– Schmiermittel
– Oberflächengüte von Werkzeug und Werkstoff

293/5. Ziehverhältnis und Stufenfolge

a) $D = 66$ mm aus Aufgabe 2

$\beta = \frac{D}{d} = \frac{66\ \text{mm}}{24\ \text{mm}} = \mathbf{2{,}75};$

$\beta_{1max} = 2{,}0;\ \beta > \beta_{max} \Rightarrow$ Das Teil kann nicht in einem Zug gefertigt werden. Es sind **3 Züge** erforderlich (aus Teilaufgabe b).

b) $d_1 = \frac{D}{\beta_{1max}} = \frac{66\ \text{mm}}{2{,}0} = \mathbf{33\ mm}$

$d_2 = \frac{d_1}{\beta_{2max}} = \frac{33\ \text{mm}}{1{,}3} = \mathbf{25{,}4\ mm}$

$d_3 = \frac{d_2}{\beta_{3max}} = \frac{25{,}4\ \text{mm}}{1{,}2} = \mathbf{21{,}2\ mm}$

Da erst der Durchmesser d_3 kleiner als 24 mm ist, sind 3 Züge und somit 3 Ziehstufen erforderlich.

c) $\beta_1 = \frac{D}{d_1} = \frac{66\ \text{mm}}{35\ \text{mm}} = \mathbf{1{,}89}$ $\quad \beta_1 < \beta_{1max}$

$\beta_2 = \frac{d_1}{d_2} = \frac{35\ \text{mm}}{28\ \text{mm}} = \mathbf{1{,}25}$ $\quad \beta_2 < \beta_{2max}$

$\beta_3 = \frac{d_2}{d_3} = \frac{28\ \text{mm}}{24\ \text{mm}} = \mathbf{1{,}17}$ $\quad \beta_3 < \beta_{3max}$

d) $\beta = \beta_1 \cdot \beta_2 \cdot \beta_3 = 1{,}89 \cdot 1{,}25 \cdot 1{,}17 = \mathbf{2{,}76}$

294/6. Ziehspalt

a) Der Ziehspalt ist der Zwischenraum zwischen Ziehring und Ziehstempel.

b) Beim Ziehen entsteht an der Ziehkante eine Werkstoffanhäufung. Wäre der Ziehspalt nicht größer als die Blechdicke, käme es zu einer Streckung des Materials.

c) Blechdicke, Werkstoff.

d) $w = s + 0{,}07\,\sqrt{10 \cdot s} = 0{,}6\text{ mm} + 0{,}07\,\sqrt{10 \cdot 0{,}6}\text{ mm} = \mathbf{0{,}77\ mm}$

294/7. Fehler am Ziehteil

a) Werkstofffehler: Querrisse oder Zipfelbildung
Werkzeugfehler: Bodenreißer oder Ziehriefen
Verfahrensfehler: Faltenbildung oder Druckspuren

b) Niederhaltekraft zu gering.

c) Werkstofffehler oder Ziehspalt zu gering oder Blechhalterkraft zu groß.

294/8. Niederhalter

a) $d_N = d_1 + 2 \cdot (w + r_r) = 35\text{ mm} + 2 \cdot (0{,}77\text{ mm} + 2\text{ mm}) = \mathbf{40{,}54\ mm}$

b) $A_N = \frac{\pi}{4} \cdot (D^2 - d_N^2) = \frac{\pi}{4} \cdot (66^2\text{ mm}^2 - 40{,}54^2\text{ mm}^2) = \mathbf{2\,130\ mm^2}$

c) $F_N = p_N \cdot A_N = \left[(1{,}89 - 1)^2 + \frac{35\text{ mm}}{200 \cdot 0{,}6\text{ mm}}\right] \cdot \frac{330\text{ N/mm}^2}{400} \cdot 2\,130\text{ mm}^2 = \mathbf{1\,904{,}4\ N}$

294/9. Schmierstoffe

a) – Schutz des Werkzeuges und des Werkstoffes vor Verschleiß und Abrieb.
– Sicherung hoher Oberflächenqualität des Ziehteiles.
– Vermeidung von Korrosion.
– Verträglichkeit mit nachfolgenden Fertigungsverfahren.

b) – Ziehöle und Ziehfette
– Rüböl
– Seifenlauge
– Talg
– Kupfersulfatschicht
– Metallbeschichtungen

294/10. Druckfeder

a) – Schraubenfeder (Spiralfeder)
– Blattfeder
– Drehfeder
– Tellerfeder

b) Die Federrate R gibt an, welche Kraft F in N erforderlich ist, damit die Feder um den Weg s verformt wird.

c) $F_F = \frac{F}{6} = \frac{5\,400\text{ N}}{6} = 900\text{ N}$ (Parallelschaltung von Federn)

$F_F = R \cdot s;\quad R = \frac{F_F}{s} = \frac{900\text{ N}}{30\text{ mm}} = \mathbf{30\ \frac{N}{mm}}$

294/11. Passungen

$24h6 = 24^{\;0}_{\;-0{,}013}$ $\qquad 24S7 = 24^{\;-0{,}027}_{\;-0{,}048}$

$P_{ÜH} = G_{uB} - G_{oW} = 23{,}952 - 24{,}000 = \mathbf{-\,0{,}048\ mm}$

$P_{ÜM} = G_{oB} - G_{uW} = 23{,}973 - 23{,}987 = \mathbf{-\,0{,}014\ mm}$

Übermaßpassung

$24h6 = {}^{\;0}_{\;-0{,}013}$ $\qquad 24F8 = 24^{\;0{,}053}_{\;0{,}020}$

$P_{SM} = G_{uB} - G_{oW} = 24{,}020 - 24{,}000 = \mathbf{0{,}020\ mm}$

$P_{SH} = G_{oB} - G_{uW} = 24{,}053 - 23{,}987 = \mathbf{0{,}066\ mm}$

Spielpassung

9.7 Spritzgießwerkzeug

296/1. Grundbegriffe

a) Die Neigung entspricht den Aushebeschrägen beim Gießen. Sie dienen dem besseren Entfernen aus der Form.

b) Die Abkühltemperatur hat Einfluss auf die Gefügebildung des Spritzlings. Gleiche Temperatur für jeden Schuss ergibt gleiche Gefüge.

c) Im Bild 3 wird ein Tunnelanguss verwendet.
Andere Angussarten: Stangen- oder Kugelanguss, Punktanguss, Teller- und Scheibenanguss, Schirmanguss, Ringanguss, Film- oder Bandanguss.

296/2. Granulat

a) V_{FT} = Abdeckung V_1 + Rand V_2 + Zylinder V_3

$V_1 = 36\ \text{mm} \cdot 24\ \text{mm} \cdot 1{,}8\ \text{mm} = 1\,555{,}2\ \text{mm}^3$

$V_2 = (2 \cdot 1{,}8 \cdot 36 + 2 \cdot 1{,}8 \cdot 20{,}4)\ \text{mm}^2 \cdot (3 - 1{,}8)\ \text{mm} = 243{,}65\ \text{mm}^3$

$V_3 = 2 \cdot \frac{(3{,}5\ \text{mm})^2 \cdot \pi}{4} \cdot (4 - 1{,}8)\ \text{mm} = 42{,}33\ \text{mm}^3$

$V_{FT} = 1\,555{,}2\ \text{mm}^3 + 243{,}65\ \text{mm}^3 + 42{,}33\ \text{mm}^3 = \mathbf{1\,841{,}18\ mm^3}$

b) $m = n \cdot V_{FT} \cdot \varrho \cdot 1{,}25 = 50\,000 \cdot 1{,}841\ \text{cm}^3 \cdot 0{,}91\ \frac{\text{g}}{\text{cm}^3} \cdot 1{,}25 = 104\,706{,}875\ \text{g} = \mathbf{104{,}7\ kg}$

296/3. Schwindung

a) Die Form muss um die Schwindung größer sein als das Fertigteil.

b) Nach dem Ausformen schwindet das Formteil noch geringfügig weiter.

c) $l_1 = \frac{l \cdot 100\,\%}{100\,\% - S'}$; $l_1 = \frac{36\ \text{mm} \cdot 100\,\%}{100\,\% - 1{,}5\,\%} = \mathbf{36{,}55\ mm}$

$l_2 = \frac{24\ \text{mm} \cdot 100\,\%}{100\,\% - 1{,}5\,\%} = \mathbf{24{,}37\ mm}$

$l_3 = \frac{4\ \text{mm} \cdot 100\,\%}{100\,\% - 1{,}5\,\%} = \mathbf{4{,}06\ mm}$

$l_4 = \frac{3\ \text{mm} \cdot 100\,\%}{100\,\% - 1{,}5\,\%} = \mathbf{3{,}05\ mm}$

296/4. Auswerferstift

a) Spielpassung (geringes Passungsspiel)

b) $P_{SH} = ES - ei = 12\ \mu\text{m} - (-12\ \mu\text{m}) = \mathbf{24\ \mu m}$

$P_{SM} = EI - es = 0\ \mu\text{m} - (-4\ \mu\text{m}) = \mathbf{4\ \mu m}$

c) $G_{oB} = N + ES = 3{,}5\ \text{mm} + 0{,}012\ \text{mm} = \mathbf{3{,}512\ mm} < 3{,}52\ \text{mm}$
Das Maß liegt außerhalb der Toleranz!

296/5. Maschinenauswahl

a) $A_P = l \cdot b = 36\ \text{mm} \cdot 24\ \text{mm} = 864\ \text{mm}^2 = \mathbf{8{,}64\ cm^2}$

b) Zwei Formteile im Werkzeug

$F_A = 2 \cdot A_P \cdot p_W = (2 \cdot 8{,}64 + 4)\text{cm}^2 \cdot 800 \cdot 10\ \frac{\text{N}}{\text{cm}^2} = 170\,240\ \text{N} = \mathbf{170{,}2\ kN}$

c) $F_Z = \varphi \cdot F_A = 1{,}25 \cdot 170{,}2\ \text{kN} = \mathbf{212\ kN}$
Maschine 1 ist zu wählen!

297/6. Einstellwerte

a) Fließfähigkeit zu gering; Form füllt sich nicht.

b) Es bilden sich „Schwimmhäute"; Kunststoff drückt aus der Kavität in die Trennebene.

c) Düse hebt ab; Kunststoff wird an der Düse herausgedrückt und schließt nicht mehr sauber.

d) Es wird zu viel Masse gefördert; Formteil wird zu groß, und beim Trennen der Düse fließt Masse nach.

e) Kunststoff ist noch nicht fest, das Formteil wird beschädigt.

297/7. Hydraulikzylinde

a) $p_{min} = \frac{F_{Zmin}}{A} = \frac{50\,000\text{ N}}{\frac{(160\text{ mm})^2 \cdot \pi}{4} - \frac{(20\text{ mm})^2 \cdot \pi}{4}} = \mathbf{2{,}53\,\frac{N}{mm^2} = 25{,}3\text{ bar}}$

b) $p_{max} = \frac{F_{Zmax}}{A} = \frac{250\,000\text{ N}}{\frac{(160\text{ mm})^2 \cdot \pi}{4} - \frac{(20\text{ mm})^2 \cdot \pi}{4}} = \mathbf{12{,}63\,\frac{N}{mm^2} = 126{,}3\text{ bar}}$

c) $p = \frac{F_Z}{A} = \frac{212\,000\text{ N}}{\frac{(160\text{ mm})^2 \cdot \pi}{4} - \frac{(20\text{ mm})^2 \cdot \pi}{4}} = \mathbf{10{,}71\,\frac{N}{mm^2} = 107{,}1\text{ bar}}$

297/8. Auswerferstift

a) $F_{max} = 3 \cdot F_{zul}$; $F_{zul} = p_{zul} \cdot A$

$F_{max} = 3 \cdot p_{zul} \cdot A = 3 \cdot 50\,\frac{\text{N}}{\text{mm}^2} \cdot \frac{(3{,}5\text{ mm})^2 \cdot \pi}{4} = \mathbf{1\,443{,}17\text{ N} = 1{,}443\text{ kN}}$

b) $p = \frac{F}{A_p} = \frac{10\,000\text{ N}}{\frac{(7\text{ mm})^2 \cdot \pi}{4} - \frac{(2\text{ mm})^2 \cdot \pi}{4}} = \mathbf{282{,}94\,\frac{N}{mm^2}}$

$p_{min} = 30\,\frac{\text{N}}{\text{mm}^2}$; Andruckkraft ist ausreichend!

297/9. Zykluszeit

a) Werkzeug schließen – Einspritzen – Nachdrücken – Dosieren – Halten – Werkzeug öffnen – Auswerfen

b) $t_k = s\,(1 + 2 \cdot s) = 4 \cdot (1 + 2 \cdot 4) = 36$

$t_k = \mathbf{36\text{ Sekunden}}$

9.8 Qualitätsmanagement am Beispiel eines Stirnradgetriebes

9

299/1. Ritzelwelle

a) $k = \sqrt{n} = \sqrt{50} = 7{,}07 \approx 7$

$w = \frac{R}{k} = \frac{x_{max} - x_{min}}{k} = \frac{20{,}018\text{ mm} - 20{,}006\text{ mm}}{7} = 0{,}0017\text{ mm} \approx \mathbf{0{,}002\text{ mm}}$

Klasse Nr.	Messwert		Strichliste	n_j	h_j in %
	≥	<			
1	20,006	20,008	||	2	4
2	20,008	20,010	𝍸	5	10
3	20,010	20,012	𝍸 𝍸 |	11	22
4	20,012	20,014	𝍸 𝍸 |||	13	26
5	20,014	20,016	𝍸 𝍸	10	20
6	20,016	20,018	𝍸 |	6	12
7	20,018	20,020	|||	3	6
			Σ =	50	100

b)

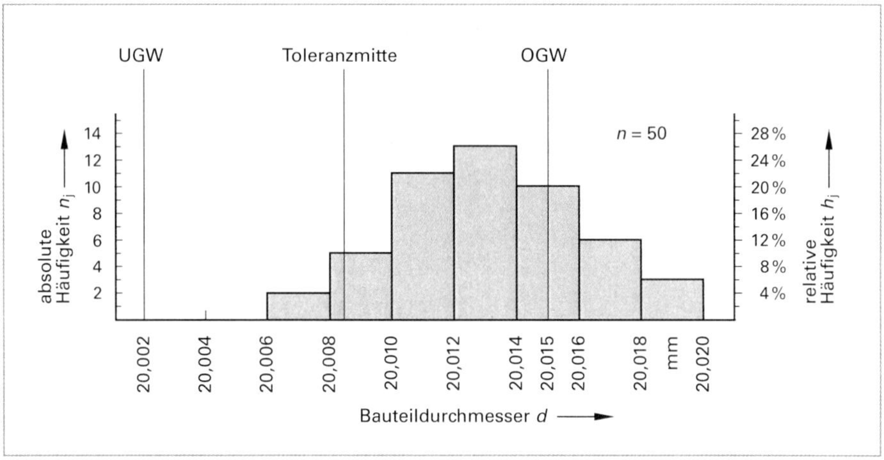

Bild 299/1b: Ritzelwelle

c) 20k6 nach Tabellenbuch → OGW = 20,015 mm
UGW = 20,002 mm

Es handelt sich um eine normalverteilte Stichprobe, d. h., es sind nur zufällige Einflüsse wirksam.
Der Mittelwert liegt außerhalb der Toleranzmitte.
Der Streubereich entspricht ungefähr dem Toleranzfeld.
Es wird ein merklicher Anteil fehlerhafter Teile (Bauteildurchmesser größer 20,015 mm) produziert.

299/2. Histogramm

a) Bei der ersten Stichprobe der Ritzelwelle handelt es sich um eine Normalverteilung (Glockenkurve).

b) **Bewertung der ersten Stichprobe**
Der Mittelwert der Stichprobe liegt etwa auf dem oberen Grenzwert (OGW).
Der Streubereich ist größer als das Toleranzfeld.
Ungefähr 50 % der gefertigten Abtriebswellen haben einen zu großen Durchmesser.

Bewertung der zweiten Stichprobe
Die Verteilform ist mehrgipflig.
Das deutet auf die Mischung zweier Verteilungen hin.
Es liegen somit systematische Einflüsse vor
Sämtliche Durchmesser liegen innerhalb der Toleranz.

c)

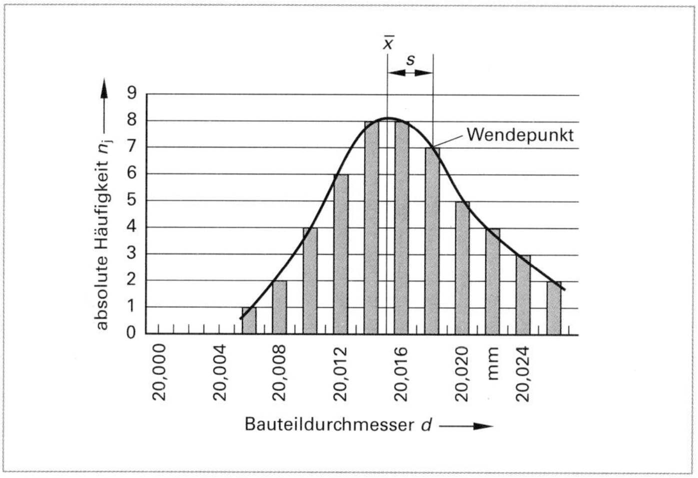

Bild 299/2c: Histogramm

$\bar{x} = 20{,}015$ mm
$s = 0{,}003$ mm $= 3\ \mu$m

300/3. Auswertung der Stichprobe der Ritzelwelle

a) $\bar{x} = \dfrac{x_1 + x_2 + \ldots + x_n}{n} = \dfrac{(20{,}011 + 20{,}013 + \ldots + 20{,}009)\ \text{mm}}{50} = \mathbf{20{,}0126\ mm}$

b) $s = \sqrt{\dfrac{\Sigma\,(x_i - \bar{x})^2}{n-1}} = \sqrt{\dfrac{[(20{,}011 - 20{,}0126)^2 + \ldots + (20{,}009 - 20{,}0126)^2]\ \text{mm}^2}{(50-1)}} = \mathbf{0{,}0030\ mm}$

c) $R = x_{max} - x_{min} = 20{,}018\ \text{mm} - 20{,}006\ \text{mm} = \mathbf{0{,}012\ mm}$

300/4. Lagerdeckel

a) Die Maschinenfähigkeitsuntersuchung wird im Rahmen eines Kurzzeitversuchs unter idealen Bedingungen zur Beurteilung und Klassifizierung von Maschinen durchgeführt.

	Messwert		**Strichliste**	n_j	h_j in %	F_j in %
	≥	<				
1	29,976	29,984	I	1	2	2
2	29,984	29,992	II	2	4	6
3	29,992	30,000	𝍸 IIII	9	18	24
4	30,000	30,008	𝍸 𝍸 𝍸 𝍸 I	21	42	66
5	30,008	30,016	𝍸 𝍸 III	13	26	92
6	30,016	30,024	III	3	6	98
7	30,024	30,032	I	1	2	100

Hinweis: Das Wahrscheinlichkeitsgesetz kann von der dem Rechenbuch beigefügten Bilder-CD entnommen werden.

9

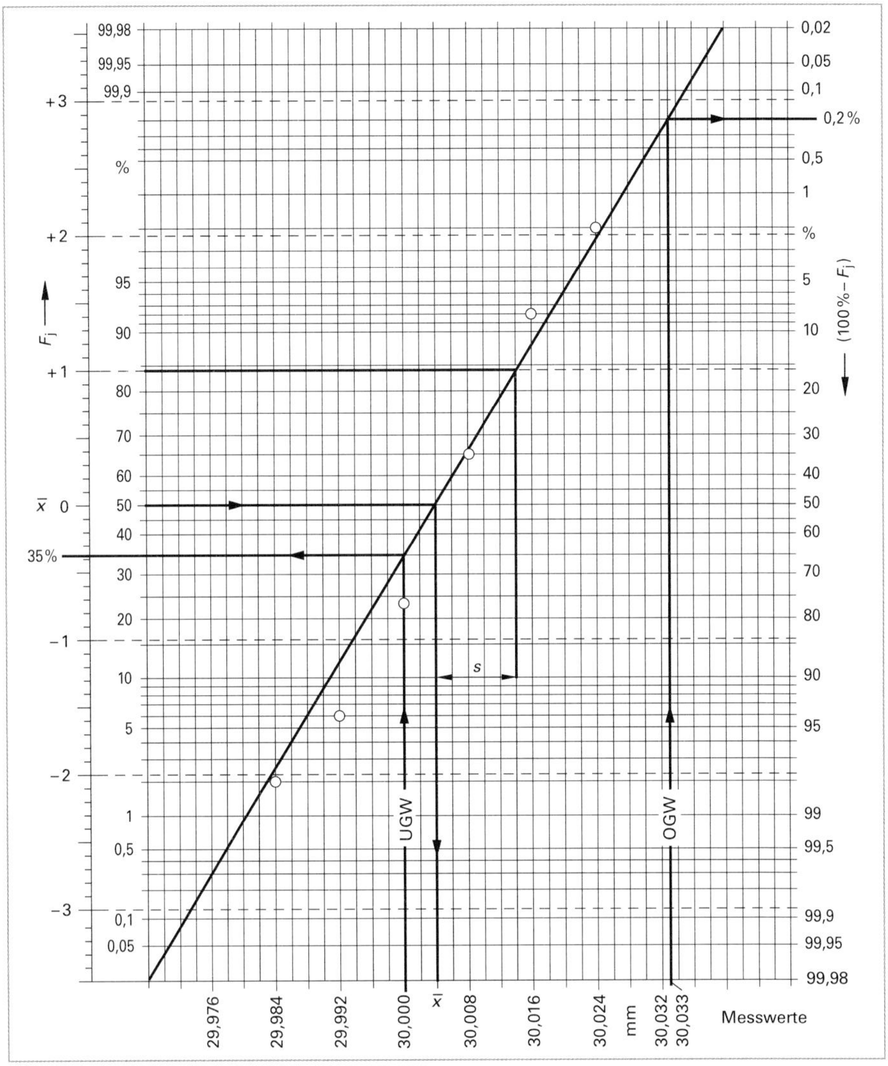

Bild 300/4b: Lagerdeckel

Es kann auf eine Normalverteilung geschlossen werden, da die Summen der relativen Häufigkeiten F_j im Wahrscheinlichkeitsnetz angenähert eine Gerade ergeben.

c) $\bar{x}$ = **30,004 mm**
s = 0,010 mm = **10 μm**

d) 30H8 aus Tabellenbuch → OGW = 30,033 mm
UGW = 30,000 mm

Im Gesamtlos zu erwartende Überschreitungsanteile:
35 % zu kleiner Durchmesser
0,2 % zu großer Durchmesser
(abgelesen aus dem Wahrscheinlichkeitsnetz)

e) 30H8 → T = 30,033 mm − 30,000 mm = 0,033 mm = 33 μm

$$c_m = \frac{T}{6 \cdot s} = \frac{33\ \mu m}{6 \cdot 10\ \mu m} = \mathbf{0{,}55}$$

Ermittlung von Δkrit:

OGW – $\bar{x}$ = 30,033 mm – 30,004 mm = 0,029 mm

$\bar{x}$ – UGW = 30,004 mm – 30,000 mm = 0,004 mm

→ Δkrit = 0,004 mm = 4 µm

$$c_{mk} = \frac{\Delta krit}{3 \cdot s} = \frac{4\ \mu m}{3 \cdot 10\ \mu m} = \mathbf{0{,}13}$$

Die Maschinenfähigkeit ist nicht nachgewiesen, da c_m = 0,55 < 1,67 und c_{mk} = 0,13 < 1,67 ist.

300/5. Prozessregelkarte

a) Mittelwertkarte: aus Tabelle 114/1 im Rechenbuch: A_3 = 1,427

$OEG_{\bar{x}} = \bar{\bar{x}}_{Vorlauf} + A_3 \cdot \bar{s}_{Vorlauf}$ = 30,0165 mm + 1,427 · 0,005 mm = 30,024 mm

$UEG_{\bar{x}} = \bar{\bar{x}}_{Vorlauf} - A_3 \cdot \bar{s}_{Vorlauf}$ = 30,0165 mm – 1,427 · 0,005 mm = 30,009 mm

Standardabweichungskarte: aus Tabelle 114/1 im Rechenbuch: B_4 = 2,089

$OEG_s = B_4 \cdot \bar{s}_{Vorlauf}$ = 2,089 · 0,005 mm = 0,010 mm

UEG_s = nicht definiert

b) siehe Lösung c)

c) Für Stichprobe m = 1 ergibt sich:

$$\bar{x}_1 = \frac{x_1 + x_2 + \ldots + x_n}{n} = \frac{(30{,}005 + 30{,}008 + 30{,}013 + 30{,}008 + 30{,}013)\ mm}{5} = 30{,}009\ mm$$

$$s_1 = \sqrt{\frac{\Sigma (x_i - \bar{x})^2}{n-1}} = \sqrt{\frac{[(30{,}005 - 30{,}009)^2 + (30{,}008 - 30{,}009)^2 + \ldots + (30{,}013 - 30{,}009)^2]\ mm^2}{(5-1)}}$$

$= \mathbf{0{,}0035\ mm}$

m	x_1	x_2	x_3	x_4	x_5	$\bar{x}$	s
1	30,005	30,008	30,013	30,008	30,013	30,009	0,0035
2	30,008	30,008	30,012	30,007	30,016	30,010	0,0038
3	30,016	30,012	30,008	30,009	30,008	30,011	0,0034
4	30,018	30,0015	30,016	30,015	30,009	30,012	0,0067
5	30,019	30,016	30,015	30,009	30,008	30,013	0,0047
6	30,019	30,015	30,016	30,021	30,016	30,017	0,0025
7	30,018	30,015	30,019	30,021	30,018	30,018	0,0022
8	30,018	30,024	30,025	30,023	30,025	30,023	0,0029
9	30,023	30,025	30,025	30,023	30,03	30,025	0,0029
10	30,034	30,036	30,028	30,038	30,045	30,036	0,0062
11	30,056	30,046	30,043	30,039	30,042	30,045	0,0065

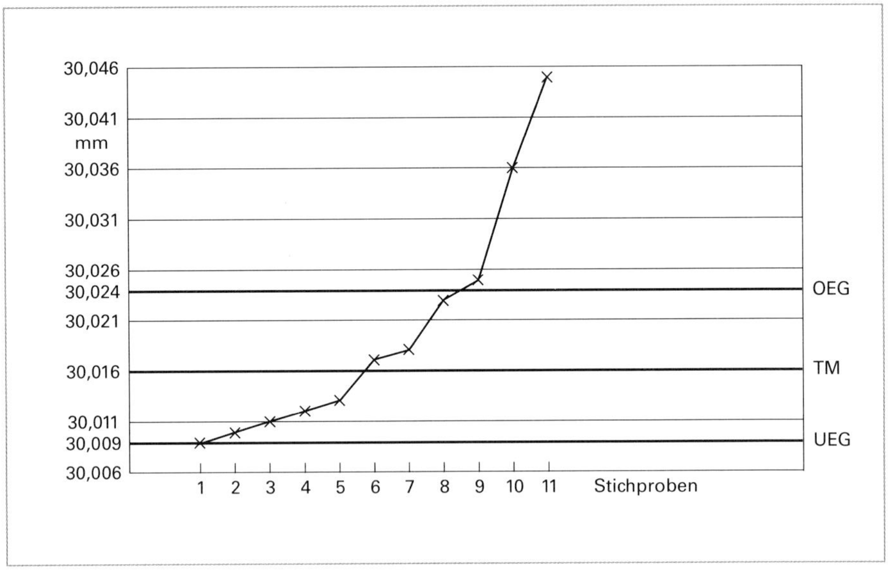

Bild 300/5b: Mittelwertkarte $\bar{x}$

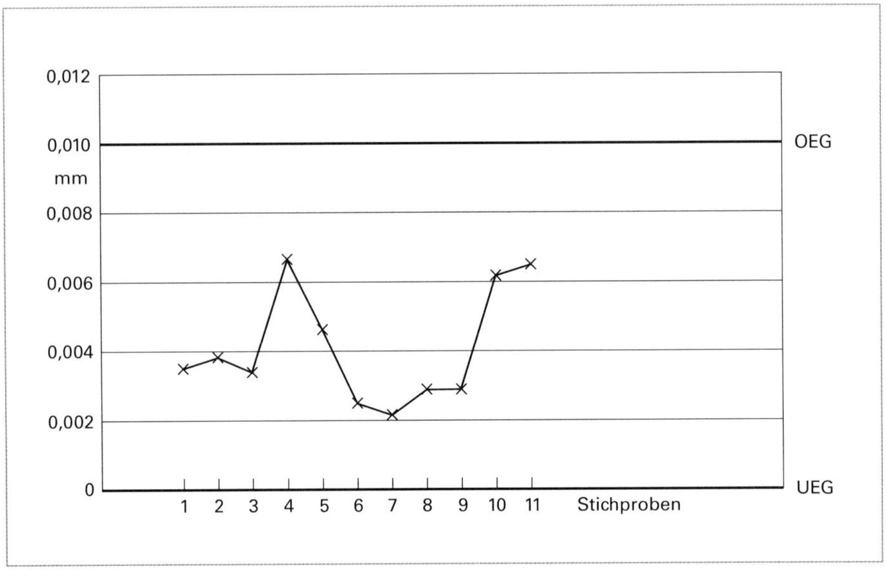

Bild 300/5c: Standardabweichungskarte *s*

d) Seit dem Beginn der Prozessüberwachung steigt der Mittelwert.
Es handelt sich um einen Trend, da sieben oder mehr aufeinanderfolgende Prüfergebnisse eine ansteigende Tendenz zeigen.

9.9 Pneumatische Steuerung

302/1. Steuerungsablauf

a) Nach Betätigung von 1S3 oder 1S4 und 1-Signal von 2S1 schaltet das bistabile Stellelement 1V3 ⇒ Kolbenstange von Zylinder 1A fährt langsam aus (Abluftdrosselung); 1S1 geht in Durchflussstellung; Kolbenstange von 1A betätigt 1S2 ⇒ 1-Signal am monostabilen Stellelement 2V2 ⇒ Stellelement 2V2 in Selbsthaltung; Kolbenstange des Zylinders 2A fährt langsam aus (Abluftdrosselung) ⇒ 2S1 geht in Sperrstellung; 2S2 wird betätigt; 2S2 schaltet 1V3 um; Kolbenstange von Zylinder 1A fährt ein und schaltet 1S1; 1S1 hebt die Selbsthaltung auf ⇒ Feder am monostabilen Stellelement 2V2 steuert den Steuerkolben so, dass Kolben von 2 A wieder einfährt und endlagengedämpft 2S1 durchschaltet; Zyklus ist durchlaufen.

b)

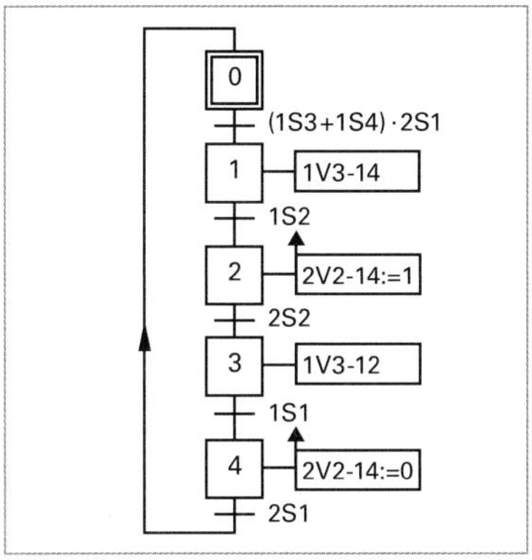

Bild 302/1: Grafcet (neue Norm)

302/2. Steuerungsart

a) Schaltkreis 1: **Speicherschaltung;**
Schaltkreis 2: **Speicherschaltung;**

b) Schaltkreis 1: Verursacher ist **Stellelement 1V3** (bistabiles Bauteil)
Schaltkreis 2: Verursacher ist eine **Selbsthalteschaltung** (Speicherung über Schaltlogik)

302/3. Aufbereitungseinheit

Die Aufbereitungseinheit setzt sich aus folgenden Teilen zusammen

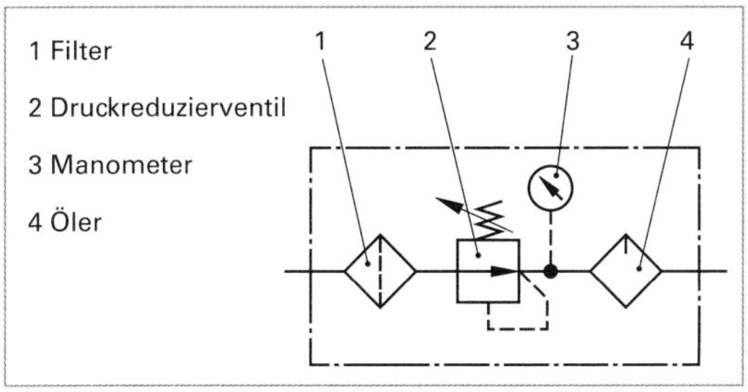

Bild 302/3: Aufbereitungseinheit

302/4. Stellglieder

a) Aus steuerungstechnischer Sicht könnten auch 4/2 Wegeventile verwendet werden.

b) Beim 5/2 Wegeventil wird die Kolbenseite über Anschluss 5 und die Kolbenstangenseite über Anschluss 3 entlüftet. Deshalb können diese Anschlüsse zum Steuern der Kolbengeschwindigkeiten verwendet werden.
Bei einem 4/2 Wegeventil erfolgt die Entlüftung von Kolbenseite und Kolbenstangenseite über Anschluss 3. Deshalb können die Geschwindigkeiten der Ausfahr- und Einfahrbewegung an Anschluss 3 nicht getrennt eingestellt werden.

302/5. **Abluftdrosselung**

a) Die Abluftdrosselung könnte auch mit Hilfe eines Drosselventils am Entlüftungsanschluss des Stellgliedes für die Ausfahrbewegung erreicht werden.

b) Durch die Abluftdrosselung fährt der Zylinderkolben immer gegen eine Gegenkraft, hervorgerufen durch das Luftpolster an der Drosselstelle, an. Dadurch kommt es zu einer gleichmäßigeren und ruhigeren Bewegung.

302/6. **Luftverbrauch**

Luftverbrauch eines doppeltwirkenden Zylinders:

$$Q = 2 \cdot A \cdot s \cdot n \cdot \frac{p_e + p_{amb}}{p_{amb}}$$

$$Q = 2 \cdot \frac{\pi \cdot (1\text{ dm})^2}{4} \cdot 2\text{ dm} \cdot 1 \cdot \frac{6\text{ bar} + 1\text{ bar}}{1\text{ bar}} = 21{,}99\text{ dm}^3 \approx 22\text{ l}$$

Für die zwei Zylinder 1A und 2A gilt somit

$Q_{ges.} = 2 \cdot Q = 2 \cdot 22\text{ l} = 44\text{ l}$

302/7. **Kolbenkräfte**

Ausfahrender Kolben F_1:

$$F_1 = p_e \cdot A \cdot \eta = \left(7{,}2\,\frac{\text{daN}}{\text{cm}^2} - 1\,\frac{\text{daN}}{\text{cm}^2}\right) \cdot 10^2\text{ cm}^2 \cdot \frac{\pi}{4} \cdot 0{,}85 = 413{,}69\text{ daN} \approx \mathbf{4{,}14\text{ kN}}$$

Einfahrender Kolben F_2:

$$F_2 = p_e \cdot A \cdot \eta = \left(7{,}2\,\frac{\text{daN}}{\text{cm}^2} - 1\,\frac{\text{daN}}{\text{cm}^2}\right) \cdot [(10\text{ cm})^2 - (2{,}5\text{ cm})^2] \cdot \frac{\pi}{4} \cdot 0{,}85 = 388{,}03\text{ daN} \approx \mathbf{3{,}88\text{ kN}}$$

302/8. **Logische Verknüpfung**

a)

2S1	1S4	1S3	E14
0	0	0	**0**
0	0	1	**0**
0	1	0	**0**
0	1	1	**0**
1	0	0	**0**
1	0	1	**1**
1	1	0	**1**
1	1	1	**1**

b) E14 = **(1S3 ∨ 1S4) ∧ 2S1**

c)

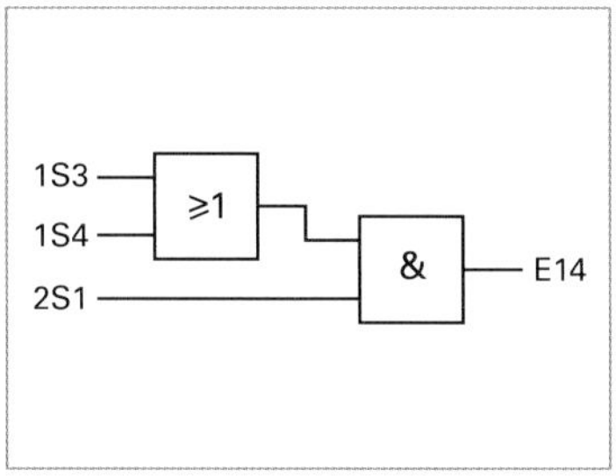

Bild 302/8: Logikplan

303/9. **Selbsthalteschaltung**

a) $K_1 = (S1 \vee K1) \wedge \overline{S0}$

b)

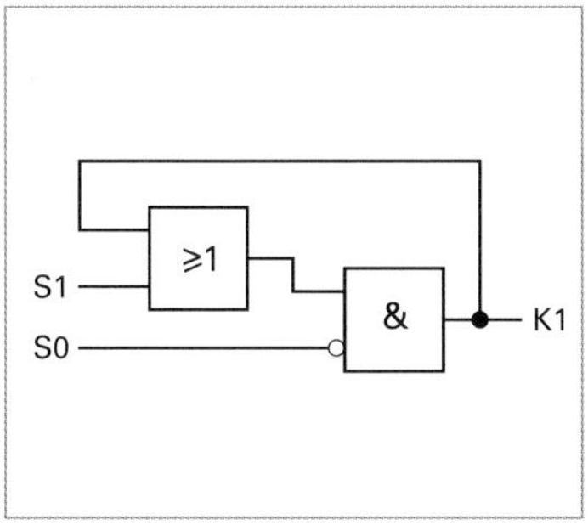

Bild 303/9: Logikplan

c)

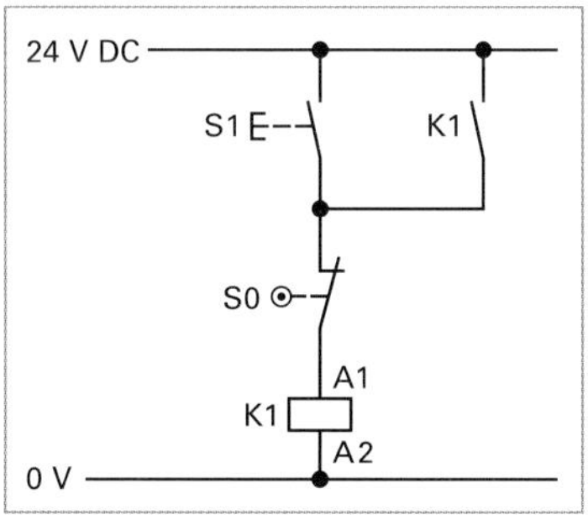

Bild 303/9: Stromlaufplan

303/10. **Elektropneumatische Steuerung**

a) Pneumatikschaltplan

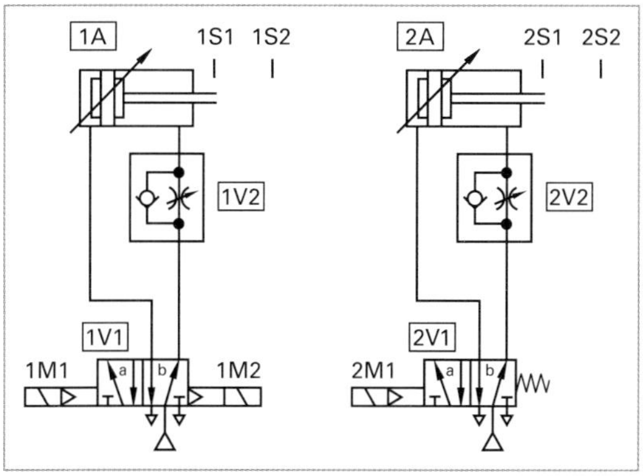

Bild 303/10a: Pneumatik-Schaltplan

b) Elektrik

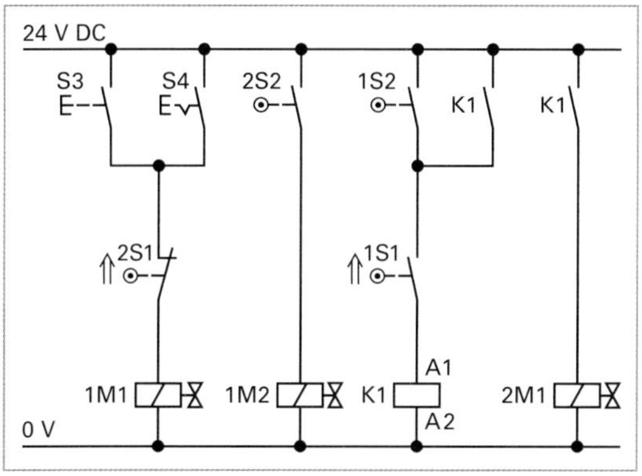

Bild 303/10b: Stromlaufplan

303/11. **Wirkungen des elektrischen Stroms**

a) Verantwortlich ist die **magnetische Wirkung.**

b) Wärmewirkung; Lichtwirkung; chemische Wirkung

303/12. **Gemischte Schaltung**

a)

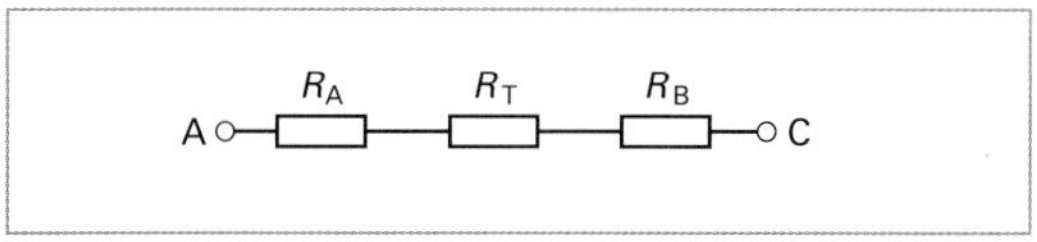

Bild 303/12a: Reihenschaltung

$R_{A\text{-}C} = R_A + R_T + R_B = 500\ \Omega + 20\ \Omega + 800\ \Omega = \mathbf{1\ 320}\ \Omega$

$R_{A\text{-}C} = R_{A\text{-}D} = R_{B\text{-}C} = R_{B\text{-}D}$

b)

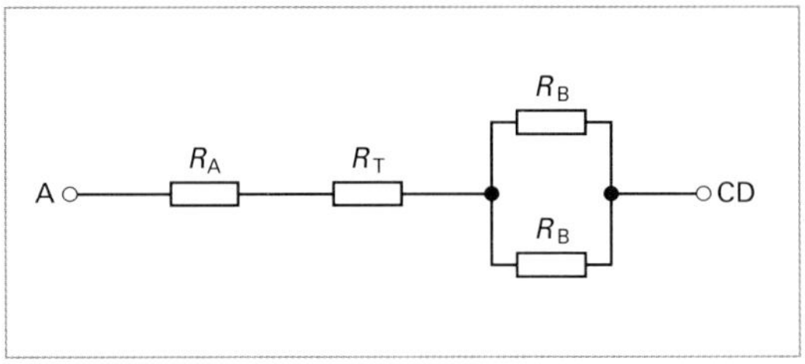

Bild 303/12b: Gemischte Schaltung

$$R_{A\text{-}CD} = R_A + R_T + \frac{R_B \cdot R_B}{R_B + R_B} = R_A + R_T + 0{,}5 \cdot R_B =$$

$$= 500\ \Omega + 20\ \Omega + 0{,}5 \cdot 800\ \Omega = \mathbf{920}\ \Omega$$

c)

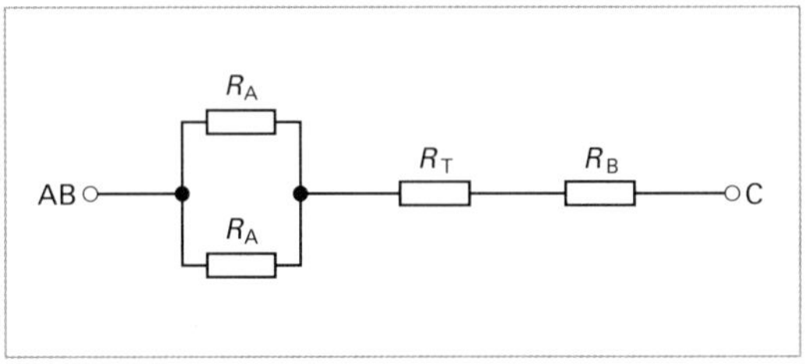

Bild 303/12c: Gemischte Schaltung

$$R_{AB\text{-}C} = \frac{R_A \cdot R_A}{R_A + R_A} + R_T + R_B = 0{,}5 \cdot R_A + R_T + R_B =$$

$$= 0{,}5 \cdot 500\ \Omega + 20\ \Omega + 800\ \Omega = \mathbf{1\,070}\ \Omega$$

d)

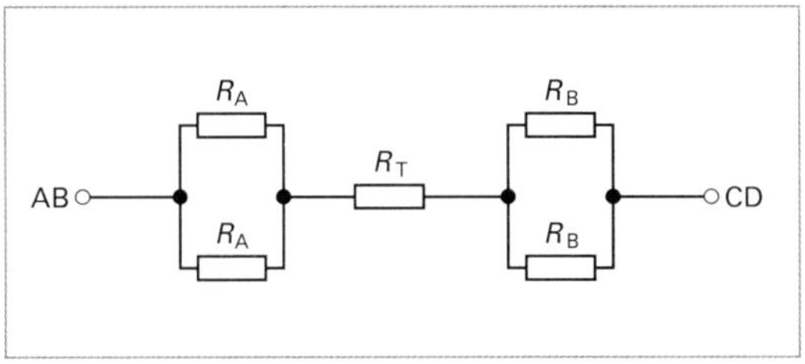

Bild 303/12d: Gemischte Schaltung

$$R_{AB\text{-}CD} = \frac{R_A \cdot R_A}{R_A + R_A} + R_T + \frac{R_B \cdot R_B}{R_B + R_B} = 0{,}5 \cdot R_A + R_T + 0{,}5 \cdot R_B =$$

$$= 0{,}5 \cdot 500\ \Omega + 20\ \Omega + 0{,}5 \cdot 800\ \Omega = \mathbf{670}\ \mathbf{\Omega}$$

e) Der größtmögliche Strom fließt bei Berührung der Spannungsquelle mit beiden Händen und der Stromfluss über beide Beine ⇒ $R_{AB\text{-}CD} = 670\ \Omega$

$$I = \frac{U}{R} = \frac{24\ \text{V}}{670\ \Omega} = 0{,}0358\ \text{A} = \mathbf{35{,}8\ mA}$$

303/13. **Anweisungsliste für eine SPS**

000: **U E 0.2**
001: **O E 0.3**
002: **U E 0.4**
003: **= A 0.0**
004: **U E 0.1**
005: **S A 0.1**
006: **U E 0.5**
007: **S A 0.1**
008: **U E 0.0**
009: **R A 0.2**

303/14. **SPS Programmiersprachen**

a) Programmiersprachen nach IEC 61131
Funktionsplan – FUP
Anweisungsliste – AWL
Kontaktplan – KOP
Graph
Structured language – SCL

b) FUP: **Es werden die Symbole und Schaltzeichen der digitalen Steuerungstechnik verwendet (≙ Logikplan). Nach Norm als FBS (Funktionsbausteinsprache) bezeichnet.**
AWL: **Einfache textorientierte Fachsprache**
KOP: **Stromlaufplanähnliche Struktur**
Graph: **Ablaufsteuerungen ähnlich Grafcet**
SCL: **Programmiersprache in Textform (Hochsprache, C++ ähnlich)**

9.10 Elektropneumatik – Sortieren von Materialien

305/1. **Materialsortierung durch Sensoren**

a) Tabelle der Näherungssensoren (berührungslos)

Näherungssensoren	B1: induktiv	B2: kapazitiv	B3: optisch
Symboldarstellung	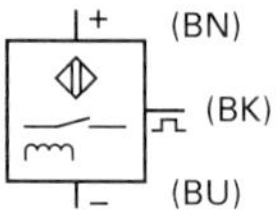	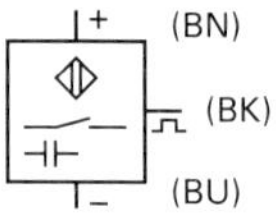	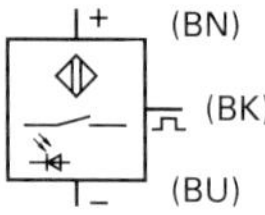
Physikalisches Funktionsprinzip	Schaltet, wenn ein Objekt das magnetische Streufeld des Sensors beeinflusst	Schaltet, wenn ein Objekt das elektrische Streufeld des Sensors beeinflusst	Schaltet, wenn ein Objekt das Infrarotfeld des Sensors beeinflusst
Einsatz Materialien (Werkstoffe)	Spricht bei allen elektrisch/magnetisch leitenden Werkstoffen an. Z. B. Metalle oder Grafit	Alle Materialien, die ein elektrisches Feld stören können. Z. B. Metall, Kunststoffe, Wasser, Glas, Keramik usw.	Alle Materialien außer lichtdurchlässige Stoffe
Einbaugesichtspunkte Besonderheiten	Objektdistanz bis 150 mm; Zwei- und Dreileitertechnik; hohe Schaltgenauigkeit	Objektdistanz bis 40 mm; Zwei- und Dreileitertechnik; schmutzunempfindlich	Objektdistanz bis 2 m, Drei- oder Vierleitertechnik; schmutz- und fremdlichtempfindlich; als Einweg- oder Reflexionslichtschranke

b) Funktionstabelle:

B3(K3)	B2(K2)	B1(K1)	A	A	A
optisch	kapazitiv	induktiv	Metall	Kunststoff schwarz	Acryl
0	0	0	0	0	0
0	0	1	0	0	0
0	1	0	0	0	1
0	1	1	0	0	0
1	0	0	0	0	0
1	0	1	0	0	0
1	1	0	0	1	0
1	1	1	1	0	0

c) Funktionsgleichung:

Metall: $A = B1 \wedge B2 \wedge B3$ oder $K\_M = K1 \wedge K2 \wedge K3$

Kunststoff (Schwarz): $A = \overline{B1} \wedge B2 \wedge B3$ oder $K\_KS = \overline{K1} \wedge K2 \wedge K3$

Acrylglas: $A = \overline{B1} \wedge B2 \wedge \overline{B3}$ oder $K\_Ac = \overline{K1} \wedge K2 \wedge \overline{K3}$

305/2. **Einzelschritte von Ablaufsteuerungen**

a) Der Schritt N wird durch ein Signalelement oder einen Sensor eingeleitet oder gesetzt. Zusätzlich wird in Reihe (UND_Verknüpfung) über Hilfsschließer abgefragt, ob der vorhergehende Schritt gesetzt wurde (Schritt N-1). Wenn Reset_N+1 nicht aktiv ist, zieht Relais für den Schritt N an (Schritt_N) und geht über einen Hilfsschließer im parallelen Strompfad in Selbsthaltung. Im Leistungsteil wird über einen weiteren Hilfsschließer nun die Aktion ausgeführt; dies wird in Bild 2 nicht gezeigt. Wird der nächste Schritt N+1 dadurch eingeleitet und aktiv, so erfolgt ein Rücksetzen des Schrittes N über einen Öffner dieses Schrittes. Wichtig ist, dass dieses Löschen erst erfolgt, wenn Schritt N+1 schon in Selbsthaltung gegangen ist (Spätöffnerprinzip).

b) Jeder einzelne Ablaufschritt wird mit einer Selbsthaltung umgesetzt; diese ist dominierend löschend.

c) Funktionsplan:

Funktionsgleichung:
Schritt_N
= ((Initiator_N ^ Schritt_N-1)
v Schritt_N) ^ Reset_N+1

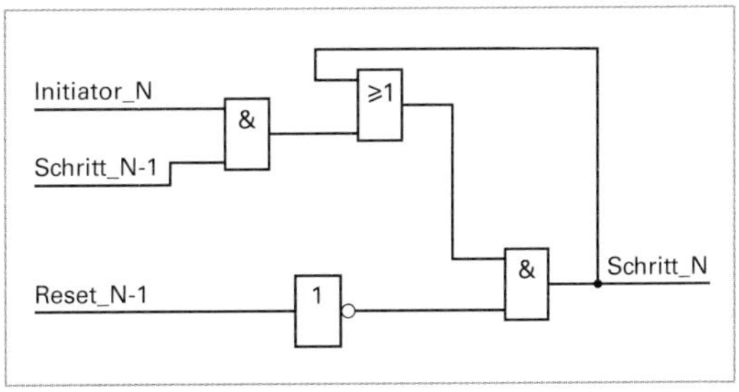

Bild 305/2c: Grundbaustein von Ablaufsteuerungen Funktionsplan

305/3. **Logik der Stellelemente**

a) Sie unterscheiden sich in der Anzahl der Schaltstellungen (3 oder 2) sowie durch ihr Schaltverhalten bei Abfall der Betätigungsspannung.

b) 1V1 → monostabiles Schaltverhalten,
2V1 → bistabiles Schaltverhalten,
3V1 → monostabiles Schaltverhalten.

c) 1V1 = 5/3 Wegeventil; bei Abfall der Ansteuerung von 1M1 oder 1M2 geht Ventil durch die Rückstellfedern in den Grundzustand (Sperr-Null) zurück.
2V1 = 5/2 Impulsventil; bei Ansteuerung von 2M1 oder 2M2 bleiben die jeweiligen Stellungen a oder b erhalten.
3V1 = 5/2 Wegeventil mit Rückstellfeder; lediglich die Grundstellung b ist stabil.

305/4. **Sensorbautyp**

a) Zweileitertechnik: Über die beiden Leitungen wird der Sensor mit Strom versorgt **und** das Schaltsignal übertragen. Für Gleich- und Wechselspannungen.
Dreileitertechnik (Normalfall): Sensor wird über zwei Leitungen mit Strom versorgt, auf der dritten Leitung wird ein Spannungssignal erzeugt, wenn der Sensor durchgeschaltet wird.

b) Der erste Sensor besitzt eine Schließerfunktion, entspricht der Identität; der zweite Sensor hat Öffnerfunktion, also Negation.

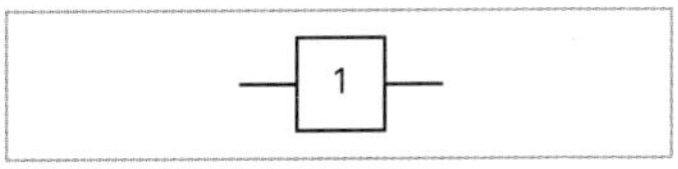

Bild 305/4: Sensorbautyp Identität

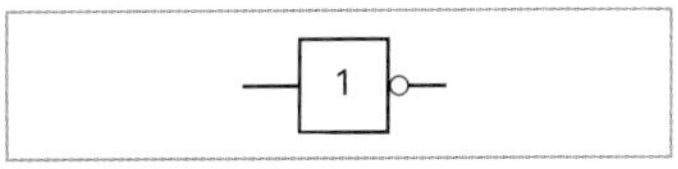

Bild 305/4: Sensorbautyp Negation

9

305/5. **Sensorverdrahtung**

a) Sensoren 1 und 2 sind in Reihe geschaltet; Schaltausgang des Sensors 1 ist Eingang (Spannungsanschluss) für Sensor 2. Dessen Schaltausgang geht auf die Last, z. B. Relais.

b) Funktionstabelle

Sensor 2	Sensor 1	Last
B2	B1	K1
0	0	0
0	1	0
1	0	0
1	1	1

Funktionsgleichung: K1 = B1 ^ B2

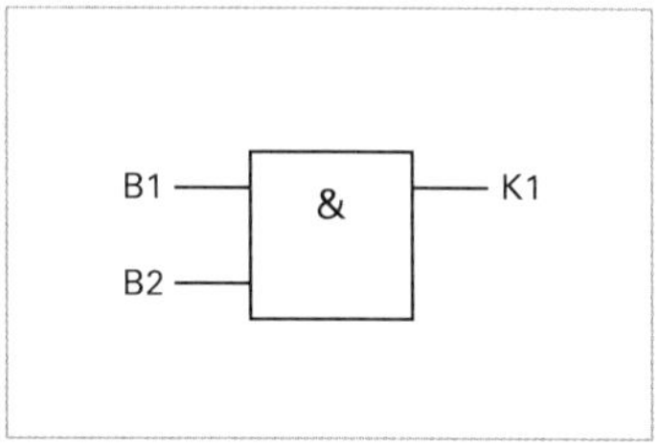

Bild 305/5b: Sensorverdrahtung Funktionsplan

c) Alternative Verdrahtung
Beide Sensoren 1B1 und 1B2 sind hier als magnetische Sensoren ausgeführt.

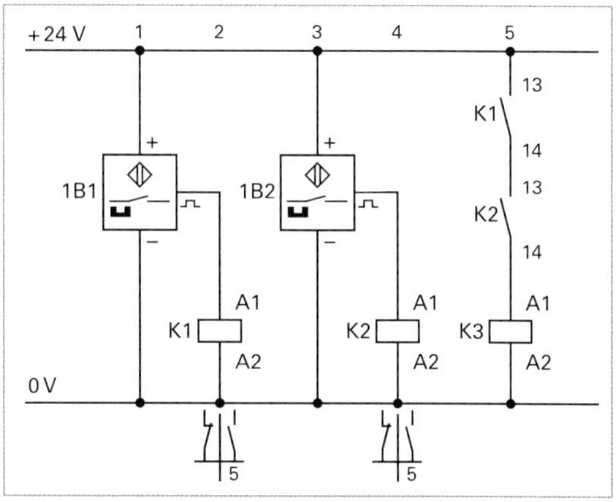

Bild 305/5c: Sensorverdrahtung Alternative Verdrahtung

306/6. Endlagenabfrage am Pneumatikzylinder

a) Magnetischer Näherungsschalter (Reed-Kontakt)
Nähert sich der Ringmagnet am Kolben dem Signalelement so gehen die beiden Federn durch den Permanentmagnet zusammen. Der Stromkreis ist geschlossen: Auf der Signalleitung entsteht Signalzustand „1" und die Leuchtdiode zeigt dies dem Bediener an.

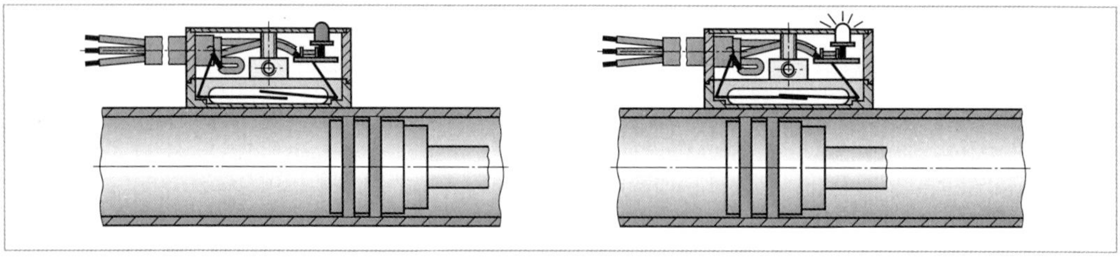

Bild 306/6a: Zylinderendlagen – Magnetischer Näherungsschalter

Modernere Sensorbauformen sind kleiner und kompakter gebaut. Ursache für Signalauslösung ist auch hier das Magnetfeld des Permanentmagneten am Kolben.

b) Vorteile sind vor allem das verschleißfreie Arbeiten des Schalters oder Sensors, gut einbaubar, keine Kollision mit Materialien oder anderen Bauteilen beim Verfahren der Aktoren, hohe Lebensdauer.

c) Magnetischer Näherungsschalter.

d) Eine korrekte Justage der Endlagen in Bezug zum Kolbenhub ist erforderlich.

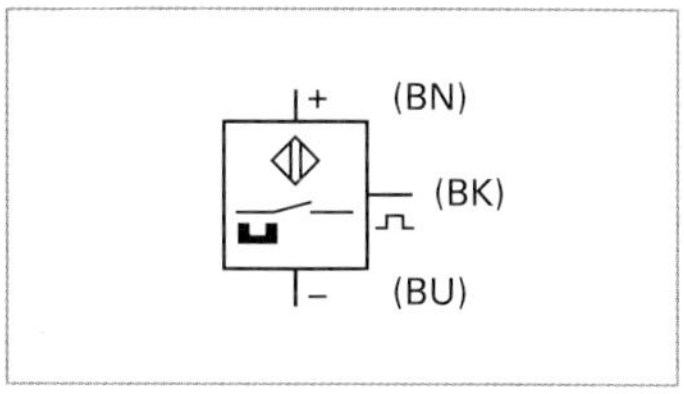

Bild 306/6c: Zylinderendlagen Schaltsymbol

306/7. **Luftverbrauch**

Bei einem Standarddruck von p_e = 6 bar ergibt sich folgender Verbrauch:

$$Q \approx 2 \cdot A \cdot s \cdot n \cdot \frac{p_e + p_{amb}}{p_{amb}} \approx 2 \cdot \frac{0{,}32^2 \cdot \pi}{4} \text{dm}^2 \cdot 5 \text{ dm} \cdot \frac{15}{\text{min}} \cdot \frac{6 \text{ bar} + 1 \text{ bar}}{1 \text{ bar}}$$

$$\approx 84{,}45 \frac{\text{dm}^3}{\text{min}} \mathrel{\hat{=}} \mathbf{84{,}45 \frac{l}{min}}$$

306/8. **Unterdruck**

a) Probleme: Haltekraft ist zu gering; Schmutz an Bauteilen, Unebenheiten usw. setzen die horizontale Haltekraft herab; bei Druckabfall werden die Teile verloren.

b) $F_R = \mu \cdot F_N \rightarrow F_G = \mu \cdot F = \mu \cdot p_e \cdot A$

$$= 0{,}18 \cdot 6 \frac{\text{N}}{\text{cm}^2} \cdot \frac{3^2 \cdot \pi}{4} \text{cm}^2 = \mathbf{7{,}634\ N}$$

2-fache Sicherheit: $F = 7{,}634 \text{ N} : 2 = \mathbf{3{,}817\ N}$

$$F = m \cdot g$$

$$m = \frac{F}{g} = \frac{3{,}817 \text{ kg} \cdot \text{m} \cdot \text{s}^2}{9{,}81 \text{ m} \cdot \text{s}^2}$$

$$= 0{,}389 \text{ kg} = \mathbf{389\ g}$$

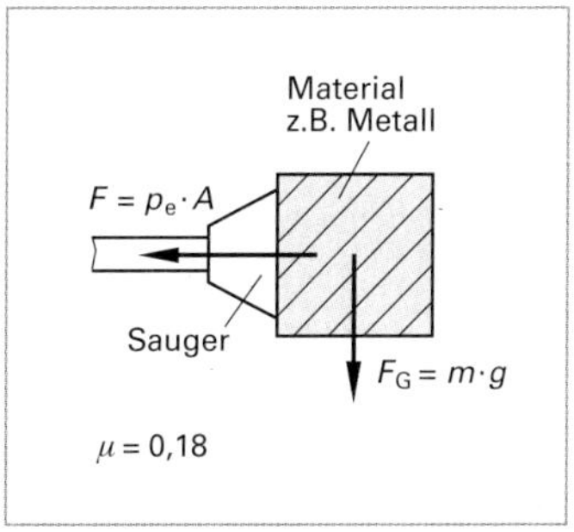

306/8b: Unterdruck – Haltekraft

306/9. **Ablaufplan**

Grafcet nach DIN EN 60648

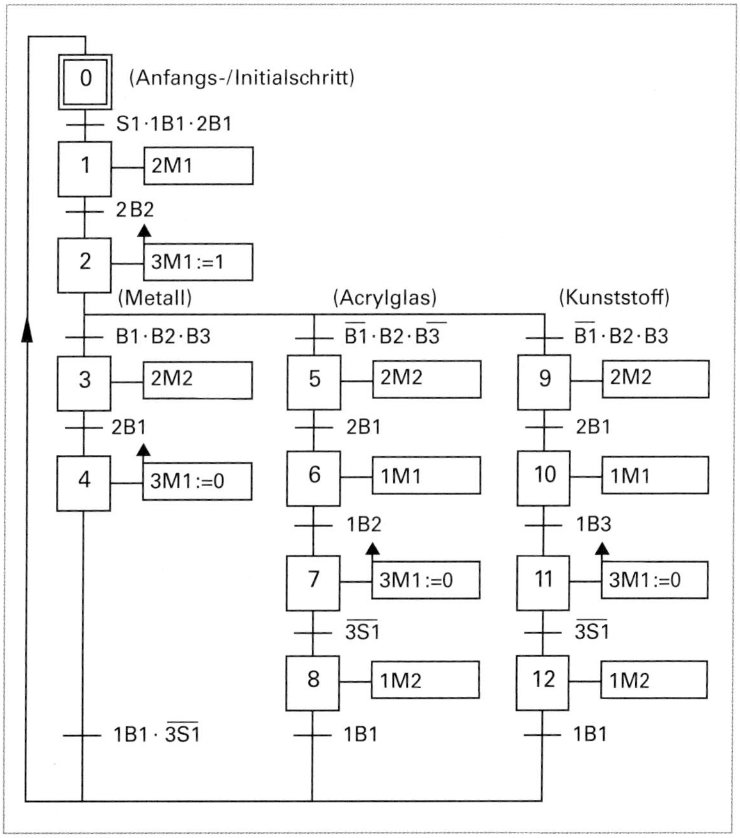

Bild 306/9a: Grafcetdarstellung

306/10. Strompfade

a) **1. Schritt:** Mit der Starttaste S1 wird der Sortiervorgang gestartet. Gleichzeitig wird über 1B1 und 2B1 die Grundstellung der beiden Aktoren abgefragt. Wenn die Bedingungen erfüllt sind, zieht Relais K5 an und geht im Strompfad 10 in die Selbsthaltung (dominierend löschend). Im Leistungsteil erhält die Spule von 2M1 über einen Hilfsschließer K5 Spannung und zieht an. Der Kolben des Rundzylinders fährt zum Magazin (1A+).

2. Schritt: Wenn die Kolbenstange von 2A1 die vordere Endlage erreicht, spricht der Sensor 2B2 (magnetischer Näherungsschalter) an, der Hilfsschließer K5 ist noch geschlossen und Relais K6 wird unter Spannung gesetzt. In Strompfad 12 geht dieses Relais in Selbsthaltung und löscht über einen Öffner K6 im Pfad 9 die Selbsthaltung für den Anfangsschritt. Da 2V1 bistabil ist, bleibt der Aktor 2A1 trotzdem ausgefahren.
Hilfsrelais K6 schaltet im Leistungsteil 3M1, der Ejektor 3A1 wird mit Druckenergie versorgt, so dass sich ein Vakuum aufbauen kann.

b) Die Öffner K8 oder K11 oder K15 löschen die Selbsthaltung des 2. Schrittes.
Die Löschung ist notwendig, damit die Teile in die Behälter sortiert werden.

c) Siehe Bild 278/10c Strompfade des Leistungsteils.

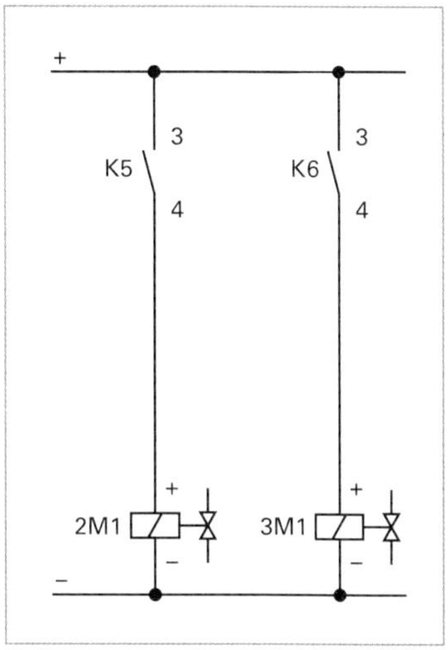

Bild 306/10c: Strompfade des Leistungsteils

306/11. Stromlaufplan

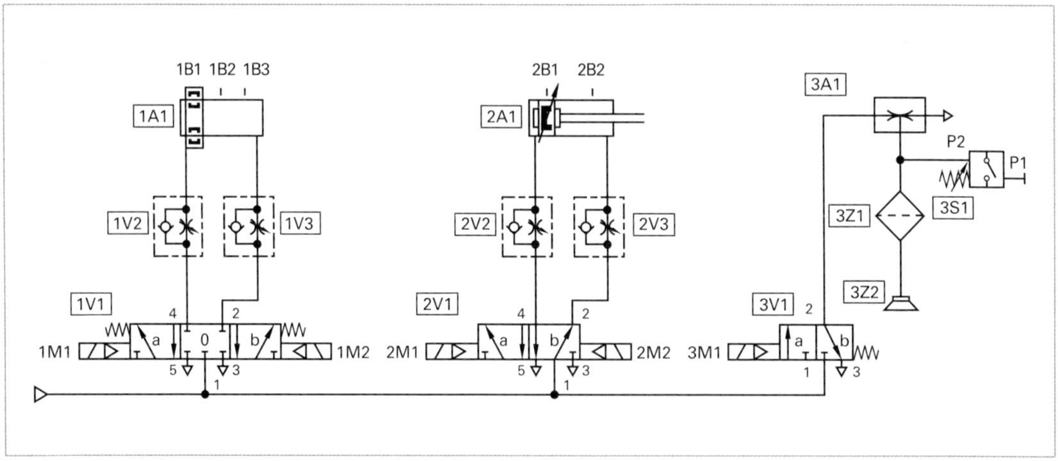

Bild 306/11 Stromlaufplan – Pneumatikplan

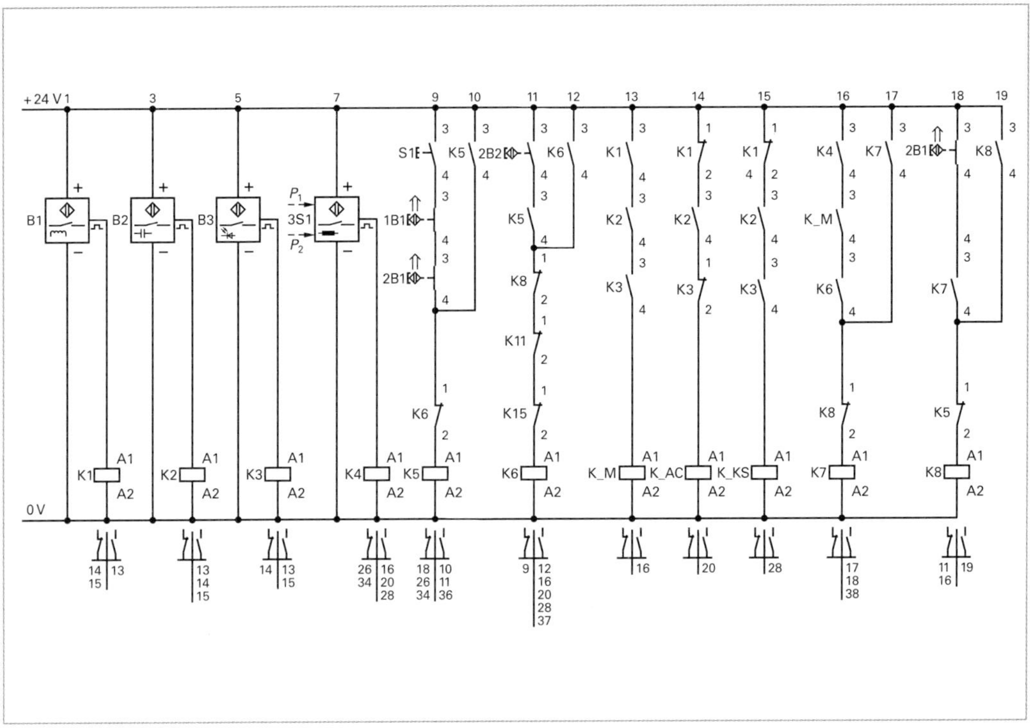

Bild 306/11 Stromlaufplan – Ablaufteil für Materialerkennung, Startvorgang sowie Sortierung Metall

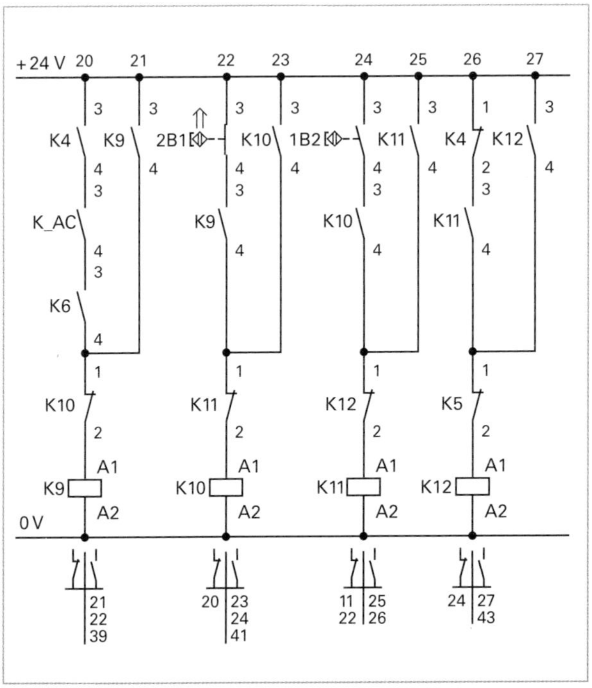

Bild 306/11 Stromlaufplan – Ablaufteil für Acrylglas

9

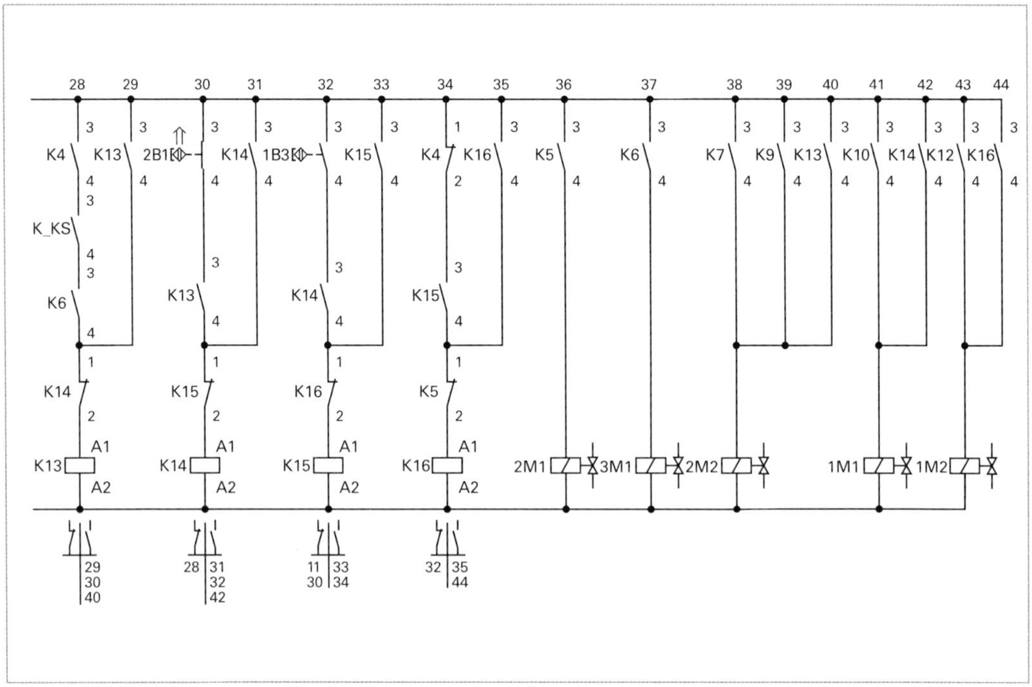

Bild 306/11 Stromlaufplan – Ablaufteil für Kunststoff, schwarz und Leistungsteil

306/12. Spulenwiderstand

$U = R \cdot I$

$R = \frac{U}{I} = \frac{24\ \text{V}}{0{,}19\ \text{A}} = \mathbf{126{,}3\ \Omega}$

306/13. Elektrische Leistung

Magnetspule 1M1: $P_1 = U \cdot I_1 = 24\ \text{V} \cdot 0{,}48\ \text{A} = \mathbf{11{,}52\ W}$

Magnetspule 3M1: $P_2 = U \cdot I_2 = 24\ \text{V} \cdot 0{,}32\ \text{A} = \mathbf{7{,}68\ W}$

Gesamte elektrische Leistung: $P_{ges} = P_1 + P_2 = 11{,}52\ \text{W} + 7{,}68\ \text{W} = \mathbf{19{,}2\ W}$

9.11 Zerspanungstechnik

308/1. Sägen/Werkstoffkosten

a) Anzahl der Teile pro Stange

$n = \frac{l}{l_s + s} \cdot \frac{3\,000\ \text{mm}}{121\ \text{mm} + 1{,}5\ \text{mm}} = 24{,}49 \mathrel{\hat{=}} \mathbf{24\ Stück}$

Anzahl x der notwendigen Stangen

$x = \frac{m}{n} \cdot \frac{100\ \text{Stück}}{24\ \text{Stück/Stange}} = 4{,}166 \mathrel{\hat{=}} 5\ \text{Stangen}$

4 Stangen = 24 Stück · 4 = 96 Stück

1 Stange = 4 Stück = 4 Stück · 122,5 mm = 490 mm

Restlänge = 3 000 mm – 490 mm = **2 510 mm**

b) Masse für 100 Stück

4 Stangen à 3 000 mm	=	12 000 mm
+ Rest	=	490 mm
Gesamt	=	12 490 mm
	≙	124,9 dm

$$m = V \cdot \varrho = l \cdot b \cdot h \cdot \varrho = (0{,}4 \cdot 0{,}3 \cdot 124{,}9)\ \text{dm}^3 \cdot 7{,}9\ \frac{\text{kg}}{\text{dm}^3} = \mathbf{118{,}405\ kg}$$

$$\text{Werkstoffeinzelkosten (WEK)} = \frac{\text{Wk}}{\text{kg}} \cdot m = 12{,}50\ \frac{€}{\text{kg}} \cdot 118{,}405\ \text{kg} = \mathbf{1.480{,}07\ €}$$

308/2. Vorfräsen

a) Zum Vorfräsen werden lt. Aufgabe 5 Teile gespannt.

$$m = 100\ \text{Stück}$$

$$i = \frac{100\ \text{Stück}}{5\ \text{Stück/Schnitt}} = 20\ \text{Schnitte}$$

$$L = l + 0{,}5 \cdot d + l_a + l_u - l_s$$

$$l_s = 0{,}5 \cdot \sqrt{d^2 - a_e^2} = 0{,}5 \cdot \sqrt{160^2 - 119^2}\ \text{mm}$$

$$l_s = 53{,}48\ \text{mm}$$

$$L = 150\ \text{mm} + 0{,}5 \cdot 160\ \text{mm} + (1 + 1 - 53{,}48)\ \text{mm}$$

$$L = 178{,}52\ \text{mm}$$

$$n = \frac{v_c}{\pi \cdot d} = \frac{175\ \frac{\text{m}}{\text{min}}}{\pi \cdot 0{,}16\ \text{m}} = 348\ \frac{1}{\text{min}}$$

$$t_h = \frac{L \cdot i}{n \cdot f} = \frac{178{,}52\ \text{mm} \cdot 20}{348\ \frac{1}{\text{min}} \cdot 10 \cdot 0{,}18\ \text{mm}}$$

$$\mathbf{t_h = 5{,}7\ min}$$

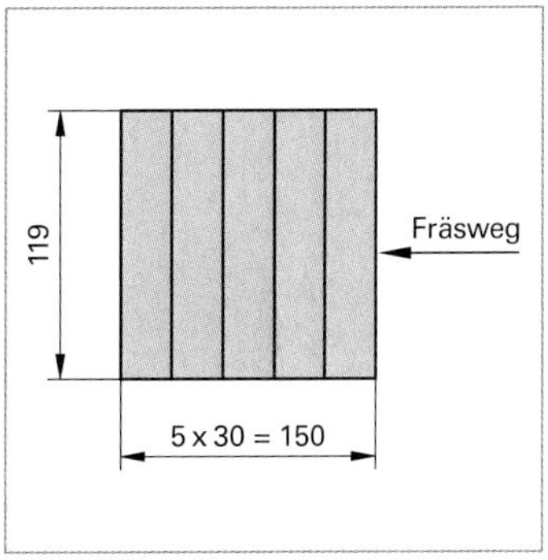

Bild 308/2a

b) Schnittkraft je Schneide

$$F_c = 1{,}2 \cdot A \cdot k_c \cdot C \quad \text{mit } A = a_p \cdot f_z = 4{,}2\ \text{mm} \cdot 0{,}18\ \text{mm} = 0{,}756\ \text{mm}^2$$

$$F_c = 1{,}2 \cdot 0{,}756\ \text{mm}^2 \cdot 3\,915\ \frac{\text{N}}{\text{mm}^2} \cdot 1 = 3\,551{,}69\ \text{N}$$

$$F_c = 3\,552\ \text{N}$$

$$P_c = z_e \cdot F_c \cdot v_c \quad \text{mit } z_e = z\ \frac{\varphi}{360°} = 10 \cdot \frac{96°}{360°} = 2{,}7$$

vgl. S. 137

$$\frac{d}{a_e} = \frac{160\ \text{mm}}{119\ \text{mm}} ≙ 1{,}35 \Rightarrow \varphi = 96°$$

$$P_c = 2{,}7 \cdot 3\,552\ \text{N} \cdot 175\ \frac{\text{m}}{\text{min}} \cdot \frac{1}{60} \cdot \frac{\text{min}}{\text{s}} = 27\,972\ \frac{\text{N} \cdot \text{m}}{\text{s}}$$

$$\mathbf{P_c = 28\ kW}$$

c) Auftriebsleistung

$$P_1 = \frac{P_c}{\eta} = \frac{28\ \text{kW}}{0{,}8} = \mathbf{35\ kW}$$

308/3. Schleifen auf Flachschleifmaschine

- Fertigmaß 35,5 mm beidseitig (auf Magnettisch gespannt)
- 3. Seite in Schraubstock (Rechtwinkligkeit)
- 4. Seite auf Fertigmaß 29,5 mm (Magnettisch)

308/4. Vereinfachter Arbeitsplan der NC-Bearbeitung

a)

lfd. Nr.	Arbeitsgang	Werkzeug
1	Absätze schruppen (28,5 mm)	Wz-Nr. 5
2	Absätze schlichten (28,0 mm)	Wz-Nr. 6
3	Passmaß schlichten (23+0,05 mm)	Wz-Nr. 6
4	Nut/Passmaß (25+0,05 mm) herstellen	T-Nutenfräser
5	alle Bohrungen zentrieren/ansenken	Wz-Nr. 1
6	alle Bohrungen herstellen	Wz-Nr. 2, 3, 4
7	Bohrungen ∅ 6 H7 reiben	Reibahle 6H7
8	Gewinde M10 schneiden	Gewindebohrer M10
9	Langloch schruppen	Wz-Nr. 5
10	Langloch schlichten	Wz-Nr. 6
11	Fase fräsen	Winkelfräser (45°)

b) **Wz-Nr. 1**

$$n = \frac{v_c}{d \cdot \pi} = \frac{22\,\frac{\text{m}}{\text{min}}}{0{,}016\ \text{mm} \cdot \pi} = 437{,}69\,\frac{1}{\text{min}}$$

$$n = \mathbf{438\,\frac{1}{min}}$$

$$v_f = f \cdot n = 0{,}04\ \text{mm} \cdot 438\,\frac{1}{\text{min}}$$

$$v_f = \mathbf{17{,}5\,\frac{mm}{min}}$$

Wz-Nr. 2

$$n = \frac{18\,\frac{\text{m}}{\text{min}}}{0{,}0062\ \text{m} \cdot \pi} = 924{,}15\,\frac{1}{\text{min}}$$

$$n = \mathbf{925\,\frac{1}{min}}$$

$$v_f = 0{,}05\ \text{mm} \cdot 925\,\frac{1}{\text{min}} = 46{,}25\,\frac{\text{mm}}{\text{min}}$$

$$v_f = \mathbf{46{,}25\,\frac{mm}{min}}$$

Wz-Nr. 3

$$n = \frac{18\,\frac{\text{m}}{\text{min}}}{0{,}0058\ \text{m} \cdot \pi} = 987{,}89\,\frac{1}{\text{min}}$$

$$n = \mathbf{988\,\frac{1}{min}}$$

$$v_f = 0{,}05\ \text{mm} \cdot 988\,\frac{1}{\text{min}} = 49{,}4\,\frac{\text{mm}}{\text{min}}$$

$$v_f = \mathbf{49{,}4\,\frac{mm}{min}}$$

Wz-Nr. 4

$$n = \frac{18\,\frac{\text{m}}{\text{min}}}{0{,}0165\ \text{m} \cdot \pi} = 347{,}26\,\frac{1}{\text{min}}$$

$$n = \mathbf{348\,\frac{1}{min}}$$

$$v_f = 0{,}05\ \text{mm} \cdot 348\,\frac{1}{\text{min}} = 17{,}4\,\frac{\text{mm}}{\text{min}}$$

$$v_f = \mathbf{17{,}4\,\frac{mm}{min}}$$

Wz-Nr. 5

$$n = \frac{80\,\frac{\text{m}}{\text{min}}}{0{,}016\ \text{m} \cdot \pi} = 1591{,}6\,\frac{1}{\text{min}}$$

$$n = \mathbf{1592\,\frac{1}{min}}$$

$$v_f = z \cdot f_z \cdot n = 4 \cdot 0{,}18\ \text{mm} \cdot 1592\,\frac{1}{\text{min}}$$

$$v_f = 1146{,}24\,\frac{\text{mm}}{\text{min}} = \mathbf{1{,}15\,\frac{m}{min}}$$

Wz-Nr. 6

$$n = \frac{120\,\frac{\text{m}}{\text{min}}}{0{,}012\ \text{m} \cdot \pi} = 3183{,}19\,\frac{1}{\text{min}}$$

$$n = \mathbf{3183\,\frac{1}{min}}$$

$$v_f = 4 \cdot 0{,}06\ \text{mm} \cdot 3183\,\frac{1}{\text{min}}$$

$$v_f = 763{,}92\,\frac{\text{mm}}{\text{min}} = \mathbf{0{,}76\,\frac{m}{min}}$$

Wz-Nr. 7

$$n = \frac{175\,\frac{\text{m}}{\text{min}}}{0{,}16\ \text{m} \cdot \pi} = 348{,}16\,\frac{1}{\text{min}}$$

$$n = \mathbf{348\,\frac{1}{min}}$$

$$v_f = 10 \cdot 0{,}18\ \text{mm} \cdot 348\,\frac{1}{\text{min}}$$

$$v_f = 626{,}4\,\frac{\text{mm}}{\text{min}} = \mathbf{0{,}63\,\frac{m}{min}}$$

c) Anfahrpunkte

P	x	y	z
1	38,5	23,3	–7,2
2	36,5	21,0	–7,5
3	7,25	8,0	+1,0
4	22,25	8,0	+1,0
5	14,75	30,0	–6,5
6	14,75	84,0	–6,5

Absätze schruppen (d = 16 mm)
Absätze schlichten (d = 12 mm)

d) weitere Werkzeuge

- Reibahle für ∅ 6H7
- HSS-Spiralbohrer 8,5 mm
- Gewindebohrer M10
- T-Nutenfräser (z. B. ∅ 12 x 2)
- Winkelfräser (45°)

e)

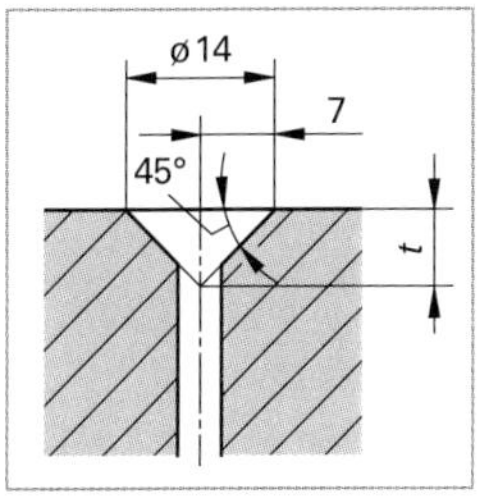

Bild 308/4e

Einbohrtiefe *t*
Im gleichschenkligen Dreieck ergibt sich
t = **7 mm**.

308/5. **Bohrlänge** $L = l + l_s + l_a + l_u$ mit $l_s = 0{,}3 \cdot d = 0{,}3 \cdot 5{,}8\text{ mm} = 1{,}74\text{ mm}$

$L = (35{,}5 + 1{,}74 + 1 + 1)\text{ mm} = 39{,}24$

a) $$t_{h1} = \frac{L \cdot i}{n \cdot f} = \frac{39{,}24\text{ mm} \cdot 2}{988\,\frac{1}{\text{min}} \cdot 0{,}05\text{ mm}} = \mathbf{1{,}59\ min}$$

b) $$n = \frac{v_c}{d \cdot \pi} = \frac{60\,\frac{\text{m}}{\text{min}}}{0{,}0058\text{ m} \cdot \pi} = 3293\,\frac{1}{\text{min}}$$

$$t_{h2} = \frac{L \cdot i}{n \cdot f} = \frac{39{,}24\text{ mm} \cdot 2}{3\,293\,\frac{1}{\text{min}} \cdot 0{,}05\text{ mm}} = \mathbf{0{,}48\ min}$$

c) $$N_1 = \frac{T}{t_{h1}} = \frac{15\text{ min}}{1{,}59\text{ min}} = 9{,}4$$

$\mathbf{N_1 = 9}$ **Teile**

$$N_2 = \frac{T}{t_{h2}} = \frac{15\text{ min}}{0{,}48\text{ min}} = 31{,}25$$

$\mathbf{N_2 = 31}$ **Teile**

Mit dem VHM-Bohrer lassen sich in der Standzeit T = 15 min 3-mal mehr Teile herstellen. Die Zeitersparnis würde bei m = 100 Stück fast 2 h betragen, daraus folgt eine Kosteneinsparung von ca. 200 €/Los.

9

309/6. Tieflochbohren

a)

Probleme	Abhilfe
• Bohrer verläuft • Späneabfuhr schwierig • große Reibung und Spanpressung ergeben schlechte Oberfläche • hohe Temperaturen mit verkürzter Standzeit • Bohrerbruch	• Späneentleerung (Bohrzyklus) • große Spanräume am Bohrer • Gleitbeschichtung • Bohrer mit Kühlkanälen • KSS mit Druck

b) **Tiefbohrzyklus nach PAL**

```
N10   G0    X200      Y200   Z200
N15   T03   M06
N20   G83   ZA-38,25         D13    V1     W1     U1      O1
N25   G79   XA7,25           YA8,0  ZA0    F50    S1000   M03   M08
```

309/7. Herstellung des Langloches

a) **Werkzeugschnittdaten**

T04	Bohrer 16,5 mm	$n = 348 \frac{1}{min}$	$v_f = 17{,}4 \frac{mm}{min}$
T05	Fräser 16 mm	$n = 1\,592 \frac{1}{min}$	$v_f = 1\,150 \frac{mm}{min}$
T06	Fräser 12 mm	$n = 3\,183 \frac{1}{min}$	$v_f = 760 \frac{mm}{min}$

b) **NC-Programm „Langloch" nach PAL**

```
N10    G54
N15    G90
:
:
N105   G0    X200      Y200   Z200
N105   T04   M06
N110   G81   ZA-41,45         V1
N115   G79   XA14,75          YA103  ZA-7,5  F17,4          S348    M03   M08

N120   G0    X200      Y200   Z200
N125   T05   M06
N130   G74   ZA-36,5          LP18   B21     D5      V1     AK0,3   EP0
N135   G79   XA14,75          YA103  ZA-7,5  F1150          S1592   M03   M08

N140   G0    X200      Y200   Z200
N145   T06   M06
N150   G74   ZA-36,5          LP18   BP21    D3      V1     EP0
N155   G79   XA14,75          YA103  ZA-7,5  F760           S3183   M03   M08

N160   G0    X200      Y200   Z200
```

309/8. Qualitätssicherung

a) Qualitätsregelkarte ($\bar{x}$ – s – Karte)

Stichprobe	Mittelwert $\bar{x}$
1	25,0319
2	25,0336
3	25,0304
4	25,0285
5	25,0263
6	25,0231
7	25,0210
8	25,0192
9	25,0165
10	25,0162

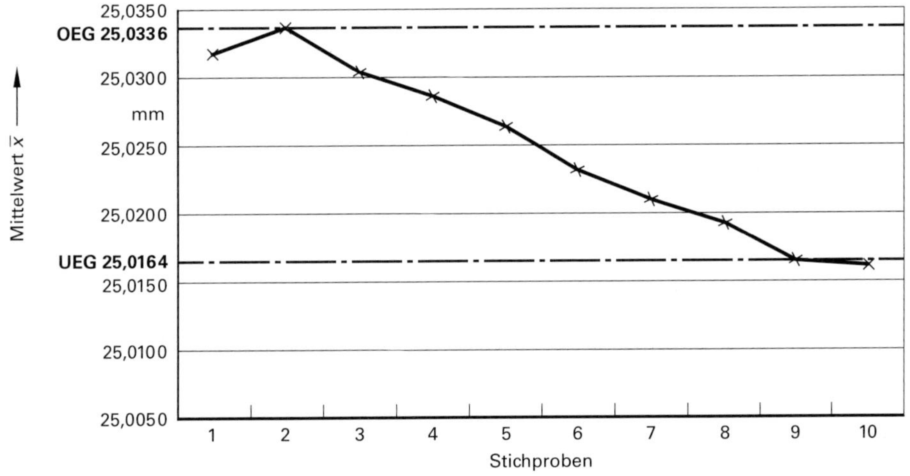

Bild 309/8a
Die Werte unterschreiten die untere Eingriffsgrenze (UEG). Das Werkzeug ist abgenutzt (Trend ↓)

b) $\bar{x} = 23{,}020$ mm $\qquad s = 0{,}0021$ mm

$$c_m = \frac{T}{6 \cdot s} = \frac{0{,}05 \text{ mm}}{6 \cdot 0{,}0021 \text{ mm}} = 3{,}968 > 1{,}67$$

$$c_{mk} = \frac{\triangle \text{krit}}{3 \cdot s} \quad \text{mit } \triangle \text{krit} = 0{,}02 \text{ mm}$$

$$= \frac{0{,}02 \text{ mm}}{3 \cdot 0{,}0021 \text{ mm}} = 3{,}175 > 1{,}67$$

Maschinenfähigkeit ist nachgewiesen.

309/9. Kalkulation

a) Rüsten:

$t_r = 120$ min

Ausführen:

$t_n = t_g$ = 4,2 min
t_{er} (10 % von t_g) = 0,42 min
t_v (10 % von t_g) = 0,42 min
t_e = 5,04 min

$T = t_r + m \cdot t_e = 120 \text{ min} + 100 \cdot 5{,}04 \text{ min} = 624 \text{ min}$

$\mathbf{T = 10{,}4\ h}$

b)

Werkstoffeinzelkosten	1.480,00 €	
Werkstoffgemeinkosten 8 % v. WEK	118,40 €	
Maschinenkosten 10,4 h · 55,00 €/h	572,00 €	
Lohnkosten 10,4 h · 21,50 €/h	223,60 €	
Restgemeinkosten 185 % v. 223,60 €	413,66 €	
Herstellkosten	2.807,66 €	(m = 100 Stück)

Herstellkosten pro Stück = **28,08 €/Stück**

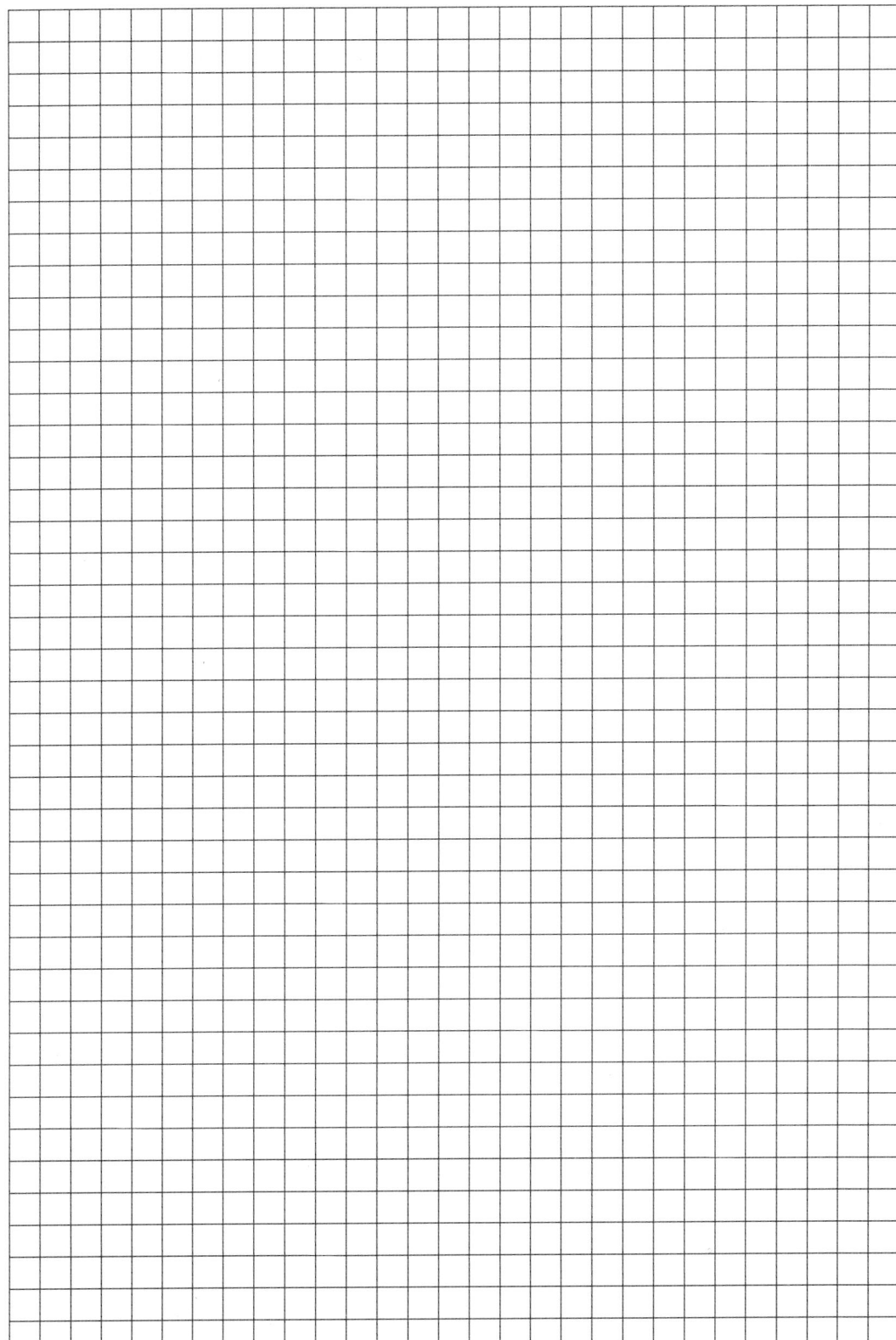

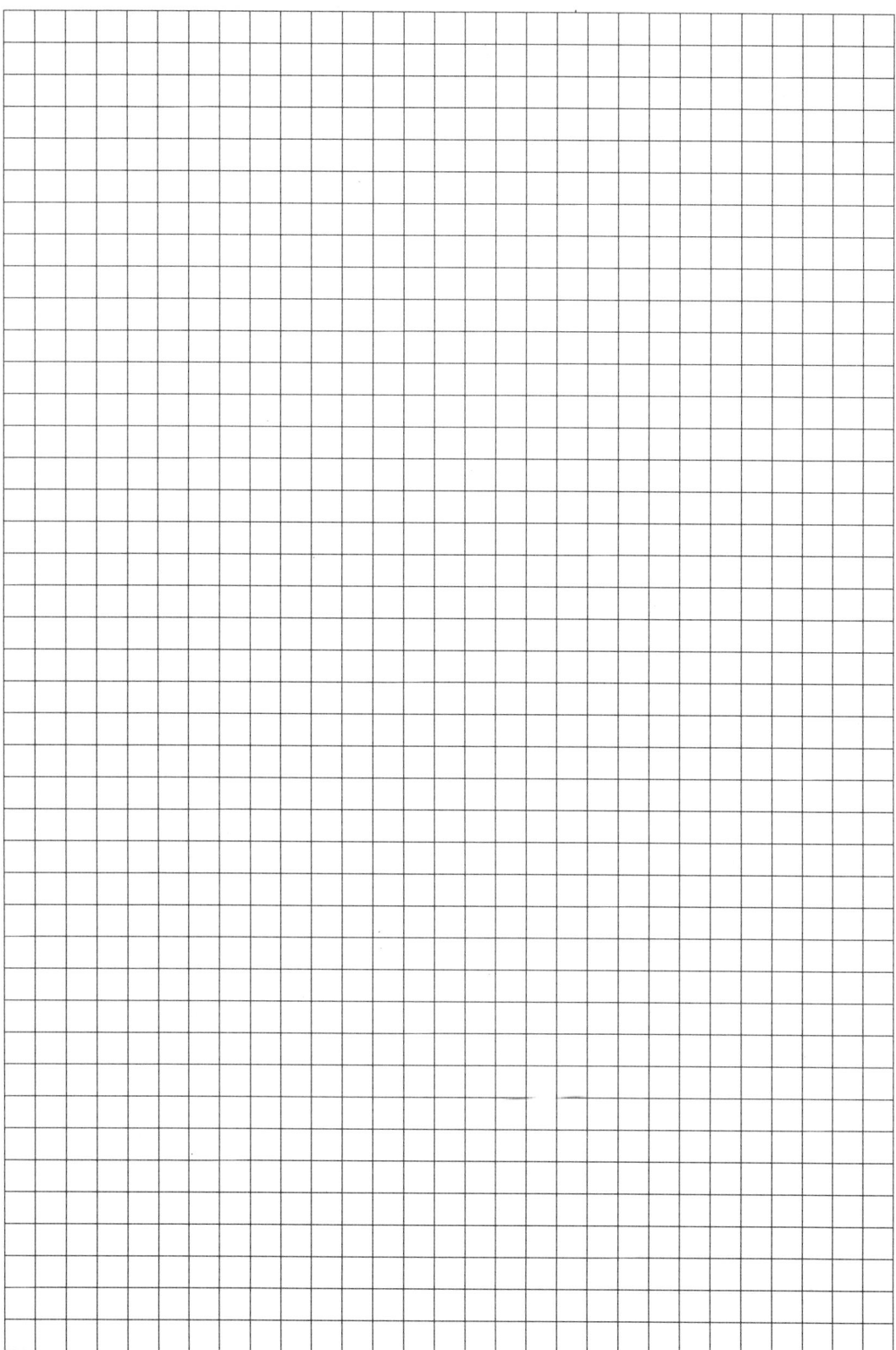